U0186275

9

世界数学
精品译丛

Vorlesungen über die Entwicklung der
Mathematik im 19. Jahrhundert

数学在19世纪的发展

（第一卷 中文校订版）

□ Felix Klein 著

□ 齐民友 译

□ 赵 越 校

中国教育出版传媒集团

高等教育出版社 · 北京

图书在版编目（CIP）数据

数学在 19 世纪的发展 . 第一卷：中文校订版 /（德）菲利克斯·克莱因（Felix Klein）著；齐民友译；赵越校 . -- 北京：高等教育出版社，2023.3
ISBN 978-7-04-059785-1

Ⅰ.①数… Ⅱ.①菲… ②齐… ③赵… Ⅲ.①数学史 - 研究 - 世界 -19 世纪 Ⅳ.① O11

中国国家版本馆 CIP 数据核字（2023）第 011178 号

SHUXUE ZAI 19 SHIJI DE FAZHAN

策划编辑	李华英	责任编辑	李华英	封面设计	李小璐	版式设计 李彩丽
责任校对	刁丽丽	责任印制	刁 毅			

出版发行	高等教育出版社	网　址	http://www.hep.edu.cn
社　址	北京市西城区德外大街4号		http://www.hep.com.cn
邮政编码	100120	网上订购	http://www.hepmall.com.cn
印　刷	山东韵杰文化科技有限公司		http://www.hepmall.com
开　本	787mm×1092mm　1/16		http://www.hepmall.cn
印　张	22		
字　数	390 千字	版　次	2023 年 3 月第 1 版
购书热线	010-58581118	印　次	2023 年 3 月第 1 次印刷
咨询电话	400-810-0598	定　价	89.00 元

校勘记

摆在读者面前的是本书中译本第一版的校勘版。

中译本序已经对本书创作的由来做了很清楚的描述。很遗憾的是，可能由于时代的原因 (以及本书实际上是克莱因未竟全功的遗稿)，它的译本并不多见 (《古今数学思想》[1] 实际上化用了本书相当一部分的内容，但它毕竟不是译本)，迄今为止我并不知道俄日英[2] 三种语言之外的其他译本。本次校勘就是建立在原著以及日英两个译本之上的。

弥永昌吉在日译本监修前言中提到，他在 20 世纪 30 年代就已经带着莫大的感动阅读了克莱因的这本名著——毋庸置疑，他的导师高木贞治在这方面起了很重要的推动作用。高木在德国留学多年，与哥廷根学派关系密切。如果读者了解他的数学史著作《近世数学史谈》的话，就会知道，克莱因的这本数学史著作是高木的重要取材对象。中译本校勘正是始于《近世数学史谈》。

大约十年前我有幸拜读到《近世数学史谈》的中译本 (杨备钦，陈建韩译，台湾商务印书馆，1968)[3]，此时本书的中译本已经问世。高木著作的第 22 章和第 23 章讲的是狄利克雷以及德国三位几何学家默比乌斯、普吕克、施坦纳。很明显，高木这几章的写作取材于克莱因这本数学史的第 3 章和第 4 章。在第 22 章中，高木引述了闵可夫斯基对狄利克雷的著名评价：

> 将盲目的计算减至最小，并将富有洞察力的思考增至最大来推动问题的进
> 展是狄利克雷的做派，这才是真正的狄利克雷原理 (校勘者译).

这显然是本书中译本第一版中

他掌握了把最多的看得见的思想和最少的盲目的公式连接起来的艺术

---

[1] 作者莫里斯·克莱因 (Morris Kline) 和本书的作者菲利克斯·克莱因 (Felix Klein) 是不同时代的两个人，请勿将二者混为一谈。

[2] 俄语最近的译本由 N. M. Nagorny 译出，M. M. Postnikov 监修，Nauka 出版社 1989 年出版。日译本由渡边弘/石井省吾译出，弥永昌吉等人监修/监译，共立出版社 1995 年出版。英译本由 M. Ackerman 译出，Math Sci Press 1979 年出版。

[3] 高等教育出版社 2020 年出版了此书的一个中译本。

的翻版。然而中译本却没有 "这才是真正的狄利克雷原理" 一句。读者只需对比英译本的相应内容就可以发现, 克莱因的原著与高木的著作是吻合的, 而英译本和中译本都漏掉了这一句。这一点足以引起人的兴趣, 来做一个不同译本之间的比较, 但这无疑是十分艰巨的任务。没有充足的时间, 这根本就是不可能完成的。

不知是幸运还是不幸, 本次校勘的另一动因来自新冠疫情的蔓延。在疫情开始在全球蔓延后不久, 我看到了日译本的译者前言。译者渡边弘提到, 英译本也是日译本的参考对象, 但有几十处错译以及漏译——英译本的质量究竟如何, 似乎确实是一个值得再次思考的问题。日译本综合了两位译者数十年的辛劳, 可能是一个善本; 加之疫情带来的长期隔离, 给人以充足的时间——这一切促成了这次校勘的顺利进行[4]。

作为校勘者, 自然有必要向读者交代本次校勘的具体内容是什么。概括地讲, 本次校勘综合了德文原著、日英双译本以及中译本第一版的内容, 尽可能校正中译本以及英译本中的问题, 同时补充一些材料。试举几例[5]:

1. 英译本中的问题。中译本很明显参照了 1979 年的英译本。日译者已经明确指出, 这一版有为数不少的错译和漏译问题。比如中译本第六章 239 页倒数第四段 "133 页以下" 和倒数第三段开头 "这里讲到的少量文章 ......" 之间直接漏掉了原著的整整一段内容, 这就是源自英译本的问题:

   1854. Endlich aber in Crelle, Bd. 47, die Mitteilung der Formeln, durch die in der Tat das Umkehrproblem der hyperelliptischen Integrale für beliebiges p bezwungen wird, unter dem Titel: Zur Theorie der Abelschen Funktionen (Werke, Bd. 1, S. 133ff.).

   这段内容必须补译进去:

   1854 年, 他最终在 *Crelle* 杂志 47 卷上发表的公式可以用来解决具有任意亏格 p 的超椭圆积分的反演问题, 文章题为 "阿贝尔函数理论" (*Zur Theorie der Abelschen Funktionen*, 见《全集》第 1 卷, 133 页以下)。

2. 中译本中的问题。中译本第一版 61 页倒数第三段提到, 柯西所研究的是光的散射——但原著的 dispersion 绝非散射 (scattering), 而是色散——(介质中) 光的相速度可能随光波长的变化而变化, 这与后文的柯西公式也是对应的——折射率是波长的函数, 所以此处必须加以修正。

3. 原著的讹误。中译本第一版 24 页倒数第二行提到, 高斯的长期摄动论是 1808 年出版的, 这与中译本 11 页高斯论文的列表是冲突的。实际上应当以 11 页的列表为准, 这一处错误来自原著, 所有已知的译本都没有对这里的问题加以修正。

---

[4] 不能不提及的还有热心网友的推动。
[5] 以下提及的均为高等教育出版社中译本第一版的内容。

4. 图例问题。中译本第一版 273 页的图 25 并非原著的图 25。此处的图 25 实际为图 26，图 26 和图 27 实际应合并为图 27 (两张图放在一起，作为图 27)。原著的图 25 和 282 页的图 32 实际上是同一张图。究其原因来自英译本的任意改动。

5. 补充材料。中译本第一版 276 页注释中提到了库默尔的理想论。校勘者补入了如下参考资料，读者也可参考以下内容: E. E. Kummer, *Collected Papers: Volume I. Contributions to Number Theory*, Edited by André Weil, Springer-Verlag, 1975; Weil 在库默尔文集开头的长篇序言是对库默尔数论工作的出色总结。

本次校勘旷日持久[6]，如果不是机缘巧合以及高等教育出版社编辑们的热心帮助，或许这次始于数年前的冲动就无疾而终了。在此谨向我已知所有译本的译者、关心这本书的读者以及高等教育出版社有关编辑致以我最诚挚的谢意。

赵越

2022 年 6 月 1 日

---

[6] 校勘主体在 2020 年 12 月完成 (历时近八个月)。本书涉及的数学内容实际上相当艰深，有关历史资料也无比繁杂，新的问题可能不免在校勘中产生，请读者不吝指正。

中译本序

现在呈献给读者的这部书，是一部公认的名著。为了了解这部书的意义，我们先介绍一下作者的生平和他对于数学的贡献。

克莱因 (Felix Christian Klein) 是著名的德国数学家。1849 年 4 月 25 日他出生在莱茵河畔的名城杜塞尔多夫 (Düsseldorf)。当时，普鲁士人统治着这座城市，遭到了莱茵河流域人民的激烈反对，而他的父亲就是一位普鲁士官员。克莱因也继承了普鲁士人特有的顽固、死板；他的社会政治观点也是普鲁士化的。但是，克莱因的数学作风和他的教学却十分生动活泼。他的女学生 Grace Chisholm Young 就说过，他最喜爱的格言就是 "切勿呆板!" (Never be dull)。

克莱因在杜塞尔多夫的中学 (*Gymnasium*) 毕业后，于 1865 — 1866 学年进入波恩大学，师从普吕克。当时普吕克同时有两个教职：实验物理学和几何学，而克莱因是作为物理学方向的学生进入波恩大学的，在当学生时就是普吕克的物理学实验室的助理。可是这时，普吕克的兴趣已经完全转向几何学，这就决定了克莱因一生的事业在于数学。1868 年，克莱因在普吕克的指导下获得了博士学位，博士论文就以普吕克所研究的线几何学为题。正在这时，普吕克去世了，克莱因也就不能再留在波恩了。他有好几年在柏林、哥廷根和巴黎游学。1870 年当他正在巴黎时，俾斯麦的一封故意羞辱法国皇帝的信使得普法战争爆发，克莱因也就回到了德国。在这部书的字里行间，处处可看出克莱因对法国 (包括拿破仑) 颇有微词，尽管他充分地估计了拿破仑的统治对于数学的极大的促进作用。克莱因一直得到克莱布什 (当时起领导作用的德国数学家之一) 的高度评价。他认为克莱因必定会成为当时德国的数学领袖人物，并且推荐他担任埃尔朗根大学的几何学教职。1872 年，克莱因来到埃尔朗根，他的就职演说就是著名的 "埃尔朗根纲领"。那时他还只有 23 岁。

但是克莱因并没有留在埃尔朗根，因为那个大学太小，没有几个学数学的学生。1875 年，他来到慕尼黑高工，和克莱布什的另一位学生布里尔一同工作了 5 年。他们二人都爱好教学，为学生们开设了许多高深的数学课程；他们又都热衷于数学教学的改革，例如布里尔就很关心用几何模型来教几何课，而且自己制作了许多模型。克莱因也有同样的爱好，克莱因自己制作的模型，至今仍然陈列在哥廷根大学数学系的大厅里。当时在慕尼黑高工, 有许多后来有大成就的数学家和物理学家。最著名的应该是量子物理的创始人普朗克。数学家中则可以举出赫尔维茨和龙格。其中有一些就是克莱因的学生, 例如赫尔维茨。

1875 年, 克莱因在慕尼黑娶 Anne Hegel (哲学家黑格尔的孙女) 为妻。

最重要的转折点是 1880 年克莱因成为莱比锡大学的几何学教授。当时在那里的还有著名的挪威数学家李 (李群理论的建立者)。二人之间有亲密的关系 (不仅是个人的, 尤其是学术上的)。他们共同做出了许多关于代数几何学的工作, 特别是, 李引导克莱因特别关注群在整个数学 (特别是几何学) 中的关键作用。

可以毫不夸大地说, 克莱因在莱比锡建立起了一个几何学派。克莱因在几何学里的贡献, 首先应该举出的是他提出了埃尔朗根纲领, 其中明确了几何学研究的内容就是空间在各种变换群下的不变性质。这个纲领自然应该包括欧氏几何和非欧几何, 也包括度量几何、仿射几何和射影几何。克莱因对于射影几何有特别的关注。他在这方面的贡献当然首先来自他的老师普吕克, 而且直追古典的法国几何学家们, 如蒙日、庞赛莱, 还有英国几何学家凯莱。克莱因真正脱离了度量几何的樊篱建立起射影几何。尽管凯莱一直没有接受克莱因的思想, 并且认为其中有循环论证之嫌。克莱因在非欧几何的建立上也有特殊的贡献: 他给出了罗巴切夫斯基几何的所谓射影模型, 用射影几何来说明欧氏几何和罗巴切夫斯基几何的相互关系, 得出了欧氏几何相容的充分必要条件就是罗巴切夫斯基几何也相容。这样, 他彻底解决了非欧几何相容性的问题。

尽管克莱因在几何学方面有如此重大的贡献, 他却认为自己的得意之笔, 即最重要的贡献在于继承和发展了黎曼关于复变量函数的几何理论。克莱因和黎曼并未见过面。黎曼去世时 (1866 年) 克莱因还在波恩大学读书。克莱因却是直接听过魏尔斯特拉斯的课。不过他不赞成后者的思想和方法, 尽管他们的工作多有互相交叉之处, 而且互相连接。至于黎曼, 克莱因一直公开声称自己愿继承其思想和工作。他把自己的一些最重要的成就归功于自己发展了黎曼的思想, 把黎曼关于复变量函数理论的几何思想与代数、群论、不变式论和数论结合起来; 特别是, 他自己的领域中的椭圆函数论和自守函数论就是这种结合的产物。他在 1882 年写的《代数函数及其积分的黎曼理论》一书中还把它与位势理论、共形映射以及流体力学连接起来。克莱因还对于高于四次的代数方程理论有极大的兴趣, 特别关心五次方程的超越解法。这些当然与伽罗瓦理论有紧密的联系。他在《论二十面体》一书中彻底解决了这个问题。这些又引导他进入椭圆模函数理论的研究, 由此开始了他与庞加莱的来往与争论。其中最重要的是关于单值化定理的提出与证明。

但是在莱比锡的几年工作给克莱因带来的思想负担极重, 终于导致了他的重病以致精神几乎崩溃。这以后, 克莱因的数学研究活动基本上就结束了。他后来的主要贡献就在于组织工作和数学教育。1886 年他来到哥廷根。他的目标就是把哥廷根建成领导全世界的数学研究中心之一。希尔伯特就是由他在 1895 年延揽到哥廷根的。他的目标实现了。自此, 直到希特勒的反犹太清洗使得哥廷根元气大伤, 哥廷根一直是世界上最重要的数学中心之一。

他对数学组织工作的另一个重大贡献是接手主办《数学年刊》。这份刊物本来是由克莱布什创立的。由于克莱因的苦心经营, 它终于成了具有世界影响的最重要的数学刊物之一。

从 1900 年开始, 克莱因就注意到中学阶段的数学教育的改革。他的中心主张可以用他的一句话来表述: "每一个了解这门学科 (数学) 的人都会同意, 对于大自然的科学解释的基础, 只有那些学过一点微积分初步加上解析几何的人才能懂得。" 也就是说, 应该把微积分初步加上解析几何, 纳入中学的教学大纲之中。他还主张把理论和它的应用结合起来, 所以他又说: "像阿基米德、牛顿和高斯这样的最伟大的数学家, 总是同样并重地把理论和应用统一起来。" 他还写了另一部名著《高观点下的初等数学》, 共 3 卷 (中译本由复旦大学出版社 2009 年出版)。到现在, 经过了一百多年, 人们终于认可了他的思想。现在, 世界上的主要国家都在高中阶段教一些微积分初步了。但是这部书里有许多宝贵的思想, 至今仍未受到人们足够的重视。特别应该提到, 对于这部数学史著作的许多重要问题, 克莱因也都在《高观点下的初等数学》一书里, 用通俗易懂的语言作了负责任的介绍。

1913 年, 克莱因退休, 然而他还在自己家里为人们开设数学课。本书就是这些课程讲义的一部分。

1925 年 6 月 22 日, 克莱因于哥廷根去世。

现在讲一下这部书成书的经过。根据美国数学家史密斯 (David Eugene Smith) 为美国数学会通报 (BAMS) 所写的本书的书评 (见该刊 1928 年 7–8 月号, 521–522 页) 的介绍, 曾经有人劝他写这样一部书。因为这一段历史的许多重大事件他都是亲历者, 而他自己又对这一时期数学的发展作了如此重大的贡献, 所以写这样一部著作非他莫属。克莱因当时并未同意, 因为他说这样一项大事业, 只有年轻人能够胜任, 而且自己又忙于其他事务。所以到他退休以后, 他才在自己家里为少数自己很熟悉的哥廷根数学家们作了一系列讲演。他去世后这些讲演才由他人编撰成为本书。全书分 2 卷, 第一卷由柯朗 (Richard Courant) 和诺伊格鲍尔 (Otto Neugebauer) 编辑, 第二卷则由柯朗和康福森 (Stephan Cohn-Vossen) 编辑, 1926 — 1927 年由 Springer 出版社出版发行。后来又有多家出版社印行过。这部书很早就有俄文译本, 可惜国内一直没有见到。1979 年出现了由 R. Hermann 编辑的 M. Ackerman 的英译本。

读这部书有一个感觉: 你好像是在读克莱因的回忆录。以第一卷而论, 本书从系统地介绍高斯开始, 明确地指出, 19 世纪的数学区别于以前的数学的特点之一在于纯粹数学与应用数学的分离。尽管克莱因的主要思想是数学的理论与实际应用的融合, 他却认为这两个部分的分离是数学进步的表现, 终究使得人们有可能更深刻地认识大自然; 而进一步他还说, 科学的目的不只在于认识大自然, 更在于利用这种知识达到自己的目的。

他对高斯歌颂如天人, 部分地 (或者说主要地) 就在于此。对于黎曼, 他同样极为崇敬,
原因也在于此。本书接着讨论了法国巴黎高工和德国的柏林大学对于数学发展的贡献,
展开了他关于数学在 19 世纪的发展的社会政治条件的许多评论。然后他就以主要力量
展开了他自己最关心的数学分支的讨论, 当然关注最多的数学家是与他关系最密切的
一批。这样就难免引起人们的议论。例如英译本编者在指出克莱因具有直言无隐的性格
特点的同时, 也尖锐地批评他难免固执和偏见过多。对此, 译者愿意谈谈自己的看法: 数
学是全人类的事业, 19 世纪以来, 数学的领域已经空前扩大, 又有成千数学家参与数学
的创造, 谁也不能说自己能对数学有全面的了解, 说自己的看法才是公正的、无偏见的。
人们在讨论, 在交流, 而在讨论和交流时, 不一定能那么平顺、冷静, 热烈的讨论常有片
面性甚至火气。曹丕在《典论·论文》里说: "文人相轻, 自古而然。" 他又说: "夫人善于自
见, 而文非一体, 鲜能备善, 是以各以所长, 相轻所短。" 所以, 文人相轻并不可怕, 这时
常是认识过程中必然出现的。当一个人倾全力沿着一条道路去探求真理时, 他当然觉得
自己的道路是对的, 甚至是唯一合适的, 所以 "各以所长, 相轻所短" 也是很自然的。甚
至 "家有敝帚, 享之千金" 也是常有的事。真正重要的是要有思想, 越深刻越好。克莱因这
部书的一个特点是有突出的思想性, 不仅他本人富有真知灼见, 他对其他人的评论也是
从思想角度出发, 而且不只是评论个人的思想, 还包括对一个时代的风尚的评论, 使你
感到他评论的就是今天的事。而且因为许多事是他所亲历, 许多人是他的师友乃至 "对
立面", 娓娓道来倍感亲切。时常穿插一些逸闻趣事, 用这本书的说法, 叫做 "具有人性的
兴趣"。

　　然而, 对于这部书的读者, 最有价值的当然是克莱因对自己和他人 (包括高斯和黎
曼) 的数学成就的实质的评介。对于数学这样一门科学, 这样做有特殊的困难。克莱因指
出, 要想真正理解一个数学理论, 唯一的办法是在自己的头脑里把这个理论重新创造一
番。这当然是过高的要求, 而用我们常用的比较不那么高的标准来要求, 就是要自己认
真把它弄清楚。如果没有专门的训练, 这几乎是不可能的事。克莱因在书中特别以当时
人们对伽罗瓦理论的讲解为例, 克莱因干脆说都没有讲好, 甚至不可能讲好, 这当然是
就他在自己的研究工作中对伽罗瓦理论的实质的体会而言的。所以为了传播数学知识,
就免不了用一些通俗的、类比的语言。这样做自然会产生一种情况: 当听者以为自己已
有所得时, 真正的内行会觉得连皮毛也不是。在这种无可奈何的情况下写这样的书, 克
莱因说只能采取他称之为 "好心的哄骗" 的方法, 也就是说简单化和表面化是难免的。甚
至他当时的听众——许多人已经是哥廷根的成熟的数学家了——尚且有这样的感慨,
对我们这些一般读者, 困难更加可想而知了。然而, 克莱因这部书在这方面取得了很大
的成就。它不但使你想读下去, 而且确实给你讲了不少数学知识。这与那些只介绍历史
事实而不讲解数学的数学史著作有极大的区别。克莱因在这方面有特殊的才能。这部书
让你对于他的研究, 对于那个时代的数学 (还有力学和物理学) 的重大进展到底是什么,
至少有一个初步了解, 而且会有一种自己再钻研下去的欲望! 译者前面提到克莱因的另

一部名著《高观点下的初等数学》，克莱因甚至把自己关于二十面体的理论的某些成果作为中学教师暑期讲习班的内容！克莱因作为一位伟大的教师的风采可见一斑。可见一部书是否真是名著，当然主要看它是谁写的，是怎么写的，但是，从中能得到多少益处就要看读者怎么读了。我想，对此书的介绍可以就此打住了。

下面是此书第一卷的译文。第二卷的内容是不变式论和狭义相对论。

此书第一卷有英译本。译者是 M. Ackerman，收入由 R. Hermann 主编的一套丛书中。由 Hermann 撰写的序言对了解本书的基本思想很有价值，所以也译成了中文，放在书前。英译本加的一些脚注也都一概收入。因此此书有许多脚注。有克莱因本人的，有德文版编者的，有英译本编者的，有英译本译者的，当然还有中译本的。除了克莱因本人所作的脚注未加标记外，脚注里均一一标明，以示文责。中译本对书中涉及的许多数学家都尽可能地查出他们的生卒年月与国籍。有时有一些形容词，如"伟大的"之类，时常就不一定靠谱了。原书有一些文字或印刷上的瑕疵，我作了一些修改。有时为阅读方便，我也作了一些文字上的修饰。这些在文中均未声明。总之请读者多多赐教，不要过分地伤及这部名著的风采，是我自己最低限度的要求。

英译本序

科学史中有这样一类经典著作: 它们写得十分生动有趣, 具有可读性; 本书就是其中之一。更有甚者, 本书还是由一位最伟大的数学通才所写的, 书中提纲挈领地包含各种至今还非常有用的、堪称典范的数学思想。

如果这还不够说明翻译本书的动机, 那么它在说明 19 世纪科学的两个侧面上也是很有价值的, 而对这两个侧面我们现在几乎完全是茫然无知的, 这就是几何 (包括微分几何和代数几何) 和数学物理。我们习惯于用科学在 "进步" 这样的思想看问题, 所以很难理解有些事情其实一百年前人们理解得还好些! 肯定地说, 我们现在的研究生教育制度中的每件事情都是按照亨利·福特 (Henry Ford, 1863 — 1947) 衷心赞赏的 "历史是空话" (history is bunk) 这样一种思路来设计的, 以此对学生洗脑[1]。从克莱因的书中, 我们还能窥见那个失去了的天堂的一斑, 在那里, 在纯粹与应用数学之间, 在数学与物理学之间, 还有一些内在联系与交流; 虽然在克莱因的时代, 那种今天盛行的专门化和 "重新发明车轮"[2] 的趋势已经存在了。请注意, 克莱因对于他那个时代的思想气氛的许多抱怨, 其声音到今天还可以听到!

和对希尔伯特的文章一样, 我不对原文作直接的评论, 而是附加了一些现代的论题, 并对这些论题加以说明[3]。我相信, 这会有助于理解克莱因的真意。然而, 这些评论不是为初学者写的, 而是为那些至少懂得流形理论的初步的人写的。我们现代的流形上的微分和积分理论, 恰好就是体现在克莱因和与他旗鼓相当的大师们身上的传统的自然的延续。我确信, 如果克莱因能够看到一种想要重新恢复以下各个学科的联系的动向, 他一定会很高兴的: 这些学科就是几何化的数学、物理学、工程技术等, 力学的微分几何方法, 在非线性波和场论中微分几何方法的应用, 还有控制理论。

有一个我很喜欢的数学神话, 说是克莱因和李把群论瓜分了 —— 克莱因拿走了离

---

[1] 亨利·福特就是美国汽车大王。这句话的意思是: 要尊重现在, 而不要太相信历史。原话出自 1916 年 5 月 25 日《芝加哥论坛报》对他的访谈, 原话是: "历史或多或少是些空话。它是传统。我们不需要传统。我们要的是我们生活的现代, 唯一的还值一分钱的历史, 是我们今天正在创造的历史。"—— 中译本注

[2] "发明轮子" 是一句美国俗语, 意思是干一些早就解决了、因而毫无意义的事情。—— 中译本注

[3] 英译本有一个很长的附录。因为它主要反映了 R. Hermann 的观点, 所以没有纳入中译本中。—— 中译本注

散群, 李拿走了连续群。(我忘记是在哪里读到这个故事的, 可能是在 E. T. Bell 的书中。) 在我们的时代, 关于离散群与数论和代数几何的关联的知识大大地拓展了。这也是完全符合克莱因的传统的, 然而, 因为我关于这些领域的知识仅限于与我自己的工作相关的那一部分, 我就不打算对这个方向作评论了。

这本书的风格部分地表明, 克莱因对于科学、文化和一些个别的人, 评论起来总是直言不讳地表明自己的观点。有些观点是深刻而有意义的, 有些则是小气、刻薄而且顽固的。然而, 我感到, 他关于直觉在数学中的重要性的论述, 关于应用在指导这种直觉中可能起的作用的论述, 是很有价值的。我们有所谓的 "纯粹数学" 已经 50 多年了, "纯粹数学" 只是按照自己内在的逻辑要求在发展, 我很愿意来与人们争辩, 迄今为止的结果仍然不及克莱因在本书中所叙述的 19 世纪的光辉业绩。说真的, 对于今天的数学, 最好的事情可能就是继续我们已经在 19 世纪开始的工作。

我要感谢 M. Ackerman 在把本书翻译成英文时所付出的赫克里斯式的辛劳。那些读过他的稿子的人都评论说: 这个英文译本把克莱因的复杂的德文散文多么流畅而又优雅地翻译成了英文。我还要感谢 Karin Young 的出色的打字工作。

德文版前言

几乎还从未有过哪一位历史学家的著作具有如此强大的魅力，并能如此透彻地洞察历史的本质，就像一位身居政坛高层、久经政治沧桑、影响世界政治命运的伟大政治家一样，能把超乎常人的精神上的个人魅力和艺术的、创作的能力完满地结合在一起。

这样的著作在政治历史上已然是绝无仅有，在精密科学历史上更是弥足珍贵。所以，当菲利克斯·克莱因在一年前撒手离开人世时，不再犹豫结集出版其关于 19 世纪数学和数理历史的讲座报告就显得尤为必要。

这些讲座报告是科学事件中一个沉甸甸的生命结出的丰硕果实，是超越常人的智慧、深邃的历史感知的表达，是高层次的人类文化和杰出的创造力的表现，它必将对所有数学家和物理学家，以及远远超出这一范畴的更大的人群产生极大的影响。在当前，人类的目光太流连于当代，就连科学亦是如此。人们在看待局部时习惯于将它非正常地无限放大并赋予夸张的意义，而忽略了整体。在这样一个时代，克莱因的著作能让许多人重新睁开双眼，从总体上认识科学的关联和发展轨迹。

克莱因的这些讲座报告在他生前就以无数种打印抄本广为流传，创造了一个无可比拟的奇迹。第一次世界大战期间，克莱因在他的住所为很亲密的朋友们做了这些报告，断断续续，一直坚持到 1919 年。报告的最初起因是他计划在当代文化的框架下准备一次较大的阐述。但是这个想法终未实现。克莱因本人在其人生的最后几年一直在考虑，将这些报告作为自己一生工作的一个总结，再次彻底整理、补充，并将它们作为独立的著作出版。

疾病和死亡最终阻止了计划的实施，留给那些被委以出版克莱因遗作重任的人来做艰难的决定：是否以及在何种程度上对这些报告加以补充和更改。我们最终决定，尽最大可能忠于克莱因的原稿，尽可能只局限于勘误、标注少量的附注以及纯粹进行外观形式的改变。毫无疑问，现在这部著作所呈现出来的形式带着断片和未完成的印记，与其说是完整的历史表述还不如说更像是草稿，其结构特征毫无疑问是不统一的。除了对最普遍的关注点和流行的风格进行阐释，我们还发现许多具体的表述，尤其是在书的最后部分。第二卷更是特别着重于唯一的一门学科，即不变量理论和相对论的历史发展。他并非平均对所有方向进行历史表述，举例来说，数论、代数和集合论就不占多少笔墨，其他某些阐述和评价或许也有些主观。原本计划撰写的关于"庞加莱的思想"和"李群理论"的章节全都没有完成。但是所有这些瑕疵与克莱因手稿从四面八方让我们感知到的鲜活的精神相比又算得了什么呢？也正因为如此，对他的著作进行更改或者补充在我们看来就是一个不当的行为，哪怕完成这项工作并不算太超出我们的能力范围。

出版过程中浩繁的工作大部分由两位编辑中较年轻的一位一力承担[1]。

除此以外，我们还想对给出宝贵建议和在校对方面提供帮助的一众同行表示感谢。特别要感谢慕尼黑的卡拉特沃多利先生、代尔夫特的施图易克先生和汉诺威的缪勒先生，还有哥廷根的贝塞尔－哈根先生。他们细致地审阅校正书稿，对某些历史事实的准确性把握对出版人来说具有无比珍贵的价值。

哥廷根，1926 年 8 月

R. 柯朗 (R. Courant, 1888 — 1972)

O. 诺伊格鲍尔 (O. Neugebauer, 1899 — 1990)

---

[1] 指诺伊格鲍尔，他于 1990 年去世。——中译本注

目录

引论

有过许多人尝试去理解我们时代的理性生活，并且将它的最重要的方面简要而概括地表示出来. 每一个对数学有兴趣的人都很明白，如果打算对现代文化生活的各个要素作这样的概括，绝对不能忽略我们的科学——数学. 必须努力赋予数学以应有的地位: 它是人类精神最古老而又最崇高的活动之一，又是人类精神发展的指导力量之一——不幸的是，它在受过教育的人们的心目中极少得到这样的地位，至少在我们德国是如此. 有一个情形要对这个不愉快的情况承担主要的责任，这个情形一直是解决上述问题的道路上的最大的困难. 和其他科学不同，数学是建立在少数几个原理之上的，而这些原理依据的则是几个不可逃避的法则. 它的这个独有的特性，使它区别于人类心智所创造的任何其他产物，赋予它以著名的 "清晰性"，同时也使它成为所有科学中最难接受的. 不管什么人，想要进入它，就必须在自己心里，依靠自己的力量，一步一步地把它的发展再现一次. 所以，哪怕是掌握一个数学概念，如果不能把它所赖以创立的所有其他概念以及它们的相互联系都加以消化，也是不可能的.

数学的这种尖锐的孤立性自然使它引不起外行的兴趣. 因为外行人的目的只求大概地掌握他所不熟悉的这一学科的要领，领略一下数学的特殊性和数学的美. 然而，如果要在这方面有所收获的话，那么对于究竟最值得做什么，就要受到很强的限制. 有可能只对数学家想做什么加以描绘，也可能只对我们的科学——数学——不断进展中囊括的问题之广阔无垠给出一个图景. 而且我想说，如果不搞一点 "好心的哄骗"，这是做不到的. 每一件系统的东西，如果理解起来需要下特殊的功夫，这些东西就必须尽量减少到最低限度. 另一方面，历史的发展则必须放在最显著的地位. 因为读者会被他天生就有的发展一件事物的兴趣所推动. 他会相信，他已经走得更接近了，哪怕实际上他只是掌握了一点皮毛. 这就是一种 "好心的哄骗"，没有它，对这个封闭的领域的任何普及都是办不到的. 最后，强调数学对于邻近领域的影响，描述它与整个文化生活的关系，将为每一个有教养的人提供某种起点.

描述数学在 19 世纪的发展，比之描述数学在古代或中世纪，甚至是 16、17 和 18 世纪的发展要困难得多. 因为古代和中世纪的数学只需要处理相对初等的主题; 而 16、17 和 18 世纪则形成一个具有基本上同一特性的时代，外行人通过考虑它和数学相近领域的关系就容易掌握其结果. 但是与 19 世纪作一比较, 就立刻显示出情况有多么大的区别.

在 16—18 世纪这个较早的时代, 最重要的是微积分从 1700 年左右开始的发展. 它为掌握力学与天文学提供了全新的可能性. 它在两位法国数学家的著作中达到了高潮, 这两部著作虽然都是在 19 世纪完成的, 但在形式和内容上都属于 18 世纪. 它们就是:

拉格朗日 (Joseph-Louis Lagrange, 1736—1813, 法国数学家) 的《分析力学》(*Mécanique analytique*) 共 2 卷, 1811—1815 (第一版 1788, 合为 1 卷).

拉普拉斯 (Pierre-Simon Laplace, 1749—1827, 法国数学家) 的《天体力学》(*Mécanique céleste*) 共 5 卷, 1799—1825.

任何一个关心科学的发展的数学家都应该知道这两部书, 甚至在今天也是如此. 可能我还应该加上

勒让德 (Adrien-Marie Legendre, 1752—1833, 法国数学家) 的《积分学练习》(*Exercices de calcul intégral*) 共 3 卷, 1811—1819.

因为此书把到那时为止研究积分的结果都编制出来了, 而且着重于数值计算. (椭圆积分与欧拉积分表; 请回想一下, 十进制小数直到 1500 年左右才逐步建立起来, 其后在 1600 年左右才随之发现了对数.)

除了在应用数学中的这些伟大成就外, 18 世纪在纯粹数学中类似的进展也并不少见. 我可以提出牛顿的《三次曲线枚举》(*Enumeratio linearum tertii ordinis*), 还有欧拉和拉格朗日在代数方程方面的巨大进展, 很大一块数论, 还有椭圆积分的加法定理, 也都大大依赖于他们二位, 这还只是略举数例而已. 然而, 在纯粹数学方面的独立的工作, 同把纯粹数学与应用数学结合起来回答时代的要求所取得的强有力的创造相比, 就相形见绌了.

19 世纪则表现出完全不同的特性. 当然, 应用数学并未止步, 而且可以说它占领了越来越大的疆域. 只需举出整个 "数学物理" 的创立, 这个在物理学除力学以外的各个领域中所用的理论工具就足以证明. 然而, 现在纯粹数学以两种意义同样重大的方式大踏步地前进. 其一是创造了全新的领域, 例如单复变函数论和射影几何; 其二是对于继承下来的科学财富进行了严格的检验, 以适应重新觉醒的对于严格性的感觉, 而在 18 世纪, 由于过多的新创造这种感觉多少被压制了.

这些新的思维方向, 还有如法国大革命这样的巨大社会变动及其后果, 都对科学生活产生影响. 各种观念的民主化导致了文化的传播, 而且在文化内部又产生了各个科学分支的严格的专门化. 为了回应时代的需要, 教学的意义越来越大了. 专业的生活不再受到身份与阶级差别的限制. 这就造成了一个此前难以想象的涌向科学研究的浪潮, 因为科研被视为新的重要的教学职业的一种训练. 这样开始了科学生活重心的转移; 中

心不再是科学院, 而是师范学院与工业学校. 在法国, 第一步是巴黎的高等师范 (*École Normale*) (以下简称高师或巴黎高师) 的建立, 这个发展以蒙日 (Gaspard Monge, 1746—1818, 法国数学家) 1794 年在巴黎建立 "多科性工业学校" (*École Polytechnique*, 以下简称高工或巴黎高工) 而腾飞, 而在德国则有雅可比 (Carl Gustav Jacob Jacobi, 1804—1851, 德国数学家) 于 1827 年在哥尼斯堡建立了一个类似的机构.

从这时开始了我们上面提到的科学的专门化, 这是在科学面临的问题范围和多样性都极大增长的压力下出现的. 数学从天文学、大地测量学、物理学、统计学等学科中分离出来了. 专业数学家的数量增加得无法计数, 而且分布在遥远的国度里. 由于独立的研究工作如此丰富, 甚至最博学的杰出头脑也无法既能内涵地做出某种综合, 又能外延地仍然产生新结果. 再也没有那种生动的一致性, 取而代之的是数量巨大的文献——各种刊物——还有大型的国际会议和其他组织, 它们都力求保持某种表面的和谐性.

毫无疑问, 科学生活的许多有价值的特性都在这种新的纷纭发展中不复存在了, 我们多么羡慕 18 世纪代表我们的科学的那一小群优秀的人啊! 那时, 他们在学术职位上, 不受国籍的限制, 联合在一起, 不断通过个人的通信来交换思想, 他们把最富有成果的科学创造性和人格理想的适度而且和谐的发展结合起来. 那时的学者们在自己的领域之外有广博的学识, 他们知道自己与作为一个整体的科学的发展, 总有活生生的联系, 而这还只是总的图景的一个特点. 我们记得, 牛顿的引力理论是通过伏尔泰 (François-Marie Arouet, 1694—1778, 伟大的法国启蒙思想家, 伏尔泰 (Voltaire) 是他的笔名) 在法国得到流传的. 那个时代普遍的追求已经超出了科学, 而是寻求与所有的文化价值, 与宗教、艺术和哲学的联系. 处处都可以感觉到完善人性这一伟大的工作. 这样说的证据就是, 那时有一种趋势, 对每一项个别的科学工作都要进行连贯的周到的推敲说明, 而且完整地、自身完备地公之于众. 拉普拉斯在出版《天体力学》一书同时还发表了一本为一般公众所写的《世界体系的解释》(*Exposition du système du monde*), 他的《概率的解析理论》(*Théorie analytique des probabilités*) 也伴之以另一本《关于概率的哲学随笔》(*Essai philosophique sur les probabilités*). 当然, 要想得到晶莹剔透的、自身完备的、陈述经典的美, 是要付出代价的. 你不能从哲学杰作中推断出它们是怎样写出来的. 因此读者也就不能领略其中的乐趣: 一个独立思考的人的最大乐趣, 是在大师们的指导下, 通过自己的活动, 重新得出这些结果. 在此意义下, 这些经典时期的著作没有真正的教学上的意义. 这种意义就在于不仅要使读者得到乐趣和教益, 还要激起他自身的力量, 以便透过书本, 刺激他自己的活动——例如蒙日、雅可比甚至还有法拉第的作品就有这样的效果——这种思想完全属于 19 世纪[1].

---

[1] 这一段话, 严格地说只适用于 18 世纪末期. 例如欧拉就总是引导着读者沿着自己所走的路前进, 警告他们要避免的错误, 还时常讲他自己在找到正确道路以前走过的冤枉路. 他也会报告尚未解决的困难, 尽可能地指出他认为应该试一试的途径, 而他总是鼓励读者自己工作. 克莱因未能领略到欧拉的这种态度, 有一个简单的解释: 他承认, 自己从来没有透彻地研究过这位大数学家的著作.——德文本编者注

如果我们抛弃了 18 世纪那种关于普遍性的理想, 而由于种种原因我们也不得不抛弃它, 那么我们在思索当今做科学研究的通常程序时, 时而回想一下这个理想的好处还是很适合的. 在每个文明国家里, 现在都有成百的正在产生成果的数学家, 他们每个人都只掌握自己的科学的一小块, 所以很自然地认为, 对于他, 这一小块的重要性超过其余的一切. 他把他的劳动成果写成互不相关的一篇一篇的论文, 发表在散居各处而且使用各种不同的语言的刊物上. 其陈述方式只是为了少数专门的同行, 而不想指出其与更一般的问题有任何联系. 所以, 它们很难为相近领域的同行所接受, 而对于更大范围的人就是完全不可能接受了.

我们现在的工作并不是向往恢复已经失去的东西, 也不是去列举可以作为补偿的当今的种种好处. 这里也不是建议各种改进措施的地方. 宁可说, 这些情况向我们提出了一个问题: 怎样在这些复杂的、难以概述的情况下找出一条出路? 我们怎样才能对更广大一些的公众, 对一个本身就缺少统一性和协调性的发展给出一个比较清楚的陈述?

我愿提出以下的观点. 把一门学科的要点就那么一下子都集中起来, 肯定是一件重要的工作. 但是, 这是我们的巨著《数学科学百科全书》(*Enzyklopaedie der mathematischen Wissenschaften*) 的任务[2], 我们从一开始就把我们的工作与那本书的任务区别开来. 我们的目的绝非简单地给出 *Enz.* 的缩写本. 我也不赞成另一个相关的想法, 即列举出数学的主要领域并系统地加以叙述. 我宁愿把一些我所选择的概述放在一起, 在这些概述中, 我将对于一些杰出人物的生平和工作, 或者某一学派的目标和结果作一介绍. 在这里, 我决不声称有任何的完备性, 而且略去了详细的预备性的研究. 我只不过是想表述出一项成就的一般特性和意义.

在本书开始处, 我不得不用很长的一章专门讲高斯. 高斯不仅在年代上站在 19 世纪的起点, 他也是我们的科学在 19 世纪的许多新发展的起点. 通过考察高斯这样伟大的人物来引入我们的研究, 是特别合适的, 因为在这个人身上, 我们看到了 18 世纪和 19 世纪两个时代的精神的独特而且令人愉快的结合, 高斯正是站在这两个时代的转折点上.

从外在表现来看高斯, 就是从他对于同时代人的作用的性质来看, 高斯完全属于 18 世纪那种类型. 对于他, 科学交流就在于和少数优秀人物的大量的通信, 他的工作的经典形式, 与他的任何一个先行者都毫无区别. 除了这些显著的特点以外, 还要加上他公开宣称自己厌恶教学 (但是这里的教学只能理解为教初等的课程, 因为他并不反对教导少数有才能的学生). 在这一点上, 他比年长的蒙日更保守, 因为蒙日通过创建巴黎高工 (1794 年) 预见了 19 世纪数学的发展. 但是, 蒙日的数学思想领域还完全属于 18 世纪, 只有高斯才用他的完全现代的思想真正开辟了 19 世纪这个新时代.

---

[2] Leipzig, 1894 — 1904, 以下简记为 *Enz.* —— 英译本译者注

第 1 章　高斯

先介绍高斯 (Johann Carl Friedrich Gauss, 1777—1855) 的生平:

1777　生于不伦瑞克 (德文常拼为 Braunschweig, 英文拼作 Brunswick),

1795—1798　哥廷根 (Göttingen) 大学学生,

1799　黑尔姆施泰特 (Helmstedt) 大学毕业, 在不伦瑞克依靠非公职收入[1] 为生,

1807—1855　任哥廷根天文台台长和教授,[2]

1855　去世.

高斯的著作很容易在哥廷根科学会出版的《高斯全集》(Werke, 以下简称《全集》) 里找到.[3]

应用数学

我想从高斯关于应用数学的工作开始, 因为正是从这个领域最容易完全地理解高斯的成就, 高斯在这个领域的研究动机有时源自外界, 但是高斯以他所独有的研究纯粹数学问题的功力, 来陈述与解决问题, 用他自己的话来说, 就是: "如果还有没有完成之处, 就等于什么也没有做" (Nil actum reputans si quid superesset agendum) (见《全集》5: 629).

他在这个方向上的活动, 可以按年代划分如下:

---

[1] 主要依靠不伦瑞克公爵资助. —— 中译本注

[2] 哥廷根天文台从 1811 年起, 在哲罗姆时期, 就认真地筹划建立 [哲罗姆 (Jerome Bonaparte) 是拿破仑 (Napoleon Bonaparte) 的弟弟, 当时拿破仑从普鲁士手上夺取了易北河以西的广大疆土, 建立了所谓威斯特伐利亚王国 (Kingdom of Westphalia), 并任命自己的弟弟哲罗姆为国王 —— 中译本注], 而在汉诺威王国复国后的 1816 年才完全建成.

[3] 全集各卷内容如下:

1.《算术研究》(Disquisitiones Arithmeticae)　2. 高等算术　3. 分析　4. 概率论和几何　5. 数学物理　6. 天文论文　7. 理论天文学　8. 卷 1–4 补遗　9. 大地测量, 卷 4 续　10,1. 纯粹数学补遗; 日记　11,1. 物理学补遗　10,2. 以及 11,2 各卷包含关于高斯的未发表科学著作的论文.

1800 — 1820	天文学,
1820 — 1830	大地测量,
1830 — 1840	物理学,

当然, 这里的年代只是粗略估计.

正是由于高斯的天文学的工作, 他从 1807 年起, 成了哥廷根天文台台长, 这个位置自然地刺激了高斯继续研究这门科学. 他的工作集中在两项大发现上:

1. 重新找到谷神星 (Ceres), 并且改进了决定其轨道的方法;

2. 他对摄动理论的工作, 特别是关于智神星 (Pallas) 摄动的计算.

这两项成就绝对是高斯个人所特有的, 但也是来自那个时代关于科学的生动的概念. 那时, 在实际需要和理论创造之间还没有什么壁垒, 关于这两个问题的那些广泛的工作, 那些甚至纯粹从数学前景看来也是极富成果的工作, 也是直接与外在的实际驱动相联系的.

1801 年 1 月 1 日, 皮亚齐 (Giuseppe Piazzi, 1746 — 1826, 意大利天文学家) 发现了第一个小行星 —— 谷神星, 而我们现在知道有好几百个小行星分布在火星和木星之间. 然而, 谷神星这个新天体的轨道只能在很短的时间区间里观察到: 因为, 只要划过 9° 这样小的弧段, 它就又消失在黎明的天空里, 而不再出现. 于是产生了如何从这个新天体的很少的观测数据决定其轨道的问题. 当时存在的决定轨道的方法在此不能应用, 因为这些方法都是基于反复观测的大量数据的, 例如关于已知的行星的数据都是从远古起就收集起来的.

于是高斯就着手下面的工作, 就是从 3 组完整的观测数据 (每一组完整的观测数据都包括时间、赤经和赤纬等 3 个数值) 来决定谷神星的开普勒运动. 从数学上讲, 这就意味着决定一条空间圆锥曲线, 但已知其一个焦点 (即太阳) 的位置, 以及此圆锥曲线与 3 条已知直线的交点的位置 (这些直线就是从地球到谷神星的视线, 而且地球自己也是在一个椭圆轨道上运动的), 还有谷神星扫过其轨道在这些直线之间的弧段所需的时间 (由时间再利用开普勒第二定律就可以算出这些弧长). 这个问题导致一个八次方程, 其一个解, 即地球轨道是已知的. 再以物理条件为基础, 把我们所求的解与其余 6 个解区别开来.

解决了这个问题, 并且直到最小的细节都从数值上处理好, 这是当时年仅 24 岁的高斯的伟大成就. 他在这项工作中使用了一种他专门为此创造的可以用于多种目的的近似方法. 进一步, 他还在 4 组不完整的观测数据基础上计算了谷神星的轨道, 并且用最小二乘法把这两个结果联合起来, 这个最小二乘法按他自己的说法, 他在 1795 年就已经掌握了, 虽然没有发表. 就这样, 他得到了如此精确的结果, 使得后来按照他的指示确实又重新找到了谷神星; 其实际位置, 比按照粗糙的圆轨道近似方法算出来的位置, 要偏东不少于 7°. 这个光辉的结果有着更广泛的受众, 所以给年轻的高斯首次带来很高的声望, 直到今天, 这仍然是他的最负盛名的成就之一.

高斯在他关于谷神星的工作的基础上, 还把他的方法推进了一步, 创作了他的伟大著作《运动理论》(*Theoria Motus*) (见《全集》7: 1 页以下, 1809 年由 Perthes 出版社出版)[4]. 这本书马上就成了计算天文学的法典, 因为它有处理天体力学问题并且一直得到数值结果的可以仿效的方法. 这本书是以一种经典的方式写成的, 这种写法的目的是给读者造成一种印象, 即本书已经有了一个完善的结构, 再不需参考其他书籍; 而不是通过揭示其基础和做法的细节, 来满足读者对于这个工作的起源的兴趣.

很自然地, 高斯所应用的方法后来得到了推广和改进. 正如高斯本人在此领域中也不是没有先行者一样, 在此只举出两个名字: 拉格朗日是先行者, 而吉布斯 (Josiah Willard Gibbs, 1839 — 1903, 美国物理学家和数学家) 则是后继者. 这个科学分支的详细历史可以在赫格罗茨 (Herglotz) 发表在 *Enz.* 上的一篇论文 "行星和彗星轨道的确定" (*Bahnbestimmung der Planeten und Kometen*) (*Enz.* VI, 2) 中找到.

我们现在转到他的第二组关于天文学的工作, 即关于摄动的工作. 这也是由一项发现, 即智神星的发现引起的. 智神星是高斯的敬如父辈的朋友奥伯斯 (Heinrich Wilhelm Matthias Olbers, 1758 — 1840, 德国天文学家) 在 1802 年 3 月 28 日发现的. 它的特点是, 其轨道有很大的离心率 ($e = 1/5$) 和倾角 ($i = 34°$). 因此, 其他行星对它有很强的影响, 这意味着它特别有趣. 但是同时这也意味着计算它的轨道特别困难. 巴黎科学院曾一再悬赏以激励这个问题的解决, 而终无结果. 需要有高斯那样大师般的计算才能和顽强坚持的能力, 才能考虑来试一下对付这个问题. 但是高斯并没有把这件事做完满, 这确实是一个悲剧. 从布伦戴尔 (Brendel) 于 1906 年在《全集》第 7 卷中发表的非常广泛的计算可以看出, 高斯付出了巨大的努力. 而且, 高斯在他的学生尼科莱 (Nicolai, 高斯说此人是一个 "进行计算不知疲倦的年轻人" (*iuvenem in calculis perficiendis indefessum*)) 的协助下, 算完了木星和土星的摄动, 以后高斯停了下来而没有完成.

这件事特别令人吃惊, 因为有许多迹象表明高斯本人对这个问题有极大的兴趣. 1812 年 —— 请回想一下当时德国的政治形势 —— 高斯发表了一个神秘的字谜, 把数码 1 和 0 按特别的次序排列起来, 其中包含了他在智神星运动上的最重要的成果 (见《全集》6: 350 页). 这个密码到今天也没有被解出来, 尽管布伦戴尔作了很大的努力, 但是高斯本人在给贝塞尔 (Friedrich Wilhelm Bessel, 1784 — 1846, 德国数学家和天文学家) 的一封信里宣布了其内容 (见《全集》7: 421 页). 按此说法, 这个字谜里包含了这样一个命题: 木星和智神星的平均运动之比在一个固定的有理值 7 : 18 附近振动, 所以存在天平动.

---

[4] Hamburg, 1809. 现有英译本, 书名为 *Theory of the Motion of the Heavenly Bodies Moving about the Sun in Conic Sections* (New York: Dover), 1963. —— 英译本注

是什么方法引导高斯得到这一个和其他的重要结果? 他像其他在他以前所有的数学家和天文学家一样, 使用了无穷三角级数, 但其变元则视所处理的问题而定, 系数则由对定积分的数值处理 (机械求积) 得出. 在此, 如果你希望高斯能够估计出由此产生的误差 (这是由于只取级数的有限项产生的), 那就难免会有些失望——虽说高斯在他的 1812 年关于超几何级数的研究中就第一次给出确切的收敛性判据; 然而人们找不到高斯有过任何估计误差的考虑. 相反地, 高斯在此仍然从俗, 在级数的个别项对于他已经足够小的时候就进行截断, 以后在他的关于测地的计算中他也是这样做的.

事实上, 不久前, 斯特鲁威的学位论文[5] 指出, 智神星在 1803—1910 年间的轨道用高斯的一阶摄动来表示并不完全, 他认为, 要想与观测结果达到充分的吻合, 就必须进到三阶摄动.

一个现代的纯粹抽象学派的数学家, 看到高斯在实际问题和理论问题上做法如此不同, 可能会大为吃惊, 即便高斯是严格收敛性判据的创造者. 因为很清楚, 这个方法可能得到完全错误的结论, 因为它在逻辑上没有很好地论证过.

这个矛盾只能通过对于心理的洞察来解释, 因为只有那些对于达到指定的目的有意义的东西才是有趣的. 对于纯粹数学家, 这个目的是: 对于所选择的主题的全部可能性, 得出一个完整的体系, 并从一般的观点出发加以彻底的研究和整理. 在这里他的主要工具就是对各种特例进行严格的逻辑的区分与排列. 所以, 那些人为地造出来的例外情况, 对于他, 与自然产生的情况具有同样甚至更大的意义. 他不为是否有实际应用操心, 而实际应用可能更看重那些自然产生的情况.

另一方面, 从事计算和实际问题的数学家的目的则是获得数值结果. 因此他忽略了对他的方法的精密的逻辑论证. 他或多或少地依靠他的数学本能, 这种本能指导他暗地里采用必要的假设——例如改变某些项的符号, (假定) 它们的和会无限减小. 至于论证那些为了得到进展就必须使用的程序是否合理, 与其说他是理解到其合理性, 还不如说他是感觉到了, 对观测结果作反复比较就提供了这种合理性的论证.

为了便于研究高斯的著作 (特别是他的早期文献), 我愿意再加上一点说明: 对于 "收敛" 一词的用法, 高斯和我们并不一样. 对于一个级数, 如果它的各项, 从某一点起无限减小, 高斯就说这个级数是收敛的, 而我们所理解的 "收敛" 则是级数的部分和有一极限值. 高斯是第一个注意到这个差别的人, 而且也是第一个给出我们意义下的收敛性准则的人, 这两点都见于他 1812 年关于超几何级数的论文中. 对于我们会说是收敛的级数, 他有一次说成是 "从初项开始的有限和有一确定值" (*summam finitam ex asse determinatam perducet*) 的级数 (见《全集》3: 126 页).

在这一段简短的题外话以后, 我愿回到高斯为什么中断了他花了那么大精力, 并

---

[5] G. Struve, 《智神星在 1803 至 1910 年间的轨道的根据高斯的理论的表示》(*Die Darstellung der Pallasbahn durch die Gauss'sche Theorie für den Zeitraum* 1803 *bis* 1910), Berlin 1911.

已取得那么大成功的关于智神星的工作. 我们所见到的这种现象, 在高斯创造性的一生中并非是唯一的, 他时常不发表他的最美的结果. 会是什么原因使他在达到目标前的一瞬间出现了这种奇异的停顿? 可能的原因要在一种沮丧情绪中去寻找, 看来很明显, 他在自己最成功的工作之中, 常陷于某种沮丧情绪而不能自拔. 这种心情的特别的证据见于他在 1807—1810 年间关于椭圆函数的笔记里. 在那里, 在纯粹是科学的笔记里, 突然出现了用铅笔很浅地写下的话: "这样活着还不如去死." 人们可能会以高斯所处的十分凄惨的境遇来解释这种心情的来源. 他在哥廷根的新职务, 一开始并没有给他任何收入, 法国人征收的战争赋税更使他在经济上陷于很大的困境. 他住在图尔姆街 (Turmstrasse) 的一所寒酸的小房子里, 在一个碉楼附近 (这座碉楼现在还在), 他的不多的天文仪器就安置在这座碉楼里. 他周围没有任何人, 特别是他的家人, 对他的看起来似乎毫无用处而且漫无目的的巨量工作表示出哪怕是最低限度的理解, 这种劳苦剥夺了他的一切其他的兴趣, 而没有任何一点可以看得到的结果. 他受到最刻薄的责骂, 还有些人认为他精神失常.

但是我想从比他的日常生活折磨人的贫困更深的层次上来寻找这种情感煎熬的原因. 在我看来, 其原因宁可说是: 对过于紧张的多产, 他的首创精神和意志力量终于不胜其才, 对于像他这样早熟而又热情的具有创造本性的人, 才思汹涌激荡终于使他心力交瘁, 这种情况大概是会出现的. 甚至如智神星问题也可能成了这种精神疲惫的牺牲品了.

但是尽管这项工作并未完成, 它仍然结出了丰富的纯科学的果实. 下面三篇大文章就是证据:

1812: "论超几何级数" (*Über die hypergeometrische Reihe*),

1814: "论机械求积" (*Über mechanische Quadratur*),

1818: "论长期摄动" (*Über Säkularstörungen*).

第一篇我们已引用多次 (见《全集》3: 123–162 页), 完全属于分析, 但其中包含了来自摄动计算中的各种级数展开式和关系式. 它把天文问题归属到分析问题的系统中.

关于积分的机械求积的工作都集中在一个标题之下: "通过近似确定积分值的新方法" (*Methodus nova integralium valores per approximationem inveniendi*, 见《全集》3: 163–196 页). 它们来自对摄动级数的各项系数作数值估计的需要, 并且给出了可以有效用于数值计算的一般考虑.

独特的 "高斯方法" 解决了如下的问题: 对于在一条曲线下方由两条平行于纵轴的直线以及横轴所围成的区域, 如何用少数几个纵坐标值来尽可能好地近似计算出其面积, 并且最好地确定相应的横坐标值. 例如这个方法可以告诉我们如何在一日之内分配三个温度读数以得出这一天温度变化的最好的图像.

在上述第三篇文章中 (见《全集》3: 331–360 页), 高斯给出了一个行星所生成的长期摄动的直观解释以及计算方法. 高斯借此机会解释了他的计算第一类椭圆积分之周期的方法. 这项工作的特点可以从它的标题看出来: "决定一个行星在任意一点产生的引力, 设此行星质量均匀分布在整个轨道上, 而且轨道的各部分上所分配的质量与行星停留在此部分上的时间成正比" (*Determinatio attractionis quam in punctum quodvis positionis datae exerceret planeta, si eius massa per totam orbitam ratione temporis, quo singulae partes describuntur, uniformiter esset dispartita*). 文中包含了以下结果, 而高斯就是用此结果来说明行星的长期摄动的: 如果行星的质量是这样分布在其轨道上, 使得在各点处质量反比于行星在该点的角速度, 那么轨道对于另一物体的引力恰好就是此行星的长期摄动值. 这个概念正是高斯一再表现出来的独有的思想可塑性的例子. 高斯不但是能够征服一切困难的计算艺术大师, 而且对于他来说, 数字似乎是有生命的, 构成了栩栩如生的思想.

对于高斯在这些年里的科学成就, 除了这三篇文章的内容, 我们仅知道一些孤立的、以提纲形式出现的片段. 感谢布伦戴尔在《全集》第 7 卷里发表了这些片段, 我们现在多少知道一些他多年计算智神星的摄动的细节. 除了这一巨大计算以外,《全集》第 6 和第 7 卷表明, 高斯还做过许多其他的计算和极其浩繁的观测. 人们会奇怪, 高斯只是在较晚的年代才从事实际的天文工作, 又是在研究重大数学问题 (这已经占用了他大量时间) 之余来进行大量的实际观测, 他怎么能够得到掌握仪器所必需的技巧? 对此, 人们百思不得其解. 从他的遗稿我们可以看出, 他有着常人无法想象的精力和超人般的勤奋, 这就使他的无可比拟的天才高于任何通常的判断标准了.

现在我转到高斯曾经付出巨大精力的第二个应用数学领域: 大地测量. 他在这里的第一个问题仍然具有彻底的实际性质: 对汉诺威王国进行测量.

精确的大地测量始自 17 和 18 世纪, 这是受到对于地球形状的纯科学的兴趣刺激而产生的. 最重要的问题是要用精确的测量来决定我们的行星究竟是扁的椭球还是长的椭球. 当这个问题以支持前一个假设解决了以后, 在 19 世纪人们又开始更加详细地研究地球的形状, 这导致利斯廷 (Johann Benedict Listing, 1808 — 1882, 德国数学家, 高斯的学生) 最终将地球表面分类为所谓不规则曲面 "geoid". 无论如何, 高斯已经知道, 只有旋转椭球是地球真实形状的近似表示.

在 18 世纪末, 一次涉及生活一切领域的强有力的革命介入了纯粹科学的发展. 如同在许多其他领域中一样, 拿破仑成了重大进展和发现的第一推动力. 作战和重新组织起来的税政都需要精确的地图, 而这地图只能在对所述区域作准确的系统测量的基础上做出来. 从这时起, 许多国家都试图系统地做这件事. 丹麦的例子也推动了汉诺威来做这件事, 在丹麦, 舒马赫 (Heinrich Christian Schumacher, 1780 — 1850, 德国天文学家, 基尔 (Kiel) 天文台台长,《天文学通讯》(*Astronomische Nachrichten*) 的编者, 曾是高斯的学生) 已经从一条位于汉堡附近的测地基准线开始来解决这个问题, 而后来高斯也使用了这条测地基准线.

1816 年, 政府要求高斯为汉诺威解决相应的问题. 在 1821 — 1825 年间是他自己来测量, 后来则由助手们接着做, 而直到 1841 年才完成. 从这一活动中产生了两篇重要的科学论文:

1828: "哥廷根和阿尔托纳 (Altona) 纬度差的确定"[6] (*Bestimmung des Breitenunterschiedes zwischen den Sternwarten von Göttingen und Altona*) (见《全集》9: 1 页以下).

1843: "高等测地学问题的研究" (*Untersuchungen über Gegenstände der höheren Geodäsie*) (见《全集》4: 259 页以下).

其中的第一篇引用了一篇关于地球的真实形状与逼近它的椭球的偏离的参考文献. 第二篇则可以看做一篇计划中的较大的文章的片段, 其第二部分发表于 1847 年 (见《全集》4: 301 页以下).

在这些工作中, 我只想提出两点后来特别广为人知的地方. 第一个是高斯作了著名的、到那时为止最大的大地三角测量, 这个三角形的顶点是三个山头: 荷恩哈根 (Hohen Hagen)、布罗肯 (Brocken) 和因塞尔斯山 (Inselsberg). 文中还可以找到关于高斯发明的而且用得很多的一种仪器 *heliotrope* 的描述, 高斯用它来反射阳光, 以便得到一个明亮可用的视点.

正如由于现代的强而有力的点光源和电投影器已经使得这种仪器没有用处了一样, 高斯的工作中的许多地方也已经被更好的方法和更精密的结果所取代了. 例如他的度量缺少统一而且实用的系统化. 这类缺陷大概可以用许多各种各样的困难来解释——例如缺乏资金, 在平坦的林区中很难找到合适的观测点, 等等——在做第一件事的这 20 年中就出现了这些困难.

高斯的工作尽管在细节上遭到了这种可以理解的淘汰, 但仍然保留了极大的用处. 其价值远远不仅由于它是这类工作的创举, 又使用了不完全的手段克服了极大的困难, 而且它还提供了现代大地测量能广泛使用的方法和方案. 最重要的是, 它前后一贯地使用了最小二乘法. 高斯的一个特别之处在于应用了椭球面到平面的某个共形映射. 高斯在他的测量问题中总是使用这个方法: 取哥廷根–阿尔托纳子午线为测量基线, 他度量了测地线与直线之间的偏离, 直到偏差成为最小. 这两个思想以及它们的实践本性, 对于测量学以后的一切发展有如此决定性的影响, 至今大地测量学者仍然认为高斯是他们中的一员[7].

---

[6] 阿尔托纳当时是丹麦的城市, 位于汉堡以西, 易北河北岸. 经过欧洲的多次战争和外交谈判, 终于归属汉堡, 现为汉堡最西的区. ——中译本注

[7] 关于高斯的影响以及这里提到的全部发展, 我愿向读者推荐 Pizzetti 写的 "高等大地测量" (*Höhere Geodäsie*) (见 *Enz.* VI, 1) 以及 Galle "论高斯关于大地测量的工作" (*Über die geodätischen Arbeiten von Gauss*), 见《全集》11, 2.

这些从事实际工作的年代, 很明显地使高斯放慢了工作节奏, 得到某种松弛 (请注意, 那时还没有 "假日旅行" 一说), 这使他很愉快, 高斯也还在从事非常有创造性的理论活动. 在 1821 年和 1823 年, 他发表了他的 "最小二乘方法" (见《全集》4, 特别是 1–108 页). 但最重要的是, 他那时正忙于他对微分几何的深刻思考, 发表了他的伟大著作 "曲面的一般理论的研究" (*Disquisitiones generales circa superficies curvas*, 以下简称为 "曲面论") (见《全集》4: 217 页以下). 我愿用几个例子来刻画其内容.

他从任意曲面向球面的映射开始, 达到了曲面在其一点处的曲率 $(1/R_1R_2)$ 这一重要概念, 这里 R_1 和 R_2 是曲面在此点的主曲率半径. 接着他就达到了曲面在任意弯曲 (但不得拉伸) 下曲率不变这一伟大定理; 再后作为推理, 就得出测地三角形的球面映射像的曲面面积与球面角盈成正比这个定理. 此外, 勒让德的定理也被搞得更精确了: 把球面三角形与边长相同的平面三角形的面积作比较, 就必须把每一个角减去其 1/3 球面角盈.

正如 Stäckel 后来发现的那样, 上述发展还应追溯到 1816 年, 那时高斯正忙于做第一个大地测量计划 (见 Stäckel "作为几何学家的高斯" (*Gauss als Geometer*),《全集》, 10, 2: 篇目四). 高斯于 1822 年在弧长元素为

$$ds^2 = m^2(dt^2 + dn^2)$$

时得出了弯曲下曲率不变的定理 (见《全集》8: 381; 385 页), 所以, 在 "曲面论" 中所用到的一般的, 即弧长元素为

$$ds^2 = Edp^2 + 2Fdpdq + Gdq^2$$

的弯曲下曲率不变的定理, 得到的时间稍晚, 其推导也要晦涩得多 (见《全集》4: 236 页).

"曲面论" 的效应是非同寻常的. 它是蒙日以后在微分几何中的第一个伟大进展, 而且给出了这个学科迄今所坚持的基本方向 (见 Voss 在 *Enz.* 中关于曲面论的综述, *Enz.* III, D6a).

从高斯的文章里看不到的是, 高斯又一次保留了他最为惊人的思想. 从高斯与奥尔伯斯、舒马赫、贝塞尔和其他人的通信, 以及他自己未发表的论文中可以看出, 无可怀疑高斯已经掌握了非欧几何. 虽然关于这个成就高斯一个字也没有发表过, 但是非欧几何的思想, 在他的任何工作里都没有离开过他, 这一点从他的信件中清楚地流露出来. 就此而言, 上面说过的他测量光线所成的大三角形又有了新的意义. 用康托尔 (Georg Ferdinand Ludwig Phillip Cantor, 1845 — 1918, 德国数学家) 的话来说, 这个问题不仅关系到数学的 "内在永恒" 的一面, 而且关系到其 "短暂易逝" 的一面. 他不仅关心这门科学自身所需要的协调相容的构造, 他也关心利用这门科学来把自然现象统一起来并

加以控制的可能性. 各种几何学对于他都是同样栩栩如生, 同样熟悉. 至于这些几何中, 哪一种最适合描述自然界, 则只能由实验决定. 因为在各种非欧几何中, 三角形的三内角之和与 180° 的偏离都随三角形之面积增加 —— 高斯当时只讲到可能有负的偏离 —— 他就希望能测量一个很大的三角形, 借以回答这个问题; 但是测量的结果不能说明问题: 测量三角形三内角和的结果与 π 的偏离还在测量误差的范围之内. 高斯提出的这个问题, 迄今仍未解决. 罗巴切夫斯基 (Nikolai Ivanovich Lobachevski, 1792 — 1856, 俄国数学家) 所建议的, 对一个恒星与地球轨道某个直径两端所成的三角形作测量, 从来没有人做到过, 这是由于光行差 (aberration) 和星体以及太阳系本身的运动这些复杂性.

我们将在下面的一节里详细讨论高斯在这一点上掌握他所谓的 "反欧几里得几何学" 的程度. 而现在, 我要转到物理学有赖于高斯的那些成就.

但是在开始考察这个领域之前, 我愿先提起一个人, 他本人虽然并非数学家, 但是对于各门精确科学在他那个时代和他的祖国的发展, 却有最大的意义, 他就是亚历山大·洪堡 (Alexander von Humboldt, 1769 — 1859[8]). 有几个日期可以作为有用的参照点. 他于 1769 年生于柏林附近的特加尔 (Tegal), 他一生最富成果的时期是他在 1799—1804 年的南美洲之旅期间, 那一次他带回来了大量的丰富的科学资料. 此后他又旅居巴黎多年, 与各种杰出人才多有交往, 1827 年后, 他定居柏林, 直至 1859 年以 90 岁高龄在柏林去世.

洪堡是我们今天称为地理学家和生物学家的那种人, 他主要感兴趣的是描述性科学而不是精确科学. 但是他具有一种罕见的才能, 能够认识到远离自己的学科的那些科学的重要性, 而他自己甚至还不完全理解那些科学. 他在一般的思想和对自己时代的需求的确定感觉的引导下, 时常能对其他学科提出富有成果的建议. 此外, 他还确定地具有一种本事, 能把那些未露头角的有希望的青年人才识别出来. 洪堡由于和宫廷的联系和多方面的交往, 在柏林享有特殊的社会地位, 所以多年来, 他能够决定他所喜爱的学科在普鲁士的发展. 他在数学和自然科学方面创造了一个奇迹, 我愿称之为 "德国科学的文艺复兴", 而这种奇迹在文献学[9] 领域中在十年以前 (也就是 1810 年) 随着柏林大学的建立就已经开始了. 1824 年, 洪堡把当时年仅 21 岁的李比希 (Justus von Liebig, 1803 — 1873, 德国化学家) 带到吉森 (Giessen), 1827 年又把时年 22 岁的狄利克雷 (Johann Peter Gustav Lejeune Dirichlet, 1805 — 1859, 德国数学家) 带到布累斯

---

[8] 洪堡兄弟二人都负有盛名. 哥哥 Baron Wilhelm von Humboldt (1767 — 1835) 是一位语言学家, 教育改革的先驱, 柏林大学的创办人, 对现代大学教育有很大的影响; 弟弟 Baron Friedrich Heinrich Alexander von Humboldt (1769 — 1859) 是自然学家. 二人时常被混淆. 因此这里给出二人的全名. 因为本书主要是讲的弟弟, 所以, 凡是说到洪堡, 若无特别声明, 都是讲的弟弟, 而将 "亚历山大" 略去, 并在需要说到哥哥时, 为避免误会, 常说威廉·洪堡. —— 中译本注

[9] 指希腊、拉丁等经典文献的研究. —— 中译本注

劳 (Breslau).[10] 这两次, 他都不得不面对相关的大学院系的激烈反对. 洪堡在 19 世纪 20 年代早期也想把高斯带到普鲁士, 担任即将在柏林创立的高等工业学校的校长. 高斯不用担任教职, 只用负责全部科研院所就够了. 然而, 尽管有了这样的安抚, 高斯仍然拒绝了这个邀请. 洪堡第一次见到高斯是他亲自请高斯作为贵宾出席 1828 年柏林的一次科学会议. 他们之间的关系后来逐渐发展为终生友谊 (见布鲁恩斯 (Bruhns) 在 1877 年发表的高斯 – 洪堡的通信录), 这个友谊在科学上的重要性首先在于, 是洪堡第一个促使高斯研究地磁问题.

洪堡在南美之行后, 建立了世界性的 "地磁观测协会" (*Verein zum Zwecke erdmagnetischer Beobachtungen*). 高斯按照洪堡的建议, 把洪堡所收集的资料作了详尽的数学处理, 这一点, 我们以下还会讲到.

1828 年, 在洪堡家里, 由洪堡介绍, 开始建立了对于物理学的发展更为重要的关系, 这就是高斯与韦伯 (Wilhelm Eduard Weber, 1804 — 1891, 德国物理学家[11]) 的相识. 韦伯生于 1804 年, 当时是哈雷 (Halle) 大学的自费讲师 (*Privatdozent*, 即通过听课学生的学费取得薪酬的教员). 按照高斯的建议, 他在 1831 年被召到哥廷根, 以后除了短时期在莱比锡任教 (1843 — 1849) 以外, 直至 1890 年去世, 终生留在哥廷根. (见里克 (Riecke) 1890 年在 "哥廷根科学院通报" (*Abhandlungen der Göttinger Gesellschaft der Wissenschaften*) 上的纪念文章.)

自从 W. E. 韦伯受命来到哥廷根, 就开始了高斯和 W. E. 韦伯这两个截然不同的人物的异常富有成果的合作, 当时高斯 54 岁, 其名声如日中天; 而 W. E. 韦伯当时只有 27 岁, 只是在仪器和观测两方面为这个大人物提供富有技巧的帮助. 逐步地, 他的活动的独立性和科学意义与日俱增. 但是在这个时期以后, 当他于 1846 年来到莱比锡时, 韦伯的活动才随着他关于电动力学测量方面的第一本著作问世, 达到了顶点. 这两个人的内在的区别, 也表现在外表上. 高斯体格健壮有力, 是一个真正的下萨克森 (Lower Saxon)[12] 人, 寡言而不易接近. 这与 W. E. 韦伯形成了强烈对比: W. E. 韦伯是小个子, 比较纤弱, 为人活泛, 他对人相当友善, 而且喜欢讲话, 一看就知道是一个真正的萨克森[13] 人, 虽然他实际上出生于维滕贝格 (Wittenberg),[14] 这个所谓的 "双萨克森" (Doppelsachsen) 地区. 出于艺术方面的考虑, 高斯和 W. E. 韦伯在哥廷根的纪念

---

[10] 经过历史上多次易手以后, 那时是德国下西利西亚的城市, 而第二次世界大战以后, 又划归波兰, 为下西利西亚省省会, 现名弗罗茨瓦夫 (Wrocław). —— 中译本注

[11] 本书里讲到好几个韦伯. 为了避免混淆, 我们在必要时都要注明是高斯的合作者韦伯 (W. E. 韦伯), 还是其他同姓的韦伯. —— 中译本注

[12] 德国西北部凭临北海, 并与荷兰接壤的那一部分. 汉诺威、不伦瑞克和哥廷根都属于下萨克森. —— 中译本注

[13] 德国东南部围绕德累斯顿 (Dresden) 与波兰和捷克接壤的那一部分, 与下萨克森遥遥相对. —— 中译本注

[14] 莱比锡东北的一个城市, 并不在萨克森区域里. —— 中译本注

碑把他们之间的这种反差淡化了, 甚至年龄看起来也比实际情况更接近.

为了能够理解这两位研究者的共同工作, 我愿对他们的研究领域电动力学在他们之前的发展作一个简短的概述.

1820 年, 奥斯特 (Hans Christian Ørsted, 1777 — 1851, 丹麦物理学家) 发现了基本的电磁现象, 即通有电流的线圈对磁针的效应.

1821 年, 毕奥 (Jean-Baptiste Biot, 1774 — 1862, 法国物理学家) 和萨伐尔 (Félix Savart, 1791 — 1841, 法国物理学家) 通过计算电流对于磁极的有效力得到了关于这个效应的第一个准确的定律. 但是直到 1822 — 1826 年间, 安培 (André-Marie Ampère, 1775 — 1836, 法国物理学家) 才观察到两个电流之间也有这个效应, 并由之导出了用分子电流对磁性的解释. (电动力学) 以前所未有的速度发展起来了. 1827 年欧姆 (Georg Simon Ohm, 1789 — 1854, 德国物理学家) 的《伽伐尼电路: 数学研究》(*Die galvanische Kette, mathematisch bearbeitet*) 一书问世, 其中包含了欧姆定律, 作为其最重要的结果. 1828 年, 在格林 (George Green, 1793 — 1841, 英国数学和物理学家) 的工作中, 位势论第一次出现, 但是很长时间里不为人知. 这是因为格林是诺丁汉 (Nottingham) 一个穷苦面包师的儿子, 一开始是没有什么影响的. 不幸的是, 他的才能最后为人所知时, 也没给他带来什么好处; 虽然得到了剑桥大学的一个职位, 不久他就沉溺酒精而不能自拔. 弄清楚格林所理解的, 后来一直称为 "格林函数" 的, 究竟是什么, 这是很有趣的, 而且对于历史也很重要. 它只不过是一个在实验上很重要的静电位的特例, 就是一个点电荷在一个接地导体上感应而生的电荷分布所产生的电位. 因此, 格林也在 "力函数" 的意义下使用 "位势函数" 一词. 我们以后就会看到, 高斯却是在很不相同的意义下使用 "位势" 一词. 所以, 高斯不太可能知道格林的工作: 他从来没有提到过格林. 这大概是因为格林的工作在威廉·汤姆逊 (William Thomson, 1824 — 1907, 苏格兰物理学家和数学家, 也就是开尔文勋爵 (Lord Kelvin)) 重新发表他的论文以前, 其流传非常有限[15]. 在高斯的藏书里也找不到格林的文章. 应该提到, 在今天, "格林函数" 的概念已经大大向前推进了. 一般说来, "格林函数" 是指在空间某区域中具有某种奇点, 并且满足某个已知的线性微分方程和适当的边值条件的函数, "位势" 是它的一个特例.

新问世的电动力学因为法拉第 (Michael Faraday, 1791 — 1867, 英国物理学家)

---

[15] 格林是一个自学成才的数学家. 当他于 1828 年发表那篇有历史意义的论文时, 他还没有大学学历. 这篇论文的标题是 "论数学分析在电磁理论上的应用" (*An Essay on the Application of Mathematical Analysis to the Theories of Electricity and Magnetism*), 而且没有发表在学术刊物上, 而是由一位出版商以单行本形式出版, 一共只卖了 51 本, 所以人们很难知道它. 1845 年开尔文勋爵在大学毕业时才看到这篇文章. 开尔文勋爵在游学巴黎时把这篇文章给刘维尔 (Joseph Liouville, 1809 — 1882, 法国数学家) 等大数学家看了, 他们都为其重要性而震动, 因此开尔文勋爵更感到有责任将此文重新发表. 于是回到英国, 在加上一段序言后, 他将此文重新在 *Crelle* 杂志 (关于这份杂志, 见第 3 章) 上分 3 期发表 (1850, 1852 和 1854 年). 那时格林已经去世十年了, 所以他一直未能亲身体验到自己工作的重要性. 现在众所周知的格林定理、格林函数等都首次见于此文. —— 中译本注

在 1831 年发现了感生电流而向前发展了一大步. (注意, 这位科学家也出身卑微, 开始时只是一位订书工人和实验室助理.)

以上就是这个领域在高斯和 W. E. 韦伯进入时的情况. 其实, 在 W. E. 韦伯来到哥廷根以前, 高斯就已经在研究物理问题. 在他的《全集》第 5 卷里, 就有以下两篇论文, 时间均为 19 世纪 20 年代末:

1829: "论力学的一个新的基本原理" (*Über ein neues allgemeines Grundgesetz der Mechanik*) (即 "最小约束原理").

1830: "平衡状态下的流体形状理论的一般原理" (*Principia generalia theoriae figurae fluidorum in statu aequilibrii*) (即毛细作用的理论).

它们都直接与拉普拉斯和拉格朗日的工作相联系. 现在他又开始了和 W. E. 韦伯的十年合作时期, 这是哥廷根的最著名的时期之一, 即在哥廷根大学里奠定了数学和物理学的长久的统一的时期.

这个时期的第一个工作是高斯 1832 年关于磁性的测量的绝对标准的论文: "地磁相对于绝对标准的强度" (*Intensitas vis magneticae terrestris ad mensuram absolutam revocata*) (见《全集》5: 79 页以下). 它的巨大进步是把一切测量都归结到对三个基本的量的测量, 就是质量、长度和时间. 在这里, 数学家成了测量的物理学的立法者 (其总的计划, 见《全集》5: 630 页). 与此同时, 因为应用了镜像读数 (其特别之处是, 它利用丝线悬挂 [的镜子读数] 而非放在尖端上自由旋转的磁针), 这个工作把磁性测量仪器的精度提高到了天文精度[16].

现在我愿提到另一项成就, 它不只是高斯和 W. E. 韦伯的工作的副产品, 而且由于其实践上的重要性, 为他在更广大的人群中间赢得了特别的声誉, 这就是电磁电报的制造. 这一项成就以电磁效应为电报的基础, 而不是用光学效应 (高斯的 heliotrope) 或者电化学效应 (索末林[17]); 电磁效应可以很准确地传播到更远的地方. 这两位研究者也在从事检验欧姆定律和某些分支定律 (后来基尔霍夫 (Gustav Robert Kirchhoff, 1824—1887, 德国物理学家) 才给这个定律以确定的形式) 的实验. 他们对自己在电报方面的结果的实用意义是非常清楚的. 高斯在给舒马赫的信里是这样表明自己就此的看法的, 他认为, 建立一个全球的通信网络, 只是技术和财力的问题.[18]

---

[16] 根据物理学家 Paul Czermak 的记载 (*Reduction tables for readings by the Gauss-Poggendorff mirror method*, Springer, 1890), 高斯在实验中需要测出的是极小的扭矩, 为了测量扭矩, 整个实验装置吊在一根线上, 装置上有一面反光的小镜子, 观察者在远处通过观察扭矩引起的反射光线的变化来确定扭矩的大小. 其实本书第 5 章提及的波根多夫就已经在 1826 年提出了这种方法, 所以文献中又称之为 Gauss-Poggendorff mirror. ——校者注

[17] Samuel Thomas von Sömmering, 1755—1830, 德国的著名医生、解剖学家, 并有多方面的才能. 他在 1809 年发明了一种以电化学效应为基础的电报术. ——中译本注

[18] 可参看 *Briefwechsel Gauss-Schumacher* (Altona: G. Esch) vol. II, 411 和 417 页.

制造的具体工作是由韦伯担任的. 发送和接收装置都安装在天文台和物理研究所 (现今的大学图书馆) 里, 而连接的电缆则架在 Johannisturm 塔上. 详情可见《全集》5: 338, 356, 369 页.

从纯粹科学的观点看来, 下一年即 1834 年的工作可能更有意义. 洪堡的建议在这时出现了. 在天文台的基础上又建立了磁观测台, 而高斯把他的精力用于建立和扩展磁学会, 他对其组织工作特别有兴趣. 在 1836—1837 年间他出版了 "磁学会观测结果" (*Resultate aus den Beobachtungen des magnetischen Vereins*, 以下简称为 *Resultate*) 第一卷, 此书在高斯和 W. E. 韦伯的主编下共出版了七卷. 其中还包含对于特殊仪器的制造和观测技巧的描述.

在高斯和韦伯的主要结果的基础上, 就有可能转而利用更发展了的技术手段来研究更加精密的问题. 高斯和 W. E. 韦伯, 通过每 5 分钟观测一次 (此前只是每小时观测一次), 确定了地球磁场的总体的逐日的变化. 他们组织了在全球多个地点同时进行观测; 这就给出了无可否认的证据, 即在整个地球在相同的时间发生这种变化, 所以其根源是全球性质的; 在这个结果的基础上, 以后就可以用更敏感的仪器, 通过更频繁的观测, 来确定各地磁场的小的局部变化.

高斯在这个领域内的基本工作发表在 *Resultate* 的以后各卷里.

1838—1839: "地磁的一般理论" (*Allgemeine Theorie des Erdmagnetismus*) 见《全集》5: 119 页.

1839—1840: "关于随距离平方反比变化的主动引力与斥力的一般命题" (*Allgemeine Lehrsätze in Beziehung auf die im verkehrten Verhältnisse des Quadrats der Entfernung wirkenden Anziehungs- und Abstossungskräfte*) 见《全集》5: 195 页.

第一篇文章的标题容易引起误会. 它讨论的并不是一个物理理论, 而是观测结果利用球谐函数的插值表示, 所以它多少有点类似托勒密对行星运动的表示. 说来也怪, 高斯对这篇文章的意义有全然不同的解释. 他相信, 他已经得到了磁的本性的解释——就是如牛顿定律那种意义下的解释——而且在序言中批评了把地磁解释为一些磁石的叠加, 像托比亚斯·迈耶 (Tobias Mayer, 1723—1762, 德国天文学家) 所作的那样. 但是, 这两种程序是一样的, 因为每一个球谐函数都可以解释为磁多极子的作用, 只要过渡到无穷小尺寸即可. 因为高斯的展开式已经假设完成了这个极限过程, 所以比之用有限磁石的叠加要方便和精确得多, 但是二者基本上是相同的.

高斯就这样把地磁位势表为有限的球谐函数级数, 而只取到 (并包括) 四阶项:

$$V = \frac{P_1}{r^2} + \frac{P_2}{r^3} + \frac{P_3}{r^4} + \frac{P_4}{r^5},$$

其中 P_n 是 x, y, z 的 n 次齐次多项式, 并且满足方程

$$\Delta P_n = 0.$$

这个多项式含有 $2n+1$ 个独立的常数, 所以对上述的表示, 需要计算 24 个系数 (详情见《全集》5: 150–151 页). 力 X, Y, Z 则可由对此级数微分而得. 计算者必须事先就知道, 这个级数以及微分而得的级数与观测结果很漂亮地相符. 自那时以来, 已经在数量大得多的观测的基础上作了逼近, 但结果表明, 在四阶项处截断最为适当. 如果把五阶项也考虑进去, 系数反而会变得太不精确, 局部和暂时的扰动变得太大, 所以其值没有任何价值. 在这里, 我要提出一个后来变得很有名的结果, 即南极的计算, 这个计算也被证明是相当精确的.

现在我转到上面提到的第二篇文章, 其中建立了我们现在了解的位势理论. (关于这门分支的历史, 可以参看 *Enz.* II A 7b.) "位势" 一词就是在此文中引入的 (见《全集》5: 200 页). 而在《图集》[19] 中它被解释为将一个点电荷由无穷远处移到观测点所作的 "可能的功". 高斯是从哪里找到 "位势" 这个词的, 就不清楚了. 力函数的思想, 即由之求方向导数即可得出牛顿引力的函数, 则是拉格朗日在 1773 年第一次使用的. 方程 $\Delta V = 0$ 是拉普拉斯在 1782 年研究的[20], 而它的特例, 即在有质量分布处的内域有 $\Delta V = -4\pi\rho$, 则是泊松 (Siméon-Denis Poisson, 1781—1840, 法国数学家) 在 1813 年研究的. 所以, 这些都在高斯之前. 但是还有另一个历史上有趣的问题: 高斯是否知道位势理论与复变函数论的关系? 有很多理由认为高斯知道, 但他自己从未以任何方式表示过.

除了这些伟大的数学工作外, 高斯也在思考电动力学中出现的力的本质问题, 我们对此大有兴趣. 关于这个问题, 在 1833—1836 年间, 他多次谈到, 而在他的遗著全部发表以后, 无疑还可以找到更多材料[21]. 我在这里仅提出高斯 1845 年致 W. E. 韦伯的一封信 (见《全集》5: 627–629 页). 此信中包含了一段值得注意的评论, 即两个运动的带电质点间有一个附加的力, 可以从一个以有限速度传播的作用导出, 光的情况就是如此! 高斯这些话无疑表示了对于今天的光学与电动力学的统一的预见. 不幸的是, W. E. 韦伯并没有接受这个思想, 说真的, 这个思想完全被 1846 年的 "韦伯定律" 压制住了. 按此定律, 在两个运动电荷 e 和 e' 之间应该有一瞬时力作用:

$$K = e \cdot e' \left(\frac{1}{r^2} - \frac{1}{c^2 r^2} \left(\frac{dr}{dt} \right)^2 + \frac{1}{c^2 r} \frac{d^2 r}{dt^2} \right),$$

这个力依赖于这两个质点的相对速度和加速度. 这里的 c 是所谓韦伯常数, 它具有速度

[19] Gauss 与 Weber 编辑, "由理论的原理得出的地磁图集, *Resultate*……的附录" (*Atlas der Erdmagnetismus nach den Elementen der Theorie entworfen, Supplement zu den Resultaten...*), Leipzig, 1840.

[20] 欧拉就已经引进了这个方程. 见 E. Hoppe,《物理学史》(*Geschichte der Physik*) (Brunswick, 1926), 80 页.——德文本编者注

[21] 这些材料将包括在《全集》第 11,1 卷中.——德文本编者注

量纲; W. E. 韦伯和柯尔劳什 (Friedrich Wilhelm Georg Kohlrausch, 1840 — 1910, 德国物理学家) 在 1855 年估计出其值为 439450×10^6 mm/s. 有三十年之久, 这个定律成了对自然界的物理解释的基石, 直到经过激烈斗争, 它终于被麦克斯韦理论所淹没. 1857年, 基尔霍夫发现一个值得注意的数值关系, 即 $c/\sqrt{2}$ 就是光速, 但他未作进一步的评论. 这个关系式也可以在 W. E. 韦伯自己 1864 年关于电磁振荡的工作里找到 (见《韦伯全集》第 4 卷 105 页以下), 但是 W. E. 韦伯进一步评论说, 由于光和电磁振荡二者背景大不相同, 不能期望二者会有进一步的联系 (同上, 157 页). 此外, W. E. 韦伯和基尔霍夫都只观察了导线中的振荡, 这些科学家都不知道, 在电介质中也有电振荡 —— 这个概念比较晚, 应该归功于法拉第. 黎曼在 1858 年给哥廷根科学学会的报告 (见《黎曼全集》第一版 270 页以下, 第二版 288 页以下) 里, 敢于对此问题表述自己的某些思想, 可以看做麦克斯韦 1865 年的理论的先驱. 但是黎曼由于这个报告里有小的计算错误而收回了它, 这个报告在黎曼去世后才为人所知. 所以要等若干年后麦克斯韦的思想才传遍德国. 因为甚至是亥姆霍兹 (Hermann Ludwig Ferdinand von Helmholtz, 1821 — 1894, 德国物理学家) 对于 W. E. 韦伯的尖锐批评也没有产生确定的结果. 虽然如此, 亥姆霍兹却以一种间接的方式对这门科学的近代发展起了很大的作用: 他非常明确地要求自己的学生赫兹 (Heinrich Rudolf Hertz, 1857 — 1894, 德国物理学家) 注意当时由英国传入的思想, 并且继续他的实验. 这个有才能的青年物理学家的大胆研究的辉煌成功, 帮助了麦克斯韦的理论于 1888 年在德国取得最终的胜利.

纯粹数学

我愿把高斯在应用数学上的成就看成他一生劳作的顶峰. 但是他的成就的真正核心和基础却在纯粹数学领域中. 他把自己的青年时代贡献给了纯粹数学.

作为参照点, 我要重新比较详细地讲一下他的生平的某些材料.

高斯于 1777 年 4 月 30 日出生在不伦瑞克, 生长在极为普通的环境之中. 关于这个很有才能的青年的早慧有许多传说, 虽然遭到周围的人们最为苛刻的要求和反对, 他却以顽强的精神挤出时间, 发展自己的心智, 而以自己非凡的成绩脱颖而出, 终于有幸吸引到居于高位的人士的注意. 这里我必须要特别提出不伦瑞克的斐迪南公爵; 高斯终生对他深怀谢意. 这位公爵使得高斯这个青年先是能够上 *Gymnasium*[22], 后来又能进大学. 1788 年高斯进了卡塔琳学校 (Catharineum school), 在 1793 年从此校毕业后, 又进了预科学校卡罗琳学院 (Collegium Carolinum) (它的核心现在成了高等工科学校).

---

[22] 德国的中学教育实行多轨制, 所以有多种类型的中等学校. 水平和目的各不相同. *Gymnasium* 是其中水平和要求均为最高的. 它的培养目标是为大学教育做准备. 下文讲到的两个学校或学院都是 *Gymnasium*. —— 中译本注

然后他于 1795—1798 年在哥廷根大学短期学习, 其后就回到离自己的大度的资助人很近的家里. 1798—1807 年, 高斯在不伦瑞克度过了我称之为英雄年代的十年, 那是一个伟大的基础发现十分高产的时期.

他投身其中的领域先是所谓 "三 A", 即算术 (Arithmetic)、代数 (Algebra) 和分析 (Analysis). 至于几何, 则除了一些基本问题以外, 他是后来才攻读的, 所以我们暂时把几何放在一边.

高斯的数学活动是从一个伟大发现开始的; 这个发现使高斯在长久的犹豫以后决定终生从事数学, 因为他一直感到对文献学和对数学一样地倾心, 所以, 何去何从一直犹豫不定. 1796 年 3 月 30 日, 他证明了正十七边形可以用尺规作图; 换言之, 方程

$$x^{17} - 1 = 0,$$

或者等价地, 方程

$$x^{16} + x^{15} + x^{14} + \cdots + 1 = 0$$

可以用平方根求解出来. 高斯在发现这件事时还不到 19 岁, 但是, 他一下子就把正多边形的作图问题 —— 这个问题等待解决已经有 2000 年了 —— 有效地解决了. 在看到任意正 n 边形的可作图问题只依赖于数 n 的数论性质以后, 他很快就成功地给出了这个问题的可解性的判据: 若 n 为素数, 而此问题可解, 则 n 必可写成 $n = 2^{2^k} + 1$ 的形式. 由于有了这样惊人的成果, 高斯这个年轻朴实而且多少有些笨拙的学生, 本来在哥廷根过着一种沉浸于自己的工作而不为人知的生活, 却一下子成了焦点. 他的老师齐默曼 (Eberhard August Wilhelm von Zimmermann, 1743—1815, 德国地理学家和动物学家)[23] 在 1796 年的 *Jenenser Intelligenzblatt* 上发表了关于这项成就的简讯: 他还附加了几句话, 目的是要引起人们对高斯的非凡才能的注意 (见《全集》10, 1: 3 页). 这是高斯的第一本出版物, 但远不是他的第一项科学成就, 这一点我们以后会看到. 紧接着就是他 1799 年在黑尔姆施泰特大学的学位论文, 题目是代数的基本定理的证明. 尽管是在高斯的早年, 他对表述的方式已经非常注意: 把最深刻的思想隐藏起来, 仅有自己知道. 他在学位论文中小心地避免提到虚数, 虽然对于虚数的认识很清楚地埋藏在他的整个思路之下, 他只说要把一个多项式分解为一次和二次的实因式. 其实, 他一直在 xy-平面上运作, 而从不提这就是复数 $x + iy$ 的几何表示问题.

高斯为向不伦瑞克公爵致谢而发表的独立的论文清单, 以他 1801 年的第一部杰作《算术研究》(*Disquisitiones Arithmeticae*) (见《全集》1) 结束. 这本著作的出版时间由于在戈斯拉尔 (Goslar) 印刷的拖延而大为推迟, 所以这项研究必定是早几年就已开始了. 高斯在纯粹数学中的发现时期以这一工作而告终; 我们已经看到, 高斯越来越潜心

---

[23]高斯在卡罗琳学院的教师, 也是不伦瑞克公爵的参事. 据说正是由于他的引荐, 高斯才得到不伦瑞克公爵的资助. —— 中译本注

于应用数学, 首先是天文学. 然而, 他 1809 年的《运动理论》(*Theoria Motus*) 无论从起始年代还是从数学内容, 都应归于不伦瑞克时期.

高斯的《算术研究》创立了真正意义的现代数论, 决定了后来数论的整个发展. 考虑到高斯是完全出于自己的意愿, 完全依靠自己的力量, 而不是受到任何外界刺激来完成这一研究的, 我们就更会感到惊奇了. 我们将会看到, 对历史的研究表明, 高斯在并不熟悉在哥廷根才能找到的相关文献时, 就已经完成了他的这项发现的绝大部分. 这里所说的相关文献就是指的欧拉、拉格朗日和勒让德的工作, 高斯由于自己的创造, 对这些文献抱有狂热的兴趣. 除了阅读这些文献, 还有偶尔去上凯斯特纳 (Abraham Gotthelf Kästner, 1719 — 1800, 德国数学家) 的课以外, 高斯在哥廷根除了受到自己无尽的创造力的推动, 几乎再不受任何其他的影响.

现在我愿给出《算术研究》内容的要点. 它分为三部分. 第一部分讨论二次剩余, 还包含了作为整个数论的基本定理的二次互反律的第一个证明. 令 p, q 为两个不同的奇素数[24], 使用方便的勒让德符号, 我们用 $\left(\dfrac{q}{p}\right) = +1$ 来表示 q 是 $\bmod p$ 的平方数, 即存在整数 x 使 $x^2 \equiv q(\bmod p)$, 否则就说 $\left(\dfrac{q}{p}\right) = -1$. 所谓二次互反律就是

$$\left(\frac{q}{p}\right) \cdot \left(\frac{p}{q}\right) = (-1)^{\frac{p-1}{2} \cdot \frac{q-1}{2}},$$

即除非 p, q 均为 $4n+3$ 的形式, $\left(\dfrac{q}{p}\right), \left(\dfrac{p}{q}\right)$ 符号必相同. 高斯认识到这个定理的重大意义, 并称之为 "黄金定理" (*theorema aureum*). 欧拉已经知道了这个定理, 但未能证明它. 甚至高斯也是先由数值计算才归纳出这个定理的, 只是后来才驱使自己从事演绎证明这件苦差事. 我们将在研究过程中, 一再遇到高斯所特有的这个工作方法.

高斯在《算术研究》的第二部分中处理的是二次型理论, 即二次型 $am^2 + 2bmn + cn^2$ (其中 a, b, c 是给定的整数) 当 m, n 均为整数时, 可以表示什么样的数.

第三部分讲的是分圆方程 $x^n = 1$ 用平方根的可解性. 我们已经讲到高斯在 n 为素数时给出的判据 $n = 2^{2^k} + 1$.

这样寥寥数语本已足够[25]. 这当然没有包括这部伟大著作的所有内容, 但是至少已经提示我们, 它体现了高斯在思考上具有超凡的能力 —— 正是这种能力, 常常引导人们沿着最艰难的途径, 克服一切障碍, 而得到完全的证明. 当然, 如果谁以为在读了《算术研究》以后, 就可以知道这里所讨论的伟大发现的历史, 他是会失望的. 绝无瑕疵的系

---

[24] 这一段中文本译者作了一些文字修改. —— 中译本注

[25] 这里倒是一个适当的地方, 足以清楚表明本书的一个特点, 就是令人感到比较零碎, 而这一点我在序言中已经提到了. 请与 P. Bachmann 的文章 "论高斯的数论工作" (*Über Gauss' zahlentheoretische Arbeiten*) 见《全集》10, 2: 篇目一. 此文也是受到克莱因的启发写成的) 比较. —— 德文本编者注

统演绎, 有着无可怀疑的严格性, 绝不能显示出作者从事发现时的想法, 以及他所克服的困难. 文中的陈述并没有联系到任何的一般观点, 也没有考虑所提出的问题的意义, 而这些问题是以大师的手笔解决的. 因此, 高斯的这本书极难阅读. 只是通过狄利克雷解释性的讲演, 这本书才得到了它应有的影响, 狄利克雷的讲演, 对高斯关于这个问题的陈述和他的思路, 给出了绝佳的介绍.

我们已经提过, 这些早年写就的完备的独立著作, 本质是高斯用来表示对斐迪南公爵应尽的责任的 —— 在《算术研究》中, 就有高斯为表达对他的感激之情而精心写就的献词. 但除此以外, 高斯后来还有一系列单独的论文, 主要发表在科学院 (*Gesellschaft der Wissenschaften*) 的刊物上.

在代数方面, 高斯关心的主要是代数的基本定理, 他曾一再地回到这个问题. 在学位论文中给出了这个定理的一个证明 (1799 年) 以后, 高斯在 1815 年又给出了一个全新的证明, 紧接着 1816 年有另一个使用完全不同方法的证明. 1815 年的证明只需在实域中考虑, 而在 1816 年的证明中高斯则用了复平面上的二重积分. 1849 年, 在学位论文发表 50 周年之际, 高斯又回到了 1799 年的证明. (见《全集》3: 1 页以下, 31 页以下, 57 页以下, 71 页以下.)

在算术方面, 和在代数中一样, 高斯所有后续的工作基本上都与一个基本定理有关, 即黄金定理, 对于它, 高斯给出过不下 6 种不同的证明. 它们都发表在 1808 年和 1817 年的工作中, 其中也讲到了三次剩余和双二次剩余. 关于双二次剩余的黄金定理见于 1825 年和 1831 年的论文中, 这些论文由于引进了形如 $a + bi$ (a, b 为整数) 的复数, 而大大地丰富了数论这个领域. (见《全集》2, 也可参见本书 31 页以下.)

至于分析方面的工作, 我愿按照施莱辛格 (Ludwig Schlesinger, 1864 — 1933, 德国数学家) 的建议, 把高斯在分析方面的工作看成一项由三部分组成的宏大的研究的各个部分, 当然这个宏大计划永远也没有完成. 第一部分是他 1812 年关于超几何级数

$$F\left(\alpha,\ \beta,\ \gamma,\ x\right) = 1 + \frac{\alpha \cdot \beta}{1 \cdot \gamma}x + \frac{\alpha(\alpha+1)\beta(\beta+1)}{1 \cdot 2 \cdot \gamma(\gamma+1)}x^2 + \cdots$$

的论文. 这个级数的意义在于, 许多著名的级数都是它的特例. 在关于天文学的一节里已经提到, 这篇论文包含了关于级数收敛性的第一个准确的判别准则. 第二部分本来是要讨论系数为 x 的有理函数而且以超几何级数为其特解的微分方程的理论. 这与具有反函数的椭圆模函数的研究有关, 因为这些反函数可以用超几何级数来表示. 最后, 第三部分应该包含椭圆函数的一般理论.

但是关于第二和第三部分的主题, 高斯什么文章也没有发表过, 只是在研究了高斯的遗著以后, 他在这些方面的成就才能够为人所知, 所以世人总把这些成就归之于阿贝尔 (Niels Henrik Abel, 1802 — 1829, 挪威数学家) 1825 年的工作和雅可比 1827 年的工作. (高斯的结果与他们二人工作的关系, 请参看本书第 3 章 84-90 页.) 在高斯已发

表的论文中, 关于这些主题只能找到很少一点提示, 例如在《算术研究》中关于双纽线的研究 (见《算术研究》: 335 节,《全集》1: 412 页以下), 又如在 1818 年关于长期摄动的工作中, 在那里双纽线的周期和算术 – 几何平均值的关系是由以下公式给出的:

$$\omega_1 = \frac{1}{\mu(m,\ n)} = \int_{0°}^{360°} \frac{dt}{2\pi\sqrt{m^2\cos^2 t + n^2\sin^2 t}}.$$

高斯在这里同样也是非常地惜字如金. 然而, 不论他发表的内容是多么少, 他的结果仍然以数学内容的新奇和重要, 以及令人慑服的严格性给同时代人留下了深刻的印象. 很快就有传言说高斯还有更大的、做梦也想不到的结果, 对此当然也同样有激烈的争辩. 总之, 高斯得到无比的关注与尊重, 特别是来自青年人, 当然其中难免也掺杂了某些不信任. 这一点, 再加上他孤僻的个性, 就有点拒人千里之外了. 例如, 阿贝尔在 1827年由巴黎到柏林的旅途中, 就有意绕过了哥廷根, 以免碰上高斯. 但很可能高斯会想亲切地会见这位羞怯而有点笨拙的青年人. 同样, 狄利克雷和后来的艾森斯坦 (Ferdinand Gotthold Max Eisenstein, 1823 — 1852, 德国数学家) 二人由于洪堡的热情推荐, 就觉得高斯很容易接近. 另一方面高斯肯定不想理会雅可比, 因为雅可比并不与人为善, 而且善于挖苦他人, 这与高斯的天性格格不入。

只有后代人才能确定高斯的科学产物的真正的广度. 已经见之于世的那一部分财富, 就已经远远超出一切期望. 我们越是深入到高斯的未发表的工作之中, 就越会为他的强有力的天才所震慑: 所有的困难和限制, 最终都会在他面前屈服.

我们想要研究的高斯的遗著, 第一批已由谢林 (Schering) 在 19 世纪 70 年代早年编入高斯《全集》的第 2、第 3 两卷; 它们只是部分地按年代编排的, 因为我们今天所掌握的参照点当时还不完全知道. 此后, 他的最重要的通信也逐步出版. 1860 — 1862 年, 出版了 Peters 编辑的高斯与舒马赫的通信, 1880 年则有 Auwers 出版的高斯 – 贝塞尔通信集, 他们在这些通信中虽然主要讨论天文学问题, 却也有不少在数学上有价值的材料. 例如高斯在 1811 年的一封信 (见《全集》8: 90 页以下) 里就讨论了沿复平面中一条曲线的积分 $\int dx/x$, 并且给出了当此曲线绕原点 k 周时其值为 $2k\pi i$; 而这远早于柯西给出他关于复域里的积分的伟大理论! 最后, 还有由 Schilling 在 1900 年于不来梅印行的高斯与奥尔伯斯的通信集. (因为我们暂时不讨论几何问题, 所以我们暂不引述他与以下诸位的书信来往了: 其中有法卡什·鲍耶依 (Farkas (德文拼作 Wolfgang) Bolyai, 1775 — 1856, 匈牙利数学家, 高斯的终生密友, 在哥廷根的同学, 就欧氏几何的基础、平行线公理问题一直与高斯书信来往)、他的儿子雅诺什·鲍耶依 (János (德文拼作 Johann) Bolyai, 1802 — 1860, 就是非欧几何学独立的创始人之一) 以及格尔林 (Christian Ludwig Gerling, 1788 — 1864, 德国数学家, 高斯的学生).)

1898 年, 我们从事高斯著作的编辑, 这就涉及了如何编撰他的所有未发表的著作问

题. 我在这里不得不提到一些使得这项工作难以继续下去的不幸的情况. 在高斯 1855
年去世以后, 只有那些具有 "科学重要性" 的财物被政府收购了. 他的 "私人" 财物, 特
别是高斯藏书的文字部分则归于家人. 年代流逝, 这一部分遗产已四处流散而不知所
终. 只要看一看那些得到较好处置的一部分, 就已经可以预见这是多么令人惋惜的事.
这一部分就是高斯的日记 (见《全集》10, 1: 483 页以下). 这份文件对于高斯的数学的
发展, 其实也是对整个数学的发展无比重要, 却被认为只是 "私人" 性质的、无关紧要
的小册子, 而分给了他的家人. 1899 年 Stäckel 发现[26], 它落在高斯的一个住在哈默尔
恩 (Hameln) 的孙子手上, 费了一番功夫才得到它, 以便为了科学而出版.《日记》先是
按时间连续编排了高斯在 1796 — 1801 年间的几乎所有发现, 然后又在长时间中断以
后, 再依时间排到 1814 年. 这中间该失去了多少其他重要材料? 当我们检查了高斯青
年时期留下来的很少的几本文字材料以后, 这些遗作的丧失, 就更让我们无比唏嘘! 高
斯按照他特有的爱惜纸张的习惯 (这也许来自高斯青年时期的贫苦生活), 几乎在纸上
所有空白的地方都涂满了小小的潦草的字迹. 这方面特别重要的是高斯在哥廷根时期
以前就有的一本算术书, 作者是莱斯特 (Leiste). 这本书, 如果不是高斯读过, 本来谁也
不会注意, 但是书里面夹了一些空白散页, 它们和《日记》一起, 保存了高斯到 1798 年
为止的各种类型的笔记. 我们以这种不同寻常的办法, 才得以继承他关于椭圆函数的无
穷连乘积表示的工作.

　　关于 1798 年后的时期, 我们有一些 "活页" (Schedae), 再晚则有他的 "手册"
(Handbücher) 和许多单页纸条, 其中一部分可以借助其他材料来确定其年月.

　　从这样的来源来了解高斯的创造活动, 肯定是不完备的. 然而我们不能等到所有材
料都已出版, 所有资料 (包括那些还未发现的) 都已从那些谜一样难解的笔记中收集齐
全. 我们宁可尽快把这些有趣的结果公之于世, 当然同时也要记住, 进一步的研究会证
明在许多地方我们是错了. 我们要提出一个家族传统也会引起误解的吵得沸沸扬扬的
例子: 在已经出版的《日记》里有一幅据说是高斯在奥尔伯斯时期的画像, 尽管有种种
权威解释, 后来还是证明, 其实是贝塞尔的画像, 那时贝塞尔常去看望奥尔伯斯.

　　根据目前对于高斯的研究的状况, 我们关于他的数学的发展有以下的图景:

　　首先是史前时期. 这里是指《日记》开始前的时期. 一种天生的兴趣, 或者宁可说是
孩童的好奇心, 把这个孩子引导到数学问题, 而与任何外界的影响无关. 事实上首先吸
引他的正是纯手动的数字计算. 他不断地在计算, 过度勤奋, 不知疲倦. 通过这样不断
地处理数字的演练 (例如计算一个小数到人们想不到的那么多位数), 他不但掌握了令
人吃惊的计算技术的绝技, 这种绝技在他的终生都表现出来, 而且记住了多得不得了的
特定数值, 因而他对数的王国的领略与总揽的过人之处, 大概是空前绝后的. 他除了专

---

[26]《全集》第 10 卷第 1 册 485 页重印了克莱因 1903 年发表在 *Mathematische Annalen* 的文章. 克莱因
在此文中说 Paul Stäckel 是 1898 年夏天在高斯的孙子家发现了高斯的数学日记, 而到克莱因一战时的这些
讲座里发现时间就变成 1899 年了. 应该还是克莱因早年的回忆比较靠谱. —— 校者注

注于数值计算以外, 还从事来自无穷级数的数值计算. 他对于数字的经验, 先来自一种归纳的 "实验的" 方式, 在他很年幼的时候, 就获得了一种对数字的一般关系和法则的知识. 我们在讲到黄金定理时就提到了他的这种工作方法. 这在 18 世纪并不罕见——欧拉就是一个例子——但是与今天数学家通常的做法恰成鲜明的对比.

最早引起高斯的发现欲望的主题之一, 是所谓的算术–几何平均. 看来高斯似乎想把这两种平均值 $m' = (m + n)/2$ 和 $n' = \sqrt{mn}$ 的好处统一起来, 于是就把这个做法继续下去, 而构造出

$$m'' = \frac{m' + n'}{2}, \quad n'' = \sqrt{m'n'}.$$

他注意到——当然是通过确定的数值特例, 例如取 $m = 1$, $n = \sqrt{2}$, 这个过程会收敛到一个值, 而他把这个值计算到小数点后很多位. 当然高斯当时没有想到, 这个数值有朝一日会在椭圆函数理论中有其重要性. 我们在这里遇到了一个奇怪但绝非偶然的现象. 所有这些童年的智力游戏, 原来设计出来只是为自己好玩, 却成了通向重大目标的第一步, 而这一点他也是后来才意识到的. 天才通过半是娱乐的最初的试验来表现自己的力量, 而并不知道这些试验的深刻含义, 却能将锄头一下子就挖在隐藏的金矿脉上, 这种善于预见的智慧, 正是天才的一部分.

现在我讲到 1795 年, 这里我们有较多的证据. 按高斯自己的说法, 他在那一年发现了最小二乘法. 那还在哥廷根时期以前, 比以前更炽烈的对于整数的兴趣掌控了他,《算术研究》的序言生动地证实了这一点. 那时他对数学文献还不熟悉, 所以一切都要自己创造. 这里, 这位不知疲倦的计算者又一次自己冲开了通向未知的道路. 高斯编了一个巨大的表: 其中有素数, 有二次剩余和非二次剩余, 还有从 $p = 1$ 到 $p = 1000$ 的分数 $1/p$ 的循环小数, 每一个 $1/p$ 都计算出一个完全的循环周期, 所以有时要计算好几百位的小数! 高斯试图用这样一个表来定出循环周期与分母 p 的关系. 今天的研究者哪一个会沿着这样一条奇怪的道路来找一个新定理呢? 但是高斯就是走的这条路, 以人所未闻的能量——高斯一直坚持认为, 他与别人的区别仅在于自己的勤奋——达到了目标. 他就这样和他以前的欧拉一样, 以数值归纳的方式, 发现了二次互反律, 也就是黄金定理.

1795 年秋, 高斯来到哥廷根. 他第一次看到了欧拉和拉格朗日的著作, 他在那里必定是如饥似渴地读将起来. 于是, 1796 年 3 月 30 日, 他找到了自己的通向大马士革的皈依之路.[27] 由此开始了

---

[27] 作者在这里引用了下面的圣经故事: 使徒保罗原名扫罗 (Saul), 本是犹太教徒, 而且残酷迫害基督徒. 有一次在扫罗去大马士革 (Damascus) 参加犹太教集会并且追捕基督徒的路上, 忽然听见圣灵向他宣示: "扫罗, 扫罗, 你为什么逼迫我?" 突然他的眼睛暂时失明, 由同行人带到大马士革. 在那里, 主让门徒亚尼亚恢复了扫罗的视力, 并使他皈依了基督教并且受洗, 更名保罗 (Paul), 成了 12 使徒之一. 他是基督教的护法者. ——中译本注

第二时期, 1796—1801 年, 这时, 开始了《日记》的正常使用. 有很长一段时间, 高斯忙于在他的 "本原根" 理论基础上对单位根, 即方程 $x^n = 1$ 之根, 进行分组. 一天清晨, 他还在床上, 突然从他的理论看到了正十七边形的做法. 前面已经说过, 这个发现标志着高斯平生的一个转折点. 他自此决定把终生奉献给数学而不是文献学. 关于高斯的发展, 我们所掌握的最有趣的文献《日记》也就是从这一天开始的. 在这时, 我们看到的不再是一个难以接近的、孤独的、小心翼翼的人, 我们看到生活中的高斯, 是一个经历了伟大发现的人. 他以最生动的方式表达自己的欢乐和满意: 他祝贺自己, 爆发出热情的赞叹. 我们看到, 在算术、代数和分析中, 一连串傲人的发现 (当然并非所有成就都是伟大的) 摆在我们面前, 也可以切身体会《算术研究》的创生过程. 在这些强大天才萌生的痕迹里, 令人感动的是, 还可以看到, 甚至伟大如高斯这样的人, 连中学生的小小练习题也没有放过. 在这里, 还可以找到他很认真地做的微分练习的记录; 而就在关于双纽线的分划一节前面, 就是每个学生都要做的完全没有意思的积分变换题目.

我愿选出很少几条特别能标志《日记》的特点的条目. 编号则依据《全集》卷 10, 1.

第 1 条.　1796 年 3 月 30 日: 圆周等分为 17 部分的几何分法.

第 2 条.　1796 年 4 月 8 日: 黄金定理的第一个确切证明, 这个特别长的证明分为 8 个不同的特例, 现在仍然极有价值, 因为在证明过程中一直保持着毫无瑕疵的前后协调一致. 克罗内克 (Leopold Kronecker, 1823—1891, 德国数学家) 称之为 "高斯天才的力量的检验".

现在我们跳到

第 51 条.　1797 年 1 月 8 日: 开始了对双纽线的研究, 而在《日记》的

第 60 条中, 1797 年 3 月 19 日, 他发现了为何在双纽线的分划方程中会出现指数 n^2, 也就是说, 利用复域, 他已经认识到双纽线积分

$$\int \frac{dx}{\sqrt{1 - x^4}} = \int \frac{dx}{\sqrt{(1 - x)(1 + x)(1 - ix)(1 + ix)}}$$

的双周期性. 在

第 80 条中我们可以见到, 高斯在 10 月得到了后来借以在 1799 年获得学位的代数学的基本定理的第一个证明. 但是在

第 98 条中记载了高斯在 1799 年 5 月 30 日又得到了一个值得注意的结果: 他找到了算术 – 几何平均值与双纽线长度的关系, 这一次又纯粹是用的计算的方法: 他把 $1/M(1, \sqrt{2})$ 计算到小数点后 11 位. 虽然他还没有完全清楚地认识到这里存在的关系, 但是已经能领略到其重要性, 即它 "打开了分析的一个完整的新领域". 在这以后, 椭圆函数这个领域就一往无前地迅速发展起来了. 一开始他还只限于 "双纽线" 函数, 即具有正方形周期平行四边形的特例, 但是

第 105—109 条, 即 1800 年 5 月 6 日到 6 月 3 日, 就记载了一般双周期函数的发现. 正方形现在被代以一般的平行四边形. 由此, 椭圆函数和模函数的完整的理论被创立起来了, 而且一下子就超过了阿贝尔和雅可比.

随着天文学方面活动的增加, 伟大发现的时期渐近尾声. 然而我还想提出

第 144 条. 1813 年 10 月 23 日他给出了双二次剩余的真正理论, 同时还在数论中引入形如 $a + bi$ (a, b 为整数) 的数. 高斯对此发现显然充满喜悦. 因为他还加上了一点说明: 在解决了这个七年未能得解的问题的同时, 他又喜得贵子.

我在结束对这个独特文件的概述之前, 还有一些一般性质的意见不能已于言.

可能有这样的人, 他们遗憾, 何以高斯花那么多精力于已经解决的问题, 何以要在没有引导或帮助之下, 去重新克服所有那些困难, 而这些困难早已得到克服本是这门科学的普通知识. 我反对这样的意见, 并且要再三强调: 能独立做出发现的人是有福的. 正是从这个例子我们可以学到一个教学上的真理: 对于个人的成功发展, 获取知识所起的作用, 比发展能力所起的作用要小得多. 高斯对于遵循已经确定的道路极为执着, 作为一个常规, 他总是不计一切地选取最陡峭的道路来达到自己的目标, 在这里显现出来的年轻人的冲动 —— 正是这些艰难的考验加强了他的力量, 使他能够不计一切得失地大踏步跨越一切障碍, 哪怕前人的研究已经去除了这些障碍.

除了赞颂独立活动以外, 我还要赞颂年轻. 我所要说的可能只意味着, 数学天才的发展, 和其他创造力的天赋的发展, 规律是相同的: 在早年, 在身体才长成时, 伟大的启示会很快来到他身上; 正是在这个时候, 他会创造出那些他将带给这个世界, 并证明自己的新价值的东西, 哪怕他表现这些东西的能力还不足以承担他的思想的激荡奔腾. 他以后的一生虽未受到同等的祝福, 因而成果不再如此丰富, 却会给予他时间, 来细细地构造与评估. 而判断的成熟性, 经验, 对自己的能力的平衡与控制 —— 所有这些都要假以岁月 —— 则是不可少的先决条件. 所以说世界知道一项成就的时候, 这项成就的核心在二十年前就已经被创造出来; 时常是, 当世界相信一个人达到了创造力的巅峰时, 这个人已经完成了一生的使命, 再不可能对自己的成就添加分毫了.

在非常肤浅地描述了高斯在纯粹数学中的工作以后, 我现在想转换一下方向, 这样我就可以自由地在以后某个时候对一些材料作较深入的讨论. 我愿选择椭圆函数理论的一些东西和数论的一些东西作为高斯创造性的成就的例子. 最后, 我愿再举出他在几何基础方面的工作, 作为他所特有的批判性的严格性的例子.

如果我先回忆一个非常初等的图形 (即图 1), 来引入上述第一个领域, 这样做可能最为容易: 这就是用两组等距的平行直线族来划分平面的问题. 相应于这个全同的平行四边形格网的空间构造, 即一个 "晶格", 每一个知道晶体学的人都是熟知的. 这个重要的联系绝非表面的, 而高斯在一篇关于西贝尔 (Ludwig August Seeber, 1793—1855, 德

国物理学家) 在 1831 年写的关于三元二次型的文章的短评 (见《全集》2: 188 页[28]) 中
正是强调了这一点. 在这篇文章里高斯第一个用几何关系对数论的东西作直观的解释.

我们在这里限于正定的二元二次型

$$f = am_1^2 + 2bm_1m_2 + cm_2^2,$$

即对一切实数对 m_1, m_2 均取正值的二次型. 它为正定的充分必要条件是 a, b, c 满足

$$a > 0, \quad c > 0, \quad b^2 - ac = -D < 0.$$

关于系数 a, b, c 的数论性质, 暂时除了假设它们为实数外不作其他假设, 但是作这种
数论的考虑时, 规定 m_1, m_2 为整数却是很重要的.

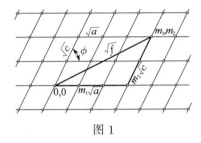

图 1

我们现在从几何上来研究这个二次型 (见图 1). 引入斜坐标, 则每一个格点都得到
了一对确定的整数 m_1, m_2. 特别是, 对于基本平行四边形, 我们赋予平行于 m_1 方向的
边以长度 $\sqrt{a}$, 赋予平行于 m_2 方向的边以长度 $\sqrt{c}$, 两边的交角 ϕ 则由方程

$$\cos\phi = \frac{b}{\sqrt{ac}}$$

决定, 基本平行四边形的对角线长度由 $\sqrt{a + 2b + c}$ 给出. 一般说来, 二次型 $f = am_1^2 + 2bm_1m_2 + cm_2^2$ 表示格点 m_1, m_2 到原点距离的平方. 这样, 现在就可以用实验、
几何的方法来解决数论问题了. 例如, 要问一个已给的整数 A 能否用二次型 f 来表示?
如果能, m_1, m_2 又取何值? 就可以用 $\sqrt{A}$ 为半径、原点为心作一个圆, 再看此圆是否通
过任何格点. 还有, 数论上很重要的量 D 现在也有了几何意义:

$$\sqrt{D} = \sqrt{ac - b^2}$$

[28] *Recension der "Untersuchungen über die Eigenschaften der positiven ternären quadratischen Formen von Ludwig August Seeber, Dr. der Philosophie, ordentl. Professor an der Universität in Freiburg, 1831, 248 S. in 4." J. reine angew. Math.* 20, 312–320, 1840. 西贝尔在 1824 年从分子结构观点来研究晶体结构,
对所谓球的堆积问题有贡献. 晶格显然是书中所提的平面格网的三维类比. 高斯对他的结果作了几何解释.
狄利克雷也作过类似的事情. —— 中译本注

就是基本平行四边形的面积.

我们现在进到拉格朗日时代就已经有的一些数论上的基本概念. 主要的一个就是等价性的概念. 我们说两个格网是等价的, 就是指它们包含相同的格点, 但是格网是用不同的直线族画出来的. 这样的格网在变换

$$m_1' = \alpha m_1 + \beta m_2, \quad m_2' = \gamma m_1 + \delta m_2$$

(这里整数 $\alpha, \beta, \gamma, \delta$ 是任意的但满足关系式 $\alpha\delta - \beta\gamma = 1$) 下可以互相转换, 且面积 $\sqrt{D}$ 不变, 但是这个条件尚不足以保证这两个格网等价. 然而, 直观上很清楚, 有无穷多个等价的格网; 在其中至少有一个, 其基本平行四边形最接近于具有直角. 这样的格网称为既约格网; 我们可以这样来构造它: 取原点到距离最近的格点的线段为基本平行四边形的一边, 记其边长为 $\sqrt{a}$, 再取下一个到距离最近的格点的线段 (或者, 如果下一个线段的长度仍和上一个一样, 则应取与上一个方向不同的距离最近的线段) 为基本平行四边形的另一边, 边长为 $\sqrt{c}$. 基本平行四边形的两条对角线的长度 $\sqrt{a+c+2b}$ 与 $\sqrt{a+c-2b}$ 必须大于 $\sqrt{c}$, 由此就可以得到判断格网 (或相应的二次型) 为既约的准确的准则: $|2b| \leqslant a \leqslant c$. 因为, 如果不计对称性, 在格网的等价类中只有一个既约格网, 我们也就可以说, 几个二次型如果引导出同一个既约二次型, 它们就是相同的. 二次型的这样一个等价类称为二次型类, 或简称为类.

我们现在转到 a, b, c 为整数的特例. 这时我们说有一个整格网, 或者称为奇异格网更好一些. 我们已经看到, 面积 $\sqrt{D}$ 是上述变换下的不变量. 现在产生了一个问题, 对于已给的 D, 在 a, b, c 为整数条件下, 有多少二次型类? 换句话说, 对于已给的 D, 既约二次型的个数有多少? 也就是说, 如果 $D = ac - b^2$ 有定值, 则条件 $|2b| \leqslant a \leqslant c$ 能够得到满足的频度如何? 因为 a, b, c 是整数, 这种既约二次型的个数 h 必是有限的; h 称为 D 的类数.

在具有行列式 D 的二次型中, 恒有一个满足条件 $b = 0$, $a = 1$ 从而 $c = D$, 这个二次型称为主二次型; 它就是 $m_1^2 + Dm_2^2$, 而基本平行四边形则是一个矩形. 它是自己的类的既约二次型, 所以它的类称为主类.

我愿在此离开初等数论的领域, 转到高等数论. 它与前者的区别在于一个本质上新的想法. 如果用物理学家的语言来说, 就是: 迄今我们对于值在平面上的分布, 都是用的一种标量的方法, 但现在我们要通过考虑方向而得到一种向量性质的概念.

具体说来, 我们现在要把平面看成复数 $x + iy$ 的承载者, 而在直角坐标系中考虑格点. 我们把边长为 $\sqrt{a}$ 的一边旋转到与 x 轴重合, 而把基本平行四边形的两边记作 ω_1 和 ω_2, 使得 $\omega_2 = \sqrt{a}$ 为实的, $\omega_1 = (b + \sqrt{-D})/\sqrt{a}$ 为复的. 这样

$$\frac{b + \sqrt{-D}}{\sqrt{ac}} = e^{i\phi},$$

而 $\omega_1 = \sqrt{c}e^{i\phi}$, ω_1/ω_2 之虚部为正. 一般的格点就可以表示为 $x + iy = m_1\omega_2 + m_2\omega_1$, 或者重新标记为 $m_1\omega_1 + m_2\omega_2$, 以后我们都这样标记. 我们把这个表达式称为一个格子数. 如果没有把边 ω_2 旋转得与 x 轴重合, 就会出现一个旋转因子 $e^{i\chi}$, 而一般的格子数就是

$$\left(\sqrt{a}m_2 + \frac{b + \sqrt{-D}}{\sqrt{a}}m_1\right)e^{i\chi}.$$

引入格子数有一个好处, 就是可以对它们进行通常的算术运算, 其中包括乘法; 而对格点则只能进行加法组合. 现在出现了一个具有基本重要性的令人吃惊的定理: 如果我们把取自两个具有相同行列式 D 的整格网 G' 与 G'' 的数相乘, 则其积属于另一个具有同样的 D 的整格网 G'''. 我们用符号把这个关系写为

$$G' \cdot G'' = G'''.$$

我愿就主二次型的情况把这个关系算出来. 这时我们有

$$\left(m_2 + m_1\sqrt{-D}\right) \cdot \left(m_2' + m_1'\sqrt{-D}\right) = (m_2m_2' - Dm_1m_1') + (m_1m_2' + m_2m_1')\sqrt{-D}.$$

所以这时乘积仍在同一格网中, 而我们可以将主格网用符号写为

$$G \cdot G = G.$$

这样, 具有相同行列式的所有格网组成一个有相容结构的机体, 就是我们今天说的群, 其实在这种情况下, 它是一个可换群或阿贝尔群, 这可以立即从复数乘法的可交换性得出. 因为 $G \cdot G = G$, 主格网起单位元的作用.

现在我们到达了 "二次型的复合" 问题, 《算术研究》的难得出名的第 5 节处理的就是它. 和所有的较老的文献一样, 高斯在这里也没有讲到格子数; 他倒是处理二次型本身. 但是这只意味着他所用的不是复的格子数而是其模 (即一复数与其复共轭之积), 因为

$$am_2^2 + 2bm_1m_2 + cm_1^2 = \left(\sqrt{a}m_2 + \frac{b + \sqrt{-D}}{\sqrt{a}}m_1\right)\left(\sqrt{a}m_2 + \frac{b - \sqrt{-D}}{\sqrt{a}}m_1\right).$$

高斯就这样躲着复数来研究具有给定行列式的二次型的一般群性质. 他研究的不仅是正定二次型, 而且是一般情况. 这就是这一节特别难读的原因所在. 他的表述并未给出这一理论原来的形状; 倒是表现了高斯的把自己的思想隐藏起来的倾向. 拉格朗日在他的《欧拉所著代数一书的附录》(Additions à l'algèbre d'Euler, 见《拉格朗日全集》第 7 卷) 里给出了这种复合的第一批例子, 是从二次型的线性因子开始的. 关于二次型的复合的最初想法, 无疑是来自对这些线性因子及其关系的兴趣.

现在产生了一个问题, 即高斯本人是否本来是使用了复数来处理这个问题, 后来又出于他特有的小心谨慎而把复数掩盖起来完全不提? 历史学家无法解决这个问题, 因为在高斯的论文里找不到这种可能性的哪怕是最微弱的痕迹. 尽管如此, 我深信高斯确实是用的这种涉及复数的推理方式, 这种推理方式就这样第一次面世了.[29]

有好几件事情支持我的看法. 首先, 高斯掌握了所有必需的前提条件. 其次, 在 1831 年同年, 他写出了前面提到的关于西贝尔的书的评论, 包括对它的几何解释. 而最后高斯在这一年还发表了关于双二次剩余的论文, 其中他处理了形如 $m_2 + m_1 i$ 的整数 (见 Stäckel, "作为几何学家的高斯" (*Gauss als Geometer*),《全集》10, 2: 篇目四, 特别是 63 页以后). 难道高斯会在一般的平行四边形的情况下反而不引入复数思想, 没有看到这种思想与复合理论的关系? 我以为这是完全不能想象的, 我甚至倾向于认为高斯早在 1799 年就已经掌握了这些理论的完备的形式.

我现在转到图 1, 即格网图, 对于函数论的意义. 在讨论这一从一开始就具有特别丰富内容的领域时, 我将忽略通过偶然尝试得到的结果, 哪怕它们有历史的重要性, 而集中关注那些使我们今天能对该领域有一个清楚全面的鸟瞰的事情 (见本书第 6、8 两章).

我们的出发点是群论方法. 我们现在有三个独立变量 u, ω_1, ω_2 而 ω_1/ω_2 之虚部为正, 于是我们有一个三元变换群, 由平移

$$u' = u + m_1 \omega_1 + m_2 \omega_2$$

以及幺模变换 (unimodular substitution)

$$
\begin{aligned}
\omega_1' &= \alpha \omega_1 + \beta \omega_2, \\
\omega_2' &= \gamma \omega_1 + \delta \omega_2,
\end{aligned}
\qquad (\alpha \delta - \beta \gamma = 1)
$$

组成, 其中 $m_1, m_2, \alpha, \beta, \gamma, \delta$ 均为整数. 我们要找出这个三元变换群的不变式 (或称自守函数). 在这里我要提到, 通常讲自守函数都是仅对第一个变换而言, 即双周期函数 $f(u|\omega_1, \omega_2)$, 其中 ω_1, ω_2 是复常数. 然而它们在下面的关于 ω 的幺模变换下的性态、重要性与趣味都不稍次. 只有研究在整个三元变换群下的不变性才能导致一般椭圆函数的理论.

按照传统, 我们在讨论一般函数 $f(u|\omega_1, \omega_2)$ 时要作一些函数理论上的假设. 在我们的批判性的年代里, 我们特别对非正常的东西有兴趣, 这就更要求我们把这些条件明确地写出来, 而在前几代, 正如保罗·杜波瓦–雷蒙 (Paul David Gustav du Bois-Reymond, 1831—1889, 法国数学家) 说的那样, "当我们还生活在乐园里的时候",

---

[29] 狄利克雷和戴德金 (Julius Wilhelm Richard Dedekind, 1831—1916, 德国数学家, 高斯的学生) 只是间接地得到了关于格网的定理, 他们通过把形如 $am_2 + (b + \sqrt{-D})m_1$ 的数与 $a'm_2' + (b' + \sqrt{-D})m_1'$ 相乘, 然后转到模的乘积, 而且去掉了因子 aa'.

人们是隐含地以一种不加怀疑的务实心情接受了这些条件的. 因此, 假设 $f(u)$ 为单值的在有限平面上处处有明确定义的函数, 也就是没有本性奇点与自然边界的函数. 对于 $f(\omega_1, \omega_2)$, 这种我所谓的 "举止良好" 的假设, 如果不深入细节, 就不能那么简单地表述了. 所以我就说: $f(\omega_1, \omega_2)$ 的 "举止" 尽可能地合理. 一个进一步的要求是, f 对 u, ω_1, ω_2 这三个变元的每一个都是齐性的, 但是齐性阶数则可以任意. 这个假设使得所有的问题都可以得到比较优雅美丽的处理. 我还要提到, 并非每一个考虑这些事情的作者都加上了这些条件. 他们更多地限于零阶齐性函数, 也就是限于比值 $u : \omega_1 : \omega_2$ 的函数, 例如 $f(u/\omega_2, \omega_1/\omega_2)$ 那样的函数. 例如雅可比就是这样做的.

除了上面提到的双周期函数 $f(u|\omega_1, \omega_2)$ 以外, 还有仅依赖于 ω_1, ω_2 的函数. 如果它们对于 ω_1, ω_2 有任意阶齐性, 就称为模形式; 如果是零阶齐性, 即只依赖于比值 ω_1/ω_2, 就称为模函数.

最后, 作为双周期函数的一个有趣的特例, 我要提出属于变换 $u' = u + m_2 + m_1 i$ 的自守函数, 也就是所谓双纽线函数. 取这个名字是由于它们第一次是在计算双纽线弧长时出现的, 正如狭窄得多的名词 "椭圆函数" 来自应用这种函数来计算椭圆的弧长一样. 除此以外, 双纽线和椭圆的弧长并不并行, 因为前者是由 "第一类积分" $\int dz/\sqrt{1-z^4}$ 给出的, 而后者则由 "第二类积分" 给出. 这两类积分的区别也是高斯首先弄清楚的.

现在我要给出满足以上条件的最简单的一般椭圆函数. 用魏尔斯特拉斯的记号来表示, 它们就是:

$$\wp(u|\omega_1, \omega_2), \quad g_2(\omega_1, \omega_2),$$
$$\wp'(u|\omega_1, \omega_2) = \frac{\partial \wp}{\partial u}, \quad g_3(\omega_1, \omega_2).$$

它们可以用以下的处处绝对收敛的级数来定义; 这样的定义方式是艾森斯坦给出的, 我在这里讲述它们, 则是为了以最简单的方式得到所求对象的存在证明. 艾森斯坦给出的定义是:

-2 阶: $\wp(u|\omega_1, \omega_2) = u^{-2} + \sum' \left\{ (u + m_1\omega_1 + m_2\omega_2)^{-2} - (m_1\omega_1 + m_2\omega_2)^{-2} \right\}.$

-3 阶: $\wp'(u|\omega_1, \omega_2) = -2 \sum (u + m_1\omega_1 + m_2\omega_2)^{-3}.$

-4 阶: $g_2(\omega_1, \omega_2) = 60 \sum' (m_1\omega_1 + m_2\omega_2)^{-4}.$

-6 阶: $g_3(\omega_1, \omega_2) = 140 \sum' (m_1\omega_1 + m_2\omega_2)^{-6}.$

应该提到, 第一个级数中的花括号对于绝对收敛是必不可少的. 求和号上方的一撇 $\sum'$ 表示应该除去 $m_1 = m_2 = 0$ 这一对值.

$\wp(u)$ 和 $\wp'(u)$ 这两个函数称为魏尔斯特拉斯函数 (德文中则说是基本函数 (Grund-

funktionen)). 它们在平面的格点上分别有 2 阶和 3 阶极点. 量 g_2, g_3 则简单称为不变量. 它们是最简单的模形式. 若定义 "判别式" Δ 为 $\Delta = g_2^3 - 27g_3^2$, 则函数 $J = g_2^3/\Delta$ 是模函数的最简单的例子.

这四个函数间除了有关系式

$$\wp'^2 = 4\wp^3 - g_2\wp - g_3$$

以外, 还有一个值得注意的基本定理, 即任意满足上面说到的合理性要求的三变量自守函数必可表示为这四个函数的有理函数. 所以, 这个定理圈定了我们所要找的一切可能的函数的范围.

但是从理论的洞察来说, 这些函数的另一种表示具有最大的重要性. 具体说来, 这些函数都可以用整函数 (即对变量的一切有限值均为有限的函数) 来表示. 实际上, 自守函数都可以表示为分子与分母都是整函数的分式, 虽然分子和分母不必是双周期的整函数. 这方面最重要的函数就是魏尔斯特拉斯的 σ-函数. 它对于 u, ω_1, ω_2 是 $+1$ 阶的, 而且可以表示为无穷乘积:

$$\sigma(u) = u \cdot \prod{}' \left(1 - \frac{u}{m_1\omega_1 + m_2\omega_2}\right) \cdot \exp\left[\frac{u}{m_1\omega_1 + m_2\omega_2} + \frac{1}{2}\left(\frac{u}{m_1\omega_1 + m_2\omega_2}\right)^2\right],$$

此式中的指数因子起收敛因子的作用. 这个函数在每个格点均为零. $\wp$ 函数就可以用它来表示; 例如我们有

$$\wp = -\frac{d^2 \log \sigma(u)}{du^2} = \frac{\sigma\sigma'' - \sigma'^2}{\sigma^2}.$$

如我们已提到的那样, σ 本身并非双周期的. 我们有

$$\sigma(u + \omega_1) = -\sigma(u)\exp\left[\eta_1(u + (\omega_1/2))\right],$$
$$\sigma(u + \omega_2) = -\sigma(u)\exp\left[\eta_2(u + (\omega_2/2))\right],$$

这里的 η_1, η_2 是两个常数, 我们不在这里讨论其意义. 然而, σ 是一个模形式, 即有

$$\sigma(u|\alpha\omega_1 + \beta\omega_2, \gamma\omega_1 + \delta\omega_2) = \sigma(u|\omega_1, \omega_2).$$

我们已经提到, 这个极为重要的函数是魏尔斯特拉斯发现的. 但是, 高斯和阿贝尔都已经很接近它了. 他们都是用的函数 $C \cdot \sigma \cdot e^{-\kappa u^2}$ (为简单计, 我对 C 和 κ 暂不加定义), 这些函数来自计算通常的椭圆积分的典则形式的过程, 而在把双周期函数分解为分子和分母方面, 这个函数和 $\sigma(u)$ 有相同功效. 我们今天将称它为一个 "层次 2" 函数, 因为它只在完全模群的一部分下不变 (见第 6 章 248 页). 魏尔斯特拉斯称它为 *Al* 以纪念阿贝尔 (Abel). 这个函数通过布里奥 (Charles Auguste Briot, 1817—1882, 法国数

学家) 和布凯 (Jean-Claude Bouquet, 1819 — 1885, 法国数学家) 的书《双周期函数理论》(C. A. Briot, J.-C. Bouquet, *Théorie des fonctions doublement périodiques*) 而广为人知. 这二位都是受到柯西影响的刘维尔学派的学生. 此书出版于 1859 年, 而且在一个长时期中统治了这个领域. 说来也有意思, 人们一直以为 *Al* 这个记号源于德文字 "*Alles*" (所有事物), 这是民间语源学造字速度之快的一个好例子.

既已讲到了最基本的椭圆函数及其最主要的表达方式, 我就不应完全跳过与之密切相关的领域, 即 ϑ-函数理论. 这个已经充分耕耘了的领域, 由于其运算问题十分丰富, 应用又极广泛, 已经有了独立的重要性, 虽然对于我打算加以概述的领域的智慧的结构, 它没有提供任何本质上新的洞见.

可以把一个 σ-函数分解因子, 使其中之一对于一个周期为自守的. 这就生成了一个雅可比所称的函数 ϑ_1; 它有一个漂亮的收敛级数展开式, 使之对解析运算和数值计算都很适用. 这个分解公式就是

$$\sigma(u|\omega_1, \omega_2) = \frac{e^{\eta_2 u^2/2\omega_2}}{\sqrt{\omega_2/2 \cdot \sqrt[8]{\Delta}}} \cdot \vartheta_1(\pi u/\omega_2, q),$$

其中

$$q = e^{i\pi\omega_1/\omega_2}, \quad \Delta = g_2^3 - 27g_3^2,$$

ϑ_1 对于 u 和 ω 是零阶的. 经过计算和重排, 就可以得到级数

$$\vartheta_1(\pi u/\omega_2, q) = 2\left(q^{1/4}\sin\pi u/\omega_2 - q^{9/4}\sin 3\pi u/\omega_2 + q^{25/4}\sin 5\pi u/\omega_2 - \cdots\right).$$

更多的 "ϑ-函数" 可以用类似的级数来定义. 有很多 ϑ-关系式 (即适当选择变量的 ϑ-函数之间的等式), 它们在一段时间里成了所有数学家的狩猎场. 今天, 它们更多地则是退入了后台, 成了甚至科学也得屈从于时尚的一个例证. ϑ-函数对于周期的加法性状非常简单; 而另一方面, ω_1, ω_2 的变换则以十分复杂的方式改变这些函数的形式. 从这些关系的研究中, 产生了无数的 ϑ-函数的公式.

读者们大概会猜想到, 我提这些事情只是想说明高斯已经知道所有这一切. 他在 1798 年就已经构造出了双纽线情况下的 ϑ-函数, 而一般情况则在 1800 年左右做出来了, 而在 1808 年则整天忙着搞 ϑ-关系式.

现在我要开始阐明我们的自守函数理论的主要思想. 既已讨论了魏尔斯特拉斯函数与我们所考虑的其他函数的关系, 系统的群论 (见克莱因的 "埃尔朗根纲领", 在《克莱因全集》(即《数学著作集》(*Gesammelte mathematische Abhandlungen*), 下同) 第 1 卷 460 页以后可以找到) 就会告诉我们, 考虑对于完全的三元变换群的某一子群为自守的函数是很有用的, 而我们将这些函数称为 "高层次函数". 我们要问是否真有这样的函

数, 而它们与魏尔斯特拉斯函数的关系又如何? 这些关系何时为代数的? 而哪些代数关系可以用这些关系式 "单值化", 即由单值函数恒等地满足?

在由此产生的众多问题中, 我只选择那些对于 u 深入以上的思考所产生的问题. 我们现在的计划将导致对椭圆函数的 "变换" (其特殊的意义我们下面就来讲解) 的理论, 亦即其乘法和除法的理论.

只要从原来的格网中删去若干格点, 就可以找到老格网中镶嵌的一个新的格网, 这样, 就找到了仅在部分三元群下自守的函数. 新格网的基本平行四边形的面积不再是 $\sqrt{-D}$, 而是它的一个整数倍: $n\sqrt{-D}$. 它的各边是

$$\begin{aligned} \bar{\omega}_1 &= \bar{\alpha}\omega_1 + \bar{\beta}\omega_2, \\ \bar{\omega}_2 &= \bar{\gamma}\omega_1 + \bar{\delta}\omega_2, \end{aligned} \qquad (\bar{\alpha}\bar{\delta} - \bar{\beta}\bar{\gamma} = n),$$

这里 $\bar{\alpha}, \bar{\beta}, \bar{\gamma}, \bar{\delta}$ 均为整数. 这个新格网是从老格网经 "n 阶变换" 得来的, 而我们可以在其中构造出魏尔斯特拉斯函数

$$\begin{aligned} \wp(u|\omega_1, \bar{\omega}_2) &= \bar{\wp}, \\ \wp'(u|\bar{\omega}_1, \bar{\omega}_2) &= \bar{\wp}'. \end{aligned}$$

这时 $\bar{\wp}, \bar{\wp}'$ 就是相对于原来的群

$$\begin{aligned} u' &= u + m_1\omega_1 + m_2\omega_2, \\ \bar{\omega}_1 &= \alpha\omega_1 + \beta\omega_2, \qquad (\alpha\delta - \beta\gamma = 1) \\ \bar{\omega}_2 &= \gamma\omega_1 + \delta\omega_2, \end{aligned}$$

的我们所要的那种类型的函数. 如果新格网的基本平行四边形是若干个老格网的基本平行四边形拼在一起得到的, 而且它与老格网的基本平行四边形相似, 那么 $\bar{\wp}, \bar{\wp}'$ 之值并非在每一次平移 $u' = u + m_1\omega_1 + m_2\omega_2$ 下都不变, 而只当 m_1, m_2 为某整数之倍数时不变.

我们现在转到 $\wp, \wp'$ 与 $\bar{\wp}, \bar{\wp}'$ 的关系问题. 这可以由以下定理以极为简单的方式得出, 即所有椭圆函数都是适当的魏尔斯特拉斯函数的有理函数. 现在, 因为新周期 $\bar{\omega}_1, \bar{\omega}_2$ 也都是老的 $\wp, \wp'$ 的周期, 所以 $\wp, \wp'$ 也是 $\bar{\wp}, \bar{\wp}'$ 的有理函数. 反过来 $\bar{\wp}, \bar{\wp}'$ 则是 $\wp, \wp'$ 的代数函数. 乘法是这种 n 阶变换的特例, 即由以下公式给出:

$$\bar{\omega}_1 = \kappa\omega_1, \quad \bar{\omega}_2 = \kappa\omega_2 \quad \text{而 } n = \kappa^2, \kappa \text{ 为整数.}$$

新基本平行四边形与老平行四边形相似, 而且定向也相同, 代入艾森斯坦级数, 即有

$$\bar{\wp} = \wp\left(u|\kappa\omega_1, \kappa\omega_2\right) = \frac{1}{\kappa^2}\wp\left(\frac{u}{\kappa}\Big|\omega_1, \omega_2\right),$$

$$\bar{\wp}' = \wp'\left(u|\kappa\omega_1, \kappa\omega_2\right) = \frac{1}{\kappa^3}\wp'\left(\frac{u}{\kappa}\Big|\omega_1, \omega_2\right),$$

若记 $u/\kappa = v$, 则得

$$\bar{\wp} = \wp\left(\kappa v|\kappa\omega_1, \kappa\omega_2\right) = \frac{1}{\kappa^2}\wp\left(v|\omega_1, \omega_2\right),$$

$$\bar{\wp}' = \wp'\left(\kappa v|\kappa\omega_1, \kappa\omega_2\right) = \frac{1}{\kappa^3}\wp'\left(v|\omega_1, \omega_2\right).$$

最后, 因为 $\wp, \wp'(\kappa v|\omega_1, \omega_2)$ 是 $\bar{\wp}, \bar{\wp}'$ 的有理函数, 所以 $\wp, \wp'(\kappa v|\omega_1, \omega_2)$ 对 $\wp, \wp'(v|\omega_1, \omega_2)$ 也是有理的. 这里周期不再出现, 而出现的是变量 u 和 v, 还有一个新的因子. 从左到右读这些等式则它们被称为椭圆函数的乘法; 或者相反, 从右到左读这些等式, 就称它们为除法公式. 当然, 这些运算的代数性质应该被更仔细地研究.

但是, 想要更公正地对待高斯, 就应该更前进一步来研究椭圆函数的复乘法. 这只在奇异格网时才可能, 在其中可以 "镶嵌" 虽然相似但定向不同的平行四边形. 在这种格网中可以对复数 $\kappa = \kappa_1 + i\kappa_2$ 构造函数 $\wp(\kappa v)$, 它们是 $\wp(v)$ 的有理函数.

我们想在双纽线这个简单情况下更为仔细地看看这一点, 此时 $\omega_1 = i\omega_2$. 作复数乘法后即有

$$\begin{aligned}\bar{\omega}_1' &= (\kappa_1 + i\kappa_2)\omega_1 = \kappa_1\omega_1 - \kappa_2\omega_2, \\ \bar{\omega}_2' &= (\kappa_1 + i\kappa_2)\omega_2 = \kappa_2\omega_1 + \kappa_1\omega_2,\end{aligned} \qquad \kappa_1^2 + \kappa_2^2 = n,$$

即此运算为 $n = \kappa_1^2 + \kappa_2^2$ 阶的 "变换". 所以甚至当 κ 为复数时,

$$\wp(\kappa v|\omega_1, \omega_2), \quad \wp'(\kappa v|\omega_1, \omega_2)$$

也均为 $\wp(v|\omega_1, \omega_2)$ 和 $\wp'(v|\omega_1, \omega_2)$ 的有理函数. 对所有的奇异格网, 也可以作一些类似于此的事情. 然而, 当我们不再只考虑主格网时, 就必须考虑所有具有同样行列式 D 的格网之集合. 很清楚, 这个问题与具有行列式 D 的二次型的复合有密切的关系.

以上指出的所有问题, 被看做椭圆函数理论中最有趣最优美的问题, 高斯都以种种方式处理过. 在他关于双纽线的最早的工作里, 他既用了一般乘法, 也用了复数乘法. 例如乘以 5, 就按照 $5 = (2 + i)(2 - i)$ 分成两步. 他又把这个程序颠倒过来, 用平方根解出一个 25 阶方程, 解决了双纽线的除法问题. 这个伟大的成就, 他只在《算术研究》关于分圆问题一节 (见《全集》1: 412, 413 页) 的引言里, 作为小事一桩一言带过. 这一段话, 不仅由于其本身, 特别由于其效果, 非常值得注意. 因为它给了阿贝尔在 1825 年转向此问题的动力, 阿贝尔通过发现椭圆函数的双周期性, 及其复乘法的一般可能性, 完全地解决了这个问题.

迄今为止, 我们集中关注于自守形式对 u 的依赖性, 以及 u 平面上平行四边形格网的图形. 现在我们把 u 放在一旁, 更深入地研究只依赖于 ω_1, ω_2 的函数. 这就引导到模形式和模函数的理论; 我们在此只讨论后者. 因为模函数在上面已定义为 ω_1, ω_2 的零阶

齐性形式, 我们就可以令 $\omega_1/\omega_2 = \omega$ 而以下面的变换为研究对象:

$$\omega' = \frac{\alpha\omega + \beta}{\gamma\omega + \delta}, \quad \alpha\delta - \beta\gamma = 1.$$

于是有了一个问题, 能不能把 ω 平面也分成一些不连续域, 从而对上述变换之群作直观的解释, 一如我们对 u 平面作相应的分解来解释变换 $u' = u + m_1\omega_1 + m_2\omega_2$ 之群那样? 这确实是可能的. 所谓的模图形, 又是高斯首先处理的, 在这方面他仍然领先于阿贝尔、雅可比以及后来的数学家, 直到黎曼把它发展为自己理论中受到钟爱的工具 (见图 2). 起始的区域有粗黑边线而且加了阴影. 如果 ω 不是实数且有正虚部, 则它总可以用一个这样的变换映为基本域的上半部; 如果虚部为负, 则映为其下半部. 这基本上就是陈述具有复格点 $m_1\omega_1 + m_2\omega_2$ 的二次型 $am_2^2 + 2bm_1m_2 + cm_1^2$ 的约化理论的另一个方法. 基本域的每一点 ω 都代表无穷多个等价的格网中的既约格网, 而等价的格网则由其他区域中等价于 ω 的点来表示.

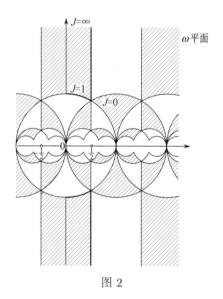

图 2

其他区域可以通过对图上的直线或圆周逐次作反演变换 (即反射) 得到. 整个 ω 平面就这样被一个以圆弧为边的三角形无间隙地覆盖起来, 从实轴的上下两侧越接近实轴, 这些三角形就越挤拢. 我们已经说过, 上下半平面的点不能通过模变换互变. 实轴就成了所有模函数的所谓 "自然边界". 实轴上的有理点是无穷多个区域的尖点. 所以实轴包含了一个处处稠密的无穷集合, 其中的每一点都属于无穷多个区域 (其实属于两个这样的无穷族), 然而这个处处稠密集合又不能填满整个实轴. 由于这个奇异的性状 (用戈丹 (Paul Albert Gordon, 1837—1912, 德国数学家) 的话来说, 就是 "魔鬼居住的地方"), 实 ω 的情况值得专门研究.

我们现在来求属于这个平面分解的模函数. 最简单的就是 "绝对不变式" $J = g_2^3/\Delta$.
它在基本区域里取每个值一次而且只取一次, 它还是已经规范化了的, 即在 $0, 1, \infty$ 三
点它取图上画出的值. 这个 $J(\omega)$ 与二次型理论有特别简单的联系. 早前我们说过, 二
次型的等价类可由基本域的一个点以及与之等价的所有点来表示. 现在很清楚, 每一类
二次型 (即每一族等价的格网) 都对应于 $J(\omega)$ 的唯一的值. 反之, 对每一个 $J(\omega)$ 都相
应有唯一一类二次型, 不过对平行四边形的绝对大小不能规定. 这一点可以说明它在函
数论和数论两方面都有意义. 所有其他模函数都可以用 J 有理地表示出来, 这一点更
是强调了它的意义. 当然, 其他模函数这样表示以后就不一定仍是单值的了; 就是说, 在
基本域内每个值可以取若干次.

高斯知道这个函数及其重要性质. 在《全集》卷 3 的 386 页, 就可以找到一篇关
于 "加法函数" (summatory function, 即函数 J) 的短文. 如我们说过的那样, 他也知道
模图形和反射原理.

我们现在遵循群论的途径, 来探求变换 $\omega' = (\alpha\omega + \beta)/(\gamma\omega + \delta)$ 的各个子群, 及其
与整个群的关系. 不幸的是, 我在这里不能给出决定子群的一般原理, 但让我举一个例
子, 即层次 n 的主合同子群. 这个子群是由系数满足 $\equiv 1$ 或 $\equiv 0 \pmod{n}$ 的某些变
换 $\omega' = (\alpha\omega + \beta)/(\gamma\omega + \delta)$ 组成的, 而条件

$$\alpha \equiv 1, \quad \beta \equiv 0, \quad \gamma \equiv 0, \quad \delta \equiv 1 \qquad (\bmod\ n)$$

将简记为

$$\begin{pmatrix} \alpha & \beta \\ \gamma & \delta \end{pmatrix} \equiv \begin{pmatrix} 1 & 0 \\ 0 & 1 \end{pmatrix} \qquad (\bmod\ n).$$

我们简单描述一下层次 2 的主合同子群. 有 6 个可能的系数系统:

$$\begin{pmatrix} \alpha & \beta \\ \gamma & \delta \end{pmatrix} \equiv \begin{pmatrix} 1 & 0 \\ 0 & 1 \end{pmatrix}, \quad \begin{pmatrix} 1 & 1 \\ 0 & 1 \end{pmatrix}, \quad \begin{pmatrix} 1 & 0 \\ 1 & 1 \end{pmatrix}, \quad \begin{pmatrix} 0 & 1 \\ 1 & 0 \end{pmatrix},$$

$$\begin{pmatrix} 1 & 1 \\ 1 & 0 \end{pmatrix}, \quad \begin{pmatrix} 0 & 1 \\ 1 & 1 \end{pmatrix} \qquad (\bmod\ 2).$$

这个子群的基本域由 6 个前述的域构成. 这个基本域的一个基本函数 —— 称为层次 2
的模函数, 因为它只在由 mod 2 的关系定义的子群下不变 —— 是 "交比" (cross-ratio)
$\lambda(\omega)$ (也记作 $\kappa^2(\omega)$, 而 $\kappa(\omega)$ 称为勒让德模 (Legendre modulus)). 因为这个函数的基本
域是 $J(\omega)$ 的基本域的 "6 倍大" (即指对应于 J 的每个值, 都有 λ 的 6 个值), 很清楚,
这两个函数间必由一个六阶的代数关系相联系. 事实上, 我们有

$$J = \frac{4\left(\lambda^2 - \lambda + 1\right)^3}{27\lambda^2(1-\lambda)^2}.$$

高斯也知道这个子群. 关于这个主题的零碎叙述和适当的图形, 可以参看《全集》8: 103, 105 页以及 3: 386 页. 但是从他的《日记》里可以更准确地察觉到他的知识范围有多大. 1800 年 6 月 3 日的一篇日记 (见《全集》10, 1: 550 页) 就是关于这个问题的.

现在为了确证我已经阐述的内容, 我要转到这个主题的另一个侧面. 众所周知, 椭圆函数在历史上并不是如我们所讲述的那样发展起来的. 而是先发现了椭圆积分[30], 椭圆函数则是作为其反函数用反演得出来的. 现在我们要来认识一下作为椭圆函数之反函数的积分的性质.

在关系式

$$\wp'(u)^2 = 4\wp^3 - g_2\wp - g_3$$

中, 令 $\wp(u) = z$, 就有

$$u = \int_\infty^z \frac{dz}{\sqrt{4z^3 - g_2 z - g_3}}.$$

这个形式是由艾森斯坦导出的, 而被魏尔斯特拉斯大量使用. 它是一个层次 1 的齐性规范形式. 之所以如此称呼, 是因为其中的系数是层次 1 的模形式. 但是把 u 用更高层次的积分 (即其中的系数只在一个子群下不变) 来表示, 有时也是有用的. 层次 2 的规范形式 (用非齐性形式来表示) 是

$$v = \int_0^z \frac{dz}{\sqrt{z(1-z)(1-\lambda z)}},$$

其中如前面所指出, λ 具有交比的性质. 如果令 $z = \sin^2\phi, \lambda = \kappa^2$, 即得很有用的勒让德规范形式:

$$u = \int_0^\phi \frac{d\phi}{\sqrt{1 - \kappa^2 \sin^2\phi}}.$$

在这里, 高斯也比那个时代的绝大多数作者更有原则性, 他坚持要求层次 2 的规范形式是齐性的. 在他的关于长期摄动的工作中, 他导出了与上面的层次 2 规范形式有密切关系的高斯形式 (见《全集》3: 331 页以下, 特别是 352 页和 359 页):

$$u = \int_0^\phi \frac{d\phi}{2\pi\sqrt{m^2\cos^2\phi + n^2\sin^2\phi}}.$$

现在我将最后提一下整个这个理论与时常谈起的算术–几何平均的关系. 这个问题来自

---

[30]请参看菲赫金哥尔茨《微积分学教程》第 2 卷第 8 章 §5 椭圆积分 64–72 页, 以及第 9 章 §3 的 113–115 页 (高等教育出版社 2006 年的版本). 译文中说的规范形式, 在该书中指的是 "标准形式". —— 中译本注

计算椭圆积分的周期, 所谓一个周期就是

$$\int_0^{2\pi} \frac{d\phi}{2\pi\sqrt{m^2\cos^2\phi + n^2\sin^2\phi}}.$$

高斯在计算此值时, 用的不是别的近似方法, 而是已经出现在拉格朗日和其他人的工作中的方法, 即二次变换的迭代, 把被积函数的周期平行四边形迭代地加倍. 这个做法的极限将给出三角函数的周期带形, 带形的高度由积分域给出. 每作一次二次变换, 就会得到一个构造相同的积分

$$\int_0^{2\pi} \frac{d\phi'}{2\pi\sqrt{m'^2\cos^2\phi' + n'^2\sin^2\phi'}},$$

其中

$$m' = \frac{m+n}{2}, \quad n' = \sqrt{mn}.$$

它的值与上面的积分相同. 因此, 在求了极限以后即知, 上面的积分, 亦即椭圆积分的一个周期等于

$$\int_0^{2\pi} \frac{d\phi^{(\infty)}}{2\pi\mu\sqrt{\sin^2\phi^{(\infty)} + \cos^2\phi^{(\infty)}}} = \frac{1}{\mu},$$

这里 μ 就是算术–几何平均 (见 23 页的第一个公式), 所以我们得到了周期与算术–几何平均的关系式.[31] 按照高斯的日记, 他是在 1799 年 12 月 23 日就双纽线的情况, 即 $m^2 = 1, n^2 = 2$ 的情况得到这个关系式的, 但是直到 1818 年才发表在关于长期摄动的论文里.

至此我要对这个关于椭圆函数的短短的插叙作一个总结了. 我一直试图表明高斯多么早又多么完备地理解了这个理论的各个全然不同的成分. 看一看这个知识如何来自三个完全不同的来源, 这些来源又以最令人称赞的方式组合到一起, 确实令人惊奇, 这三个来源就是:

对算术–几何平均的完全随兴所至的研究,

正定二次型理论,

对双纽线的研究.

于是自然产生一个问题: 这个理论还有哪些部分是高斯不知道的? 这就是对椭圆函数的周期的一般决定方法, 即多值函数的积分, 而这需要用复平面上的回路积分. 很可能正是这一点使高斯不愿发表他的结果. 这个方向是由普伊瑟 (Victor Alexandre Puiseux, 1820—1883, 法国数学家) 在 1851 年开始的 (见《巴黎科学院通报》(*Comptes*

---

[31] 这一段话的文字稍有变动. —— 中译本注

Rendus) XXXII, 1851), 然而在黎曼引入 "多叶曲面" 概念以后, 其条件才真正弄清楚. 这个理论由以下定理所完成, 即周期平行四边形是 $\wp'(u) = \sqrt{f(z)}$ 的覆盖于扩张的 z 平面上且具有适当割口的 2 叶曲面的共形图像.

在简述了高斯的天才提供给我们的新的富有成果的财富之主要特点以后, 我必须转到他在数学基础的批判以及方法论的严格性方面的成就, 这样才能使他的性格得到一个完整的形象. 但我先要提出三个来自对于事物的历史观的指导原则.

我们的科学中的 "严格性" 概念, 以及对它所包含的理想的追求, 始自希腊人. 他们对这个理想的理解就是从尽可能少的初始假设逻辑地演绎出整个数学. 我愿强调的是, 即使在这种意义下的理想的 "严格性" 之下, 仍然有某些直觉的非逻辑元素进入了我们的科学的基础的构筑. 即令是数的概念也是如此. 希腊人使用最简单的平面图形作为直觉的本源, 在其上建立了线段的运算, 而我们今天更愿意用字母符号 [来建立运算], 这两者逻辑上并没有原则性的区别; 而在对这些符号的运算中, 仍然残留着直觉的元素. 逻辑学家施罗德 (Ernst Schröder, 1841—1902, 德国逻辑学家) 把 "写在纸上的符号不会一夜之间就改变形状" 作为一条公理 ("符号传承性公理", 见他写的《算术与代数》(*Arithmetik und Algebra*) 卷 1, Leipzig, 1873, 16 页以下).

从历史上看, "严格性" 这个理想在我们的科学中的意义并非一成不变的, 宁可说, 它是视情况而颇为不同的. 在伟大而强有力的多产时期, 它有时退居后台, 让位于科学的尽可能丰硕迅速的成长, 而只在继之而来的批判时期, 才会又一次得到强调, 那时人们关注的是巩固已经得到的宝藏. 只需回想一下微积分在 18 世纪的发展就够了: 那时, 急于发现的热切心情把想象力激发到了极点, 所以做出许多没有足够论证的、甚至直接就是错误的东西, 还可以回想一下, 19 世纪代数曲线理论的发展也是这样. 作为一个对比, 我愿回忆一下经院哲学时代, 它把低产与极度尖锐的苛求和辩证理解统一起来了. 最不公正的是, 经院哲学家被人嗤之以鼻, 被认为是毫无结果地吹毛求疵的思想学派. 与各个时代相比, 我们的时代尤其应该避免这种肤浅的论断. 这种论断很可能是由于那个时代的一切创造, 常共有一种神秘的形而上学的背景, 而与我们时代的创造如此大相径庭. 如果撕掉经院思辨的外衣, 就可以看出, 那些表面上看来纯属神学的诡辩, 正是我们今天所谓的 "集合论" 的正确陈述. 举一个例子, 对于上帝是否在一个小时之内就创造了无限的世界这个问题的推理, 与指导今天的数学家研究单位线段是否有无穷多个点这一问题的推理, 其实并无区别. 事实上, 集合论的创造者康托尔 (Georg Ferdinand Ludwig Phillip Cantor, 1845—1918, 德国数学家) 自己也转入了经院哲学学派. 回过头来看, 这种苛求的精神和对思考的每一小步都作细致入微的分析的精神, 以及 "严格性" 的理想, 还极少有如经院哲学年代那样活跃.

这里讲的不同科学发展时期的对立, 也表现在研究者具有不同类型上. 有大胆的征服者, 他们依靠很强的直觉、但是不甚有序的概念进行工作, 他们靠本能与感觉发现新的宝藏. 也有对于已经赢得的东西的细心的组织者与管理者, 他们正确地估计每一件事, 用敏锐的头脑给出清晰明确的批判, 使每一件事都各得其所. 这两种对立的才能只在极罕见的情况下才在一个人身上统一起来; 历史公正地给这种人以独特的地位, 让他们成为自己领域的统治者和国王, 能够超越一切不同意见的对立, 超越一切时代的冲突. 当我们看到高斯的批判才能以后, 就会把他列入这种少数精心挑选出来的人之中. 但我先要给出第三个概括性的评论.

从对我们的科学的历史这种观点来看, "严格性" 就只是一个相对的东西, 是一种随科学而发展的要求. 在一个专注于严格性的时代, 那个时代的人总是以为自己已经达到了精确性的极致, 而后代却在这个方向上, 不论是在要求上, 还是在成就上, 都远远超过了他们. 看到这一点是很有意思的. 欧几里得被超过了, 高斯被超过了, 魏尔斯特拉斯也被超过了. 在这个方向上和在创造力上, 似乎都没有立下什么极限.

当我现在转到高斯在批判性研究领域中的成就时, 我要特别强调这一点. 因为他不是从一无所有之中突然蹦出来的, 宁可说, 他只是一条从过去到未来的链条之一环——当然是重要性无可比拟的一环.

到 18 世纪末, 对严格性的要求又明显地重新显现, 首先表现在两本书里, 即: 1794 年勒让德的《几何原理》(*Éléments de géométrie*) 和 1797 年拉格朗日的《解析函数论》(*Théorie des fonctions analytiques*). 这两本书都还不能满足今天对于严格性的要求, 但是作为在很长时期内向这个方向前进的第一批著作, 都是重要的. 1801 年, 高斯以他的《算术研究》向前跨进了一大步, 其中的陈述具有前所未有的严格性, 而没有漏洞. 比之同时代人的工作, 这是一大进步, 而在很早的阶段, 就给高斯带来了方法上无懈可击和难以超越的好名声. 就高斯的这一个推演而言, 这个好名声是完全有道理的. 但是他还没有看到有必要扩展所处理的领域, 以及尽可能地把假设限制到最少. 在《算术研究》中对于用到的数和字母的通常的运算都未加研究就假设为成立的. 他对基础问题的公理化研究并无兴趣, 但是涉及对通常的材料加以扩展时, 高斯的所作所为就大不相同了. 例如, 在引入 "虚" 量的问题上, 他的论证常引起同时代人的质疑, 这时, 高斯一步一步走得非常认真而谨慎. 在他的学位论文里, 他就已经处理了 "虚" 量的问题, 1800 年左右, 许多人都为此伤脑筋, 那时高斯还小心地装作不讨论 "虚" 量. 但后来, 在他清楚地有了逻辑上不容任何怀疑的思想以后, 他向前踏进了, 特别是, 他的陈述清晰而成为经典的 1831 年的关于双二次剩余的第二篇论文 (见《全集》2: 174–178 页), 就包含了这个思想. 他在此文中细心地避免使数论的这个新领域沾上丝毫神秘或幻想的气息, 特别是在名词的选用上更是如此. 他铸造了 "复数" 这个词, 他还建议用 "正或反的横向单位" 一词来代替 "正或负的虚单位" 的说法, 可惜没有被人接受. 但是他用几何解释一劳永逸地把二维流形上的计算从神秘幻想之中带到了明朗的晴空下.

我愿较详细地考虑另一些领域, 在那些领域中, 高斯也把他的批判性目光转注其中. 这些领域中, 占首位的是他一再关注的 "代数的基本定理". 他一共提出了 3 个证明, 分别是在 1799 年、1815 年和 1816 年 (分别见《全集》3: 1, 31, 57 页). 后来在 1849 年的证明则只是第一个证明的更精确的版本. 再下一个重要的领域是他对级数收敛性的严格处理. 高斯在 1812 年关于超几何级数的论文 (见《全集》3: 123 页以下和 139–143 页) 中给出了第一个关于幂级数收敛性的一般规则. 在这一方面, 有意思的是, 有一个领域没有引起高斯的注意, 那就是微分学和积分学. 而正是在这里, 正是由于对其基础缺少批判性的研究, 反而使得这个人类智慧最了不起的产物能够繁荣生长. 在这里创造清晰性和秩序的任务留在了柯西 1821 年的工作中. 当然高斯能够正确地应用微积分, 但是关于其逻辑构造, 他没有说过什么.

现在我们要更仔细地考虑代数的基本定理的几个证明. 这将使我们一方面能看到高斯在严格性上如何超过他的前人, 另一方面又可看到其中还有什么留待今天的科学来完成. 在这个问题上我将仅限于他的前两个证明, 因为第三个证明需要更复杂的方法.

代数的基本定理是由达朗贝尔 (Jean le Rond d'Alembert, 1717—1783, 法国数学家) 在 1746 年的论文《积分学研究》(*Recherches sur le calcul intégral*) 里首先提出, 并给了部分证明的. 这篇论文发表在一本名为《柏林科学院历史》(*Histoire de l'Académie de Berlin*) 的论文集里.[32] 至今, 法国人仍然称此定理为 "达朗贝尔定理"; 高斯在自己的学位论文中, 也只说自己给出了一个 "新证明" (*demonstratio nova*), 而没有如现在通常做的那样, 称之为此定理的 "第一个严格证明". 很自然地, 他的论文从详细批判过去所有自称为证明的东西开始. 然后他就带来了自己的新途径, 用现在的语言来讲, 这个途径大体如下. 他考虑函数

$$P + iQ = f(x + iy),$$

其中 $f(x + iy) = f(z) = z^n + a_1 z^{n-1} + \cdots + a_n$, 并且在 $x + iy$ 平面上研究曲线 $P = 0$ 和 $Q = 0$ 的形状. 在远离原点处, 即在 $z = re^{i\phi}$ 的绝对值很大处, 这两条曲线趋近于 $z^n = 0$ 所表示的两条曲线, 即 $r^n \cos n\phi = 0$ 和 $r^n \sin n\phi = 0$. 后两个方程表示过原点的两个直线族; 它们互相交替地排列. 从曲线 $P = 0$ 和 $Q = 0$ 的这种渐近的排列, 高斯就断言它们必定相交.

从今天的观点来看, 这个证明的实际情况是: 它在原则上是正确的, 但不完全. 高斯暗地里使用了代数曲线的某些性质. 他像下面那样使用 "曲线" 概念, 其实并无害处. 他说一条 "曲线" 不会突然折断, 他提到了这一点, 但是并未深究. 再有, 曲线 $P = 0$ 的分支和 $Q = 0$ 的分支相交的组合的各种可能也没有被充分分析过. 但是, 最重要的是, 关于二维区域的连续性被认为是自明的; 例如, 两条互相穿越的曲线必有交点一事就是如此.

---

[32] 其实更早一些时候吉拉尔 (Albert Girard, 1596—1632, 出生于法国后来到荷兰的数学家) 就在他的书《代数的新研究》(*Invention nouvelle en l'algèbre*, Amsterdam 1629, 新版由 Bierens de Haan 编辑, 出版于 Leiden, 1884) 里断言了这个定理.

第二个证明就所用的手段而言要简单一些. 这个证明完全是在一维连续统中进行的.

一个奇数次的方程 $\phi = 0$ 必定有至少一个实根, 高斯以为这是无须证明的. 他然后就作了以下的精彩评论. 若 n 次方程 $f(z) = 0$ 的次数 n 只含有因子 2 的一次方, 就可以做出一个新变量 u 的整函数 (具体说就是 $P(z, u) = f(z + u) - f(z - u)$ 和 $Q(z, u) = [f(z + u) - f(z - u)] / u$ 的结式), 其系数可以经由 $f(z)$ 的系数用有理运算得出, 而其次数为 $n(n-1)$. 但是这个函数可以解释为 u^2 的函数 $F(u^2)$, 而它对 u^2 的次数为 $n(n-1)/2$. 然后, 不必假设方程 $f(z) = 0$ 有根 $z_1, z_2, \cdots, z_n$ 存在, 即知 $F(u^2)$ 为零是 $P(z, u) = 0$ 和 $Q(z, u) = 0$ 有公共根的充分必要条件. 因为 $F(u^2)$ 对 u^2 的次数为奇数, 它必有一个根 h. 所以, $P(z, \sqrt{h}) = 0$ 和 $Q(z, \sqrt{h}) = 0$ 有公共根 $z = g$. 由此可知 $f(z) = 0$ 有根 $g \pm \sqrt{h}$. 而且 g 可以从 $\sqrt{h}$ 和 f 的系数纯粹形式地用有理运算 (求最大公约数的算法) 得出.

如果次数 n 仅含因子 2 的二次方, 则 $n(n-1)/2$ 只含因子 2 的一次方, 这样 F 又属于上面处理过的情况, 而可以使用上面的论证. 这样就可以归纳地证明到任意的 n.

对于这个精彩的证明, 有待现代数学来加以补全的仅仅是其第一步, 即当 n 为奇数时方程 $f = 0$ 必有一个实根. 若当 z 均匀地增长时函数 f 从正值变为负值 (或者相反), 则它必定经过零点, 这件事对于高斯来说是自明的, 而今天我们则觉得, 对这个结论有加以分析的必要, 这样就进入了具有基本重要性的连续性概念. 这样, 我们就会说: 首先, 这里缺少了一个明确的实数理论, 例如以戴德金分割为基础的那种实数理论; 第二, 我们需要一个定理, 明确指出, 若一个连续函数 $f(z)$ 取符号不同的值, 它必在其间通过了 0; 第三, 我们还要证明这里涉及的函数确实是连续的.

这几点首先是由波尔察诺 (Bernard Placidus Johann Nepomuk Bolzano, 1781—1848, 捷克数学家) 在 1817 年的一篇论文中澄清的, 这篇论文有一个很长的标题:《以下定理的纯分析证明, 即在 (函数) 取两个反号值 (的地方) 之间, 必存在方程的至少一个实根》(*Rein analytischer Beweis des Lehrsatzes, dass zwischen je zwey Werten, die ein entgegengesetztes Resultat gewähren, wenigstens eine relle Wurzel der Gleichung liege*, Prague, Ostw. Klass. 153), 它比后来柯西的工作走得还远. 波尔察诺是我们这门科学 "算术化" 的鼻祖之一. 他是一个天主教传教士和宗教哲学家. 我不怀疑, 他的数学研究的来源是受到经院哲学传统的影响. 此外, 在古希腊数学家欧多克索斯 (Eudoxus, 公元前 4 世纪的古希腊数学家) 的工作中, 这个连续性定理已经完全清楚地呈现出来了! 如果想到, 在 1810 年拉克鲁瓦 (Sylvestre François Lacroix, 1765—1843, 法国数学家, 写过一些很有影响的数学教本, 下面引用的是其中最著名的) 还用一种没有恶意的自满的口吻宣称: "我们不再需要那些希腊人使他们自己伤透脑筋的才智的高峰了" (见他写的《微分学与积分学论》(*Traité du Calcul Différentiel et du Calcul Intégral*) 第 2

版, 卷 1, 序言, 11 页), 就会对上面说的不同年代的数学风格如何不同有一个生动的印象了.

现在我要讲到高斯在这一方面最有意义的主题, 即他在几何基础上的工作. 由于这个主题本身的吸引力和范围之广阔, 本有多得多的话可讲, 若读者愿知其详, 请参看 Enriques 和 Zacharias 的专文 (见 *Enz.* III AB 1 和 AB 9).

关于这一主题, 高斯什么文章也没有发表过. 只是通过他个人的评论和信函, 人们才逐渐知道, 高斯在研究平行线理论的过程中, 遇到了一种新的类似于悖论的几何学, 然而, 人们的这个印象又时常是大为扭曲了的. 但是传言四处流行, 所以有类似思索的人们都围绕着高斯了. 在这里, 我们遇到了一个迄今已发现的关于人类历史的最值得注意的规律: 看来, 新思想的创造者并非个人, 可以说, 是时代孕育了伟大的思想和伟大的问题, 而在时机成熟的时候, 又把它们赋予 (其实是强加于) 当时最伟大的头脑. 非欧几何这个革命性的思想, 在几千年里都没有困扰过人类的心智, 就是这样突然出现了, 而且几乎是同时出现在几个完全无关的地方. 但是不论怎样深入研究这个领域的各个发现的历史, 总会看到, 高斯比所有地方的所有人都早了好几年. 领先问题其实不必谈: 因为高斯对此一直沉默不语, 是否领先都没有影响. 即令如此, 最大的功劳仍应归于高斯. 因为他的权威的分量第一次使这个在开始时引起了很大争论的心智的创造, 得到广泛注意, 而且最后取得胜利.

关于高斯的几何创造的第一篇见于文字的文献是 Sartorius von Waltershausen 在 1856 年写的《纪念高斯》(*Gauss zum Gedächtnis*) (其有关的部分重印于高斯《全集》8: 267 页). 高斯与舒马赫的通信, 其中有大量关于这个问题的材料, 也在 1862 年开始印行. 但是, 高斯的这一部分工作的全部广度和深度, 是通过 Stäckel 所编辑的高斯的遗著 (于 1900 年发表在高斯《全集》第 8 卷里) 才第一次说清楚了. 据此, 他的发展可以大体上概述如下.

早在 1792 年, 高斯和他的所有同时代人一样, 白忙了一阵, 企图从其他公理来证明平行线公理. 如他在 1799 年和 1804 年给老鲍耶依的信 (见《全集》8: 159, 160 页) 中所说,[33] 他驳斥了所有别人寄给他的 "证明". 看出了所有的论证的毛病以后, 他就越来越清楚地看到有正面地创造出一种新几何学的可能. 在这样一种新几何学中, 他找不到任何矛盾. 在他 1808 年给舒马赫的信 (见《全集》8: 165 页) 里, 他指出, 从这样的非欧假设可以得出, 在空间里有绝对的长度单位存在. 他烦恼的是, 这样的假设是否真的合理. 但是到了 1816 年, 如他给格尔林 (Christian Ludwig Gerling, 1788—1864, 德国数学家, 高斯的学生) 的信件[34] (见《全集》8: 168 页) 所示, 他的立场已经更坚定了. 这

---

[33] 前面我们已经介绍了鲍耶依父子与高斯的关系, 以下我们就称儿子——非欧几何的具体发现者——为小鲍耶依. —— 中译本注

[34] 请参看 S. N. Burris 所写的《高斯与非欧几何》(*Gauss and non-Euclidean geometry*) 一文, 其中收集了大量有关信件的英译本. —— 中译本注

一点, 在他发表于 1816 年的哥廷根《学术通讯》(*Gelehrte Anzeigen*) 的报告的引言中, 可以看得更清楚, 他在其中谈到 [在证明平行线公理的种种努力中, 都有] "不能弥补的漏洞" (见《全集》8: 170, 171 页)[35].

高斯并不是从唯名论的观点来看待他的非欧几何的, 即不认为它只是一种智力游戏. 甚至下面那种只重实效 (pragmatic) 的看法也与高斯的思想相去甚远, 这种看法认为欧几里得几何本身并无绝对的真理性, 只不过是一种近似, 而迄今利用它所做的所有量度, 甚至天文量度, 都使我们满意. 而高斯的立脚点宁可说是纯粹着眼于经验的. 在他看来, 空间在我们之外存在着, 有着自己的性质, 值得我们研究. 在 "现实" 中是哪一种几何存在着, 从而是正确的几何学, 需由实验来确定. 高斯在 1817 年对奥尔伯斯这样表明过 (见《全集》8: 177 页). 在此, 他只承认算术是先验的真理, 而把几何放在和力学同样的层次上, 认为只是一门经验科学. 1818 年又有与格尔林的值得注意的通信 (见《全集》8: 178 页). 格尔林给高斯转去了一个名为施威卡特 (Ferdinand Karl Schweikart, 1780—1859) 的人的一封短信. 此人在 1812—1816 年间是哈尔科夫的法学教授, 后来到了马堡, 最后到哥尼斯堡, 他声称发现了一种新的几何学: "星形几何学". 事实上, 后来高斯非常高兴地证实了, 这种几何学就是高斯的非欧几何学. 施威卡特还得出了在空间中存在绝对的长度单位这一惊人的结论. 作为对此事的说明, 他还加上了一个惊人的

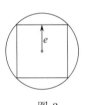

图 3

注解: 如果这个长度等于地球的半径, 则两个从地心看来成 90° 夹角的星体, 其连线将切于地球. 很明显, 施威卡特想用这个注解来建议一个方向, 使得各种几何学的真理性问题可以经验地加以解决. 他还为此作了一个图, 很像高斯在他未发表的工作中的一个图. 长度单位 e 应为内接于一个圆内的正方形的中心到边的垂线之长, 此圆用我们今天懂得了的射影度量的语言来说, 就是基本圆 (见图 3).

高斯对施威卡特的思想极为嘉许, 但是不赞成发表. 高斯在这个问题上一直保持沉默的原因是, 他对于在公众里还能否找到一个人, 能够理解这个似为悖论的事情, 深为绝望. 他一再地警告, 要小心那些 "黄蜂": 谁要是表示了这一类思想, 它们就会在他耳边嗡嗡叫个不停, 他也一再反对那些 "玻俄提亚人的叫喊"[36] (见《全集》8: 179, 181, 200 页). 他在 1824 年给陶林努斯[37] 的信 (见《全集》8: 186 页) 中通报了他的研究的许多细节, 并且要求严守秘密. 所以, 当他得到一个思想敏锐的人的理解时, 他就特别高兴. 他在 1829 年与贝塞尔的通信 (见《全集》8: 200-201 页) 就是一个例子, 高斯在这些信

---

[35] 从原文看来, 所谓 "不能弥补的漏洞" 就是指: 既然 "证明" 平行线公理的种种企图都失败了, 就说明欧氏几何的基础应该从根本上加以考察. 高斯的这篇报告的英文翻译可以在脚注 34 中看到. 正文的方括号内的文字, 也是中文本译者据此加的. —— 中译本注

[36] 玻俄提亚 (Boeotia) 是古希腊雅典西北的地区. 雅典人很看不起玻俄提亚人, 认为他们愚钝而又固执. 高斯在这里是指康德哲学的信徒们. —— 中译本注

[37] Franz Adolph Taurinus, 1794—1874, 他也是从事法学的人, 业余则从事几何学的研究. 他是上面提到的施威卡特的外甥, 正是由于舅父的影响, 也从事同一问题的研究. —— 中译本注

件里, 采取了如此实际的观点: 信里处理的竟是地球上的图形.

尽管如此, 随着时间流逝, 这些秘密终于不可避免地被独立的更年轻的发现者说出来了. 1832 年, 小鲍耶伊的结果作为一个附录出现在老鲍耶伊的书后[38]. 高斯在给老鲍耶伊的一封信 (见《全集》8: 220 页) 里对小鲍耶伊的这项披露了他的秘密的工作极为赏识和惊奇. 不幸的是, 小鲍耶伊是一个性情暴烈的人, 在当军官时, 一再闹事. 他不相信伟人的善意. 高斯说他早就有这些思想, 独立于小鲍耶伊, 而且早得多, 这却得罪了小鲍耶伊. 他非常怨恨高斯, 甚至认为罗巴切夫斯基正在发表的工作也是高斯玩弄的害他的伎俩. 罗巴切夫斯基是俄国喀山地方的议员, 其工作引起高斯的注意是在 1841 年左右, 高斯高兴地得知罗巴切夫斯基 1829 年的论文 (见《全集》8: 232 页).

我对《全集》第 8 卷中高斯遗著的简短概述, 至此告一终结. 对于有兴趣的读者, 那里的材料肯定值得一读.《全集》最后一卷中高斯的科学传记这一专著对这些材料进行了综合的处理 (见《全集》10, 2: 篇目四 Stäckel 写的 "作为几何学家的高斯").

我们现在已经在相当程度上详细讨论了高斯的工作的浩瀚领域, 所以现在打算综合地掌握其意义. 他的同时代人已经感到了他的天才的突出, 1855 年, 在为他铸造的纪念章上汉诺威国王曾经指示镌刻上数学家之王 (原件用的是拉丁文 *Mathematicorum princeps*) 这样的题词, 简单而又突出地反映了人们对他的天才的认识. 如果他的同时代人能够有幸如我们这样一瞥他未发表的遗著, 他们就会使用更加热情洋溢的词语了.

如果我们问一问自己, 他的智慧的力量的独创性与独特性究竟何在, 答案必然是: 在于他从事研究的各个领域中最大的个人成就, 和研究领域最广阔的多样性的结合; 在于数学的创造, 在于进行数学研究时的严格性, 还在于他对于应用的实用感觉, 直到细心的观察和测量, 而且所有这一切都处于完全的平衡之中; 最后还在于, 对自己的创造的表述形式之完美.

如果我们想要在我们这门科学的历史里寻找有大体相同高度的英雄, 则在高斯的前人中只有两人可以认为得到了大自然相同的降福, 他们就是: 阿基米德和牛顿. 而且高斯和这两位相同, 少有的长寿, 使得他的个性能够得到充分的发展.

但是, 仅仅研究领域的广阔并不足以构成伟大. 我愿引用一个值得注意的例子: 拿高斯和比他年长 25 岁的数学家勒让德做一个比较. 好像是受到一种神奇力量的驱使, 勒让德和高斯是在几乎完全相同的问题上工作. 但是不管勒让德的成就如何了不起, 他

---

[38] 鲍耶伊父子发现非欧几何的经过是传奇性的. 老鲍耶伊是高斯的密友, 又因自己的儿子聪慧过人而希望他能承乡业, 所以希望高斯能收小鲍耶伊为学生. 此事虽未成功, 小鲍耶伊却在 18 岁左右就已热衷于平行线公理的问题, 而且在年方 20 时即已有了非欧几何的基本思想. 但是老鲍耶伊深知这个问题的困难, 所以劝儿子放弃. 到 1830 年, 当小鲍耶伊完成了自己的工作时, 老鲍耶伊深知其重要性, 劝他立即发表. 所以小鲍耶伊的著作是以附录形式发表在其父所著《为有志于学的青年写的数学原理》(*Tentamen juventutem studiosam in elementa matheseos* · · ·) 书后, 标题是 "绝对空间的研究". 老鲍耶伊为此去信给高斯, 并寄去了此书. 其实高斯对小鲍耶伊的天才极为称赞, 但是接着就是本书正文讲的那些事情. —— 中译本注

在任何一个问题上都没有达到深处, 而高斯则在所有问题上都达到了深处. 概述一下这些主题, 就可以看到二人的一致之处与差别之处.

数论: 勒让德的教本《数论》(*Essai sur la théorie des nombres*) 在 1798 年问世, 其中也包含了二次型理论. 而这在 1801 年就被高斯的《算术研究》超越了.

分析: 从 1786 年起, 勒让德就从事椭圆积分 $\int R\left(z, \sqrt{f_4(z)}\right) dz$ 的研究. 他首创把这种积分分为第一、第二和第三类, 他也喜欢数字, 也和高斯类似对于计算既有爱好也有本事, 他算出了 $\int dz/\sqrt{f(z)}$ 的详细列表. 但是他没有掌握研究其反函数的思想, 这样就错过了椭圆函数理论的关键. 勒让德也从 1793 年起就研究欧拉积分. 他算出了函数 $\Gamma(p)$ 的表, 恰好相应于高斯在 1812 年的超几何级数理论中的表.

几何学: 勒让德是第一个尝试写一本严格的初等教科书的人. 这就是他 1794 年写的《几何原理》, 印行版次不计其数, 在数学教育史上起过重要作用. 他也一直研究平行线问题, 但是直到最后还在无谓地想找一个证明.

大地测量学: 1792 年开始了对从敦刻尔克到巴塞罗那的纬度差[39] 的精确测量, 勒让德在理论上和实践上都热心参与了这件事. 对于这一首次的可靠测量, 他的功劳最大, 这件事对于建立长度单位 "米" 是很重要的, 同样对于测量科学的一般理论的形成也很重要. 受到这项工作的刺激, 他创造了球面三角学的一些重要公式. 但是高斯从事此项工作中的最深刻的思想, 即关于非欧几何学问题的思想, 却与勒让德无缘. 然而应该提到, 勒让德与设计 "新的度数" 单位大有关系, 这就是按十进制划分一个角, 他为此计算了详细的三角函数表, 不幸的是, 它从未被成功地应用过.

天文学: 1805 年, 勒让德研究了椭球的引力; 他发现并且发表了最小二乘法, 又与高斯的工作准确地对应. 最后还有

物理学: 在这方面, 勒让德没有能与高斯在地磁理论研究上相提并论的成就. 但是也可以把他关于单变量球函数的理论算作理论物理学. 这就是勒让德多项式理论, 他早在 1785 年就有了这个理论, 并把它用于椭球的引力问题. 但在这里高斯也以创造位势理论而超过了他. (在此期间, 拉普拉斯发现了两变量的球函数.)

作这项比较, 并不是为了解释高斯的天才之谜, 事实上它反而使得这一天才更清楚

---

[39] 原书作 "度数差", 其实应为 "纬度差". 因为敦刻尔克 (Dunkirk, 法国西北部的一个城市) 与巴塞罗那 (Barcelona, 西班牙地中海边的一个城市) 都位于东经 2° 稍偏东处, 可以说是在同一子午线上 (通常书上说的过巴黎的子午线就是这一条), 所以只有纬度差才很显著. 而且测量纬度差正是为了确定子午线的长度, 从而定出 1 米究竟有多长. ——中译本注

地变得不可理解了. 但是, 这一比较在另一方面还是有启发的. 就是说, 数学这门科学并不是那么主观的一门科学, 它的发展, 并不那么归因于具有创造力的人物偶然或随意的影响, 而人们通常却是这么说的. 宁可说, 数学的研究对象主要是由时代的特性给出的, 并且是按照某种内在的逻辑给出的. 从我们在高斯的未发表的著作中找到的那些新发现的命运, 也可以证实这个观点. 几乎所有这些发现, 最后都或迟或早地被别人独立地再发现了. 如果在我们今天仍然未能读懂的高斯的笔记中还会有新的发现, 我们坚信, 我们科学的发展必定会再次发现它们, 可能是在其他地方, 而这些再次的发现会让我们明白, 高斯的提示究竟是什么意思. 天才人物的作用似乎是, 他们能够感觉到自己的科学的自然延续, 比同时代的人要早得多, 这样就带来决定性的转折, 和越来越多的在全新精神下的产物. 天才人物是历史时期的分划点: 他是以他为结束的过去时期的最高点, 他又是新时期的基础, 而他的最后的光辉将透入新时期中, 比时代可能具有的自觉性还要更加透彻、更加有效. 请允许我作一个比喻: 对于我, 高斯好比是从北边看巴伐利亚群山所见的最高峰. 小山峰从东向西逐渐上升, 汇聚成巍峨的高山, 再陡然下降成为平地的新风景, 支脉在其中绵延千里, 泉水从中流淌而下, 带来了新生命.

我现在要离开高斯了, 但我在本书开始时就提到, 如此包罗万象的天才也不得不屈从的局限性. 这个局限性就在于我们已经给他的定位: 18 世纪的类型. 高斯恰好缺少我们在下一章就要讲到的那些品质: 对人数众多的听众的教学活动的增加, 领先地位的学府的建立, 与来自各国的学者们的生动的交流 —— 所有这些标志了新的研究的类型. 最后, 他没有觉察到那些马上就会被认识的新的科学主题, 例如射影几何学. 这些就是我们现在就要讲到的数学圈子所关注的中心.

第 2 章　19 世纪前几十年的法国和多科性工业学校

　　为了使下面的叙述更清楚, 我必须先谈一下巴黎的多科性工业学校 (以下简称高工或巴黎高工) 的性质和组织. 我将集中注意其基本结构, 而不考虑自其成立以来的个别变化.

　　人们时常把高工想象为我们德国的工科高校 (*technische Hochschule*) (以下在不会有误会时, 也简称为高工) 的类似物或者原型. 虽然不能否定巴黎高工对于我们德国的学校确有显著的影响, 但是在这两种学校制度之间画一个简单的等号, 其正确性却很有限. 特别是, 在法国学校中起了重要作用的军事侧面, 在我们这里却完全不重要. 我要在我们有兴趣的领域中, 把法国教育的架构展示出来.

　　在法国, 在 "中级学校" 里提供基本的教育, 直到相当于德国的 *Unterprima*[1] 为止. 对于那些特别选出的学生, 就再多开一门 "特殊数学" (*mathématiques spéciales*) 课程. 这是一门特别强化的数学课——周学时高达 16 学时——要求彻底研究初等解析几何和力学, 近来还加上初等微积分, 并且通过许多练习以求牢固地掌握. 我们德国没有什么可以与此相比. 然后就是严格的入学考试, 并且按照一种纯粹的统计程序, 从一大批考生中录取 150 人进入高工. 考试的总分是 2000 分; 最高纪录是阿达马 (Jacques Salomon Hadamard, 1865 — 1963, 法国数学家) 于 1884 年得到的 1875 分[2].

　　高工是两年制学校, 是进入高水平的国家技术性机构的唯一入口. 那些想做工程师的人还需要在某一类工程学校里再学两年, 这些工程学校中我可以举出路桥学校 (*École des Pont et Chaussées*), 矿业学校 (*École des Mines*), 军事性质的工兵学校 (*École de Génie*), 还有炮兵学校 (*École d'Artillerie*). 以上是按照它们的地位和威信排列的. 对于高工的毕业生, 也不是谁都可以进入这些学校的, 要依学生所得文凭的质量而定. 所以,

---

[1] 德国的中学水平最高的称为 *Gymnasium* (前一章介绍过), 它是 9 年制的. 其第 8 年称为 *Unterprima*, 而第 9 年称为 *Oberprima*. 所以 *Unterprima* 是毕业前一年. —— 中译本注

[2] 1884 年阿达马同时以第一名考取了高工和另一所同样威望极高的巴黎高师. 但是他选择进入了高师. —— 中译本注

所有这些高等学校对顶尖的高工毕业生都是大门敞开的, 而学得不太好的学生就只能到例如最后两所学校去. 除了高工毕业生 (常称为高工人 (*Polytechniciens*)) 以外, 许多自费的工程学生可以进入 4 年制的工科学校. 对于这些学校的学生, 政府职务的大门是紧闭的, 他们也得不到高工人所享有的尊敬与威望, 后者被认为是已经领取薪水的政府公职人员. 这些学生还在高工读书的时候, 就已经被看做高级公职的候选人, 享受公务员的待遇. 不管是建校时期学生的薪水由公家发放也好, 还是后来改由学生自行支付学费也好, 这一点都没有变过. 高工的严格的军事体制是由战争和国家利益的需要制定的——学生都要穿制服是它的特殊地位的另一个外观上的标志. 就其社会地位, 就其预备训练的组织, 以及政府对它的影响而言, 在德国, 最接近高工的对应物大概就是我们的法律行业了.

这个学校的特殊的又是我们德国人感到生疏的性质, 只能从它的历史发展来掌握. 雅可比 1835 年在哥尼斯堡的物理–经济协会上作的关于高工的一次讲演 (见《雅可比全集》第 7 卷 355 页), 对这一点有精彩的论述.

这个学校创立在法国大革命最困难的时期, 当时所有的教育机构瓦解, 大批精力充沛的接受过军训的青年人丧生, 迫切需要在这方面扩充. 这就导致学校的军事风格以及与国家需要的紧密关联. 容易理解, 这些事情必定对学校的教学系统和精神, 造成巨大而且持久的影响. 学校的存在, 先是为革命训练军官, 后来则为拿破仑训练军官. 只有强调这样一个目的, 而且以强烈的共和爱国主义为基础 (这种爱国主义在理论上甚至不承认才能优先), 这个学校才有可能于 1794 年获得批准成立. 正是它的军事取向才使它能够生存下来, 能够经历政府系统更迭的各次风暴. 那时, 钱不值钱, 津贴是用实物支付的. 巨大的战争需求吞噬了教师和学生两方面的资源, 时有紧急的考试, 缩短了教学时间, 等等 (直到最后由拿破仑下令停止对高工的军事要求, 同时指示: 不要杀掉会生金蛋的鸡), 但是高工的规模和重要性仍然在不断地增长, 并且发展成为 19 世纪最重要的智力因素之一.

如果想要找出创造了这个巨大工程的人, 就得数几何学家和行政管理者蒙日 (Gaspard Monge, 1746—1818, 法国数学家) 了, 他终生都是这个伟大工程的真正动力. 甚至在他的巴黎时期以前, 他就已经在梅济耶尔 (Mézières, 法国东北部阿登省省会) 的军事学院开设了一门中规中矩的画法几何课程, 也正是他, 为广大的热心听众带来了发展面向现实的现代几何的动力. 他的科学活动的影响远远超出了他的学校和国界, 而且为即将在德国兴起的几何学的发展提供了推动力. 甚至我, 通过我的老师普吕克也受到蒙日的传统的影响. 但是蒙日对于行政和组织工作的兴趣, 可以和他的科学研究和教学活动媲美. 他多次受命担任重要的政府职位; 甚至在拿破仑时期他仍然坚持公众活动, 因为他深得拿破仑的信任. 有一段时间他担任过海军部长, 他还参加过埃及远征; 他开始了广泛的火药制造. 我们看到, 那时数学家和工程师都是风云人物, 可能只有我们时代的律师可比.

这个学校既然受到这样一个人的决定性的影响, 其特性必然是基本上倾向于实际生活. 这也表现在教学的组织上, 其目标是最大限度地发挥智力, 以及最明显的技术成就. 这与 18 世纪人格的多方面协调发展的理想是多么强烈的对比! 调动一切手段——包括严格管理, 对雄心壮志的激励, 对光辉的未来生活的展望, 等等——来把学生的能力发展到极点. 知识被硬灌入他们的头脑, 直到他们对这些材料有真正的掌握. 为此目的, 除了教授以外还有辅导教员 (*répétiteur*) 来质询学生和为学生答疑. 最后还有主考人 (*examinateur*) 来确定学生的成绩, 而这还要通过极为严格的、全面的、每个候选人都得参加的最后的考试. 甚至泊松这样的学生, 在学年之末, 还要花四个星期每天 9 小时来应付这种考试.

教学是按照系统的、要求极严的教学计划来组织的. 在 19 世纪的前几十年里, 使我们感兴趣的是, 数学放在最显著的地位, 其内容包括

纯粹分析	108 次讲课 (每次两节课, 共 1.5 小时)
分析在几何上的应用	17 次讲课 (每次两节课, 共 1.5 小时)
画法几何	153 次讲课 (每次两节课, 共 1.5 小时)
制图	175 次讲课 (每次两节课, 共 1.5 小时)
力学	94 次讲课 (每次两节课, 共 1.5 小时)
	——
总计	547 次讲课 (每次两节课, 共 1.5 小时)

按德国的学期计算, 这就相当于连着上 5 门 4 学时的课程. 再加上不断进行的辅导课. 至此我们就会对于高工人的课程负担有一个印象了.

因为聘请了第一流的数学家担任这个惊人的 "作坊" (workshop) 的教授, 学校的成就很快上升到非凡的高度, 也就不足为奇了. 这部分地也是由于青年人的热情, 他们在教室里、在绘图室和实验室里, 受到能启发人的重要教师的人格影响. 这个学校在外的名声还因为一条规则而增加, 这个规则就是, 讲义必须公开发行. 在 19 世纪初, 大多数领先的教科书都来自高工的教学活动, 我们德国现在用的教本全部来源于此 (见 Klein-Schimmack,《中学数学教学》(*Der mathematische Unterricht in den höheren Schulen*), 176 页以下).

这样一种高强度的活动不能不对我们这门科学留下影响. 事实上, 在 19 世纪前几十年, 法国在数学、物理学和化学上的几乎所有成就都来自高工. 由于这个学校的特性, 首先繁荣起来的是应用数学. 我将按以下顺序来讨论这个伟大的成长的结果:

1. 力学和数学物理.
2. 几何.
3. 分析和代数.

力学和数学物理

我们所考虑的时代表现了那个伟大的天文学时代 (即 18 世纪) 的效应, 这种效应在拉格朗日和拉普拉斯的著作中有最为经典的表述. 拉普拉斯把物理的物体看做分子的集合, 并应用天文学的方法. 这个尝试所取得的第一批成就, 例如在毛细现象理论中, 有着显著的影响. 当然, 后来就有欧拉和拉格朗日对物理事件作 "唯象解释" 产生的影响. 加之, 物理学也按照库仑 (Charles-Augustin de Coulomb, 1736 — 1806, 法国物理学家) 的传统, 对于定性地已知的现象, 完全走向作定量的解释. 我们已经讨论过如何决定长度单位 "米". 类似地, 对于确定其他度量单位 (例如秒摆的长度等) 物理学也有极大的兴趣.

突然地, 在新世纪的前几十年, 又迎来了新发现接踵而至的时期. 这个时期是从光学开始的. 继 1808 年马吕斯 (Étienne-Louis Malus, 1775 — 1812, 法国物理学家) 发现光的偏振以后, 菲涅耳 (Augustin-Jean Fresnel, 1788 — 1827, 法国物理学家, 详见 *Enz.* 第五卷 Wangerin 的文章 (编号 21)) 的天才也开始崭露头角. 他发现了光波是横波, 并认为光传播的媒介是一种准弹性的以太. 他观察到并且解释了光在双轴晶体内的传播, 石英中的圆偏振以及像差现象; 他还发展了详细的反射公式. 随着奥斯特的发现, 开始了电磁理论和电动力学的蓬勃发展, 这一点我已在前面 (见第一章第 15 页) 讨论过了. 在安培 1826 年发表于巴黎的工作《仅由实验导出的电动力学的现象理论》(*Théorie des phénomènes électrodynamiques uniquement déduite de l'expérience*) 中, 新生的理论得到了经典的陈述. 如果读者发现, 安培所描述的实验他自己其实一个也没有做过, 一定会为这一著作的标题而大吃一惊. 对于安培来说, "实验" 其实只有纯粹方法论的价值, 所以只要在自己脑子里做过也就行了. 关于这个问题请读者参考 *Enz.* 第五卷 Reiff 和索末菲的文章 (编号 12).

这些物理发现的风暴对于数学的产出给出了很强的刺激, 新概念新理论所生成的令人迷惑的迷宫, 迫切需要数学家的手来加以整顿. 在这种情况下, 这些人就转入了我们现在要讨论的这些领域的工作.[3]

需要提到并且加以刻画的有三位数学家. 从历史上说, 他们是一起出现的, 然而又几乎是不停地互相争吵. 他们就是泊松、傅里叶和柯西.

泊松是高工人的典型代表. 他在高工依次做学生、辅导教员、教授和主考人. 作为这个机构的教员, 他创立了正规的力学课程, 为了教这门课程, 他写出了至今仍有影响的教本《力学论著》(*Traité de Mécanique*, 共 2 卷, 第 1 版, 1811). 他在狭义的力学中的研究受到了拉格朗日和拉普拉斯思想的影响, 而他发展与拓广了他们的思想. 他研究了

---

[3] 在 Arago 的《全集》(德文版由 Hankel 编辑, 1854 年出版于莱比锡) 中, 特别是第 1, 2 两卷, 可以找到同时代的文献.

一些特殊问题 (例如平面上陀螺的运动), 但主要是研究了方法论的一般问题. 由拉格朗日的速度坐标 $\dot{q}_i$ 到动量坐标 $p_i = \partial T/\partial \dot{q}_i$ 这一重要的转变主要应归功于他, 由于这个转变, 力学里的所有关系式都得到了更利于研究的形状. 他还修订了老的数学物理: 毛细现象、板的屈曲、静电学、静磁学、热传导. 许多东西都加上了他的名字, 仅由这一点就可以看到泊松的活动的多样性和富有成果: 力学中的泊松括号, 弹性理论中的泊松常数, 位势理论中的泊松积分, 最后还有广为人知、大家都在用的泊松方程 $\Delta V = -4\pi\rho$, 这个方程适用于有引力的物体内部, 而在其外部, 则有拉普拉斯方程 $\Delta V = 0$. 泊松写了 300 篇以上的论文, 而且在他触及的每个领域都很多产, 但是由于他行文啰唆, 他的文章不是很好读. 在理论问题上, 他是拉普拉斯意义下的原子论的正统追随者, 他甚至把物理学中的导数记号和积分记号都看成差与和的记号的速写.

傅里叶 (Baron Jean Baptiste Joseph Fourier, 1768—1830, 法国数学家) 在高工里面也很活跃, 但是只在 1796—1798 年间. 在后来多事的年代里他 (和蒙日一样) 随拿破仑远征埃及, 然后于 1802 年成了伊泽尔省 (Department of Isère) 的行政首脑 (prefect), 驻在省会格勒诺布尔 (Grenoble). 1817 年他回到巴黎, 以巴黎科学院院士的身份活动, 在他身边聚集了一个由志向高远而又才能出众的人组成的小圈子, 狄利克雷也曾在这个圈子里待过. 傅里叶的成就主要是他的经典的形式完美的著作《热的解析理论》(*Théorie analytique de la chaleur*, 开始写作于 1807—1811; 第一版, 1822 年问世). 这本书在各种不同的边值条件下处理热传导问题, 从纯理论的研究到具体的数值处理; 它的理论基础接近于纯粹唯象的立场. 这一著作的特点是系统地使用三角级数和三角积分, 而后来为了纪念他, 他的学生们就把这些级数和积分称为 "傅里叶级数和傅里叶积分", 这个名词沿用至今.

在进一步深入到傅里叶的著作的内容以前, 我愿先说一下他对我们这门科学的态度. 这本书绪论的第一句就说: "对于我们来说, 初始的原因是完全不知道的, 但是这些原因服从简单而恒定的规律, 可以通过观察来认识它们, 而自然哲学的目标就是研究它们."

这正刻画了傅里叶研究大自然的纯粹唯象的途径. 对于这个作为自然哲学的目标的研究, 他使用的工具是数学, 其实是数学中他作了本质推进的那一部分, 即微分方程及其积分的理论. 他认为这是一个无法绕过的工具, 但是当它已被推进到数值结果时, 也只是服务于真正目标的工具: "由此导出的方法在解答中不会留下任何含混和不定; 这个方法把这些解答推进为最终的数值应用, 它是所有研究的必要条件. 而没有这种推进, 这些解答也就只是无用的变换而已." (见《热的解析理论》绪论第 12 页.)

他断言, 所有的自然现象都可以从数学上来理解, 它们之间的关系可以借助于这门科学加以澄清, 使人完全满意. "从这个观点来看, 数学分析和大自然本身同样宽广……它的主要优点在于其清晰性, 它绝不会表达含混的概念." 和他的这个想法相应, 这本书就表述而言, 也是清晰性和形式完美的杰作.

这本书的主题是建立热传导的微分方程

$$\frac{\partial v}{\partial t} = c \cdot \left(\frac{\partial^2 v}{\partial x^2} + \frac{\partial^2 v}{\partial y^2} + \frac{\partial^2 v}{\partial z^2} \right)$$

并在各种特殊的边值条件下对它积分: 这些边值条件可以是在边界上给定 v 或 $\partial v/\partial n$, 或 $(1/v)(\partial v/\partial n)$. 积分是这样进行的: 找出适当的特解使其和表示一般解; 这样就总是使用级数展开的方法. 作为这项工作的副产品, 他得到了任意已给的边值的级数表示, 而这件事本身就有很大的函数理论意义. 大家知道, 一般的三角级数

$$f(x) = \sum_{0}^{\infty} \left(a_n \cos nx + b_n \sin nx \right)$$

就叫做傅里叶级数, 虽然在傅里叶之前就已经知道这种级数, 而且用得很多. 傅里叶超越了这一点, 在问题需要时, 还用到更复杂的级数, 例如

$$f(x) = \sum \left(a_\lambda \cos \lambda x + b_\lambda \sin \lambda x \right),$$

其中 λ 要由一个复杂的超越条件例如 $\tan \lambda \pi = a\lambda$ (a 为一个正数) 来决定, 这时, 有无穷多个 λ 满足这一条件 (见 *Enz.* II A 12, No. 43). 也出现了用贝塞尔函数的展开式. 最后, 还出现了以下积分的展开式, 而这种积分就叫做傅里叶积分:

$$f(x) = \int \left(a(\kappa) \cos \kappa x + b(\kappa) \sin \kappa x \right) d\kappa.$$

它是当区间趋向无穷时傅里叶级数的极限.

使用了所有这些手段, 傅里叶就能够表示许多新的函数, 和以前得到的函数相比较, 这些函数看上去形状颇有些随心所欲. 傅里叶未能证明他的方法有这么大的表示能力, 但是他做出了一个自信的断言, 即用这些方法可以表示所谓 "绝对任意的函数", 他所谓的绝对任意的函数是指可以用任意几 "块" 通常的函数拼凑而成的函数. 他举了许多例子来支持他的断言.

由傅里叶带给数学物理和纯粹数学的各个部分的刺激, 至今仍可强烈地感受到——例如庞加莱用物体的本征振动来解释声学现象. 其实傅里叶的创造的真正动力在于它有用, 能够用于解决大自然提出的伟大的实际问题, 但后来, 无休无止地改进这种数学工具的纯粹抽象的函数论兴趣占了上风. 如果允许我作一个比喻, 我就要说: 今天的数学好比一个和平时代的武器商店. 橱窗里摆满了精巧的、美丽的、设计得令人愉快的展品, 使众多艺术鉴赏家为之着迷. 但是这些东西的真正起源和目的, 即攻击和打败敌人, 却被推向意识的深深的背景中, 甚至被遗忘了.

我要就此结束关于傅里叶的评述, 而转到另一个人, 这个人在数学的所有领域中所有的光辉成就, 使他的地位可能排列得仅次于高斯, 此人就是柯西 (Augustin-Louis Cauchy, 1789 — 1857, 法国数学家). 因为我们在此仅限于力学和数学物理, 这样做看起来对他颇不公正, 但是在讨论纯粹分析时, 我们还要详细研究他的工作.

柯西时代的重大历史事件, 对他的一生产生了重要的影响; 详情可以在 C. A. Valson 为柯西写的传记《柯西男爵的生平与著作》(*La vie et les travaux du baron Cauchy*, Paris, 1868) 里找到. 他于 1789 年生于巴黎, 在强烈的教会传统的影响下度过了自己的青年时代, 他终生忠于这个传统. 在毕业于高工以后, 柯西在瑟堡 (Cherbourg, 法国诺曼底半岛的海港城市) 任 "桥梁道路工程师" (*Ingenieur des ponts et chaussées*); 1813 年回到巴黎. 从 1816 年起他是巴黎科学院院士和高工的教授, 直到 1830 年的七月革命后柯西因为他的教会——保皇党政见而随同波旁王朝出逃流亡. 在流亡期间, 他有时担任波尔多公爵的辅导教员, 主要是在都灵和布拉格. 1838 年他回到巴黎, 但是因为他拒绝宣誓效忠新政权, 不能获得公职, 所以他只能在一个耶稣会的学院里任教. 1848 年革命后, 他得以任教于巴黎大学 (即索邦 (Sorbonne)——这是一个地名, 巴黎大学校舍就在索邦), 虽然他仍未宣誓效忠; 1852 年拿破仑三世政变夺权以后, 他可以在职位上不受干扰地工作下去. 柯西于 1857 年去世.

在柯西身上我们看到一个在政见上直言无隐的人. 所以我愿就此提出一个问题: 倾向于数学思考, 与对于一般生活问题 (即政治、社会和宗教问题) 的确定的见解, 是否有任何一般的关系. 如果考虑到一般人多持有一种见解, 即数学家和科学家 (在此问题上, 我愿把科学家也考虑在内) 总是持有自由的甚至激进的观点, 而这是来自他们的敏锐而无偏见的逻辑思维模式, 这个问题就更加有道理了. 但是, 稍稍审视一下历史, 我们就会发现, 这种观点完全不符合事实: 在所有的阵营和党派里都可以找到我们这门科学的出色的代表.

18 世纪的启蒙时期和随之而来的革命时期也产生了我们这门科学的有激进倾向的人物, 现在普遍流行的误解可能就是在这个时期产生的. 百科全书派的领导人物之一的达朗贝尔是当时很时兴的坚决反体制的代表人物. 蒙日是一个雅各宾党[4]人, 在法国大革命中当过海军部长. 老卡诺 (Lazare Nicolas Marguerite Carnot, 1753 — 1823, 法国数学家)[5], 1815 年安特卫普的保卫者, 应该归属于终生都是最纯粹、最严格的共和派人物的那一类. 但是柯西的例子又说明, 我们这门科学中也有观点针锋相对的人. 他并非孤立的现象: 后来埃尔米特 (Charles Hermite, 1822 — 1901, 法国数学家)、卡米勒·若

---

[4] 法国大革命时期的激进的资产阶级左派, 因为常在雅各宾修道院聚会而得名. —— 中译本注

[5] 历史上有两个卡诺. 这一位是几何学家, 是蒙日的 "亲密战友", 在讲到几何这一部分时, 我们还会介绍他的数学; 另一位小卡诺 (Sadi Nicolas Léonard Carnot, 1796 — 1832, 法国物理学家) 则以奠定了新的热力学的基础 (如卡诺循环等) 著称于世, 是老卡诺的儿子. 每一个学过中学物理的人都应该知道他. 因为名声太大, 远远超过父亲, 所以没有谁称他为 "小卡诺", 但我们还得这样称呼他. 第 5 章还要介绍他. —— 中译本注

尔当 (Marie Ennemond Camille Jordan, 1838—1922, 法国数学家) 以及巴斯德 (Louis Pasteur, 1822—1895, 法国生理学家) 都有类似的精神, 都有很强的教会传统. 另一方面, 法拉第和黎曼则是朴素的虔诚的新教教徒的代表, 他们在智慧上的高度发展并未使他们的宗教倾向稍有减弱. 萨尔蒙 (George Salmon, 1819—1904, 爱尔兰数学家和神学家) 是神学教授和正统新教教徒, 宗教倾向更加显著. 高斯在这方面也一定会使我们感兴趣, 他有简单但又很深的宗教主张, 希望有一个 "有秩序的能保证他平静工作的政府". 雅可比则比较爱抛头露面, 持有完全不同的意见. 在 1848 年的混乱中, 他是嗓门很大的激进党人, 认为国家应该是由非历史的假设合逻辑地推演出来的机构.

这样一个简单的概述, 证实了在研究一个人时的一点经验: 智力上的理解力不足以决定一个人的世界观. 在世界观的细致形成上, 一个人的心和意志的力量, 他的出身和经验的影响, 他的环境和他的本性, 都是有关系的. 但是世界观的差别, 可能与他们对于科学的基本态度的不同, 与他们对各种精神的态度的不同有关. 有一类数学家认为, 在自己的领域中, 他本人是一个独裁者, 认为这个领域是他们有逻辑地按自己的意志创造的; 另一类则从下面这种观念出发: 科学本来就以理想的完备状态早已存在, 留给我们做的事情只是在幸运的时刻发现它的有限的部分. 对于他们, 创造性的本质并非按自己的判断去发明, 而是找出那些已经永恒存在的东西, 创造不是一个自己已经意识到的过程, 而是一种自由地赋予他们的灵感, 与意识和意志都没有关系.

现在我要转到柯西的工作. 从表述的形式来看, 柯西绝不是一个经典作家. 随着时间流逝, 他发表的东西因数量庞大——按 Valson 的统计有 789 项, 其中包括 8 本完全的书——而变得越来越匆忙而且只讲大意. 他无数次地重复自己的话, 一再不甚肯定地提到自己的一些一时的思想, 引述某些早前发表的不完全的论文. 但是, 柯西写起书来则比较仔细, 这些书奠定了他早在 19 世纪 20 年代就已经享有了的名声的基础. 此外, 许多单篇的论文则发表在《高工校刊》(*Journal de l'École Polytechnique*) 和《科学院论著》(*Mémoires de l'Académie*) 上. 但从 1835 年起, 柯西不断地在《巴黎科学院通报》(*Comptes Rendus*) 上发表文章, 这个刊物自 7 月 1 日起每周出版一期. 因为柯西, 刊物决定所有的文章篇幅均不得超过 4 页. 但是这个刊物也不能长时间满足柯西与人交流之需; 他就分辑发表自己的《数学练习集》(*Exercices de Mathématiques*) 和讲义等.

柯西的出版物都收入《柯西全集》中. 但是这部《柯西全集》对于深入到他的著作的原始森林帮不了什么忙.《柯西全集》没有什么道理, 就把重要的和辅助的东西一律按年代编排, 完全是一种表面的分类: 第一辑是发表在学术刊物上的文章; 第二辑则是其他出版物. 和高斯不同, 柯西似乎没有留下什么有科学价值的未发表的东西.

在本节中, 我们必须限于柯西在力学和数学物理上的成就. 在这里我只能接触到最重要的两点, 即他关于弹性和光学的理论.

三维物体的弹性理论的微分方程最早是由纳维 (Claude-Louis Marie Henri Navier, 1785—1836, 法国力学家和工程师) 在 1821 年给出的. 由对于技术的兴趣引导, 纳维把他的工作建筑在分子理论思想的基础上, 而且只处理 "各向同性" 的情况. 柯西大约在 1825 年开辟了一种唯象的途径, 把物体看做连续介质, 而用应力与形变这两个 "张量" 来进行操作. 张量这个概念性的结构比之 18 世纪只能得到简单的各向同性的流体压力模型是一大进步. 柯西在 1827 年将这种方法拓展到各向异性介质, 1828—1830 年间以此为根基, 他建立了菲涅耳光学中各项简单法则的数学基础. 达到这一步正是他当初研究的目的之一. 他的理论在两点上与菲涅耳的观察和概念不同:

1. 柯西的理论要求偏振光垂直于偏振平面振动, 而按照菲涅耳的理论, 它在偏振平面内振动.

2. 柯西的理论在所有介质内既给出了纵波, 又给出了横波, 虽然前者在光学观察中没有起作用.

这两个争论点让科学家们忙了好几十年, 直到最后以麦克斯韦理论的获胜而告终. 甚至到 1896 年 X 射线发现时, 还有人提出过一个想法, 认为这就是好久都没有找到的光波纵波.

但是除了这两点差异之外光学现象还有一整个领域, 是这种唯象的弹性理论无法处理的, 这就是光的色散. 为了解释这个现象, 柯西在他的 1835 年 (及 1836 年) 发表于布拉格的论文 "论光的色散" (*Mémoire sur la dispersion de la lumière*) 中, 又回到了分子论的想法, 假设分子之间的距离比之光的波长不是无穷小, 而且得到了一些定量的成果. 甚至到今天, 柯西的色散公式

$$n = a + \frac{b}{\lambda} + \frac{c}{\lambda^2} + \cdots$$

仍然被用于吸收谱线位于红外区域的介质.

柯西在力学和数学物理中的研究, 很快就成了全世界的财产, 在各处生根, 特别是在德国的大学里. 但是除了这个发展的主要分支以外, 还有一个分支在很久以后才在发源地以外产生影响. 这个分支在高工就设立成工程力学课程. 在这里主要的力量是用于新现象的数学表述, 但是总是自觉地考虑工程应用.

但是我们首先要提到一项完全孤立的, 在大多数图书馆里找不到的工作. 这就是短寿的小卡诺 (Sadi Carnot, 1796—1832, 法国物理学家) 所写的 "关于热的驱动力的思考" (*Réflexions sur la puissance motrice du feu*). 这篇短短的论文在 1878 年重新发表时, 还附加了一篇作者的小传, 论文是要解释蒸汽机如何工作, 但是其意义本质上在于推动了热力学的进一步发展. 如果说这篇论文已经包含了热力学第二定律, 这样的看法是走得太远了, 但卡诺确实已经奠定了那个理论的起点, 后来克劳修斯 (Rudolf Julius Emanuel Clausius, 1822—1888, 德国物理学家) 则使之完备. 卡诺认为热的驱动力是

基于热由高温向低温的转移, 也就是从高温处向低温处的流动, 这个模型正是使用了水轮机为类比. 这些想法可以说是热力学第一和第二定律的萌芽, 在提出时是相当非数学的. 后来由工程师克拉珀龙 (Benoît Paul Émile Clapeyron, 1799—1864, 法国物理学家和工程师) 在《高工学报》(*Journal de l'École Polytechnique*, Vol. XIV, 1834; 德文译文发表在波根多夫的物理年刊上) 上发表. 克拉珀龙的工作在数学历史上的重要性在于, 他首次将图像表示引入了物理学, 这在工程师中早已司空见惯, 但当时的物理学家对此还是持保守态度. 今天再来看一下克拉珀龙的这五幅小小的图, 反而会为它们的简单平正而奇怪了.

"工程力学" (狭义的), 我们已经说过, 确实源于围绕着高工的小圈子. 但是甚于所有其他人, 我们要提出两个人: 庞赛莱 (Jean-Victor Poncelet, 1788—1867, 法国数学家) 和科里奥利 (Gaspard Gustave de Coriolis, 1792—1843, 法国物理学家). 我们以后还要详细介绍庞赛莱, 作为射影几何学的真正创立者. 在他的多种技术改进中, "庞赛莱水轮机" 在当时是相当有名气的, 后来因为涡轮机的出现而不再为人所知了. 我们知道科里奥利的名字则是由于所谓科里奥利力, 这个力在相对运动中会出现, 特别是与地球的旋转运动有关 (如果我们使用运动坐标系的话).

他们有两本著作需要在这里讲一下, 庞赛莱的《力学教程, 对机械的应用》(*Cours de Mécanique, appliquée aux machines*, 1826) 和科里奥利的《刚体力学论著及用于机械效率的计算》(*Traité de la Mécanique des corps solides et du calcul de l'effet des machines*, 1829). 二者倾向基本相同: 与拉格朗日的《分析力学》的抽象陈述 ("漂亮的无摩擦力学") 相反, 它们都试图对机械中能量的变化作综合的处理, 而且把实际的条件, 诸如摩擦等都考虑进去. 它们在数学上是很初等的. 但是有一个基本的概念来自这两本书: 这就是*功*. 这个概念对于以后热动说的发展和能量守恒这个伟大定律的提出起了决定性的作用. 我很高兴, 我在这里提出了一个了不起的例子, 说明一个纯粹工程问题 —— 现在是机器的效率问题 —— 对于理论研究会带来如此富有成果的反响.

最后, 与这二位有联系的还有几何学家迪潘 (Pierre Charles François Dupin, 1784—1873, 法国几何学家), 我们在讲到几何学时还会提到他. 他是一个出色的人, 既是理论家, 又是实践家, 还是组织家. 他对工程的兴趣主要在于造船, 他作为一个海事工程师, 一直与造船有密切的联系. 他和庞赛莱一样爱作很长的学术旅行, 特别爱到英国去考察那里的工业化. 作为工艺学院 (*Conservatoire des Arts et Métiers*) 的教授, 他于 1819 年建立了大学扩张课程[6], 他的现代的思想, 他对工业、技术和政治经济的兴趣, 通过这些课程得到广泛的传播. 我们可以看到, 对社会问题的关心这一完全现代的倾向, 已经显著地体现出来.

---

[6] 即指为大学以外的普通人开设的大学课程. —— 中译本注

我愿更深入地谈一下庞赛莱的人格和命运, 从心理学角度来看, 这一点有特殊的趣味.

1788 年庞赛莱生于梅斯 (Metz, 法国东北部的城市, 洛林省 (Lorraine) 的省会). 高工的学业 (1808—1810) 结束后, 他以工兵少尉 (second lieutenant) 身份进入了梅斯的应用学校 (École d'Application). 这个学校原来附属于拿破仑的 "大军" (Grande Armée), 于是庞赛莱在 1812 年初参加了拿破仑进攻莫斯科的军队, 而于同年 11 月在俄国的冬季战斗中被俘. 他在伏尔加河上的萨拉托夫城度过了两年战俘生活; 令人吃惊的是, 这个强加于他的闲暇时期, 以及与一切资源的完全隔绝, 促成了他的最辉煌的成就: 射影几何学的创立. 他对一小批同时被俘的高工人讲解他的新思想. 战后他得到释放. 从 1815 年起他在梅斯的军械库里服役, 为工兵军官. 1822 年他把被俘时期的结果发表成书: 《论图形的射影性质》(Traité des propriétés projectives des figures) (以下简称为《论图形》). 但是公务占据了他越来越多的时间, 使他不能从事他最爱的纯粹科学的工作. 从 1825 年到 1835 年, 他按照阿拉戈 (Dominique François Jean Arago, 1786—1853, 法国物理学家) 的要求成了梅斯的应用学校的教授, 不过后来他说这是违心的. 因为他对祖国的繁荣的关心, 他在很长的考察旅行中, 致力于研究外国, 特别是蓬蓬勃勃的英国工业对于他更有意义. 虽然他在 1826 年还发表了《力学教程》(Cours de Méchanique) 一书, 组织和教学工作很快就占用了他的全部时间. 1835 年后, 他在巴黎有了很高的军职, 而且是 "筑城委员会" (Comité des Fortifications) 的成员. 1838—1848 年间, 他任巴黎大学的理论力学与应用力学教授, 然后又当上高工的校长 (Commandant). 因为他有很高的威信, 所以 1851 年, 他被推选代表法国参加第一次伦敦世界博览会, 而且在那里当选为评审委员会主席. 他也参加筹划 1855 年的第一次巴黎世博会. 这样一个成功的人士, 人们都会以为他能够发挥自己的能力, 而几乎无人能及, 但是这个生活的悲剧在于, 他不相信自己已经实现了人生的真正价值. 当年老的他在 1864—1866 年重新印行《论图形》一书时, 他悲伤地哀叹: 自己的命运使他不得不完全放弃他所爱好的研究工作, 妨碍他为这种研究获得所需的认可. 积极的人事和沉思的人生[7] 这样一个老矛盾, 使他的一生以一个不和谐的音符告终. 1867 年庞赛莱去世.

---

[7] "积极的人事" 原著为 vita activa, "沉思的人生" 原著为 vita contemplativa, 这两个拉丁词语来自亚里士多德的著作《尼各马可伦理学》, 分别是 bíos praktikós 和 bíos theōrētikós 的拉丁语对应. 亚里士多德在《尼各马可伦理学》卷一第五节定义了三种生活: 享乐的生活/公民大会的生活或政治的生活/沉思的生活. 三者都会带来不同意义上的幸福 (见廖申白译注本, 商务印书馆, 2009). 克莱因所指的便是庞赛莱投身其中的第二种和第三种生活, 它们之间的矛盾, 使得庞赛莱的一生 "以一个不和谐的音符告终". 似乎只有加上这一点注解, 才会使克莱因这段话的意思更加明确. —— 校者注

几何

现在我要进到我为高工的活动所作的划分的第二部分, 即几何.

我已经提到了几何学家蒙日对于高工的创办和发展的极端重要性. 由于他作为行政者和教师的非同寻常的成功, 几何学在这个学校历史的前二十年里一直是教学的中心. 他的教学的实质, 他的成功的秘密, 就在于蒙日特有的人格征服了学生们, 唤醒了他们的能力. 仅靠我们所掌握的印刷品, 是不足以给他授课的能量与活力作一个完整的描述的, 尽管这些印刷品仍然可以反映出每位听课者对课程所拥有的热情.

蒙日的教学活动给我们留下两本著作:

1.《画法几何》(*Géométrie descriptive*). 从 1795 年起开始出版, 先是以活页形式, 然后成了这个学科的基本的教本, 其形式就是由蒙日确定的. 在其中可以看到蒙日早在梅济耶尔就已制定出来的教学计划. 后来在 1849 年又出版了由 Brisson 编辑的新版, 1798 年的版本也由 Haussner 编译为德文版, 作为第 117 册纳入 *Ostwalds Klassiker* 丛书. 这两个版本中都有蒙日教课的生动的写照.

2.《分析在几何中的应用》(*L'application de l'analyse à la géométrie*). 也是从 1795 年起分册出版. 这是一本空间解析几何的教本, 但特别强调微分关系. 它有一个由刘维尔于 1850 年编辑的版本, 其中有许多附录, 包括高斯的《曲面论》全文.

此外还有蒙日的许多学生的著作, 也流畅地表现了蒙日的智慧的风格和思想的广度. 这些著作发表在日尔冈纳 (Joseph Diaz Gergonne, 1771 — 1859, 法国数学家) 所创办的《纯粹与应用数学年刊》(*Annales des mathématiques pures et appliquées*, 从 1810 年到 1831 年在尼姆 (Nîmes, 法国南部一个城市) 共发行了 21 卷) 里. 这是第一份纯粹数学刊物 (其实与它的名称是矛盾的), 有很深远的重要性.

这份刊物和蒙日的著作一起, 使我们能够看到蒙日几何学派的总的风格. 它的特点就是: 把最生动的空间直觉和解析运算以最自然的方式连接起来. 解析公式本身并不是目的, 只是实实在在感觉得到的空间关系的最简短的表示; 它的进一步的发展要以空间构造为基础.

我几乎没有必要讨论蒙日的第一本著作的内容, 因为今天的画法几何讲义和习题里仍然使用着它. 但是特别有意思的是, 蒙日实行了从简单的画图到用具体的材料制作模型作为教具的转变, 而他的追随者, 特别是奥利维耶 (Théodore Olivier, 1793 — 1853, 法国数学家), 使用这种表示法更多. 不幸的是, 奥利维耶放在工艺学院里的那些教具, 因为制作时使用的丝线不结实, 后来全都散了. 那时和今天一样, 模型并不是用来补直觉之不足, 而是为了发展栩栩如生的清晰的直觉, 制作模型当然是达到这个目标的最好方法.

蒙日的第二本书 "读起来像小说": 它行文和谐、清晰而流畅 (不是按照老的格式把

假设、结论和证明分开). 有许多几何的考虑——涉及许多首先由大自然向我们提出的
问题——其展开都是从初等的公式开始, 而且与想象力活泼地交织在一起. 旋转曲面、
螺旋面、直纹曲面以及可展曲面问题都是这样处理的. 最后还有关于偏微分方程

$$f\left(x, y, z, \frac{\partial z}{\partial x}, \frac{\partial z}{\partial y}\right) = 0$$

的拉格朗日求积理论的一般的有说服力的解释. 处处都可以感觉到这些工作的驱动的
动机, 而按照克莱布什 (Rudolf Friedrich Alfred Clebsch, 1833—1872, 德国数学家) 在
他为普吕克 (Julius Plücker, 1801—1868, 德国数学家) 所写的传记中的说法, 这正是
真正的几何学家的标志: 对形的爱好. 他在这里的目标, 和傅里叶在另一个地方的目标
一样, 并不是演绎的形式的准确性, 而是对一系列自然问题理解的清晰性以及详尽性.

这种思维方式对于蒙日的年代是很适用的, 特别是在处理二次图形 (圆、球、圆锥截
线和二次曲面等) 时. 除此以外, 由这种思维方式产生了极点和极线的理论, 产生了由
两族直线生成单叶双曲面和双曲抛物面, 产生了曲率线以及在二次曲面上如何决定曲
率线, 等等.

在紧接着的时期, 蒙日给出的推动产生了最大的效应. 他作为教师的巨大成功, 表
现在他有一大批学生变成了独立进行科学研究的人, 而且在某个方面超过了他们的老
师. 其中我只能举出几个其工作后来特别重要的人.

我首先要回到迪潘, 他在造船方面的成就前面已经提到了. 他对几何学的许多新结
果的处理以优雅见长. 这些结果都包含在他 1813 年发表的伟大的几何著作《几何学的
发展》(Développements de géométrie) 一书中. 这样的结果里面, 我只讲几个最为众所
周知的并且以他命名的. 首先是著名的迪潘圆纹曲面 (Dupin cyclide), 这就是给定三个
球面, 做出所有与它们同时相切的球面, 这个切球面族的包络曲面就是迪潘圆纹曲面.
然后就是所谓迪潘定理, 即作两个正交曲面族, 在每一族中各取一个曲面, 则其交线必
是每一个曲面的曲率线. 二者均与共焦二次曲面族理论有关. 我也要提一下关于曲面上
一点处的共轭切线的迪潘指标 (Dupin indicatrix). 从这样选出来的很少几个美丽的发
现, 就可以对迪潘对几何学的贡献之重大与丰富得到一个印象.

在转到蒙日的最伟大的学生庞赛莱之前, 我还要回忆一位站在比较边上的人, 就是
老卡诺. 他的使我们感兴趣的书《位置的几何学》(Géométrie de position, 以下简称为
《几何学》) 出版于 1803 年[8]. 老卡诺是蒙日在梅济耶尔的学生. 我们在前面已经提到
过, 他作为一位将军和坚定的共和派人士, 在革命时期曾经起了很大的作用. 只是后来
他才重新得到从事科学工作——主要研究基本的数学问题——的闲暇.

他的《几何学》是一本很值得注意的书, 其中包含了一个很了不起的现代数学思
想: 在几何学中, 不应该把由于图形各部分位置不同而产生的各个情况孤立起来研

---

[8] 德语版由 H. C. Schumacher 译出, *Geometrie der Stellung*, Altona, 1810. —— 德文版注

究 —— 从欧几里得以来这却是标准的做法 —— 而应该通过介绍所谓符号原则, 寻求一种共同的统一的处理. 但是在几何领域内卡诺并没有明确地表述他的这个思想. 而与此相反, 在分析数学领域中他则坚定地反对常见的关于符号的理论, 认为它基础不稳固, 还会出矛盾. 他相信, 不断地形式地使用多值函数, 得到诸如 $\sqrt{-a} \cdot \sqrt{-a} = \sqrt{a^2} = a$ 之类的 "荒谬的" 结果, 就证明了这一点. 在几何中, 他设想, 符号规则不是来自形式演算, 而仅能来自考虑图形及其变化. 在此基础上他创造了一种 "相关图形理论". 这样, 几何就能摆脱 "分析的象形文字", 而以纯粹综合的形式重新站立起来.

这些思路的实行有时具有丰富的洞察力, 但是有时又初等得几乎微不足道. 大概可以把《几何学》这本书看做卡诺的坚定但并不丰富多彩的人格的副本.

我还要单独地提一下卡诺得到的一个非常著名的初等的定理: 若任意横截线把三角形的三边截为线段, 则这些线段的乘积相等. 它常被称为卡诺定理[9].

卡诺的书在促使几何学拒绝分析数学上, 有历史的重要性. 它是马上就要出现的解析几何与现代综合几何的争论的起源, 这场争论最后发展为具有很大重要性的对抗.

如果说卡诺的工作里已经包含了现代几何学的发展方向的模糊预兆, 那么在庞赛莱身上我们就看到了现代几何学的伟大创造者. 他以极大的智慧接受了蒙日和卡诺的思想, 克服了种种困难, 创造了一个突破. 他以 "射影" 和 "对偶" 为统帅几何学的原理, 成了 "射影几何学" 的发现者和奠基人, 这种几何学把过去所有的互相对立的几何学统一起来, 而产出极为丰富. 他有一种新的几何直觉, 即所谓 "射影的思考", 这使他能够超越前人.

我们已经谈到过庞赛莱的伟大几何著作《论图形的射影性质》诞生的经过 (1813 年在战俘营中写成, 1822 年出版).

庞赛莱从研究中心射影以及图形的各部分在任意中心射影下都不变的关系开始. 这一途径引导他对普通的几何元素加上某些确定的 "无穷远" 元素: 对于直线, 他加上一个无穷远点; 对于平面, 他加上一条无穷远直线; 对于空间则加上一个无穷远平面[10]. 然后他就能够最一般地陈述各个定理. 在所有定理中, 直线上任意 4 点的交比不变这一定理起了主要的作用. 在此我不想检查过去的作者在何种程度上接触到这些概念, 但是, 只有庞赛莱才用它们作为进一步发展的基础, 而这就是他对于这些概念做出的基本发展.

新几何学的第二个重要元素就是二次曲线与曲面的极点与极线 (面) 的理论, 而由它们导出了关于对偶性的一般理论. 平面上的极点与极线, 空间中的极点与极面, 都被看做等价的基本几何元素, 而可以互相代替. 例如, 对于由点构成的平面曲线, 就有作为

---

[9] 有一个非常重要的 Menelaus 定理, 指出若直线 l 交 $\triangle ABC$ 的三边 AB, BC, CA 于 L, M, N 三点, 则 $\frac{AL}{LB} \cdot \frac{BM}{MC} \cdot \frac{CN}{NA} = -1$. 卡诺定理是它的推广. —— 中译本注

[10] 下一章会讲到所谓齐次坐标 (请特别参看第 3 章 99 页). 那时就可以非常明白地看出, 所谓无穷远元素, 从射影几何学的角度来看, 与有限远元素并没有本质的区别. —— 中译本注

其切线族的包络曲线, 对于空间曲线则有其可展曲面, 等等.

除了这两个新思想, 庞赛莱还加上了连续性原则; 这本来就是卡诺的相关图形理论的思想, 但是已经除去了一切含混, 而光辉地加以贯彻. 这个原则说, 如果对于一个已给的几何图形, 有某个具有相当一般性的关系成立, 则对于由原来图形用连续变化诱导出来的图形, 此关系也成立.

庞赛莱大胆地影响深远地应用了这些原则, 而且只要有必要, 他就毫不犹豫地进入虚的量的领域. 例如, 从两条圆锥截线最多有 4 个交点这一事实出发, 庞赛莱得出, 任意两条圆锥截线必定有 4 个交点, 只不过这 4 个交点中可能有两个或四个是虚交点. 这样, 他对于圆周就给出了其射影定义: 圆周就是经过两个固定虚点的圆锥截线, 这两个虚点就是它与无穷远直线的两个虚交点 —— 现在我们称之为 "圆点" (circular point). 与此类似, 球面就是与无穷远平面交于一已给的虚曲线 (现今称为 "球面圆" (spherical circle)) 的二次曲面. 既然单叶双曲面是由两族直线生成的, 对于椭球面也应该是这样, 不过这时的两直线族都是虚的, 如此等等.

庞赛莱为这些大胆的思想提出了什么样的基础? 令人大吃一惊: 完全没有! 他对于连续性原则没有给出任何证明, 因为这个原则对于他来说在直觉上就很清楚, 他也没有打算定义什么是虚点. 显然他觉得完全没有必要做这类事情, 特别是因为他得到的最终结果总是包含着共轭复元素, 所以最后还是完全落入实元素的空间.

只有参照分析数学才能对这些新概念给出牢固的基础, 而庞赛莱又不肯这样做. 虚点, 和实点一样, 只不过是几个联立的方程的公共解, 而每一个方程代表相交的几何对象中的一个. 同样多个同次的对象必有同样类型的相交, 即有同样多个交 "点", 这只不过是关于代数方程组的公共解的一个定理, 解可实可复, 视系数间有何关系而定, 但是由同样多个同次的方程所成的方程组, 总有同样多个解. 连续性原则本身也不难用现代的函数论来严格证明. 每一个几何命题 (把几何限定为庞赛莱时代一般意义下的几何) 都可以通过令一个代数函数、甚至解析函数 $f(a,b,c,\cdots)$ 为零来表示, 这里 $a,b,c,\cdots$ 是几何图形的各个部分. 这样, 连续性原则说的就是: 若一个解析函数在其定义域的一部分上为零, 不论这一部分多么小, 它必在整个定义域上处处为零.

应该把庞赛莱看做那样一类数学家的最伟大的代表之一, 那就是我们曾经刻画为大胆的征服者的一类数学家. 他的影响贯穿了整个 19 世纪, 成为我们的思想的不可缺少的部分.

分析和代数

现在我要转到我所划分的第三部分: 高工的分析与代数.

在此我们将限于柯西, 并且在他对于纯粹数学的所有领域的大量贡献中只挑选出最有意义的工作来讨论.

最先挑选出的是他关于分析基础的著作: 它们与柯西在高工的教学密切相关. 它们就是:

1.《分析教程 (代数分析)》(*Cours d'analyse (Analyse algébrique)*), 1821 (即《柯西全集》, sér. 2, III, 1–331 页).

2.《无穷小计算教程概要》(*Résumé des leçons données sur le calcul infinitésimal*), 1823 (即《柯西全集》, sér. 2, IV, 1–261 页); 第 2 版, 1829 (即《柯西全集》, sér. 2, IV, 263–609 页).

3. 大量关于微分方程的论文, 从 19 世纪 20 年代即有手稿, 并于 1840 年左右首先发表在《巴黎科学院通报》(*Comptes Rendus*) 以及其他刊物上.

前两部分工作是在柯西还比较关心论文的形式时做出来的. 它们是写得很清楚的教本, 以严格的演绎系统为基础, 而不是如傅里叶和蒙日的著作那样, 以思想的自由发挥为基础.《分析教程》处理的是我们现在称为代数分析的那些材料, 即复域中的初等函数, 包括无穷级数理论. 欧拉在他的《无穷量分析引论》(*Introductio in analysin infinitorum*) 中也处理过同样的问题. 把欧拉的这个较早的工作与柯西的工作比较, 就清楚地表明, 柯西采取了现代的批判的态度: 在其中, 一个对象, 哪怕是我们熟知的, 也要在严格确定了的纯粹解析的概念基础上重新加以构造. 举例来说, 柯西用求极限来对无穷小量作了无懈可击的严格说明 (见《柯西全集》, 37 页以下). 他把连续性的定义放在无穷小量的基础上 (同上, 43 页): 对于一个函数, 如果变量的无穷小增量对应于函数值的无穷小增量, 这个函数就是连续的.

从 114 页开始的无穷级数收敛性的详细讨论, 给出了各种不同的收敛准则的严格证明. 在这一章里, 柯西从不使用流传甚广但是不清楚的无穷和等概念. 他处理的是有限和, 而只要可能就作出能够逼近某个值到一定程度的数值和, 而这种逼近的精确程度, 又可以用对于余项的精确估计来度量. 柯西又不限于只进行基础研究的观点, 他也用新的创造性的方式来掌握他的主题. 例如, 在 240 页上可以找到复幂级数必有收敛圆的定理. 在 274 页以下则有代数的基本定理的一个证明. 多项式函数 $f(x + iy) = u + iv$ 零点存在的证明则是通过研究函数 $z = u^2 + v^2$ 及其极小值来完成的.

这些东西尽管绝大部分是已知的, 但柯西陈述它们时取得的成就多么大, 只有通过与前人和同时代人作比较才能看出来. 对于微积分基础的研究, 当时占统治地位的是企图用不确定的直观的研究方法,《分析教程》与它们固然有天渊之别, 而与拉格朗日的形式的表面的观点比较, 同样有天渊之别. 拉格朗日的观点见于他的《解析函数论》(*Théorie des fonctions analytiques*, 第 1 版, 1797; 第 2 版, 1813, 即《拉格朗日全集》第 9 卷) 以及他的《函数计算教程》(*Leçons sur le calcul des fonctions*, 第 1 版, 1801; 第 2 版, 1806, 即《拉格朗日全集》第 10 卷), 在这些著作里, 他总想把这个新的思想世界的核心掩盖起来. 柯西则相反, 对于所有的关键之点都给出了不能反对的算术基础, 说真的, 这些工作启动了整个数学的 "算术化".

任何有历史观点的人都不会为如此伟大的思想家也有先行者而感到吃惊, 同样, 柯西也把自己的工作的完成留给后人. 柯西的先行者中最重要的是波尔察诺 (但柯西从来没有提到他们), 他于 1817 年就已经掌握了连续性的思想, 而且分析得更加彻底 (我们已经在第 1 章 44 页提到过). 至于级数的收敛性, 高斯在 1812 年就给出过几个准则, 但是他没有走得像柯西那么远. 最后, 柯西关于代数基本定理的证明阿尔冈 (Jean-Robert Argand, 1768—1822, 法国人, 一个会计, 又是业余的数学家) 就已经得出了, 并于 1815 年发表在日尔冈纳的《年刊》(Annales) 上. 阿尔冈也是最早引入了复数 $x + iy$ 的几何解释的人[11] 之一, 并且发表在 1806 年的一篇论文中.

最后, 我们还要注意柯西缺少的是什么. 他错过了一个级数在某区间上的一致或不一致收敛这个重要概念. 所以, 他的无穷级数理论必然是不完全的. 由此, 柯西被引导到宣布一个不正确的定理 (120 页): 连续函数的收敛级数的和一定在收敛区间上连续; 柯西缺乏一致性的概念, 因此给出了一个错误证明. 这件事情后来才弄清楚 (见第 3 章 "Crelle 杂志里的分析学家们" 一节的 82 页).

柯西的第二本书《无穷小计算教程概要》处理微积分的基础. 它摆脱了种种形而上学的束缚, 对这一主题进行了严格的陈述. 他以极限概念为基础, 而这后来成了数学的标准. 与《分析教程》相反, 这本书几乎只讲实域的情况.

整个结构的基础是中值定理 (46 页), 事实上, 最晚不过拉格朗日, 就知道了这个定理. 我们按柯西的现代形式把它写作

$$\frac{f(x+h) - f(x)}{h} = f'(x + \theta h).$$

积分学从定积分的定义开始 (122 页), 并有其存在性的算术证明. 函数的泰勒级数展开式直到 214 页才开始; 而且柯西前后一致地把它处理为对一个函数的实际的逼近, 所以总是归结为精确地估计余项. 它的实用性可以用数值处理来证明. 当然, 理论的发展也没有被束之高阁. 230 页上给出了一个虽然其泰勒级数收敛但却不能展开为泰勒级数的函数的例子, 这就是在 $x = 0$ 附近的函数

$$f(x) = e^{-1/x^2}.$$

下一个出现的自然应该是微积分的基本定理, 即微分运算和积分运算是互逆的:

$$\frac{d}{dx} \int^x f(x) dx = f(x).$$

---

[11] 最早由威塞尔 (Caspar Wessel, 1745—1818, 丹麦测量员) 在 1798 年发现; 他的工作 1896 年重新发表在 *Arch. for Math. ok Nat.*, No. 18 上.

(在其他的讲法中, 时常以此为积分的定义.) 但是这个定理并不出现在这里. 事实上, 它的第一个详细的陈述见于耶稣会教士莫瓦尼奥 (Abbé François Napoleon Marie Moigno, 1804—1884. 他是一个耶稣会传教士, 按天主教会的指示在传教中也进行科学的教学. 他与当时许多学者和作家如柯西、安培、大仲马等人都有密切关系) 按照柯西的建议在 1840—1844 年间所写的《微积分教程 (根据柯西的手稿)》(*Leçons sur le calcul différentiel et intégral (d'après Cauchy)*) 第二卷第 4 页.

关于微分方程这个主题, 柯西研究的方法那么多, 方向又那么不同, 简直不可能列举他的全部结果, 甚至哪怕对他在这个主题上发表的东西作一个概述也是不可能的, 所以我只列出某些最本质之点.

在这方面, 对于任意微分方程, 当初值在非奇异域 (即不含奇点的区域) 中时, 柯西也享有第一个证明了解的存在性的荣誉. 在他所用的不同方法中, 我只提一下两个最为人熟知的方法:

1. 用差分问题代替微分问题 —— 用多边形折线代替函数曲线 —— 当折线线段长趋于零时就会得到解. 证明了这一程序的收敛性, 就证明了微分问题解的存在性. 这个过程正对应柯西对定积分的定义和数值计算方法 (虽然实际的逼近用辛普森法则去做更好).

2. 设微分方程的系数可以展开为收敛的幂级数, 微分方程的解先以幂级数形式构造出来, 它的收敛性则通过建立收敛的优级数来证明. 柯西把这个方法称为 “极限法”, 并将它推广到复域.

柯西早在 19 世纪 20 年代就有了这些思想. 在这些思想中, 我们一步步地看到现代算术化的分析的开始. 对于我们所有的人更值得注意的一定是: 这些思想都产生于他在高工的教学活动, 证明了高工在纯粹数学方面的教学计划的标准是何等地高, 虽然高工主要是注意到应用方面.

柯西的第二个伟大成就却比较远离他的教学活动, 而其重要性可以与分析基础并列. 这就是: 单复变量函数的一般理论的基础.

和在微分方程领域中一样, 我在这里不能对柯西的工作作一个详尽的叙述. 我只举出两个具有基本重要性的结果, 它们构成了整个理论的核心:

1. 在复域的闭曲线上的积分. 柯西关于单值复变量函数的线积分的著名定理如下:

$$\int_C f(z)dz = 2\pi i \sum k,$$

这里要对 C 所包围的所有不连续点的留数求和 (柯西还不知道有更高阶的奇点, 如本性奇点以及极点的极限点), 这个定理是一步步地摸索着得出来的. 柯西绝对没有自觉地建立一般理论的企图, 所以他一开始是在一个矩形的边上求积分, 而选择连接两相对顶点的两个折线边为积分路径. 然后柯西再进到连接这两点的任意曲线; 这个工作是相当困难的, 因为这要求柯西定义一般的线积分. 柯西到 1840 年才得到了完整的定理, 虽然他关于这个问题的工作早就见于他 1825 年的一篇短文: "论定义于两虚极限间的积分" (*Mémoire sur les intégrals définies prises entre des limites imaginaires*, 重新发表在 *Bull. Soc. Math. France*, Vol. 7: 265, 1874; Vol. 8: 43, 148, 1875 中). 此文有 Stäckel 的德文译本, 即 *Ostwalds Klassiker* 丛书的 112 册. 此文在许多地方与高斯关于代数的基本定理的第三个证明相通. 在其中出发点也是由一曲线所围区域上的二重积分. Valson 的说法, 即认为在本文之前谁也没有回路积分的概念, 与以下事实矛盾: 高斯在 1811 年就确切地知道积分 $\int dz/z$ 的性质. 事实上, 他似乎也达到了对于一般被积函数的推广, 而我们都把这一点归功于柯西 (见高斯给贝塞尔的信, 《全集》10, 1: 365 页以下). 但是柯西很快就利用它做出许多美丽而且重要的应用, 足见柯西对此定理的应用范围与意义的认识程度.

2. 任意复变量函数展开为幂级数时, 其收敛圆的半径由到最近的奇点之距离决定. 这个定理出现在 1831 年的都灵论文中, 其时柯西正流亡在都灵. 1837 年, 柯西在寄给科里奥利的信中通告了这一结果, 此信同年在《巴黎科学院通报》上发表. 此时柯西正在做返回巴黎的准备, 1838 年才回到巴黎. 在这个问题上, 柯西也是通过用有限和作近似公式, 然后精确估计余项来得出的.

虽然柯西在回到巴黎以后不再公开教课, 他仍然通过自己的著作对他的科学的进一步发展有重大的影响. 于是很快就有两位年轻的数学家大大地拓展了这个定理:

1843 年洛朗 (Pierre Alphonse Laurent, 1813—1854, 法国数学家) 找到了单值函数 $f(x+iy)$ 在一环形内按 $x+iy$ 的正幂和负幂的展开式, 环形的两个边缘都通过最近的奇点 (见《巴黎科学院通报》17: 938).

1850 年普伊瑟发展了在 "分支点" 处的级数展开式, 它们是 $x+iy$ 的分数幂的级数 (见 *Journal de mathématiques pures et appliquées* (即 *Liouville* 杂志) 15: 365).

在为完备而补足这些文献时, 我已经远远超出了从数学角度描述高工学派发展史的重要性而计划涵盖的时期, 这一时期以 1830 年为终点. 设定 1830 年为这个时期的界限看来是自然的, 因为说法国的数学的产出, 随着柯西离开巴黎就开始衰落, 是不会错的, 而德国逐渐取得了领导地位.

我们的科学在法国原来很繁荣, 后来则陷入这种值得注意的衰落, 对其原因, 人们提出过许多说法. 有人说泊松和拉普拉斯的其他学生应该为此负责, 因为他们只倾向于重视发展应用数学. 但是在我看来, 这是因果倒置: 我的意见是, 这样一种破坏了理论与实际的平衡的片面发展, 是一种更深层的疾病的结果和症状. 另一种看法是, 这种衰落是由于在这个时期绵延的战火造成了有才华的青年人令人痛心的丧失和浪费, 这种观点也站不住脚, 因为德国也受到同样的影响, 在同一时期却得到了繁荣.

在我看来, 宁可说这个特别的现象的根源是一个一般的心理上的法则, 这个法则对于民族和对于个人都是适用的: 在一个进步的时期以后, 不可避免地一定会出现一个休息的时期, 而产出自然会较少. 对于个人情况来说, 一个比较年轻而更有力量的人一定会脱颖而出, 只要给他生存和发展的空间. 而在民族的生命中, 同样, 新的民族一定会向前冲去, 取代另一个精疲力竭的民族, 新民族将在老民族的成就的基础上建立自己的新功勋.

当然, 对历史作时间的划分能够说明发展的总体脉络, 但也只能够说明一个脉络, 决不可过于机械地从字面上接受它们. 这样, 有一个令人吃惊的现象似乎可以作为上面所说的道理的一番说辞, 那就是, 在 1830 年左右在法国出现了一颗光辉夺目得无法想象的新星——说是一颗转瞬即逝的流星更好——照亮了纯粹数学的天空: 他就是伽罗瓦.

伽罗瓦 (Évariste Galois, 1811—1832) 于 1811 年 10 月生于巴黎近郊的 Bourg-la-Reine. 他在 1828 年就发表了第一篇文章, 那时他还只是一名 "中学 (lycée[12]) 学生" 而已. 他本想进入高工, 但是于 1829 年两次入学考试都失败了. 他自己对此的解释是: 题目太易如儿戏, 这才无法回答. 最后他于 1829 年被高师录取; 但于 1830 年又因行为不当被开除了. 特别是, 他被责骂为 "不可容忍的傲慢". 后来伽罗瓦投身于政治激流之中, 与政府冲突, 终于被监禁一个月. 这种动荡的生活于 1832 年 5 月告终; 他在一次因为情爱的决斗中倒下了.

Dupuy 1896 年在《巴黎高师年刊》(Annales de l'École Normale Supérieure) 上为伽罗瓦写了一篇详细的传记. 1846 年, 刘维尔编辑了他的著作使之为较多的世人所知[13]. 1897 年专门出的一版只是一本 60 页的 8 开本的小书! 这一版中有青年作者的画像, 他的孩子气的勇敢的面容, 几乎是恶作剧似的表情, 与他的出奇地深刻、完全清晰成熟的文风形成奇怪的对比. 这个对比表现出了那个终于导致他的死亡的内心矛盾. 前所未有的早慧, 加上他的不能容忍任何秩序、规则和不受任何约束的炽烈的脾气, 还有终于毁灭了他的性格上的热情——使他看起来是那种紊乱无序的法国式天才的代表.

伽罗瓦的伟大成就是在两个方向上.

1. 他创造了对于代数方程所定义的无理数的第一个彻底的分类, 这个分支现在称为伽罗瓦理论.

2. 他对任意单变量代数函数的积分——现在称为阿贝尔积分——作了广泛的工作, 留下的某些结果表明他是黎曼的先行者之一.

---

[12] lycée 是法国教育制度下的一种高水平的中学. 它是拿破仑的教育改革的产物. 它录取学生极为严格, 目标就是为例如高工、高师这样的精英学府培育精英学生. 伽罗瓦就读的 "路易大帝 lycée (lycée de Louis-le-Grand)" 可以说是最著名的一所. ——中译本注

[13] 见 *Journ. Math. pures appl.* Vol. 11, 381 页以下. 德国有 Maser 编纂的 *Abhandlungen über die algebraische Auflösung der Gleichungen von N. H. Abel und E. Galois*, Berlin, 1889. 又见 Jules Tannery: *Manuscrits de Évariste Galois*, Paris, 1908 (摘自 *Bull. d. sciences math.*, 2 sér., t. 30 et t. 31, 1906, 1907).

有些迹象说明还有第三个领域, 但由于参考材料太稀少, 不能定出其确切的内容, 在他给自己的朋友舍瓦利耶 (Auguste Chevalier) 的遗书里讲到自己要研究 "函数的不明确性" (ambiguity of functions), 很可能这是指的黎曼曲面和多连通性.

如果对 "伽罗瓦理论" 没有一些了解, 就不能正确地评价伽罗瓦的成就. 所以我愿稍费词句讲一讲这个理论的主要思想转折. 尽管在这里受篇幅所限, 我不能描述它所涵盖的范围. 但在开始前, 我想先对现在大学里 "伽罗瓦理论" 这门课程的地位作一点评论. 有一个矛盾, 使得教学双方都感到惋惜. 一方面, 教者热切地想教伽罗瓦理论, 因为这个发现确实光辉, 结果的本性又影响深远; 另一方面, 对一般的初学者这门课程理解起来又有很大的困难. 在绝大多数情况下, 结果很糟糕: 教的人受到激励, 满腔热情地努力去教, 但在绝大多数听众中却留不下任何印象, 得不到人们的理解. 伽罗瓦理论特别难讲解, 自然也对此负有责任.

伽罗瓦理论的难懂, 逐渐地形成一个绕着它的光环, 这可能促成对它估计过高, 在一般的数学公众中时常见到这一点. 他们相信, 伽罗瓦理论解决了代数方程理论的所有问题. 这当然是不对的. 伽罗瓦理论确实以最一般的方式解决了方程式理论的重要问题, 但是它还打开了一扇门, 通向新的、广阔的而且迄今大部分未知的领域, 其中的问题的范围还无法预见. 根据我和戈丹 (Paul Albert Gordan, 1837 — 1912, 德国数学家) 来往通信中形成的习惯, 我愿称此领域为 "超伽罗瓦理论".

现在转到这个理论本身. 我从问题的传统提法开始. 考虑方程

$$a_0 x^n + a_1 x^{n-1} + \cdots + a_n = 0.$$

问题是: 是否可以通过构造预解式 (resolvent), 即以原方程之根的有理函数为根的方程, 来得出原方程的通解? 能否把这个方程通过有理手段化为一系列较简单的辅助方程? 特别是, 此方程能否化为一串 "纯" 方程[14], 也就是可否用根号求解?

从一开始我们就要按照原方程一般到何种程度来区别各种情况. 有两个最极端的情况:

1. 系数 $a_0, a_1, \cdots$ 是可以自由变动的量. 这就给出整个一族方程, 它与所有代数方程的整体区别只在于它们有一个共同的次数 n.

2. 系数 $a_0, a_1, \cdots$ 是确定的固定值, 例如固定整数.

在这两种情况之间还有过渡情况的广阔天地. 例如系数为一个参数的整有理函数等.

伽罗瓦所走的重要的第一步是要求对什么可以看做 "有理的" 给出一个明确的定义. 他创造了 "有理域" 或简称为 "域" 的概念. 名词出现的日期较晚, 但阿贝尔已经独立地得到了概念本身, 并发表在 "论代数可解的特殊方程类" (*Mémoire sur une classe*

---

[14] 即形为 $X^m = A$ 的方程. 克莱因关于伽罗瓦理论的这些见解, 请参看本书第 8 章. —— 中译本注

particulière d'équations résolubles algébriquement) 中 (*Crelle* 杂志, Vol. 4, 1829, 即《阿贝尔全集》(I: 478 页)). 在我们的问题中, 最简单的 "自然的" 域就是由系数 $a_0, a_1, \cdots$ 及整数以一切可能的方式 "有理地" 构成的域, 即 $a_0, a_1, \cdots$ 的整系数有理函数域. 这个域可以通过 "附加" 一个或几个确定的量而扩张: 由这个扩大了的集合构成的整系数有理函数就成了一个新域: 附加的东西可以是 n 次单位根或者其他对于系数有重要性的参数.

伽罗瓦在这个概念的基础上这样来表述他的基本定理: 对于一个给定的方程 $f = 0$ 以及给定的域, 必定存在其根 $x_1, x_2, \cdots, x_n$ 的一个置换群, 使得每一个 "有理" 函数 $R(x_1, x_2, \cdots, x_n)$ —— 即由这些根和域中的元素有理地构成的函数 —— 只要它在此置换群作用下数值不变, 就一定是 "有理" 的 (即仍属于有理域), 反过来, 每个 "有理" 的函数 $R(x_1, x_2, \cdots, x_n)$ 在这个群的作用下数值不发生变化.

这个定理 (它的证明我在此甚至不能做出一个提示) 的整个范围当然不是花几分钟就能讲清楚的; 只有研究过这个领域的几个问题的人能够真正掌握. 但是, 为了避免过于宽泛, 我在此只提一个伽罗瓦本人也有兴趣的问题. 这个问题就是找出次数为素数 p 的既约方程可用纯方程求解的条件. 伽罗瓦发现, 条件就是方程的根可以这样排列, 使得置换 "群" 可以表示为

$$x_{\nu'} = x_{a\nu+b}, \quad \nu' \equiv a\nu + b \pmod{p}, \quad \nu = 1, 2, \cdots, p,$$

这里 a 的取值范围为 $1, 2, \cdots, p-1$; b 的取值范围为 $0, 1, 2, \cdots, p-1$, 所以此群最多有 $p(p-1)$ 个元. 当 $a = 1$ 时, 此群中只有 p 个置换, 而我们得出一个循环群. 在其他情况下则会得出亚循环群 (metacyclic group). 所以素数次既约方程可用根号求解的充分必要条件就是存在一个亚循环群, 而循环群是其一个特例.

现在我要提到伽罗瓦理论的局限性. 这个理论确实给出了方程可以用预解式求解的一个一般的准则, 以及求出这些解的方法. 但是, 进一步的问题立刻就出现了: 例如对于给定的域, 如何构造出具有给定的群的所有方程; 还有, 两个这样的方程何时可以互相约化, 又怎样约化, 等等. 这就是伽罗瓦理论提出的未解决的问题的广大领域, 而伽罗瓦理论并没有给出解决这些问题的办法.

当然, 伽罗瓦的工作极具独创性, 但它却不是与早前的数学的发展无关联的. 拉格朗日、高斯和阿贝尔对他都有决定性的影响. 但是这些先行者只知道问题在特殊情况下的解答 (那时它可以化为圆函数或椭圆函数), 伽罗瓦则在完全一般的情况下解决了问题.

人们可以猜想, 伽罗瓦如果不是因为他的暴躁脾气而不幸早逝, 他本来可能走得更远, 可能将我们今天还一无所知的知识献给世界. 他进行创造时的勇敢与信心, 面对等待他来解决的问题时的勇敢与信心, 表现在他去世前夕写给朋友舍瓦利耶的信里, 这封信是他的科学遗嘱 (见《伽罗瓦全集》第 32 页). 在这份独特的文件里, 这个年仅 20 岁

的作者以简单清晰的语言, 骄傲然而不虚张声势地估计了自己以及他自己对于科学的意义, 这使我们深受感动. 这封信是这样结尾的:

"在我的一生中, 我时常冒险提出一些我自己还不能肯定的命题, 但我在这里写的东西停留在我的脑袋里已经几乎有一年了. 对我来说最重要的是不犯错误, 不至于让人怀疑我提出了自己也无法完整证明的定理.

"请雅可比和高斯公开给出自己的意见, 不是要他们说这些定理是对还是不对, 而是要他们说这些定理的意义.

"我希望, 以后会有人通过厘清这一大堆东西而受益."

在申明自己没有留下错误的东西这一点上, 伽罗瓦是对的. 不幸的是他希望高斯和雅可比承认和继续他的工作, 这一点没有实现. 只是到很久以后, 到 1846 年, 通过刘维尔的努力, 伽罗瓦的工作才慢慢地引起了世人的注意.[15]

---

[15] 也请参看 L. Königsberger, "*C. G. J. Jacobi, Festschrift*", Leipzig, 1904, 435 页.

第 3 章 *Crelle* 杂志的创立和纯粹数学在德国的兴起

逐渐从与拿破仑的战争中走出来的 19 世纪的德国, 在本质上是由来自法国的刺激与德国精神的同化所决定的. 高斯在数学中是站在他的时代的发展潮流之外的, 正如歌德在另一个领域中也是站在他的时代的发展潮流之外一样. 这一发展始于柏林. 但是, 在精确科学上, 我们已经提到过, 发展要比其他领域稍晚. 对于人文科学, 发展的起点是 1810 年柏林大学的创立. 人文科学得到新人文主义学说的支持而繁荣了. 这种学说主张人格的自由成长, 而对精确科学没有兴趣.

精确科学中的新运动从 1820 年起开始引人注目, 正如我们已经说过的那样, 这基本上是通过洪堡的倡议兴起的. 与这个激动人心的进取精神紧密联系着的还有一个人, 就是从 1820 年起就担任普鲁士总参谋长的冯·缪夫林将军 (Friedrich Karl Ferdinand Friherr von Müffling, 1775—1851). 在这里我们又看到了拿破仑的传统在继续: 就是从军事观点来赏识数学, 这个观点通过沙恩霍斯特 (Gerhard Johann David von Scharnhorst, 1755—1813) 而在普鲁士很有影响. 这一群人处处鼓励提升工业的水平, 他们的努力促成了我们德国工科职业学校和工科大学制度的建立, 除此之外, 还要模仿法国的高工, 创立一个有第一流科学特质的综合性的多种科技的机构. 他们想请高斯担任这个机构的指导人: 不要求他承担任何教学工作——除了他自己希望培训一些特殊的学生以外——还能凭借自己的学术能力和组织能力来服务于此机构. 所有的国家科学机构 (如天文台) 都要服从高斯, 他对普鲁士的教育的一般发展也将有确定的影响 (见 Bruhns: 《洪堡高斯书信集》(*Briefe zwischen A. von Humboldt und Gauss*, 1877)). 但是到 1824 年底高斯拒绝了这个邀请, 所以这个宏伟的计划就搁浅了. 后来军方也退后了. 于是又有另一个建立一所高等教师学院的计划, 而且由文化部推进了一些年. 最后于 1829 年决定邀请阿贝尔. 但是邀请信到达克里斯蒂安尼亚 (Christiania)[1] 时阿贝尔才去世几天, 这样, 就放弃了这个计划. 在普鲁士, 训练数学和科学教师的任务最终落在大学肩上, 这是一个很重的任务, 对大学的发展也很重要, 却是由这种情况而

---

[1] 挪威首都奥斯陆 (Oslo) 的旧称. 当时阿贝尔在奥斯陆大学, 即克里斯蒂安尼亚大学. ——中译本注

来的. 现在, 这样的安排, 有时被说成是大学的理念本身的逻辑必然的结果, 其实是来自偶然事件.

在考虑这个发展时, 我应该提到一个人, 这人虽然自己的科学成就并不突出, 却以自己多方面的兴趣、外交家的本性以及组织才能, 对科学做出了很大的贡献: 他就是建筑专员 (Oberbaurat) 克雷尔 (August Leopold Crelle, 1780 — 1855). 他的背景是工程而对建立工程教育很有兴趣. 从 1824 年开始, 他努力鼓励精确科学的发展, 而在 1828 年成了普鲁士文化部的顾问. 他也被选为柏林科学院的成员. 他虽然有多方面的兴趣, 却一直没有放弃数学, 他在数学中的工作很多, 虽然并不重要. 它们带有百科全书式的烙印, 这是一种在当时的德国很流行的 18 世纪的传统 —— 涉足许多不同的方面, 但都不深入. 但是他对科学的发展做出了杰出的贡献. 这是由于他的组织才能和友善而多才多艺的天性, 他善于到处识别出有才能的青年人, 并把他们吸引到自己身边; 通过创立大学的职位, 使他们能在适宜的圈子里发展他们的才能. 但是, 我们的科学得益于他的, 主要是通过他在 1826 年创办的《纯粹与应用数学杂志》[2] (*Journal für die reine und angewandte Mathematik*) 给予数学发展的鼓励与巩固.

如果人们今天再拿起一份这个杂志, 就可能会对它的名称感到奇怪. 但是对于这个名称, 可以用历史来解释: 刊名先是取自日尔冈纳的《年刊》, 后来又取自刘维尔在 1836 年开始创办的杂志, 那个杂志使用了《纯粹与应用数学杂志》这个不准确的名称 (也常被称为 "*Liouville* 杂志"), 而克雷尔的杂志则与之同名. 毫无疑问, 当克雷尔创办这个杂志时, 他是真心想办一份包含整个数学的综合的杂志, 如他在第一卷的序言中说的那样, 他希望这份杂志不仅有利于科学的生长, 而且还有利于它的扩散. 所以他不仅想面对专家, 而且着眼于 "广泛的" 读者群, 例如想通过翻译外国著作、写书评和提问题等等来与科学生活的所有资源建立联系. 例如第一卷开卷就是埃特尔万 (Johann Albert Eytelwein, 1764 — 1848, 德国建筑学家) 如何计算液流的流量[3] 的文章, 紧接着就是阿贝尔的第一篇文章; 所有现今的读者如果发现两篇这样的文章居然放在一起, 一定会很奇怪.

实际生活的发展与克雷尔的原意如此大相径庭, 是由于当时占主要地位的时代精神所致. 对于新的科学生活 (这份杂志就是其机关刊物), 它的新人文主义的背景很快就证明比杂志创办人的概略式的思路更有力, 何况这位创办人的性格是进行调和而不是领导. 纯粹科学的新人文主义的理想就是为科学而科学, 其中隐藏了对于通常意义下的 "有用" 的蔑视, 而很快就导致了有意地排斥所有面向实际的研究. 这种思想潮流充斥了原来打算奉献于所有数学分支的整个杂志, 把它变成一个仅只奉献于抽象的、最严格的那一类专门的数学分支的机关刊物. 后来, 人们戏称它为《纯粹与无用数学杂志》.

---

[2] 按照现在文献的习惯, 以下凡提到这个杂志时, 时常直接称为 "*Crelle* 杂志". —— 中译本注

[3] 埃特尔万在水静力学中有贡献, 特别是在管道中的液流问题里有著名的埃特尔万公式. 这里疑指是有关于此的论文. —— 中译本注

克雷尔虽然不能遏制这种发展潮流, 却一直忠于自己原来的思想. 但是, 他只能把这两个领域分隔开来, 而他在这两个领域中都是十分自如的. 他按照自己的工程兴趣又在 1829 年办了一个专门的《建筑学杂志》(*Journal für Baukunst*). 以下的事实足以说明他在建筑学方面的作用: 1838—1840 年按照他的计划兴建了重要的柏林–波茨坦铁路, 大部分普鲁士公路也是按照他的计划兴建的.

我们已经提到过, 尽管一开始 *Crelle* 杂志有各种财政困难, 它终于发展成为纯粹数学进展的最重要的机关刊物, 纯粹数学胜利地以光辉但又有些片面的方式踏出了进入德国大学的第一步.

Crelle 杂志第一卷发表了阿贝尔至少五篇文章, 还有雅可比的一篇, 斯坦纳 (Jacob Steiner, 1796—1863, 瑞士数学家) 也有几篇. 第三卷里出现了狄利克雷、默比乌斯 (August Ferdinand Möbius, 1790—1868, 德国数学家) 和普吕克 (Julius Plücker, 1801—1868, 德国数学家) 的名字.

我们现在提出六位我们要讨论的数学家的名字. 我先讲三位 "分析学家": 狄利克雷、阿贝尔和雅可比, 然后再讲三位 "几何学家": 默比乌斯、普吕克和斯坦纳.

Crelle 杂志里的分析学家们

我要从狄利克雷开始, 因为他与我们已经讨论过的高斯和法国人的研究联系最密切. 与同时代的阿贝尔和雅可比相比, 他秉性不适合于剧烈的变革, 而热心继续自己所继承的传统.

狄利克雷来自法国移民家庭, 父亲是邮局局长, 自己 1805 年出生于迪伦 (Düren)[4], 所以是生长在莱茵河谷重工业的影响之下. 1822—1827 年间, 他作为一个辅导教员生活在巴黎, 前面已经提到过, 他时常造访傅里叶的圈子. 1827 年, 由洪堡推荐, 他任布累斯劳大学的 *Dozent*[5]. 1829 年他来到柏林, 在那里一直活动了 26 年, 先是担任 *Dozent*, 1831 年起则为 "额外教授" (*extraordinary professor*), 最后从 1839 年起才任

---

[4] 德国西部鲁尔地区附近, 亚琛 (Aachen) 与科隆 (Cologne) 中间的城市, 所以下面才会说到他受莱茵河谷重工业的影响. —— 中译本注

[5] 当时德国大学的最低级教职. 一个人如果得到了博士学位, 而且任职论文与任职讲演也得到认可, 就有了在大学任教 (当教授) 的资格. 这样的人就叫做 *Dozent*. 但是这还不等于说他就已经是教授了, 因为在一个大学, 有哪些学科设有教授的教职 (现在中国人叫做 "岗位"), 有几个 "岗位", 都有定额. 没有岗位, 有学问也没有用, 只能当一个 *Dozent*, 当然也就没有国家付给的薪酬. 有时 *Dozent* 也能教课, 而由学生的学费来支付报酬, 这就叫 *Privatdozent*, 现在常译为 "自费讲师", 这与我国的讲师、副教授等是完全不一样的. 高斯就当过 *Dozent*, 而黎曼当过 *Privatdozent*. 于是有的大学设立了 *extraordinary* 的教授职务, 所谓 *extraordinary*, 就是超过平常的定额的意思. 所以这里译为 "额外教授". 额外教授是允许在外兼职的. 到了 "功行圆满, 成了正果", 就是 *ordinary* (常规的) 教授了, 这里译为 "正教授" 没有与 "副教授" 唱对台戏的意思, 只是 "正常" 的意思. 现在的德国已经没有这样的制度了. —— 中译本注

正教授. 在他的教授职务任内, 他还在军事学院和建筑学院承担了很重的教学任务, 从那以后, 几个领域联合请一位 *Dozent*, 在柏林是屡见不鲜的事情. 1855 年, 他应召去哥廷根继任高斯的职务, 但他已经余日不多: 1859 年就去世了.

狄利克雷在数学史上长存的意义, 并不仅在于他的科学发现, 也不仅在于他对现代讲课技能的发展的影响. 他英名常在, 首先是由于他掌握与交流数学知识的特殊的方式. 他知道怎样把他清晰的来自内省的概念用文字表示得如此令人信服, 使人们认为这些似乎都来自自明的推理. 对狄利克雷的这种特殊的本性, 只有闵可夫斯基 (Hermann Minkowski, 1864 — 1909, 德国数学家) 在 1905 年哥廷根举办的狄利克雷百年诞辰纪念会上的讲演 (见《闵可夫斯基全集》2: 447 页以下) 里才做出了公正的评价. 闵可夫斯基以生动有力的语言描述了这位与他志趣相投的大师. 我愿引用他的栩栩如生地描述狄利克雷的话: "他掌握了把最多的看得见的思想和最少的盲目的公式连接起来的艺术." 闵可夫斯基称之为 "真正的狄利克雷原理".

对于狄利克雷, 教学与研究是不可分离地连接在一起的, 所以我在这里要按此方向来讨论狄利克雷的活动.

我们第一个要谈到的领域是数论 —— 在狄利克雷的年代, 他的同时代人和后来人都在这一领域受惠于伟大的高斯 —— 狄利克雷在其中建立了伟大的功勋. 狄利克雷是第一个深入理解《算术研究》的人, 他总是随身携带一本《算术研究》, 反反复复地攻读. 他把此书的陈述简化了, 使得更多的读者能够懂得此书. 他自己的创造也就由此产生, 其中最有意义的是: 他证明了在任意的、首项与公差互素的算术级数中均有无穷多个素数 (1837, 见《狄利克雷全集》1: 313 页以下); 决定了具有给定判别式的二元二次型类的数目 (见 *Crelle* 杂志 18: 1838 页以下)[6]; 还有代数数论的开创 (1840 年以后). 前两个问题是密切相关的. 狄利克雷为后代指明了, 整个数论的发展方向的伟大成就就在于把解析函数应用于数论; 特别是, 他思考的中心在于形如 $\sum_{n=1}^{\infty} \dfrac{a_n}{n^s}$ 的级数 (现今称为狄利克雷级数). 他的最重要的发现之一, 后来成为后继的工作的模型的, 就是他巧妙地利用单位根 (今天称为 "mod. m 特征"), 由级数分离出他所需要的项. 在代数数论方面, 狄利克雷把由整系数方程

$$x^n + ax^{n-1} + bx^{n-2} + \cdots + p = 0$$

所决定的量, 即其根 (戴德金称之为 "代数整数") 放在中心位置, 从而推广了二次无理数和分圆数的理论, 并且研究这些方程所决定的 "域" (今天的用语) 的单位元. 所谓单位元就是满足具有整系数的方程

$$x^n + ax^{n-1} + bx^{n-2} + \cdots \pm 1 = 0$$

[6] 原书为 (见 *Crelle* 杂志 18: 1838 页以下), 克莱因此处应该是把文章的发表年份和页数搞混了. 原文应修正为 (见 *Crelle* 杂志 18: 259 页以下). —— 校者注

的代数整数. 他用简单的方法决定了域中独立的单位元的个数. 这些工作的特点就是, 它们第一次在存在性证明中避免了直接构造所需的对象, 甚至不必提出构造这种对象的方法.

第二个领域, 分析的基础, 这一领域因狄利克雷关于级数和定积分的讲义而特别得到了丰富. 条件收敛的清晰概念第一次得到了表述: 通过举例, 可以清楚地认识到一个事实, 即条件收敛级数通过适当地重新排列各项的次序, 可以趋向任意值. 这一点与对于级数的 "和" 这个站不住脚的概念的批判联系起来. 比之傅里叶, 他把三角级数的收敛性放在更坚实的基础上. 分段连续单调函数的概念得到了明确的定义和界定, 严格地证明了它们可以用三角级数表示.

第三, 狄利克雷对于力学和数学物理也有兴趣. 但是比起高斯和傅里叶, 狄利克雷喜欢的是更加抽象、更加数学化的力学和数学物理, 他得出了以下的定理: 质点组在位能的真正的极小值处可以得到稳定的平衡. 这个定理是以一种完全归结为基本概念的方式得到的, 表述得这样清楚, 对这个极小值的存在, 他没有给出必然很复杂而且需要许多公式的判据. 狄利克雷时常讲授与距离的平方成反比的力, 用我们今天的语言来说, 这就是位势理论. 他处理了法国人至今还称之为 "狄利克雷问题" 的基本边值问题, 虽然傅里叶和其他许多人早就陈述和处理过它. 狄利克雷的工作的创新之处在于他对解的唯一性的证明, 以及用少数几个基本性质来刻画位势. 在这里也找到了 "狄利克雷原理", 即从以下事实推断出解 v 的存在: 在所有取同样边值的函数中, v 必使积分

$$\int \left[\left(\frac{\partial v}{\partial x}\right)^2 + \left(\frac{\partial v}{\partial y}\right)^2 + \left(\frac{\partial v}{\partial z}\right)^2 \right] dk$$

达到最小值. 这一点早就有高斯和开尔文勋爵 (即 William Thomson) 等人使用过, 但是不那么充分. 这个原理后来由于魏尔斯特拉斯的批评而得不到人们的认可, 直到希尔伯特才把它放在了稳固的基础上 (见 *Enz.* II A 7b, Nos. 23–25; II C, No. 45).

虽然狄利克雷并没有建立一个严格意义下的学派, 他的讲义对后世许多杰出的数学家却有很大的影响. 例如其中有: 艾森斯坦、克罗内克、戴德金, 而特别超于其他人还有黎曼. 这些讲义后来在经过感恩的学生们编辑出版以后, 影响就更大更深远了. 这些讲义有:

《数论》(*Zahlentheorie*) 由戴德金编辑出版; 分析, 以《定积分》(*Bestimmte Integral*) 为标题由 G. F. Meyer 编辑出版 (1871), 其后又由 G. Arendt 于 1904 年在不伦瑞克重新编辑出版 (这一版更接近狄利克雷原来的讲义);《论与距离平方成反比的力》(*Über Kräfte, die im umgekehrten Verhältnis des Quadrates der Entfernung wirken*) 由 Grube 编辑出版 (1876).

狄利克雷关于偏微分方程和电磁学的思想则体现在由 Hattendorff 编辑出版的黎曼的讲义里.

狄利克雷的讲义, 在经过进一步发展以后, 甚至在今天, 仍然构成适用于较成熟的听众的课程的基础. 但是我愿提出狄利克雷的教学风格与今天的教学风格的重要区别. 狄利克雷总是只对少数精选的人讲课, 而从不给那些准备教书的人的大班讲课, 因为他的教学内容对于这些人被认为是远远超过了标准的要求. 对于这批人, 在哥廷根有 Stern 和 Ulrich 专门为他们开的课. 在他的漫长的教学生涯里, 狄利克雷从未成为考试委员会的成员, 也从未参与主持当地的数学讨论班. 我们今天所看到和感觉到的数学的新发展, 以及它们的推论, 首先是通过雅可比的巨大影响带来的, 雅可比的影响, 拆除了教课的人和做研究的人之间的藩篱, 这一点我们以后还要详细讨论.

狄利克雷与雅可比有多年的亲密友谊, 但是与雅可比的活跃和强势不同, 狄利克雷更加沉静、内敛甚至羞怯. 他终生为之奋斗的唯一目标, 就是要能清晰地洞察数学思想的理想的和谐, 这个目标引导他拒绝了所有外来的影响和成功. 那些沉静的人, 那些寻求并且得到了自身内在满足的人, 他们的命运时常是这样的: 狄利克雷被一些很张扬很外向的人所包围. 狄利克雷和富裕而且富于才华的门德尔松家族联姻, 娶大作曲家费利克斯·门德尔松 (Jacob Ludwig Felix Mendelssohn-Bartholdy, 1809 — 1847) 的妹妹丽贝卡 (Rebekka Mendelssohn) 为妻. 因为门德尔松家 (在当时柏林的 W 区) 是柏林最光辉夺目的社交界中心之一, 所以在狄利克雷短暂的哥廷根时期, 狄利克雷夫人自然就在自己身旁聚集了对科学和艺术最有兴趣的人们, 创造了一种生动的有文化的社交生活. 据说狄利克雷只以一种沉默寡言毫不张扬的态度参加在他家里举行的社交活动. 那些闪光的智慧在他的身边只是一些不断起伏的涟漪, 而与狄利克雷自己精神世界的深深的汹涌的大海绝对无法相比. 一位狄利克雷的近亲在哥廷根举行的狄利克雷百年诞辰纪念会上对我证实了这一点, 还说那一次她特别高兴, 因为只有这次狄利克雷的个人价值得到了认可, 而以往在她的家族里总只是以顺带提到的方式来赞扬他. 所以说现在德国社会所缺少的, 那个时代也不会有: 那就是建立起统一的文化气氛, 其中也包括精确科学元素, 作为其独有而自然的成分.

当我们转到狄利克雷的同时代人和同事阿贝尔 (Niels Henrik Abel, 1802 — 1829, 挪威数学家) 时, 我们就被引导到另一个完全不同类型的世界了.

在阿贝尔身上, 我们看到我们的科学的伟大而独创的天才之一. 他和伽罗瓦一样, 完全献身于最纯粹并且具有最一般的成果的抽象数学问题. 但是, 和那位伟大的法国人一样, 也许只是因为他们的不幸夭折, 使他们都未能在其他方向上展现自己的才能.

阿贝尔 1802 年 8 月 5 日出生于挪威小城芬诺 (Finho) 的一个牧师家里. 他生长于极度的拮据之中, 深受贫困和处世失败的折磨, 而变得很羞怯. 他的基本的气质是深深的忧郁, 他后来很早就得了肺结核病也部分地与此有关; 只是由于和他的挪威朋友的活跃的关系, 特别是对于自己的科学成绩的日益增长的热情, 肺结核病才有了减轻.

我们通过挪威政府在 1902 年阿贝尔百年诞辰纪念会时发表的《纪念文集》(*Mé-*

morial) 对于阿贝尔的生平和人格有了详细的资料, 那时, 来自各国的数学家参加了这次纪念会. 这一文集对于由西罗 (Peter Ludwig Mejdell Sylow, 1832—1918, 挪威数学家) 和李 (Marius Sophus Lie, 1842—1899, 挪威数学家) 在 1881 年主编的标准版《阿贝尔全集》(共 2 卷) 是一个让人高兴的补充.[7]

阿贝尔完全是自学成才的. 在他从事学习时, 有些数学朋友的建议, 和极少几本他能得到的数学书, 就是对他仅有的支持. 甚至在他 1822 年进入克里斯蒂安尼亚大学以后[8], 情况依然如此, 因为那时在克里斯蒂安尼亚大学里没有数学课程. 1823 年 "学生阿贝尔" 才得到几分善意的关心和赏识, 但很奇怪的是这来自他的一项有错的研究: 他相信, 他能够用根式解出一般的五次方程. 但是他很快就发现了错误, 而且沿着同样的道路证明了这种解法是不可能的. 这个定理由阿贝尔以专门的小册子的形式在 1824 年发表 (即《阿贝尔全集》1: 28–33 页).

这个结果, 再加上一篇关于代数表达式的积分的论文 (原文早已遗失), 使好运突然降临到贫困中的阿贝尔身上: 他得到一笔资助可以到国外作学术访问. 这次出访对于阿贝尔有决定性的重要性. 他的主要思想是在这时产生的, 或者更准确地说, 他与新的数学环境的接触, 迫使他把这些思想定形, 而且加以贯彻, 犹如过饱和溶液只要最小的外界震动就会结晶一样.

他的旅途先把他引到了柏林, 在那里他从 1825 年 9 月一直待到 1826 年 2 月. 最有意义的是, 他一到柏林就见到了克雷尔. 克雷尔那时已经是一个 45 岁的成熟的人了, 尽管语言交流尚有困难, 他一见到阿贝尔就看出了在这个笨拙的青年人身上的伟大的天才. 克雷尔说服他为 *Crelle* 杂志撰稿. 克雷尔一直是阿贝尔的真诚朋友, 而且对阿贝尔一直抱有热望. 在克雷尔家里, 这个饱受命运折磨的人得到了他急需的友好接待和鼓励. 就阿贝尔而言, 他也以极大的信任报答了这种大度. 他以极大的热情回应了克雷尔的请求: *Crelle* 杂志的第一卷就有阿贝尔笔下的 6 篇文章, 都是他在停留于柏林的短暂时间里写成或基本完成的. 阿贝尔的全部身心在绽放, 这是在他悲哀的一生中仅有的几个月的纯粹的欢乐.

在他这个时期的工作中我特别要提到那篇至今仍为经典之作的关于不可能用根式求解五次方程的文章. 在这项研究中假设了方程的系数都可看成自由变化的量. 于是, 在伽罗瓦的工作中出现的任意域的概念在这里并未出现 (但是在阿贝尔较晚的工作里还是出现了). 这里采用的方法是做出最一般的根式表达式, 然后证明这种表达式不可能满足一般的五次方程.

---

[7] 纪念文章见本章后面注 [13]. 又见 C. A. Bjerknes, *N. H. Abel, Tableau de sa vie et son action scientifique* (Paris, 1885) 和 Charles Lucas de Peslouan, *N. H. Abel, Sa vie et son oeuvre* (Paris, 1906). 最后应该提到《阿贝尔全集》的第一版 (Holmboe 主编, 出版于克里斯蒂安尼亚, 1839 年) 中有一些材料未被收录于由西罗和李主编的第二版中.

[8] 克莱因掌握的材料和我们今天掌握的材料不一样. 阿贝尔是 1821 年进入克里斯蒂安尼亚大学, 而不是 1822 年. ——校者注

除了这篇文章, 这个时期阿贝尔的工作还有他关于二项级数的论文. 它可以代表阿贝尔对于分析的精确基础的最重要的贡献. 对于这个时常处理的问题, 阿贝尔换了一个方向, 而来讨论: 如果级数

$$1 + m_1 x + m_2 x^2 + m_3 x^3 + \cdots$$

收敛, 那么它可以表示什么样的函数? 这一工作可以看做阿贝尔在柏林停留时期的直接产物, 因为那时他才在克雷尔的藏书里找到了一本柯西的《分析教程》. 不论如何, 阿贝尔发现了柯西的论述中的毛病 [见第 2 章 67 页 "分析和代数" 一节中关于柯西未能理解一致收敛性一段], 并在本文中以令人满意的方式填补了缺陷. 他用我们今天所称的阿贝尔连续性定理代替了它[9]: 若一幂级数在其收敛圆周的某一已知点处收敛, 则此幂级数在过此点的半径上一致收敛, 而此幂级数在收敛圆内所表示的函数在沿径向趋向此点时有极限值, 并且极限值就等于级数之和.

1826 年 2 月, 阿贝尔和几位挪威朋友一同去意大利旅游. 他们在威尼斯待了几个月; 7 月, 他去了巴黎, 在那里一直待到年底.

他在巴黎的日子过得远不如在柏林愉快. 在巴黎那个高雅得多的、有着长久而且光荣传统的科学社会里, 阿贝尔感到被孤立, 在那个环境下深受痛苦. 他完全不可能接触到巴黎科学院的那些大人物, 特别是柯西, 虽然他已经在 10 月 30 日提交了他的伟大著作: "论一大类广泛的超越函数的一个一般性质" (*Mémoire sur une propriété générale d'une classe très-étendue de fonctions transcendentes*) (以下简称 *Mémoire*), 其中就包含了下面要介绍的 "阿贝尔定理". 稿件被送请柯西提意见, 但是被混在一大堆文件里搞丢了. 在柯西 1830 年被流放以后, 此文又转交给日尔冈纳保管, 但是一直到 1841年, 由于挪威政府的坚持才得以发表.[10] 此文发表在《学者向巴黎科学院提交的论文集》(*Mémoires présentés par divers savants à l'Académie des sciences*) 第 7 卷, 可是在付印时, 稿件又被遗失了. 虽说这篇重要文献没有被完全埋没, 但是对阿贝尔来说这份补偿来得太迟, 已然不能弥补他在巴黎遭受的不公正待遇和辛酸的经历给他带来的伤害和痛苦[11].

---

[9] 在数学中以阿贝尔命名的定理和概念很多. 这个结果在国内常见的数学分析或复分析教科书中常称为 "阿贝尔定理" (或 "阿贝尔第二定理"), 而本书中所谓 "阿贝尔定理" 则指下面的关于代数函数积分的定理. ——中译本注

[10] 这时阿贝尔已经去世 12 年, 而文章被压了 15 年. ——中译本注

[11] 在阿贝尔去世以后, 1830 年, 他得到了巴黎科学院的大奖. 关于阿贝尔这篇论文的命运, 详见 L. Königsberger, "椭圆函数理论史" (*Zur Geschichte der Theorie der elliptischen Transcendenten*) (Leipzig 1879), 30页以下.

阿贝尔的稿件在 1841 年之后的命运更加离奇. 李和西罗在负责《阿贝尔全集》的再版时就找不到这篇文件的原稿. 此原稿被意大利数学家 G. Libri (1803 — 1869) 窃取, 后来他因为在法国某图书馆的偷窃行为被判十年监禁. 他潜逃到英国, 在那里变卖了不少个人拥有的稿件. 在他死后他的收藏流落各处, 1952 年挪威数学家 Viggo Brun 在佛罗伦萨找到手稿的一部分, 其余几页内容直到 2002 年才在佛罗伦萨现身. 具体可见 Andrea del Centina 的文章. ——校者注

给他带来忧愁的, 除了这些痛苦的失望以外, 还要加上其他因素特别是经济上的贫困. 到了 1826 年底, 这些使得阿贝尔的人生更加暗淡了. 甚至与他在巴黎的挪威同胞的友谊——有一幅著名的阿贝尔的水彩画像就是这些朋友之一画的——也只能使他的情绪暂时好一些. 然而尽管有这些极深刻的沮丧和个人支持的极端缺乏, 巴黎对于阿贝尔在科学上的发展仍是很有益的, 我们下面会比较详细地讨论这一点.

我现在要尽本书篇幅的许可, 较深入地讨论 *Mémoire* 的最重要的部分, 即 "阿贝尔定理".

阿贝尔定理是椭圆积分的加法定理的含义深远的推广[12]. 欧拉早就发现, 形如 $\int R\left(x, \sqrt{f_4(x)}\right) dx$ (其中 f_4 是四次或三次多项式) 的有限和仍可写为一个同样类型的积分, 加上积分号下的那一类量的一个代数或对数函数:

$$
\begin{aligned}
&\int_0^a R\left(x, \sqrt{f_4(x)}\right) dx + \int_0^b R\left(x, \sqrt{f_4(x)}\right) dx + \cdots + \int_0^h R\left(x, \sqrt{f_4(x)}\right) dx \\
=\; &\int_0^N R\left(x, \sqrt{f_4(x)}\right) dx + R_1\left(a, \sqrt{f_4(a)}; b, \sqrt{f_4(b)}; \cdots; h, \sqrt{f_4(h)}; N, \sqrt{f_4(N)}\right) \\
&+ \sum \mathrm{const} \cdot \log R_2\left(a, \sqrt{f_4(a)}; b, \sqrt{f_4(b)}; \cdots; h, \sqrt{f_4(h)}; N, \sqrt{f_4(N)}\right).
\end{aligned}
$$

现在, 某种类似的公式对于一般的超椭圆积分或称 "阿贝尔积分" $\int R(x, y) dx$ 也成立, 这里 x, y 由一个一般的代数方程 $F(x, y) = 0$ 相联系, 而非 $y^2 = f_4(x)$. 这种积分的有限和一般不可能用一个同类型的积分 (加上代数或对数函数) 来表示, 而需要用到 p 个这类积分才行, p 则依赖于代数方程 $F(x, y) = 0$ 的本性. 在不同情形下确定数 p 耗费了阿贝尔大量精力, 正是后来克莱布什所谓的代数方程 $F(x, y) = 0$ 的 "亏格" (*genus*) (使用字母 p 来记此数则始于黎曼). 这就是阿贝尔定理. 对于最低层次的超椭圆积分, 我们有 $F = y^2 - f_6(x)$ (这里 $f_6(x)$ 是 x 的六次或五次多项式), 可以证明 $p = 2$. 所以我们有

$$
\begin{aligned}
&\int_0^a R\left(x, \sqrt{f_6(x)}\right) dx + \int_0^b R\left(x, \sqrt{f_6(x)}\right) dx + \cdots + \int_0^h R\left(x, \sqrt{f_6(x)}\right) dx \\
=\; &\int_0^A R\left(x, \sqrt{f_6(x)}\right) dx + \int_0^B R\left(x, \sqrt{f_6(x)}\right) dx \\
&+ R_1\left(a, \sqrt{f_6(a)}; \cdots; h, \sqrt{f_6(h)}; A, \sqrt{f_6(A)}; B, \sqrt{f_6(B)}\right) \\
&+ \sum \mathrm{const} \cdot \log R_2\left(a, \sqrt{f_6(a)}; \cdots; h, \sqrt{f_6(h)}; A, \sqrt{f_6(A)}; B, \sqrt{f_6(B)}\right).
\end{aligned}
$$

---

[12] 关于阿贝尔加法定理, Steven Kleiman 写过出色的历史考证, 读者可参见他的文章 *What is Abel's Theorem Anyway? The legacy of Niels Henrik Abel*, Springer, 2004, 395–440. ——校者注

阿贝尔在巴黎的停留, 尽管有那么多痛苦与担忧, 仍然推进了他的工作, 这主要是由于他对当时法国数学有了更好的认识而得到的激励. 他通过学习柯西和勒让德的著作懂得了如何重新评价自己的工作, 又回到自己一些老的想法. 柯西的榜样鼓励他在复域里工作而无须畏惧. 在勒让德的工作中, 他则看到了一种为建立椭圆积分理论的不知疲倦的努力. 1811—1819 年勒让德的《积分学练习》(*Exercices de calcul integrals*) 第一次出版, 其中就包含了椭圆积分理论, 而在阿贝尔停留于巴黎期间, 勒让德正在准备第二版, 并于 1827—1832 年间出版, 更名为《椭圆函数和欧拉积分论著》(*Traité des fonctions elliptiques et des intégrals eulériennes*).

在这些新的影响下, 阿贝尔在巴黎着手把关于第一类椭圆积分 $\int \frac{dx}{\sqrt{f_4(x)}}$ 的反演的思想做出来 —— 先是打算投交日尔冈纳的《年刊》发表 —— 这个思想萦回于他的头脑里已经有好几年了. 1826 年 12 月, 他就双纽线的分划问题和复数写信给克雷尔和日尔冈纳. 下一年, 这些初步的东西成长为他的《关于椭圆函数的研究》(*Recherches sur les fonctions elliptiques*) (以下简称为 *Recherches*), 此文并没有按原来的打算发表在日尔冈纳的《年刊》上, 而是发表在 *Crelle* 杂志上, 第一部分 (1827 年 9 月 20 日) 见第二卷, 第二部分 (1828 年 5 月 26 日) 见第三卷. 因为高斯在自己的结果上踌躇不前, 这篇伟大著作就在广大数学界同仁面前标志着椭圆函数理论 —— 与勒让德的椭圆积分相对立 —— 的起始.

阿贝尔把第一类椭圆积分写成以下形式:

$$\alpha = \int \frac{dx}{\sqrt{(1 - c^2 x^2)(1 + e^2 x^2)}}$$

以展现其双周期性. 他的思想是把这个积分反演而考虑函数 $x = \phi(\alpha)$. 由双周期性, 阿贝尔得到了椭圆函数的乘法和除法 (即等分方程的代数解); 最后, 通过求极限, 他又能够把 $\phi(\alpha)$ 表示为两个双无穷乘积之商.

阿贝尔在这项研究中遵循的路径与高斯选取的方向恰好相同, 说实在的, 两人的工作甚至记号都部分地重合. 所以, 阿贝尔回避着不去看望高斯, 就更加令人遗憾了. 高斯本来一定会以最热烈的同情心, 来对待这一与他自己的工作如此相像的努力的. 看来, 勒让德和其他人夸大地警告了阿贝尔, 说高斯难以接近, 所以阿贝尔在 1827 年从巴黎回到柏林的旅程里, 绕过了哥廷根的高斯, 这只能用阿贝尔的羞怯来解释.

尽管在科学上有了巨大的成功, 阿贝尔甚至在回到柏林后也未能摆脱沮丧的心情. 他第一次得了重病. 但是最坏的时刻是在他于 1827 年 5 月回到克里斯蒂安尼亚时来到的. 他多次谋求一个职位不成而失望, 所以只能作为 "学生阿贝尔" 来打发时光, 穷得像一个教堂里的老鼠 (这是阿贝尔自己的话). 1828 年有一小段时间, 他成为大学的代课讲师, 算是职位上小小的短暂的改进. 但是他很快就病染沉疴再也不能抵抗. 他于 1829

年 4 月 6 日去世, 比被聘到柏林大学这个好消息的到达早了几天!

考虑到这些令人沮丧的悲剧式的环境, 我们只能更加敬佩这个人的人格与天才. 因为尽管有这一切, 他在这几年里仍然完成了他的 *Recherches* 和一些相关的问题, 嬉戏似地克服了最一般问题的最大的困难.

阿贝尔临终时的几乎超人的、可能加速了他的终结的努力, 至少部分地要归结为一个新的来自外界的推动: 这就是雅可比的出现. 在我们面前又一次出现了我们在非欧几何情况下曾看到的景象: 一个新思想多年沉睡在高斯的文件里, 却突然间几乎同时出现在两个年轻而有才气的心灵里, 然后他们又激烈地争夺创造的荣誉.

雅可比遵循勒让德的工作, 但是走得远得多. 他恰好在 1827 年 9 月在舒马赫的《天文学通讯》(*Astronomische Nachrichten*) 发表了一篇文章, 其中提出了一个一般定理, 指出对于各种变换次数的椭圆积分, 都有有理变换存在. 到 11 月, 他又发表了其证明, 其中也用到了双周期性以及反演的思想.

下一年, 即 1828 年, 我们看到阿贝尔和雅可比为了建立椭圆函数的理论, 进行了令人精疲力尽的角力. 所攻的问题虽完全相同, 两位对手的基本相异的性格却尖锐地显现出来. 阿贝尔以更大的才气掌握了最一般的问题. 他的最有效力的本事在于数学思想方面——这是一种完全抽象、绝无几何直觉的思想. 雅可比则不同, 每一步都如神来之笔, 来自他的才智的指导, 每一个结果都被他以才华横溢的计算绝技, 安放在坚固的结构上. 雅可比不知疲倦地追随着自己的智慧所指示的道路, 克服了一切困难, 到达了目的地; 阿贝尔的心灵却有一种把他提升到高空的力量, 使他能看到更一般的目的地, 毫不费力地飞翔, 鸟瞰着一切.

不幸的是, 我不能更详细地讨论这场角力的细节, 尽管所有数学家对它都有着最大的兴趣. 我宁可向大家推荐西罗在 1902 年阿贝尔百年诞辰《纪念文集》中的文章, 以及雅可比百年诞辰《纪念文集》中 L. Königsberger 所写的文章[13]. 我们在此只能满足于指出其某些要点.

在阿贝尔一方, 我们首先看见了他在《天文学通讯》(*Astronomische Nachrichten*) 上于 1828 年 5 月发表的论文, 其中包含了关于变换理论的最一般的形式 (见《阿贝尔全集》I, No 28). 阿贝尔在这里也涉及复数乘法, 但只是提了一下. 这篇文章引起了雅可比最大的仰慕. 他写信给勒让德说对于此文他既 "找不到赞颂之词" (*au-dessus de ses éloges*); 对它做出评价, 也 "超出了他的能力" (*au-dessus de ses forces*). 接踵而来又看到了阿贝尔的内容广泛的系列文章 "椭圆函数理论概要" (*Précis d'une théorie des fonctions elliptiques*), 其中只有第一篇概要部分发表了 (*Crelle* 杂志, 4, 1829).

---

[13] 这两篇文章一篇是 *N. H. Abel: Mémorial publié à l'occasion du centenaire de sa naissance* (Christiania, 1902), 另一篇是 Königsberger, *C. G. J. Jacobi, Festschrift zur Feier der hundertsten Wiederkehr seines Geburtstages* (Leipzig, 1904). 又见 Königsberger, *Zur Geschichte der elliptischen Transcendenten in den Jahren 1826 — 1829* (Leipzig, 1879).

雅可比则用一系列高度有趣的文章 (尽管未给出证明) "关于椭圆函数理论的注记" (*Notices sur la théorie des fonctions elliptiques*) 填满了 *Crelle* 杂志的第三卷和第四卷, 然后在 1829 年又出版了《椭圆函数理论的新基础》一书 (*Fundamenta Nova Theoriae Functionum Ellipticarum*, Königsberg, 1829, 即柏林科学院从 1881 年开始出版的 7 卷本《雅可比全集》的第一卷).

把这两位大师的工作加以比较, 同时还把这些工作与他们的竞争者高斯 (虽然他们二位都不知道他们其实是在与高斯竞争) 关于这方面的结果加以比较, 就可以看出, 雅可比的突出的成就, 至少是他的后期工作的突出成就, 在于独立的超越函数 ϑ 函数理论和他对于其中的关系式的计算 —— 这些东西高斯当然都知道. 阿贝尔则在处理任意代数函数的积分上 —— 阿贝尔定理给了他开启的钥匙 —— 超过了他的两位同行. 但是有一点上高斯始终是胜利者: 只有他才有模函数理论.

阿贝尔去世, 这个在数学史上几无其匹的发展也就中断了. 雅可比, 作为仅存者, 还在孤独地继续工作, 然而不时忆及他的可敬的同行阿贝尔. 雅可比一般不大倾向于承认他人, 但是为了表示承认阿贝尔的功绩, 创造了诸如 "阿贝尔超越函数" 或 "阿贝尔定理" 这样的名词.

我本来必须就此结束关于阿贝尔的成就的思考了. 不幸的是, 我在前面就已经不得不跳过更深入地讨论他对于代数方程求解的工作, 虽然他留下了那么多直接引向伽罗瓦的工作.

在离开这位数学史上罕见的理想的研究者之前, 我禁不住想提到一位来自另一个领域的人物. 尽管两个领域完全不同, 两人却似有相通之处. 虽然阿贝尔和许多数学家一样, 毫无音乐才能, 但是把他这类人, 就其作品和人格与莫扎特比较一下, 应当不算是我太过唐突. 可以为这位天赋异禀的数学家树立一座纪念碑, 类似于莫扎特在维也纳的那种式样的纪念碑: 他单纯地、毫不张扬地站在那里倾听, 优美的天使们在四周飞翔, 欢乐地带给他来自另一个世界的灵感.

但是与此相反, 我必须提一下在克里斯蒂安尼亚为阿贝尔建的非常另类的纪念碑, 那座纪念碑必定会使任何一个对阿贝尔的天性多少有些了解的人感到十分不满: 在高高耸立的陡峭的花岗岩基座上, 站着一位拜伦式的运动员, 高高踩在两个灰色的牺牲物身上. 如果你要这么想, 你当然可以说这位英雄是人类精神的符号, 但是想一下那两个怪物有何深意, 就不得其解了. 它们是被征服了的五次方程和椭圆函数吗? 还是他的每日生活里的痛苦和担忧呢? 基座上用大大的字母镌刻着阿贝尔的名字: **ABEL**.

我们现在转到一个完全不同的人物, 他就是阿贝尔的伟大对手: 雅可比. 比之阿贝尔, 他没有那么深刻和那么具有独创性, 但是更加涵盖广博; 他不仅追求纯粹的科学知识, 也有叙述和传递知识使之有效传播下去的热望. 他有一种影响他人的欲望, 这种欲望以两种方式表现出来: 首先表现在一种出色的教学才能上; 其次, 他总是尽一切可能把自己的个性加之于人. 他的思想尖锐敏捷, 特别表现在他的著名的使人畏惧的挖苦人的才能上. 这是他在不断的争斗中的有效武器, 而这些争斗又多是由他咄咄逼人的性格引起的. 而且他使用这些武器时又不太考虑场合.

阿贝尔和雅可比不仅内在天性有尖锐的差别, 他们的外在环境也是大不相同.

雅可比于 1804 年 12 月 10 日出生在波茨坦的一个银行家家里. 他在舒适的环境中长大, 有一个富裕而且智力活跃的家庭, 得到那个时代所能提供的最有利的教育条件. 经过一段才华横溢的学校生活以后, 他进了柏林大学. 他在那里很少听数学课, 而宁愿自己学数学, 特别是全神贯注地读欧拉的著作. 但是, 他也在很广泛的科目中, 给予自己综合的基本的教育. 特别是, 他继续了早年就有的对于古典语言的兴趣, 有一段时间还是博赫 (Phillip August Böckh, 1785 — 1867, 德国古典文献学家) 领导下很兴旺的古典文献讨论班的热心成员. 他在那里受到的影响对于他有持久的重要性. 特别是, 那个圈子里很盛行的, 以纯粹科学的高级文化, 以及为此而发展的教育体系为理想, 对于他的教学活动是决定性的.

1825 年秋, 他获得博士学位以及在大学讲课的资格. 1826 年的复活节学期, 他来到哥尼斯堡大学, 和狄利克雷在柏林大学一样, 依次担任 *Dozent*、额外教授 (1827) 和正教授 (1831), 在长达 17 年的时间里, 获得了杰出的成就. 有一件小事倒是表现了雅可比的个性和行为: 他在进入哥尼斯堡大学的教授会时, 遇到了一些麻烦, "因为他对其中每一个人都说过不中听的话." 但是, 最后由于他的科学成就无可争辩的重要性, 他还是成功了. 他的非同寻常的涵盖方方面面以及耗费精力的活动, 使他在 1843 年终于病倒. 他不得不去意大利恢复健康一年半, 然后接受柏林大学一项纯粹只搞学术活动而没有教学任务的职务. 尽管他在这个职位上一般说来生活平静 —— 虽然也遇到很大的麻烦 (在 19 世纪 40 年代末失去了所有财产) —— 他却再也没有回到以往成就的水平. 还有, 政治环境把这个原来忠于君主制的学者, 变成了一个革命派 (至少皇室是这样想), 这就使雅可比多病的晚年更加黯淡. 他于 1851 年 2 月 18 日死于天花.

从狄利克雷夫人、目光锐利的丽贝卡·狄利克雷在雅可比去世时的一封信里, 对雅可比的性格, 以及比他沉静的同时代的狄利克雷的性格, 可以有一点概观. 她在信里写道: "他和狄利克雷的关系是这么好, 既可以坐在一起好几个小时, 按我的说法是 '保持数学上沉默', 也可以完全互不相让, 而时常是狄利克雷告诉他最辛辣的真理, 雅可比理解得那么好, 雅可比的伟大精神知道如何屈服于狄利克雷的伟大性格 ……".

雅可比是那么涵盖广博, 数学中几乎没有一个领域是他没有接触过的. 他不仅极大地推进了椭圆函数理论 (这似乎是他最具独创性的工作), 他还致力于应用数学. 在这一方面, 也和他的纯粹数学的工作一样, 他时常追随高斯. 在哥尼斯堡时期, 他受到与贝塞尔关于天文学的通信的影响. 他大量以哈密顿 (Sir William Rowan Hamilton, 1805 — 1865, 爱尔兰数学家) 的工作为基础的研究也属于这个时期. 这些研究是力学, 一阶偏微分方程和变分法, 他在这些领域的研究也包含数值计算方面的应用. 后面我们会详细讨论雅可比的这些成就. 但是我们现在要看一看他在纯粹数学里的创造, 特别是他的超越函数理论, 这是今后几十年里高等数学发展的中心.

在他的《椭圆函数理论的新基础》一书于 1829 年出版以后, 雅可比最重要的进展在于把椭圆函数的处理放在 ϑ 级数及其各个恒等式的基础上. 他在 1837—1838 年的伟大的十小时讲演录 (后经博卡特 (Carl Wilhelm Borchardt, 1817—1880, 德国数学家, 雅可比的学生) 编入《雅可比全集》1: 497 页以下) 中就是遵循的这条道路. 自雅可比以后, ϑ 这个记号就成了标准的记号 ("雅可比函数" 一词在德国则一般不太采用), 它总是表示

$$\sum_{\nu=-\infty}^{\infty} e^{a\nu^2+2b\nu}$$

这种类型的级数, 其中

$$a = \pi i \omega_1 / \omega_2, \quad b = \pi i u / \omega_2.$$

雅可比从椭圆函数的这种表示法开始, 转而研究所谓 "阿贝尔函数". 但是他在寻找这种新超越函数时, 一开始就误入歧途. 以椭圆积分为模型, 似乎很自然地应该把反演的思想用于超椭圆积分. 在最低的 $p = 2$ 的情况下, 若把 "处处有限" 的积分

$$\int^x \frac{dx}{\sqrt{f_6(x)}} = u_1 \quad \text{和} \quad \int^x \frac{xdx}{\sqrt{f_6(x)}} = u_2$$

进行反演, 就会得到四周期函数 $x(u_1)$ 和 $x(u_2)$, 但是它们的行为令人迷惑难解. 雅可比证明了, 只要对这四个周期加一个无穷小增量, 就能使 $x(u_1)$ 和 $x(u_2)$ 在每一点取任意值. 由此他得出了这些函数是 "不合理" 的函数的结论, 所以不可能沿这个方向推进这个理论.

这个情况是黎曼首先澄清的, 为此需要雅可比并不知晓的多叶曲面的概念. 函数 $x(u_1)$ 和 $x(u_2)$ 处处都是 "合理" 的解析函数, 不过都是无穷值的. 它们的黎曼曲面可以通过把两个沿单个切口相连接的平行四边形 (见图 4) 向平面映射无穷多次而得. 对每一个 u 值, 都有无穷多个 x, 而且可能任意地逼近任意给定的数. 但是, 这些属于同一个 u 值的几乎相同的 x 却位于不同叶上.

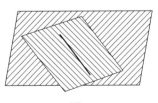

图 4

虽然雅可比远未看到这一点, 他却找到了一个大胆而且真正漂亮的办法来解困. 他受到阿贝尔定理的启发, 作两个处处有限的积分之和:

$$\int^{x_1} \frac{dx}{\sqrt{f_6(x)}} + \int^{x_2} \frac{dx}{\sqrt{f_6(x)}} = u_1;$$

$$\int^{x_1} \frac{xdx}{\sqrt{f_6(x)}} + \int^{x_2} \frac{xdx}{\sqrt{f_6(x)}} = u_2.$$

然后断定了积分上限的对称函数 $x_1 + x_2$ 和 $x_1 \cdot x_2$ 都是两个变量 u_1, u_2 的当时意义下的 (也就是单值的!) 四周期函数. 它们就被称为这个最简单情况的 "阿贝尔函数".

处理这个问题的惊人的、后来导致很有趣结果的新方法, 发表于 *Crelle* 杂志 (Bd. 13, 1834—1835), 标题为 "基于阿贝尔超越函数理论的四周期两变量函数" (*De functionibus duarum variabilium quadrupliciter periodicis quibus theoria transcendentium Abelianarum innititur*), 也已经见于 *Crelle* 杂志 (Bd. 9, 1832) 的文章 "阿贝尔超越函数概述" (*Considerationes generales de transcendentibus Abelianis*). 这个创造性的神来之笔真是越看越神, 因为雅可比甚至对于复域中的单变量函数的性态也还只有不充分的认识, 而且这个大胆的直觉的进展还不是终结: 雅可比进一步猜测, 这些新的函数可以用重 ϑ 级数

$$\vartheta = \sum_{\nu_1=-\infty}^{\infty} \sum_{\nu_2=-\infty}^{\infty} e^{a_{11}\nu_1^2 + 2a_{12}\nu_1\nu_2 + a_{22}\nu_2^2 + 2\nu_1 v_1 + 2\nu_2 v_2}$$

来表示, 这里 a_{11}, a_{12}, a_{22} 是周期的组合, 而 v_1, v_2 是 u_1, u_2 的线性组合. 后来, 巴黎科学院把证明这个猜想作为一个悬赏问题提出. 1846 年罗森爱因 (Johann Georg Rosenhain, 1816—1887, 德国数学家, 雅可比的学生) 解决了这个问题, 获奖的论文发表在 1851 年的《学者向巴黎科学院提交的论文集》第 11 卷中. 此文本质上以算法的方式, 借由 ϑ 函数的计算解决了问题. 而在 1847 年格佩尔 (Adolph Göpel, 1812—1847, 他虽然在柏林大学提交的博士论文是关于数学的, 但后来则是中学教师, 与数学界殊少来往) 提交给 *Crelle* 杂志 (Bd. 35) 的论文里则给出了一个更有思想、也更加流畅的表述.

在对一个科学问题所进行的如此猛烈而有力的进攻中, 许多细节尚不完备也就不足为奇了. 在阿贝尔和雅可比的理论中, 一个本质的疏漏就是, 他们都没有看到, 甚至在椭圆积分这个简单情况下, 也有必要证明由反演所得的函数是单值函数, 当然也就说不上去证明它了. 我们已经看到, 正是这一点使得雅可比在超椭圆积分情况下陷入困境.

两种对 [椭圆函数] 理论的不同叙述方式也都缺少模函数这个很大的领域. 没有对于模函数的性态的精确洞察, 没有模图形的知识 (我们已经看到高斯是具有的), 就

不可能有完备的椭圆函数理论. 在雅可比所取的途径中, 特别难的是去证明: 可以从 $a = i(\omega_1/\omega_2)$ 的可容许值达到 $\kappa^2 = \lambda(\omega_1/\omega_2)$ 的任意值.

如果我们进到雅可比关于偏微分方程的工作, 就会发现, 有更多的地方应该批评. 特别是雅可比完全忽略了柯西的存在性证明, 而主要是去处理 "一般情况", 等等. 雅可比急不可待地想要向前推进, 而缺少那种使自己的工作和谐地完善起来所必需的宁静心情. 据说他曾经宣布: "先生们, 我们没有时间搞得像高斯那样严格."

对于有着这样一种主动而又强烈的精神的人, 宁静的研究是不够的, 所以我们关于他的描述就必须也要把他的广泛的活动的各个领域, 以及它们的效果都包括进来. 这一点首先可以从他在哥尼斯堡的教学活动里看到. 雅可比对他的学生的影响是巨大的. 甚至最有抗拒心的学生最后也被纳入了他的思维模式, 他把他们带到数学雄心的顶峰, 他唤醒了学生们对他所提出的问题的炙热兴趣. 他不仅如高斯和狄利克雷那样, 刺激和提高了学生们的能力, 而且还强迫他们遵循自己的思路. 因此, 他是建立广泛而且持久的学派的最佳人选. 事实上, 所谓的 "哥尼斯堡学派", 是由雅可比和代表数学物理的弗朗茨·诺依曼 (Franz Ernst Neumann, 1798 — 1895, 德国数学家)[14] 共同创立的, 是德国的第一个具有持久重要性的学派. (我们不提受兴登堡 (Carl Friedrich Hindenburg, 1741 — 1808, 德国数学家) 的影响而于 1790 年左右在莱比锡出现的只有短暂的重要性的 "组合学学派", 因为它更多地只是早前的某个科学趋向 —— 如拉格朗日等人 —— 的支流, 而不是一项新的科学发展的起点.[15]) 这种教育措施的新奇性, 与 18 世纪的传统截然相反, 这一点可以从下面的事实看出来: 贝塞尔拒绝参加它的从 1834 年开始举办的数学物理讨论班 (在普鲁士这是第一个这种讨论班).

雅可比的学派在大师离世后还繁荣了 30 年以上, 这特别要归功于他的得意门生里歇洛 (Friedrich Julius Richelot, 1808 — 1875, 德国数学家) 的努力, 他通过热诚的教学工作坚持了学派创立者的传统. 然而, 雅可比学派的面貌在里歇洛的手上完全变了样. 里歇洛认为他必须执行的一大堆思想都是永远不能动的 —— 这一点与雅可比大不相同, 雅可比总是想变一点新花样. 因为里歇洛什么新的思想都不愿增加, 这个学派就不可避免地会落后于时代的发展. 一些形式的东西就变得越来越重要, 例如片面强调椭圆函数的研究等. 但是我却想, 这个系统的慢慢僵化说不定倒是这个学派有效性的前提. 因为只有少数人能够跟得上如雅可比那样变化着的思想而不至于站不住脚跟; 多数人是接受不了这个挑战的.

---

[14] 有好几位诺依曼. 这一位原来是晶体学、矿物学出身, 后来在哥尼斯堡大学与雅可比共同主持了一个著名的数学物理讨论班, 影响巨大, 人才辈出, 最著名的当推大物理学家基尔霍夫. 详见本书第 5 章. 他的儿子卡尔·诺依曼 (Carl Gottfried Neumann, 1832 — 1925) 也是大数学家, 主要贡献在狄利克雷原理、位势论的边值问题等. 我们常说的诺伊曼问题就是由儿子卡尔·诺依曼提出的. —— 中译本注

[15] 见 H. Hankel 的《近几世纪数学的发展》(*Die Entwicklung der Mathematik in den letzten Jahrhunderten*, Antrittsrede, Tübingen, 1869, 24 页以下).

雅可比的影响远远超越了哥尼斯堡的范围. 所有的德国大学都感觉到了这个影响, 有时是间接的, 更常见的则是哥尼斯堡的毕业生受聘于这些大学. 基尔霍夫和海赛 (Ludwig Otto Hesse, 1811—1874, 德国数学家) 到了海德堡 (Heidelberg), 克莱布什到了卡尔斯鲁厄 (Karlsruhe)、吉森 (Giessen) 和哥廷根, 等等. 科学的分支专门化的精神渗透到了所有的德国数学团体, 逐步取代了此前占优势的百科全书式的趋向. 这个发展特别影响到在大学里准备将来担任教职的候选人. 在大学这个领域中, 具有高水平的学术素养以及满足相应的专业化要求的候选人也倾向于具有优势地位. 这些潮流在 1866 年颁布的普鲁士考试法令中达到了高峰, 它要求教学职务的这些候选人足够地深入到高等几何、分析和分析力学的领域里, 并能在这些领域中进行独创性的研究工作.

雅可比的影响甚至在德国国界之外也非常地引人注目. 法国在 19 世纪 40 年代的有抱负的数学家, 如埃尔米特 (Charles Hermite, 1822—1901, 法国数学家) 和刘维尔, 都承认自己是雅可比的门徒. 在英国, 凯莱 (Arthur Cayley, 1821—1895, 英国数学家) 则完全处在雅可比的影响之下, 甚至在今天, 各国的天文学家都是在雅可比打下的基础上面继续建造, 正如蒂塞朗 (François-Félix Tisserand, 1845—1896, 法国天文学家) 在他的《天体力学论》(*Traité de mécanique céleste*, Paris, 1889—1896) 一书中所证实的那样.

如果我们现在要问, 整个这个发展的精神是什么? 那么, 可以这样简单回答: 这是新人文主义渗入到科学之中的表现. 新人文主义认为科学的目的就在于, 严格地培育纯粹科学, 通过向着某一方面施加一切力量, 以期使某种专业化的高雅文化呈现前所未有的繁荣. 雅可比本人就多次承认这种观念, 例如他在 1831 年就任哥尼斯堡的正教授时的就职演说中就有他的著名命题: "数学就是本身就清晰的科学" (*Mathesis est scientia earum quae per se clara sunt*)[16] (引文见于 Dyck 的文章, *Mathematische Annalen*, 56: 252 页以下, 又见 Königsberger 的雅可比传记, 131 页以下). 后来在他给勒让德的一封信 (1830 年 7 月 2 日, 见《雅可比全集》I: 454 页以下, 或见 *Crelle* 杂志 80: 272 页以下) 里, 他把这个思想发挥得比这一段拉丁插语更干脆、更肯定, 用雅可比自己的话说, 就是来了一番如下的 "爆发":

"确实, 傅里叶先生有一种意见, 就是认为数学的主要目的是对于公众有用, 以及解释自然现象, 但是像他这样的哲学家应该已经知道, 科学的唯一目的是为了人类心智的光荣, 而在这一方面, 一个关于数的问题, 和一个关于世界体系的问题, 同样地有价值."

在结束关于雅可比的讨论前, 我愿再提一件事情, 它无论是从这个人的特性的观点来看, 还是从我们的科学的观点来看, 都不能说是不重要的. 1812 年, 普鲁士的犹太人得到了解放[17]. 雅可比是第一个在德国占有领导位置的犹太数学家. 他在这里又一次

---

[16] 克莱因原文有误. 原文写雅可比 1831 年就职, 但实际就职时间是 1832 年 7 月. 另外雅可比演说主题的拉丁语原文第四个单词为 eorum 而非 earum. ——校者注

[17] 1812 年普鲁士政府宣布中止对犹太人的歧视, 并授予公民权. ——中译本注

站在对于我们的科学有重大意义的发展的前列. 这项措施为我们的国家打开了一个巨大的数学人才储存库, 再加上法国移民的贡献, 很快就证明了, 这对于我们的科学是富有成果的. 在我看来, 这样一种输血强有力地激活了我们的科学. 除了这条法律, 还有我已经说到过的生产力由一个国家到另一个国家的转移, 我愿把这个现象称为民族 "渗透" 的效果.

Crelle 杂志里的几何学家们

在几何领域, 德国现代数学的发展也是始于法国的影响. 这个发展不在微分几何方面——但高斯的 1827 年的《曲面论》除外——而在代数几何方面, 特别是在线性簇和二次代数簇方面.

在详细讨论这一发展之前, 我要先提出对我们有决定的重要性的两个矛盾.

首先, 几何学中有两个相互对立的概念. 这一点我们在讨论巴黎高工时就已经遇到了: 即解析几何与综合几何的对立. 在后来的时期, 这个矛盾被提高到了最高原则的地步: 两个方面的支持者都认为, 仅只追随这两种途径之一, 是关乎自己的荣誉的大事. 其实, 越是片面地只采取两种方法之一, 就越觉得这两种方法各有意义重大的优点和缺点. 解析几何学这一边有着方便的算法, 使得可能做出最广泛的推广, 但也会对几何学的真正对象——图形和作图——视而不见. 综合几何学则有时仅只注意到最直觉的情形, 或者只注意到有限多个可能性. 为了避免这种情况, 就要提出一些事后特设 (*ad hoc*) 的算法, 但即使这样情况也没什么好转. 这些算法如果不直接用解析几何的语言表述的话, 就还是笨重到不堪使用. 综合几何受人欢迎之处在于, 借助它可以明确地了解到所有几何的生命源泉, 那就是对形的爱好.

健康的发展会两种方法都用, 而享受它们的相互作用带来的成果.

第二种矛盾就不具有那么多的客观性了; 但是鉴于它在后来的意义, 所以也不应忽略. 虽然这个矛盾在艺术中起着更积极的作用, 连我们这门 "最客观" 的科学, 在普及度和组织化程度提高的时候也无法避免它. 我这里是指科学中各种意见不同的学派或派别, 是指整个广大领域中的科学争论, 它们又时常沦为仅仅是互相进行主观的攻讦, 而且又传到下一代.

在我们的情况, 重要的矛盾发生在综合几何学家斯坦纳 (他得到雅可比及其学派的支持) 和普吕克之间, 而默比乌斯性情比较平和, 就比较远离这场战斗. 这场战斗又因首都和外省的冲突而更加尖锐化了. 甚至在今天, 还可以找到这场老战斗的痕迹, 例如直到最近还有些小圈子, 赞颂斯坦纳是 19 世纪前半叶最伟大的几何学家.

有一个对抗这种门户之见的好办法, 而个人, 特别是年轻人, 是很难逃脱这种门户之见的束缚的. 这个方法是莱比锡的生理学家路德维希 (Carl Friedrich Wilhelm

Ludwig, 1816—1895) 向我推荐的: 离开家向外走 600 千米, 再从那里来看看情况. 你肯定会吃惊, 许多原来觉得是理所当然的观点干脆就消失了.

毫无疑问, 后来几何学的发展, 在把个人的功绩都放在适当的位置上以后, 作了实在的判决: 战果是: 解析几何学在各个方面都占了上风. 我只需提一下代数曲线理论与高等函数论, 以及与集合论的关系, 还有微分几何的发展——在所有这些领域中, 综合方法都没有跟上来. 对于其他的事情, 我只需提一下雅可比 1831 年进入哥尼斯堡大学教授会时讲过的一句话: "几何和分析方法的原理是一样的." (*Principium methodi geometricae et analyticae idem est.*)

我将按照三位大几何学家第一项重要工作出现的时间顺序来讨论他们, 即默比乌斯、普吕克和斯坦纳.

默比乌斯, 像高斯和这个时代的许多杰出数学家一样, 原是天文学家. 天文学家的位置给了研究者一个稳固的谋生之道, 这是他进行数学创造的前提. 在这里也可以提一下哈密顿. 默比乌斯平静的一生的大部分时间都是莱比锡的普莱森堡 (Pleissenburg) 天文台的台长. 在这里他的思想平和地成熟起来, 这样他就能完全清晰地把它们表述出来, 他唯一需要关心的是, 在不同的研究中, 使他的几何学天分赋予他的思想成形.

他于 1790 年 11 月 17 日出生在舒普夫塔 (Schulpforta) 一个贵族学校 (*Fürstenschule*) 教员的家庭里. 看一看这位朴素而平静的人, 你很难想象, 他的父亲竟然是这个学校的舞蹈教师. 为了对两代人之间的差异之大, 甚至完全不同, 给出一个完全的图景, 我还要再提一下, 这位数学家的儿子又是一位著名的神经学家[18], 而且写过一本颇多争议的书:《论妇女的生理上的意志薄弱性》(*Vom physiologischen Schwachsinn des Weibes*).

从 1813 年到 1814 年, 默比乌斯随高斯学习. 但是高斯如同对其他学生一样, 基本上只教他天文观测和计算. 高斯这样做, 虽然给他保证了一个岗位, 却忽视了他的真正才能, 而这种才能只是在研读法国几何学家的著作时才发展起来的. 1816 年后, 默比乌斯来到普莱森堡天文台, 先是当观测员, 然后当了台长, 后来也是莱比锡大学的数学教授. 他在这些职位上一直工作到 1868 年去世.

他的文集由萨克森皇家学会 (*Königl. Sächsischen Gesellschaft der Wissenschaft*) 在 1885—1887 年间编为 4 卷出版. 第 4 卷末尾有一篇文章讨论他的未发表的工作, 看了这篇文章, 对默比乌斯科学思想的 "创世纪" 就会很清楚了. 在 Bruhns 写的《普莱森堡的天文学家》(*Die Astronomen der Pleissenburg*) 一书里可以找到更加有个性的讨论.

默比乌斯最基本的工作, 无论就时间而言还是就内容而言, 都应该说是 1827 年出

[18] 克莱因所指的必然是 Paul Julius Möbius (1853—1907), 他是著名的神经学家, 数学家默比乌斯的孙子. ——校者注

版的《重心计算》(*Der barycentrische Calcul*) 一书, 它是以极富启发性的方式表述出来的新思想的真正宝藏.

书名来自它的基本思想: 把重心概念用于几何学. 我们限于平面情况. 为了确定一点 P 的坐标, 取一个三角形, 在其三个顶点上放置重量 P_1, P_2, P_3. 且 P 点是该三角形的重心, 那么 P_1, P_2, P_3 就是 P 点的坐标. 这是齐次坐标的第一个例子, 即真正起决定作用的仅是这些坐标的比值 (就是说, 放置重量 $\lambda P_1, \lambda P_2, \lambda P_3$ 也给出同样的重心). 然而这还不是普吕克引入的最一般的齐次坐标. 要想得到后者, 还需要一点小小的推广, 即对每一个坐标都添上相应的任意因子 $\lambda_1, \lambda_2, \lambda_3$, 它们可以认为是在三个顶点上要用不同的尺度来称重量. 于是, 默比乌斯通过重心坐标对于庞赛莱的无穷远直线给出了具体的表示: $P_1 + P_2 + P_3 = 0$, 从而使得无穷远直线的概念具有了完全的现实性: 无穷远直线现在成了 $\lambda_1 P_1 + \lambda_2 P_2 + \lambda_3 P_3 = 0$; 这就可以通过求极限把平行坐标系看成一般的三角坐标系的特例, 但是这一点想法已经离默比乌斯相当远了.

现在的新坐标系比原来的坐标系要灵活得多, 因为它含有六个可以任意处理的常数 (普吕克的坐标系则有八个). 但是它的价值首先在于, 它引导默比乌斯达到一系列的新思想:

1. 默比乌斯是第一个严肃地在几何学中应用符号原理的人, 不但用于测量线段的长, 而且通过区别 "旋转方向" (*Umlaufungssinn*) 即定向 (*orientation*), 用于曲面面积与体积.

2. 通过令空间中一点的坐标 P_1, P_2, P_3, P_4 为一参数的有理函数, 默比乌斯找到了一个表示曲线与曲面的新方法, 导致了簇的一种全新的分类方法. 默比乌斯就这样发现了三次空间曲线.

3. 默比乌斯对于两个空间中的点的一一对应有完全清晰的思想, 并利用这种一一对应对 "亲属关系" (*Verwandtschaften*) 作了最简单的系统分级: 即 "相等" (现在常称为 "合同")、"相似"、"仿射" (这个名词来自欧拉) 以及 "共线", 所谓共线, 默比乌斯是指最一般的变直线为直线的亲属关系[19].

4. 对于这种 "亲属关系", 默比乌斯还加上了一点新思想, 即要求给出在其下不变的表达式或簇. 他第一个给出了直线上四点的交比 (cross-ratio) 的理论: 只有在引入符号以后才能做到这一点.

5. 默比乌斯成功地建立起他所谓的共线关系而不需要任何度量的考虑, 方法是在对应的两个平面上各取一个四点组 (空间则是五点组), 共线关系则由点组各自连线的

---

[19] 虽然默比乌斯并不具有我们今天陈述的那种群的概念, "亲属关系" 却起了等价的作用. 通过这一点, 可以认为默比乌斯是 "埃尔朗根纲领" 的先行者.

对应关系确定. 后来施陶特 (Karl Georg Christian von Staudt, 1798—1867, 德国数学家) 就把综合几何学的陈述放在所谓 "默比乌斯网" 的基础上.

这些例子可能就足以指出默比乌斯这本书的意义了. 虽然其思想如此丰富, 但它产生应有的效果却非常缓慢, 这部分地是因为其中许多新的专门造出来的名词使得人们一时难以深入, 部分地则是因为默比乌斯生性谦逊, 不懂得怎样用足够的力量来表现自己[20]. 对于他的第二本重要著作《静力学教程》(*Lehrbuch der Statik*, 1837 年出版, 2 卷本, 即《默比乌斯全集》3: 1 页以下和 271 页以下) 情况也是一样.

后一本书包含了力的许多关系的几何发展, 这些关系来自力对于一个刚体或者一串刚体的联合作用. 它继续了潘索 (Louis Poinsot, 1777—1859, 法国数学家和力学家) 在 1804 年的著名教本《静力学原理》(*Éléments de statique*) 中所开创的工作, 潘索在那本书中与 "力" 并列地引入了 "力偶" 概念. 默比乌斯在自己的书《静力学教程》出版之前, 就写过一些单篇的论文 (见 *Crelle* 杂志, 10, 1833, 即《默比乌斯全集》1: 489 页以下), 引入了 "零系统" (null system, 即空间直线的一个集合, 而力偶对这些直线的矩为零) 的概念, 默比乌斯应用 "零点" 与 "零平面" 的对偶性, 找到了一些非常美丽的定理, 例如两个四面体可以彼此同时既互相内接又互相外接.

默比乌斯在各个领域中的工作都以特别美丽的发现区别于人, 他为萨克森皇家学会写的论文, 甚至在老年时写的, 也是如此. 他的全集篇幅达 4 卷之多. 在 68 岁高龄, 他还有一个重要发现: 他于 1861 年把这项发现送到巴黎科学院请奖, 但是被抛到文件堆里, 直到 4 年以后的 1865 年才自己发表. 这个发现是关于单侧曲面以及 "棱缘定律[21]" 对之不成立、又不能定义体积的多面体, 见他的论文: "论多面体体积的确定" (*Über die Bestimmung des Inhaltes eines Polyeders*) (《默比乌斯全集》2: 473 页以下). 当然, 现在人们都对 "默比乌斯带" 比较熟悉了, 把它涂上油漆要比从带子长度预计需要的油漆多一倍 (这是默比乌斯在自己的论文中说的话). 值得注意的是, 利斯廷 (Johann Benedict Listing, 1808—1882, 高斯的学生) 在默比乌斯发现 "默比乌斯带" 的同年, 即 1858 年, 也独立地发现了它, 而且发表在他的《关于空间图形的共识》(*Zensus räumlicher Komplexe*) 一书中——这是表明科学发展的必然性的又一个例子.

在默比乌斯身上, 我们看到了天才也可能是大器晚成的罕见的例子——他写《重心计算》一书时已经 37 岁了——他得上天护佑, 可以一直到老年时还成就不断. 如果

---

[20] 其实说白了就是: 不会炒作和作秀. ——中译本注

[21] 用现代的语言来说, 就是在确定了一个单形的定向后, 如何确定其边缘的定向的方法, 并由此决定一个曲面是否可定向. 请参看克莱因的《高观点下的初等数学》第 2 卷 (*Elementarmathematik vom höheren Standpunkt aus*, Bd II), 中译本, 第二卷, 19–22 页, 复旦大学出版社, 2008 年. 下面关于用油漆涂抹的解释, 也可在此书中找到. ——中译本注

我们要像奥斯特瓦尔德 (Friedrich Wilhelm Ostwald, 1853—1932, 1909 年诺贝尔化学奖得主) 那样, 把数学家分成两类: "浪漫派" 与 "古典派", 默比乌斯应该是第二类的典型.

我和普吕克在这样一个时期在一起, 那时, 我们有许多联系. 他是我尊敬的老师, 而从 1866 年到 1868 年, 我是他的物理助手, 而且我们来自德国的同一个地区[22].

普吕克比之默比乌斯更具世界性, 甚至在他与柏林的关系变得不那么友好以后, 他仍与法国和英国保持着密切的关系. 他的发展确实非同寻常. 35 岁那年, 他得到了波恩大学数学和物理学两个教授职位, 这个情况引导他逐步断绝了他的数学研究, 而完全致力于实验物理学的研究. 一直到生命即将结束时, 他才又回到几何学, 这个情况对我的发展 (就是承担编辑《普吕克全集》的任务), 已经证明是决定性的.

普吕克家族本是下莱因地区的工业家, 在宗教动荡时期从亚琛 (Aachen) 迁至艾贝尔菲尔德 (Elberfeld). 普吕克就是在 1801 年 8 月 16 日出生于此. 他上的是杜塞尔多夫的 *Gymnasium*, 在 1823—1824 年又到波恩和巴黎读书, 1825 年获得波恩的任教资格; 1828 年在那里成了额外教授. 1832—1834 年, 他是柏林大学的额外教授, 同时也在弗里德里希 – 威廉 (Friedrich-Wilhelm) *Gymnasium* 担任很多工作. 有一段时间曾经要他去拟议中的高工担任领导, 在当时这原来是计划成为一个培训教员的机构的. 普吕克与斯坦纳 – 雅可比的圈子的冲突变得尖锐, 大概就是在柏林时期开始的. 斯坦纳本人是 1835 年来到柏林大学作额外教授的; 这时, 普吕克已经在哈雷大学担任一年正教授了. 1836 年, 普吕克被召到波恩, 那里由于闵朔夫 (Münchow) 去世, 空下了三个教授职务: 数学、物理学和天文学. 阿格朗德尔 (Friedrich Wilhelm Argelander, 1799—1875, 德国天文学家) 得到了天文学教授职位, 普吕克则得到另外两个, 他在波恩直到 1868 年 5 月 22 日去世.

我愿从普吕克在物理学中的成就来开始讨论, 这是因为, 个人的原因把我们这些哥廷根的人与这个领域联系起来了. 普吕克在物理学里的论文就是由哥廷根科学会作

[22] 为了理解这一段, 现在需要简单介绍一下本书作者克莱因的生平. 克莱因 1849 年生于杜塞尔多夫. 这是莱茵河上的名城, 鲁尔地区的重要产业中心, 而普吕克生于艾贝尔菲尔德 (Elberfeld) 即如今的武帕塔尔 (Wuppertal), 和杜塞尔多夫同属北莱茵威斯特法伦州, 所以正文里说来自德国的同一地区. 普吕克研究几何学的方法是解析方法 (正文下面将详细解释), 他如同当时德国科学界的大多数人一样, 想到柏林大学任职. 但是柏林大学的几何学受到主张综合方法的斯坦纳 "把持" (这两个字来自不少文献中的说法, 如本书正文所说, 也算是 "过去老战争的痕迹" 吧, 并非译者也有此倾向. 下面有些文字放在引号里是为了表示译者并没有这样的倾向性) 而又有雅可比 "支持", 普吕克就不得其门而入了. 这就是正文里说的首都与外省的冲突. "于是, 普吕克愤而连几何也不搞了, 转而研究物理", 其实普吕克在物理学上有很大的成就, 甚至可以认为他在光谱学上是基尔霍夫和本生的先行者, 这在正文中有详细的介绍. 于是, 1866 年, 普吕克在波恩大学有了两个教授职务. 当时, 克莱因才大学毕业, 年仅 17 岁, 就成为普吕克的物理学助手. 后来 "斯坦纳去世了, 对手没有了", 他才又回到几何学里来, 而克莱因也就跟他学几何学. 这件事对克莱因一生影响极大. 1868 年, 普吕克去世, 克莱因也就不可能留在波恩了. 那时, 克莱布什非常看重克莱因, 推荐他到埃尔朗根大学任教, 他的就职演说就是著名的埃尔朗根纲领. —— 中译本注

为他的《论文集》(*Gesammelte Abhandlungen*) 的第二卷出版的, 里克 (Eduard Riecke, 1845 — 1915, 德国物理学家) 写了引言.

普吕克虽然一开始是数学家, 但他绝非数学物理学家. 吸引他的反倒是纯粹的实验物理研究; 他仿效法拉第的榜样, 更愿意深入到物理学中没有被人探讨过的领域. 1847 年, 他观察到晶体的磁性: 若把一片电气石 (tourmaline) 悬挂在两个电磁极之间, 它会按轴向或横向排列, 视悬挂方式而定.[23] 从 1857 年起, 他又观察到磁石对稀薄气体中放电的效应, 特别是阳极放电和阴极辉光. 由于这个观察, 他已经很近于发现阴极射线, 这个实验后来由他的学生希托夫 (Johann Wilhelm Hittorf, 1824 — 1914, 德国物理学家) 完成. 也是在 1857 年, 普吕克又把盖斯勒管拉成了毛细管, 这使他成为观察到放电光谱的第一人 (见普吕克《论文集》第 2 卷: 502 页).[24] 他认识到, 光谱的特性由气体的属性决定, 特别是观察到氢的前三条谱线. 他和希托夫一起在 1864 年得到许多精确的结果, 包括某些双重谱 (明线、暗线光谱和连续光谱) 的放电本性 (见普吕克《论文集》第 2 卷: 665 页以下). 他在这方面的所有论文都发表在伦敦的 *Philosophical Transactions* 上; 但是由于受到柏林的影响所阻碍, 在德国一直没有得到承认. 1858 年基尔霍夫和本生 (Robert Wilhelm Eberhard Bunsen, 1811 — 1899, 德国化学家) 在海德堡 (Heidelberg) 也开始作光谱分析, 最开始只观察到金属蒸汽发出的简单谱. 他们没有认识到, 从同一种气体可以得到不同类型的光谱, 视发光的条件而定. 顺便提一下, 我还记得, 后来希托夫在柏林演示他关于阴极射线的伟大发现时, 所遭到的来自柏林的物理学家如马格努斯 (Heinrich Gustav Magnus, 1802 — 1870, 德国物理学家)、波根多夫 (Johann Christian Poggendorf, 1796 — 1877, 德国物理学家) 等人的冷遇. 我们在这里受到的反对, 一直延续至今.

现在我们要回到主题, 即普吕克在几何方面的工作. 除了发表在普吕克《论文集》第 1 卷里的论文以外, 还有五本大节:

1.《解析几何的发展》(*Analytisch-geometrische Entwicklungen*), 2 卷, 1828 — 1831;

2.《解析几何的系统 (平面情况)》(*System der analytischen Geometrie (der Ebene)*), 1834;

3.《代数曲线理论》(*Theorie der algebraischen Kurven*), 1839;

[23] 在普吕克所编辑的 A. Beer 的《静电学、磁学和电动力学引论》(*Einleitung in die Elektrostatik, die Lehre vom Magnetismus und die Elektrodynamik*) (Brunswick, 1865) 一书中, 这些研究得到了确定的结论.

[24] 盖斯勒 (Johann Heinrich Wilhelm Geissler, 1814 — 1879) 是一个德国吹玻璃工人, 普吕克的助手. 1857 年他把一根玻璃管抽成真空, 用来研究稀薄气体中的放电现象, 这样发明了盖斯勒管. 同年, 普吕克在抽成毛细管的盖斯勒管里装了两个电极用来研究阴极放电现象. 后来英国物理学家克鲁克斯 (Sir William Crookes, 1832 — 1919) 研究阴极射线也用了这种装置. 所以盖斯勒管也称盖斯勒–克鲁克斯管. 盖斯勒由于这些重要贡献, 1868 年, 在波恩大学校庆时被授予博士学位. 所以不少介绍盖斯勒的文献称他为物理学家. —— 中译本注

4.《空间解析几何的系统》(*System der analytischen Geometrie des Raumes*), 1846;

5.《基于以直线作为空间的元素的新空间几何学》(*Neue Geometrie des Raumes, gegründet auf die Betrachtung der geraden Linie als Raumelement*), 1868—1869 (第二部分是我所编辑的遗著).

最后一本书来自普吕克的第二个几何时期, 我们在下面马上就要讨论. 但是, 我在这里先要举出一个有趣的巧合, 就是普吕克重新开始自己在几何方面的工作, 正是在斯坦纳去世的同一年, 即 1863 年. 当然, 二者是否有关, 就无从得知了.

普吕克在几何学中的目标, 而且是他确实达到了的, 是改造解析几何. 为了追求这一点, 他遵从了来自蒙日的传统方法: 作图和解析公式的完全融合. 他在第一本书的序言中说 (IX 页): "我愿承认这样一个观点, 分析是这样一门科学, 它仅为它自身而存在, 不管任何应用; 而几何, 只是来自那个伟大的崇高的整体的某些关系的图形解释, 力学也是这样, 不过其方式与几何不同." 这些话只是蒙日的思想的回声, 而我们在高斯那里也已在另一个形式下听到过.

在普吕克的几何中, 原来只是方程的单纯的组合, 被翻译成几何语言, 而又通过几何引回到解析运算. 其中尽可能地避免计算, 但在这样做的时候, 却培育了一种内在直觉的动力, 一种对已给的解析方程做出几何解释的动力, 把它们提高到绝技的境界, 并且广泛地应用.

我在下面给出帕斯卡 (Blaise Pascal, 1623—1662, 法国数学家) 定理的证明, 作为普吕克的思想方法的一个例子.

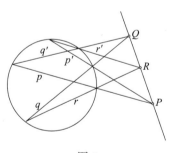

图 5

这个定理讨论的是两个直线三元组 p, q, r 和 p', q', r'. 它们共有 9 个交点, 设其中有 6 个位于一条圆锥截线上 (见图 5). 现在求证其他 3 个必位于一条直线上. 我们把 p, q, r, p', q', r' 看成线性表达式, 若令它们为零, 就会得到所述的 6 条直线的方程. 于是 $pqr - \mu p'q'r' = 0$ 是一个三次曲线束, 它们都通过所述的两个直线三元组的 9 个交点. 因为这 9 个交点中有 6 个位于已知的圆锥截线上, 而我们又有一个参数 μ 可以自由选用, 我们就可以适当选取一个 μ 值, 使得相应的三次曲线通过该圆锥截线的第 7

个点. 但是, 一般说来, 一条三次曲线 C_3 和一条二次曲线 C_2 只能有 6 个交点. 这样, 决定这两条曲线交点的六次方程就有了多于 6 个根, 而必恒等于零. 于是可以证明 C_3 可以分解为两个成分, 一个就是该圆锥截线, 而另一个是直线. 直线成分必定含有这两个直线三元组的另 3 个交点. 所以这 3 个交点位于一条直线上.

这个证明, 只需花上一点力气, 就可以变得如此明显而可以很简单地掌握, 说明了普吕克的几何还有两个很有价值的特性. 其一是 "简化记号", 使我们能够指定一个方程而不必把它写出来. 其二则是那个未定系数, 所谓 "普吕克 μ", 普吕克一有机会就会去用它. 这个 μ 其实已经零散地出现在日尔冈纳的《年刊》中了. (斯坦纳也知道它, 但只是因为雅可比也在用它, 所以斯坦纳称之为 "犹太系数[25]".) 但是, 是普吕克第一次把它变成一个基本工具, 它对于普吕克的几何的 "阅读方程的语言" 的艺术, 起了很大的作用.

我们现在从普吕克的这些一般的很具特色的方法, 进而作更详细的分析. 我们已经谈到过他所引入的最一般的齐次三角坐标及其好处. 在他 1834 年的《解析几何的系统 (平面情况)》一书中, 这种坐标是定义为一点 P 到一个三角形三边的距离, 各乘以任意常数. 在 *Crelle* 杂志 (Bd.5, 1830) 中, 他则直接用这些距离为坐标, 结果和默比乌斯的情况有同样的限制. 通过这个手段, 所有几何形体的方程都成了齐次的, 而这就使得普吕克可以应用欧拉关于齐次函数的定理, 以最多样的方式给出方程最优美的表示. 特别是切线和极线的理论得到了完全的改造. 若 $f = 0$ 定义一个含有 x, y, z 点的圆锥截线, 则方程

$$\frac{\partial f}{\partial x} \cdot x' + \frac{\partial f}{\partial y} \cdot y' + \frac{\partial f}{\partial z} \cdot z' = 0$$

或者表示曲线 $f = 0$ 在已给的点 x, y, z 处的切线, 或者表示 x', y', z' 点关于 $f = 0$ 的极线, 视以 x', y', z' 还是以 x, y, z 为变动的坐标而定. 同一个对象的解释可以改变, 这一点被发展到了极致, 并用于种种定理的优美的证明.

利用齐次坐标, 对于庞赛莱关于无穷远直线、虚圆点这些东西的大胆的概念, 普吕克就能够给出非常漂亮的解析实现. 例如通过令 $x = x_1/x_3, y = x_2/x_3$, 就能把圆 $(x - a)^2 + (y - b)^2 = r^2$ 化为

$$(x_1 - a x_3)^2 + (x_2 - b x_3)^2 = r^2 x_3^2.$$

所以, 无穷远直线 $x_3 = 0$ 就和上面的圆, 也就是任意圆, 交于簇 $x_1^2 + x_2^2 = 0$ 上, 即交于一对坐标分别为 $x_1 : x_2 : x_3 = 1 : (+i) : 0$ 和 $x_1 : x_2 : x_3 = 1 : (-i) : 0$ 的点上. 这些点就是所谓虚圆点.

下面的新观念重要性也不亚于齐次坐标的引入. 直线的方程 $u_1 x_1 + u_2 x_2 + u_3 x_3 = 0$ 关于系数 u 和坐标 x 是完全对称的. 普吕克把 u 看成变动的, 于是上面的方程就代表

---

[25] 前面说过, 雅可比是犹太人. —— 中译本注

通过定点 x 的直线族. 他把 u 称为 "线坐标", 上面的方程就是利用它们来代表通过此点的直线束, 也可以说是代表的这个点. 正如我可以把一个线性关系看成点坐标下的直线方程一样, 也可以把它看成线坐标下点的方程.

有了这种可以把任意 "空间元素" 选为几何学的出发点的思想, 就得到了庞赛莱-日尔冈纳的对偶性原理的完全的阐述. 因为这种点和直线 (在三维空间则是点和平面) 的统一的构形的方程, 对于这两种元素是完全对称的, 所以在任何一个简单地把这两种元素并列而得到的命题中, 我们都可以把点和直线这两个词对换, 而得到一个新命题.

这些就是普吕克在线性元素和二次元素的几何学这个高度发展了的领域中引入的本质上新的思想. 但是他还超过了这一点, 而着手研究新的对象. 如果说法国几何学家一般只把自己局限于线性和二次领域, 而庞赛莱一旦越出这个领域就遇到了麻烦, 那么, 普吕克现在就有可能在平面代数曲线的一般理论中取得第一个成功.

我愿意说, 普吕克的主要成就是所谓 "普吕克公式", 这个公式把一条曲线的阶 (*order*, 即其点坐标方程的次数) n, 类 (*class*, 即其线坐标方程的次数) k, 还有其简单的 (即所谓 "必然的") 奇点连接起来[26]. 这些公式可见于他 1834 年写的《解析几何的系统 (平面情况)》一书的末尾. 普吕克首先找到了关系式 $k = n(n-1) - 2d - 3r$, 其中 d 是曲线上二重点的个数, r 是曲线上尖点的个数. 如果不动一点干戈, 这个公式是不可能对偶化的 (就是说, 简单地把 n 和 k 对换一下是不行的). 只有发现和引入了所谓 "线奇性" 以后, 对偶性原理才能用得上. 二重点 (其个数记为 d) 的对偶是二重切线 (其个数记为 t), 尖点 (其个数记为 r) 的对偶则是密切扭转切线 (其个数记为 w, 所谓扭转切线就是切点为扭转点的切线). 关于这种扭转点, 普吕克发现了关系式 $w = 3n(n-2)$, 而在有奇点时, 这个关系式则是

$$w = 3n(n-2) - 6d - 8r.$$

我们现在有了足够的资料, 可以进行对偶化了, 于是得到完全的公式系统如下:

$$k = n(n-1) - 2d - 3r, \qquad n = k(k-1) - 2t - 3w,$$
$$w = 3n(n-2) - 6d - 8r, \qquad r = 3k(k-2) - 6t - 8w.$$

在 $n = 3, d = 0, r = 0$ 时, 有 $w = 9$. 但是到现在为止, 在一般的三次曲线 C_3 上只知道有 3 个扭转点存在, 而普吕克证明了, 在这 9 个扭转点中必有 6 个是虚的. 麦克劳林 (Colin Maclaurin, 1698—1746, 苏格兰数学家) 在 18 世纪已经证明了, C_3 的这 3 个实扭转点位于一条直线上, 即 "扭转直线". 因为从一般的位置几何学的观点看来, 并没有什么性质把实扭转点与其他扭转点区别开来, 所以麦克劳林的结果对于扭转点的

---

[26] 庞赛莱没有弄明白, 为什么不能把关系式 $k = n(n-1)$ 和 $n = k(k-1)$ 对偶起来 (即所谓庞赛莱悖论).

任意三元组都成立. 这可以用简化记号来证明, 与普吕克对帕斯卡定理的证明很相像. 所以, 一条 C_3 曲线应该有 12 条扭转线, 其最简单的格式后来由海赛证明了. 这个例子可以表明, 普吕克的发现如何丰富了曲线的几何学. 普吕克在他 1834 年写的《解析几何的系统 (平面情况)》一书的第 VI 页上说: "要想掌握那些虚的而且在一切情况下都是虚的东西, 需要有想象力的新飞跃."

为了在新的几何学中安全地前进, 就必须对想象力再加训练, 普吕克本人的经历就是一个很好的例证, 他在排列一般的 C_4 曲线的 28 条二重切线时, 就被错误缠身难解 (见《代数曲线理论》(*Theorie der algebraische Kurven*), 1839). 从一般的 C_4 所含有的任意常数个数, 他正确地推断出 (也是用的独特的普吕克式的论证方法), 它的方程可以表示为 $\Omega^2 - \mu pqrs = 0$, 其中 $\Omega = 0$ 是圆锥截线, 而 $p = 0, q = 0, r = 0, s = 0$ 则是直线, 它们就是 C_4 的二重切线. 但是他由此导出任意 4 条二重切线的切点都位于一条圆锥截线上却是错了. 事实上, 这一点只对于 4 条切线的某些选择和某些构形成立. 因为 p, q, r, s 并不都可以自由处理: 选定其中的两个, 则另外两个将以 5 种方式被确定. (这个错误后来由斯坦纳改正了.)

当然, 普吕克公式尽管用处很大, 在一个方面却留下了未解决的问题. 这些公式对于如何把实的东西和虚的东西区分开来, 什么也没有说. 虽然习惯于作抽象思考的人几十年来对此并不关心, 但那些想要寻找簇的真正几何形状的人, 对于这个问题仍然有着最大的兴趣. 这个问题的重要性居然处处被否定, 这件事必须看成现代几何的不正常的地方. 关于实域上代数簇的形状的问题一般都非常深刻, 需要对相应方程的代数性质有着深入的研究. 我愿提一下我在 1876 年找到的一个公式 (见《数学年刊》(*Mathematische Annalen*, Bd. 10), 即《克莱因文集》2: 78 页以下), 它是以完全初等的方法导出的, 而且只使用了普吕克熟悉的方法, 补充了上述的那个方面. 令 w' 表示实扭转点的个数, t'' 表示实孤立二重切线的个数, r', d'' 分别表示实尖点和实孤立二重点的个数, 则有

$$n + w' + 2t'' = k + r' + 2d''.$$

利用这个公式, 例如就能回答一个 C_3 曲线的扭转点何时为实点的问题, 事实上, 由

$$3 + w' + 0 = 6 + 0 + 0$$

即知 $w' = 3$. 因此三次曲线的实扭转点的定理就不再是孤立的结果了.

普吕克没有捡起这个就在他的眼前的结果. 因为他对曲线的真正几何形状有很大的兴趣, 他本来会特别欢迎这样的结果, 这就更加令人感到遗憾了. 普吕克虽然在射影几何的发展上有很大的成就, 他却不是真正意义下的 "射影派". 他按照 18 世纪的几何学家的风格, 一直在抓具体的东西, 他把注意力放在曲线在无穷远处的性态上, 用很大的力量去研究渐近线之类的问题, 而所有这一切, 从射影几何的观点看来, 其实没有意义. 射影思想有待完善, 不变式理论尚未成形, 这些都要留给下一代人了.

在更深入地进入这个领域前, 我们需要考查现代综合几何在德国的创始人雅可布·斯坦纳.

斯坦纳是一个瑞士农民的儿子, 19 岁以前还一直在种地. 后来受到想当一个教师的热望驱动, 他致力于在裴斯泰洛齐 (Johann Heinrich Pestalozzi, 1746 — 1827, 瑞士教育学家) 的教育机构里的工作[27]. 就我所知, 他是在我们的科学里, 唯一的在成年以后才得到数学才能的训练, 而终成大师的人. 他也可能是唯一的受教育于一个普通的公立学校, 而终于成为一个精神领袖和重要的大学教师的人.

斯坦纳于 1796 年 3 月 18 日出生于瑞士索洛图恩 (Solothurn) 附近的乌曾多夫 (Utzenstorf). 他以农夫的身份长大, 1815 年先在裴斯泰洛齐设立在伊费尔顿 (Iferten) 的教育机构里受教育, 后来成了那里的老师. 这所机构是裴斯泰洛齐实践他革新性的教育思想的地方. 虽然裴斯泰洛齐的思想富有创造性而且激动人心, 从它在许多地方实践的结果都可以看出来, 但他本人却缺少完全贯彻这些思想的能力. 他在伊费尔顿的事业也因财政困难垮了. 斯坦纳热切地想学科学, 就在 1818 年离开了. 他来到海德堡 (Heidelberg), 自己学习法国的几何学, 同时担任家教艰难度日, 直到 1821 年. 但是他早前的教学活动对他很有帮助, 因为在柏林, 部长们的圈子对裴斯泰洛齐的方法颇有兴趣. 于是斯坦纳来到柏林, 先是担任过几个不同的教职. 后来, 被前任教育部长威廉·洪堡家所接纳, 给他的儿子做家教, 这件事很有助于他的上进. 1834 年在最后一次尝试创立计划中的高等工科学校的时候, [洪堡兄弟] 还为他在柏林大学设立了一个额外教授职务. 同时他又成了柏林科学院的院士. 他于 1863 年 4 月 1 日去世.

他一直没有当上正教授, 这一点可能让人吃惊. 据说这是因为他缺少担任此职所需的社会品位. 说真的, 斯坦纳在官僚圈子里本来就可能是一个怪人, 特别是到了迟暮之年, 他和谁都合不来, 经常在讨论中用粗野无礼使人难堪的言辞强调自己的观点. 他的外甥[28] 盖塞尔 (C.F. Geiser) 的书《纪念雅可布·斯坦纳》(*Zur Erinnerung an Jacob Steiner*) (*Verhandlungen der Schweizerischen naturforschenden Gesellschaft*

---

[27] 裴斯泰洛齐是公认的现代教育学的祖师爷. 他的教育思想深受法国启蒙思想家 (特别是卢梭) 的影响. 他的教育理论和活动主要面向儿童教育. 他认为教育的目的是使儿童得到全面的身心发展, 挖掘儿童的潜能, 使其成为有用的人, 而不只是为主人劳动的工具. 人都应该得到平等的受教育的机会. 在儿童教育中, 他主张以儿童为中心, 反对硬性灌输知识, 反对师生对立, 而要从儿童的生活感受开始, 使其自己获得知识. 例如要培养空间直觉, 就应该让儿童接触各种形状的物体, 自己来获得几何知识的基本要素. 本书下面提到的几位教育学家, 都是裴斯泰洛齐思想和实践的拥护者. 例如福禄培尔, 就是幼儿园的创始人. 幼儿园顾名思义就是幼儿的花园或乐园. 他制作了各种形状的 “积木” 给孩子们玩, 借以获得空间直觉. 这些积木就称为 “福禄培尔礼物”. 本书说福禄培尔从结晶学和矿物学开始来教几何, 不知是否指此. 本书作者也讲如何建立几何直觉, 但是对象是想成为数学家的人甚至是成熟的数学家, 这与儿童教育当然是两回事. 所以这样来看待裴斯泰洛齐的教育思想, 很难服人. 反过来, 现在也有不少人自觉或不自觉地想按裴斯泰洛齐的思想来改造高中甚至大学的数学教育, 要让学生们从所谓 “生活情景” 来接受各种数学概念, 难道这样做就能服人吗? 加上这个脚注是为了帮助读者看懂下面一大段在讲什么. —— 中译本注

[28] 克莱因此处对盖塞尔和斯坦纳的关系描述有误. 盖塞尔本人的外祖母是斯坦纳的姐姐, 此处当为甥外孙. —— 校者注

1872 — 1873, 56. *Jahresversammlung*, Schafthausen 1873, 215 页以下) 中, 关于他的人格和发展, 有许多有趣的注记.

考虑到盖塞尔告诉我们的关于斯坦纳的发展和他的才能的表露, 我们必须把他的才能看成是完全独创的. 这种才能来自他对空间形式的直觉的掌握, 以及对于分析的蔑视. 如果把他的直觉能力归之于裴斯泰洛齐的影响, 任何一个人, 只要读过在这个问题上常被引用的裴斯泰洛齐的书《直觉的 *ABC*》(*ABC der Anschauung*), 都不会相信. 裴斯泰洛齐的这本书的内容贫乏得可怕. 谁也不会相信它的作者居然是一个新的以直觉为导向的教育体系的创始人. 这本书所做的事情只不过就是把线段等分, 把正方形分成数目越来越多的相同的正方形, 直到读者完全麻木为止. 这第一批教育者, 虽然使一些新的而且极其富有成果的思想变得激动人心, 在实现他们的计划时却有着最为奇怪的想法, 这一点可以从大哲学家和教育学家赫尔巴特 (Johann Friedrich Herbart, 1776 — 1841, 德国哲学家和教育学家) 对裴斯泰洛齐的书的评论看到. 为了开发儿童的直觉, 赫尔巴特提议作一个画板, 上面除了大大小小形状各异的直角三角形以外什么也没有. 他认为, 老盯着这样一个画板就能在学生心中唤起直角三角形的栩栩如生的概念. 为了保证得到持久不忘的印象, 他甚至建议把这个画板挂在婴儿的摇篮上! 要想在这种怪异的教学法里面找到真理的核心并且合理地引导教学方法的方向, 就需要有如同福禄培尔 (Friedrich Wilhelm August Fröbel, 1782 — 1852, 德国教育学家) 那样的人. 福禄培尔和哈尔尼什 (Christian Wilhelm Harnisch, 1787 — 1864, 德国教育学家) 以物体的 (即三维的) 形状为这种教育的基础, 而且创造了一种从矿物学和结晶学开始的有效的教学计划.

很明显, 斯坦纳不可能从这个来源获得他的直觉的力量. 但是从这个特别的教育中他却有所得 —— 即他的教学艺术. 按照裴斯泰洛齐的教育途径, 必须热心而关切地考虑学生的立场, 而且用苏格拉底式的方法[29] 来促成这一点. 所有的知识都必须由学生自己来获得、发现与生成; 教师只是按正确的方向来引导学生的独立思考. 斯坦纳用很大的技巧来发展这个原理, 并获得很大成功, 他在讲课时从不画图. 他假设听课者的主动思考自然会在自己的想象中生成清晰的图像, 所以不再需要任何物质的影像了. (后来迪斯特威格 (Friedrich Adolph Wilhelm Diesterweg, 1790 — 1866, 德国教育学家) 甚至走得更远, 他在默尔斯 (Mörs) 的教师培训班讲如何讲几何课时, 有意把灯关掉, 把房间弄成黑房子![30])

斯坦纳的文集由柏林科学院在 1880 — 1882 年分 2 卷编辑出版. 这些文章分成截然不同的两部分.

第一部分包含了从 1826 年 (那年他在 *Crelle* 杂志第一卷发表文章) 到大约 1845

---

[29] 即师生之间的对话、讨论, 总之是互动. —— 中译本注

[30] 请参看 Karl-Heinz Günther 为 Diesterweg 写的一篇传记. 它发表在联合国教科文组织的刊物上. 从那里就可以理解中译者为什么关于裴斯泰洛齐要写一个很长的脚注. —— 中译本注

年的工作. 这里包含了斯坦纳真正有独创性的思想, 虽然时常只是应用于相对初等的情况.

第二个时期包含了他在高等代数领域里的工作, 时常只宣布结果而没有证明. 不幸的是, 从 1896 年格拉夫出版的斯坦纳–施雷夫里 1848—1856 年间的来往信件可以清楚地看到, 斯坦纳在这些工作里大量引用了来自英国 (还有其他地方) 的资料并假装自己对此一无所知. 这个人的悲剧之处在于: 本来他具有非凡的才能, 出人头地的过程也是举世罕见, 之后也一直备受他人的尊敬与赞美; 然而到了老年, 他不能忍受自己创造力的衰竭, 为了维持过去在自己和他人面前的荣光, 他用他一贯的令人不快的方式, 绝望地抵抗命运对他的侵蚀. 这些行为何种程度上算是真正的欺骗, 斯坦纳又在何种程度上因热望的驱动, 对自己的创造力做出了错误的估计而受害, 谁又能说清楚呢?

不论如何, 为了与我们这里考察的主题关联, 我们在这里只讲他早期的工作. 他的主要著作是《几何形式的相互依赖的系统发展》(*Systematische Entwicklung der Abhängigkeit geometrischer Gestalten von einander*), 原来计划分成五个部分, 但是只有第一部分出版了 (Berlin, 1832).

构造纯粹的综合几何学的计划是以射影生成这一基本概念为基础的. 从 "基本形式"——在平面情况下, 基本形式就是: 直线、直线束以及平面自身; 在空间情况下, 则是: 直线、平面直线束、平面束、直线丛、平面丛以及空间本身——的射影开始, 通过逐步构作更高级的几何形式, 这样建立起几何学的体系. 几何形式之间, 则射影地相关联, 而下一个更高级的几何形式就是具有这些关联的构造.

在这个研究的第一部分只研究了圆锥截线和单叶双曲面——单叶双曲面是由两个射影对应的平面束对应平面的交线生成的. 1867 年由施罗特 (Heinrich Eduard Schröter, 1829—1892, 德国数学家) 编辑出版的斯坦纳的讲义在这些内容的基础上稍微前进了一点.

这部著作的新的重要的东西在于它的体系方面, 在内容方面则没有本质上新的东西. 但是一旦理解了这个计划, 则实行这个计划的严格性, 加上他的优美的散文, 就以其思想上抓住一点以后就一以贯之毫不放松这个特点, 和思想的独创性抓住了读者. 此书也总是表现出, 斯坦纳除了对研究有兴趣外, 还注意表述和关心教学. 他对自己的研究的价值的估计则表现在此书序言之中:

"本书的写作力求揭示出一个机体: 它把外部世界的杂七杂八的现象互相连接起来……使秩序出现在混沌之中, 使人看到各个部分怎样自然地结合起来, 相关的部分又怎样联合成一个适当定义的总体."

斯坦纳借以达到此目标的手段, 今天大家都很熟悉了, 但是我们也知道, 它只能管得到几何学的一部分, 再说, 斯坦纳也没有把它充分发挥出来.

从较低级的几何结构逐步生成高级的几何结构的 "斯坦纳原理", 解析地说, 相应于令某个行列式为零. 举例来说, 一个二次直纹面的射影生成, 只要令一个由平面方程双重排列所得的以下行列式为零, 就能得到:

$$\begin{vmatrix} p & q \\ p' & q' \end{vmatrix} = 0.$$

由此式可以得到

$$p - \mu q = 0,$$
$$p' - \mu q' = 0;$$

或者

$$p - \lambda p' = 0,$$
$$q - \lambda q' = 0.$$

它们就是两族生成元. 类似于此, 由雷耶 (Theodore Reye, 1838—1919, 德国数学家)、舒尔 (Friedrich Heinrich Schur, 1856—1932)[31] 和施图姆 (Jacques Charles François Sturm, 1803—1855, 法国数学家) 对于斯坦纳原理的推广引导到对一个矩阵的行列式作系统的组合, 例如对于

$$\begin{vmatrix} \varphi & \psi & \chi & \cdots \\ \varphi' & \psi' & \chi' & \cdots \\ \vdots & \vdots & \vdots & \end{vmatrix},$$

令它为零, 就会得到新的几何定理. 这个原理看起来很流畅, 但是作为构造整个几何学的基础, 它还走得不够远, 事实上, 到了三次以上的问题, 它就走不下去了.

就在斯坦纳划定的范围内, 他也还达不到目的. 因为既然从默比乌斯已经赢得的阵地退却, 拒绝了符号原理, 他就剥夺了自己做出更一般的陈述的可能性. 所以, 在处理交比时, 他就不得不固定各个元素的次序; 但是, 最重要的是, 他在掌握虚的量的时候失败了. 他从来不处理虚数, 而陷于使用诸如 "幽灵" 或 "几何学的影子世界" 之类遁词的境地. 当然, 他的几何学体系就受到了自己的限制[32]. 这样, 尽管从射影几何学看来有两

---

[31] 著名的名为舒尔的数学家有好几位. 克莱因原书德文本的索引指明, 这里的舒尔是 F. Schur, 他是德国数学家 (生卒地都在今日的波兰), 在几何基础上有贡献. 另一位更有名的是 Issai Schur (1875—1941), 生于白俄罗斯, 卒于英占巴勒斯坦地区 (今以色列) 的特拉维夫市 (Tel aviv). 他在群表示理论以及量子力学上有重要贡献, 但是没有研究过几何学. 他因为是犹太人, 遭到纳粹党人的迫害, 而流亡到巴勒斯坦地区. 本书第 8 章提到的舒尔就是 Issai Schur. —— 中译本注

[32] 还有另一些不完善处也影响了斯坦纳体系的基本定义, 这样, 还有更多的定理有斯坦纳未曾认识到的例外. 见 R. Baldus 的论文 "关于斯坦纳的射影性的定义" (*Zur Steinerschen Definition der Projektivität*), *Mathematische Annalen*, Bd. 90 (1922—1923), 86 页以下.

个圆锥截线 $x_1^2 + x_2^2 - x_3^2 = 0$ 和 $x_1^2 + x_2^2 + x_3^2 = 0$, 但在斯坦纳的体系里, 第二个就无容身之地. 施陶特是第一个把综合几何从这些和其他的不完善处解放出来的人, 这一点我们要在下面比较详细地看到.

在《几何形式的相互依赖的系统发展》于 1832 年出版以后, 1833 年斯坦纳又出了一本小书:《使用直尺以及一个定圆的几何作图 (为高等教育和实际工作之用)》(*Die geometrischen Konstruktionen ausgeführt mittelst der geraden Linie und eines festen Kreises (als Lehrgegenstand auf höheren Schulen und zur praktischen Benutzung))*. 基本思想来自庞赛莱, 但是实现这个思想又是特别有趣. 副标题透露了一个事实 (从其他地方也可以看到), 那时斯坦纳希望能当上拟议中的高工的领导. 但是当他 1835 年得到梦寐以求的大学教授职位以后, 他就不可能完成原来计划的广泛的著作了, 这也是他的特性吧.

在斯坦纳早期的许多工作中, 我还要提到一篇短文, 其内容完全与众不同, 这也表现了他在几何学中兴趣多么广泛, 尽管他只片面地依赖于纯几何的推理——此文却以其表述异常清晰和才华四溢著称. 这就是: "论一般平面图形、球面图形和空间图形的最大与最小值" (*Sur le maximum et le minimum des figures dans le plan, sur la sphère et dans l'espace en général*) (*Crelle* 杂志 Bd.24, 1842). 其中用初等几何方法处理了许多最大最小问题. 一个著名的例子是: 在一个三角形内, 作一个周长一定 (但大于内切圆的周长) 的内接图形, 使其面积最大. 解答是用 3 段半径相同的圆弧和各边的一段组成的图形. 但是使得本文特别著名的是, 文中证明了, 圆周可以刻画为周长最小但包围最大面积的平面图形, 而用不着所有其他性质. 但是这些 "等周问题", 虽然只用初等手段就研究得如此有才气, 却有一个逻辑上的漏洞, 后来人们才认识到: 就是少了问题的解的存在性证明. 这个漏洞是由魏尔斯特拉斯补起来的, 而在特例下则是施瓦茨 (Karl Hermann Amandus Schwarz, 1843 — 1921, 德国数学家) 补正的.

如果要把我们在上面关于斯坦纳所说的话总结一下, 我们就不得不说, 他并不是一个一以贯之的系统的射影派人物, 而那个时代需要的却正是这样的人. 在他的工作中, 使用的是交比的度量定义, 正如庞赛莱和默比乌斯所作的一样, 但是在整个构造中, 度量几何和射影几何的关系仍然没有弄清楚.

我们将会看到, 这个问题是怎样在 1830 年以后的发展中得到解决的, 这正是下一章的主题.

第 4 章　默比乌斯、普吕克和斯坦纳以后的代数几何

"代数几何" 一词, 按照逐渐流行起来的用法, 我理解为低次数 (开始时只是一次和二次的) 的簇 (variety, Gebilde) 的代数结构的理论, 而与微分几何相对立. 这样, 我们在这里处理的就是, 由蒙日和庞赛莱所创立, 然后由默比乌斯、普吕克和斯坦纳培育起来的学科及其在下一个时代的发展. 这里, 我放弃了把几何学分成解析几何和综合几何这种通常的划分, 这种分法, 我们已经说过, 其实是把非本质的侧面当成了最重要的标志性特征. 我宁愿把注意力引向下面的问题: 这个学科在其进展中, 基本的几何思想是如何发展的, 而基本的代数思想又是如何发展的? 在不打算巨细无遗的前提下, 我们要考虑以下内容:

1. 纯粹的射影几何是如何在庞赛莱的射影思维方式的基础上, 在斯坦纳引入基本形式对它进行第一次系统化以后, 最终发展为一个封闭的、严格的系统结构的.

2. 平行的代数学科不变式论的研究, 也就是在变元的任意线性变换下不变的一次、二次或更高次齐次代数形式性质的研究.

纯粹射影几何的详细阐述

我们从德国几何学家施陶特开始, 因为我们这里所考虑的思想的原则的发展最重要的成就应归功于他.

施陶特的生平和发展在许多地方使我们想起了他的先行者默比乌斯, 二人才能和性格也颇相似. 他于 1798 年出生于罗滕堡 (Rothenburg ob der Tauber) 的一个古老的法郎克贵族[1] 家庭里. 像默比乌斯一样, 他曾经有一段时间是高斯的学生, 高斯指导他研究天文学和数论问题, 而不考虑他倾向于几何学. 在他成熟以前, 这个倾向一直

---

[1] 法郎克是德国西部下莱茵河东北部的一个古老部族. 在西罗马帝国时期, 他们建立了法郎克帝国.
——中译本注

沉睡着. 1822—1825 年间, 他在维尔茨堡 (Würzburg) 既在大学教书也在 *Gymnasium* 教书. 1825—1835 年也类似地在纽伦堡 (Nürnberg, 现在比较常用的是它的英文拼法 Nuremberg) 得到两个职位, 即 *Gymnasium* 和高工 (现在的叫法是高等技术学校) 的教职. 1835 年他成了埃尔朗根 (Erlangen) 大学的教授, 直至 1868 年去世为止 (见麦克斯·诺特 (Max Nöther, 1844—1921, 德国数学家[2]) 1906 年在埃尔朗根归属巴伐利亚一百周年纪念会上的演说). 在埃尔朗根的尚未受到花花世界的影响而得以保留的静谧和质朴之中, 施陶特的心情静如止水, 而且与世隔绝, 只有这样, 他才能把他的思想不受干扰地发展起来. 他完完全全一成不变的隐居生活也在他的外表上留下了印记: 当我在 1872 年继汉克尔 (Hermann Hankel, 1839—1873) 和普法夫 (Hans Pfaff, 1824—1872) 之后担任这个教职时 (汉克尔于 1868—1869 年, 普法夫于 1869—1872 年也担任过这个教职[3]) 就听说施陶特简直就像数字一样呆板. 施陶特的基本著作, 是漫长深思的生活的成熟的产物, 这就是:

《位置几何学》(*Geometrie der Lage*, Nuremberg, 1847);

《对位置几何学的贡献》(*Beiträge zur Geometrie der Lage*, Nuremberg, 1856, 1857, 1860). 以下简称为《贡献》.

这些书包含了非常丰富的思想, 其表述形式毫无漏洞, 但是僵硬到几乎毫无生气的地步——这种表述方式自然相应于他的不假分毫、力求系统的天性, 也与年龄有关: 在写完第二本书时, 他已经 63 岁了. 我总是感到他阐述的方式完全难以接近. 然而, 如果说我很受他的思想的启发, 为之花了不少精力, 那这要完全归功于我的学友, 现在已经去世的蒂罗尔人施托茨 (Otto Stolz, 1842—1905, 奥地利数学家, 生于因斯布鲁克附近的哈尔[4]), 我和他 1869—1870 年在柏林和 1871 年夏天 (当时我们住在一起) 在哥廷根常在一起. 施托茨曾广泛地读过施陶特的书, 他通过不知疲倦地如同讲故事一样把我吸引到这个世界, 使我有了兴趣, 并以最生动的方式刺激了我.

在本书这些讲演的框架里, 不论如何我都只能以相当自由的方式报告一下我们有赖于施陶特的最本质的进展, 同时再用几句话讲一下这些进展后来是怎样得到了完善的. 不幸的是, 这里和在别处一样, 我只能选择很少几点.

第一点, 也是最重要的一点——我已经在上一章末尾讲过, 近几十年来整个的发展

---

[2] 他的女儿艾米·诺特 (Emmy Amalie Nöther, 1882—1935) 是贡献更大也更著名的数学家, 而且她在数学上的兴趣和她的父亲很相近: 同为代数几何学. 但是这里讲的应该是父亲, 因为 1906 年她才被哥廷根大学录取, 不可能去做这样的讲演. ——中译本注

[3] 高斯在 Helmstedt 大学读书时, 有一位老师 Johann Friedrich Pfaff (1765—1825), 这是他的侄子. ——中译本注

[4] 蒂罗尔 (Tyrol) 是奥地利中部的地区, 现称蒂罗尔州, 因斯布鲁克 (Innsbruck) 是它的首府. 哈尔 (Hall) 现在的名称是 Solbad Hall. ——中译本注

都是朝着它的 —— 就是要与所有的度量的考虑相独立地建立起射影几何学. 我们已经看到, 庞赛莱和斯坦纳的射影几何学, 如果想要抛掉度量几何, 或者如现在的情况那样, 把度量几何变成只是射影几何的一个特殊的部分, 那么, 都有一个致命的不相容处. 射影几何最重要的概念 —— 交比, 以及随之而来的一般射影坐标系, 都是基于度量定义的. 交比, 顾名思义, 是通常意义下的线段或距离之比的比:

$$CR = \frac{(\xi - \xi')}{(\xi - \xi''')} \cdot \frac{(\xi'' - \xi''')}{(\xi'' - \xi')} = x.$$

要从这个比导出 "一般的射影坐标" x 就要选取 3 个基本点

$$\xi = \xi', \qquad 亦即 \quad x = 0,$$
$$\xi = \xi'', \qquad 亦即 \quad x = 1,$$
$$\xi = \xi''', \qquad 亦即 \quad x = \infty,$$

并通过一种做法, 以这个比为基础, 在直线上生成一个射影尺度 (在平面上就是三角坐标, 在三维空间则是四面体坐标); 以距离为基本工具来建立起整个构造 —— 这与把立脚点放在度量几何之外, 显然是不相容的.

施陶特解决了这个困难, 他清楚地认识到, 一般的、非度量几何的射影坐标的定义不仅是需要的, 也是可能的. 为了避免老的错误理解, 甚至想都不要想这种老错误, 他放弃了 "交比" 一词, 而给相关的由 4 点构成的构图 —— 此构图只依赖于位置的几何学 —— 一个新名词: "投射" (德文 *Wurf*). "投射" 是一个纯粹的数, 而一点 P 与 3 个自由选定的基本点 $0, 1, \infty$ 所成的投射就取为 P 点的坐标.

被称为 "投射" 的这个数, 是以纯粹射影方式定义的, 即用的默比乌斯网. 用现代的语言来说, 施陶特在 1847 年的发展就意味着, 可以在选定 3 个基本点以后, 对于一系列的点构造出投射这个数值标尺. 这个构造是以纯粹射影几何方式进行的, 即只需用到连接两点的直线和直线的交点. 这种构造方法与我们熟悉的默比乌斯网实无区别. 在通常的度量情况, 当我们可以作平行线时, 构造的方法如下 (见图 6): 经过 $0, 1$ 两点, 各作任意直线. 设它们的交点为 M, 过 M 点作 01 的平行线, 而过 1 点又作 $0M$ 的平行线 $1N$; 过 N 点再作 $1M$ 的平行线, 交直线 01 于 2 点. 平行四边形对边相等定理证实了, 这样作可以得到通常的度量标尺. 如果引对角线并细分 [线段] 的话, 我们就可以得到所有的二等分点, 最终会将一切有理数值添加到标尺中去. 现在只需射影地观察这个图形, 把无穷远直线移到平面有限远处, 就会在任意取定 3 个基本点后得到一般的决定射影坐标的方法 (见图 7).

当然, 除非证明了这个做法的唯一性, 否则还不能以此为射影坐标的定义: 我们还须证明, 一旦取定了 3 个基本点, 则无论从哪一条过基本点的直线开始, 都会得到同样的标尺. 不幸的是, 我没有时间来解释这个证明, 它是施陶特真正的成就. 我倒是愿意简单地说明一下怎样把他的思想移用到分析中的数系.

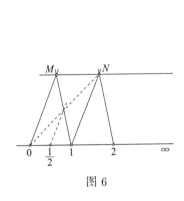

图 6

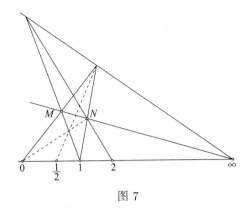

图 7

我首先必须澄清一点误会. 因为射影几何这么快就从很少几个基本概念得到有意义的成果, 那么容易, 那么优雅, 时常使得它的热情拥护者过高地估计了射影几何学, 相信可以避免如欧几里得几何所需要的困难的公理化研究. 汉克尔就是这样, 他在 1869 年在蒂宾根 (Tübingen) 大学的就职演说——一篇雄辩有力但并不完备的作品——中就宣称, 新几何是 "王者的道路", 虽然欧几里得对国王托勒密否定过数学里有 "王者的道路" 存在. (见 H. Hankel,《近几世纪数学的发展》(*Die Entwickelung der Mathematik in den letzten Jahrhunderten*), Tübingen, 1869.)

然而欧几里得还是对的: 在数学里并没有 "王者的道路". 甚至当一个人从射影几何学这个侧面进入数学时, 他还是会遇到在度量几何学里已经知道的那些困难——它们只能用机敏的逻辑思考来解决.

这样, 即令现在施陶特已经给了我们所有的有理坐标值 x, 仍然有无理数及其在几何学中的地位这个问题. 而且正如在通常的几何学中一样, 这里的漏洞只能用一个公理来填补. 这个公理我们表述如下: 对于已经由戴德金分割完备化了的数系, 其每一个值, 必然唯一对应直线上的一个几何点, 反之亦然.

在射影几何学中引入连续性公理, 特别是用逐次构造默比乌斯网的有理值来任意逼近一个无理值的思想, 曾引起了种种错误. 许多逻辑学家都相信, 除非把 "小量" 或 "变得更小", 以及 "小的和大的距离" 这些概念弄清楚, 否则不可能谈起趋向极限. 不幸的是我在这里没有办法讲得更精确. 但是现在我要提醒两点, 在我看来, 理解上的障碍正是由此而来. 第一点是把数作为一种 "测度" 与线段相联系. 这是一个错误的概念. 这种朴素的 "测度" 概念可能来自度量几何, 测度在度量几何里好像是一个 "基数", 讲的是事物的个数, 例如在一个线段里面可以放进去的单位线段的个数. 但是哪怕在度量几何学里面, 只要遇到了无理数, 这个概念就不能用了, 而在射影几何学里, 哪怕没有遇到无理数, 它也完全站不住脚. 在这里坐标的数值只是一个排次序用的数 (即序数 [Ordnungszahl]). 求极限所需的仅仅是坐标数的这种单调的排序. 我看第二个困难也就在这里. 极限从历史上看源自几何直观, 因此很多人脑海中关于极限过程的概念与其本质毫无关联. 他们不知道 "变得更小" "更加逼近" 这样的概念就已经足够了, 而他们还要用 "小" "近" 这些对于趋向极限毫无意义的概念.

一旦克服了这个关于无理数的困难, 对射影几何学的分析学处理, 就能够如对于度量几何的处理那样严格、那样广泛, 甚至在处理任意的超越曲线时也是如此. 在这里也可以使用齐次坐标 $x_1 : x_2 : x_3$ (平面情况) 和普吕克处理方程的方法.

至此, 我要离开射影几何学的基础, 来考虑施陶特的第二个伟大成就: 射影几何学中虚量的解释 (见施陶特的《贡献》, 1857).

对于几何学中的虚量, 当然可以采取这样的立场: 即认为既然几何学与分析的联系已经牢固地确立了, 就没有必要再对虚量作几何解释, 因为分析已经完全符合逻辑, 自然就能对这种联系给出足够的洞察. 实际上也时常采取这种逻辑上无懈可击的立场. 但是没有一个真正的几何学家会满足于此: 对于他来说, 他的科学, 即几何学的魅力和价值就是能够看得见他所想的东西. 所以, 他就要努力仍然停留在实域中, 但是同时也为自己找到虚量的几何形象, 而不带一点神秘主义的色彩.

用实的第二类对合来表示共轭的虚量, 这是很自然的 (在施陶特之前就提出了这一点), 即选取两个基点, 并在连接这两点的实的直线上作出所有关于基点调和 [共轭] 的点对, 对合就由所有这些点对表示[5]. 作两对互相间隔的点对 a, a' 和 b, b' (见图 8), 则对合就可以唯一地确定, 而一对共轭虚点就这样表示出来了. 用同样的方法也可以用实直线束中的第二类对合来表示一对共轭的虚射线. 由于对合是一个射影几何的概念, 所以我们就在实域上用射影几何的方法对一对共轭虚量实现了可视化的表示.

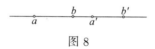

图 8

但是这种方法只对一对元素给出了我们所要的表示, 余下的问题是要在实域里找到一种把数对中的两个元素分离开来的可视的方法. 这件事是通过施陶特的一个有才华的思想完成的, 即对于对合的承载者的那条直线赋以一个指向 (Sinn); 我们在临近这条直线处画一个箭头来表示这一指向. 我们暂时使用一个完全不同的几何表示法, 即认为这条直线是嵌入在高斯复平面里的. 而且用两个对于实直线位置对称的复点作为对合的基点. 要想用在这条直线上作一个实域里看得见的记号来区别两个高斯半平面, 我就在这条直线上画一个箭头, 并且作一个规定, 即画了箭头的直线是那一个半平面的承载者, 使得从那一个半平面看来, 这个箭头是逆时针方向的 (见图 9). 对于直线束, 我们

---

[5] 所谓调和点对, 就是与两个基点共 4 点成为交比为 −1 的点对. 这 4 个点也就叫做成调和比. 借用图 8 的记号, 以 a, a' 为基本点对, 如果 b, b' 与它们构成的交比为 −1, 就说 b, b' 与 a, a' 调和共轭. 这里 b 和 b' 中一个为线段 aa' 的内分点, 一个为外分点, 其内外分比的符号自然相反, 而绝对值之积为 1. 这一段文字译者稍作修改. —— 中译本注

也作类似的规定.

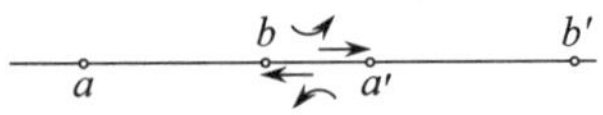

图 9

这样我们就完成了把一对共轭虚量加以分离的工作: 现在每一个单独的虚元素在实域中都有了可以认得出来的构造, 可以对它进行各种作图运算了. 在施陶特的意义下, 一个虚元素就是具有一定指向的直线上的一个第二类对合; 一条虚直线就是具有一定指向的直线束上的一个第二类对合. 实点 P 和虚点 Q 连接的问题也就解决了: 把 P 与对合 Q 连接起来, 就是做出具有对合和指向的直线束, 这就等价于虚直线 PQ.

用这样的做法, 在平面或直线上附加 [实] 数值后, 就可以在已知的 [默比乌斯] 网中引入虚数, 使得可以可视化地将虚数添加到实坐标当中去 —— 而且是在通常的作图法的基础上做到这一点. 事实上, 如果 $u+iv, u-iv \ (v>0)$ 是一对共轭复点, 则

$$(x-(u+iv)) \cdot (x-(u-iv)) = (x-u)^2 + v^2 = 0$$

就是这两个点的方程式, 而

$$(x-u) \cdot (x'-u) + v^2 = 0$$

就是它们决定的对合. 转到齐次坐标, 即作代换 $x = \xi/\tau, x' = \xi'/\tau'$ 后, 后一方程变为

$$(\xi - u\tau) \cdot (\xi' - u\tau') + v^2\tau\tau' = 0.$$

由此很容易算出对合的两个点对:

$$\tau' = 0, \qquad \xi/\tau = u;$$
$$\xi'/\tau' = 1+u, \quad \xi/\tau = u-v^2.$$

所以下面两组点是成对的:

$$x = u, \qquad x' = \infty;$$
$$x = u-v^2, \quad x' = u+1.$$

我们可以在实的标尺里找到它们 (见图 10).

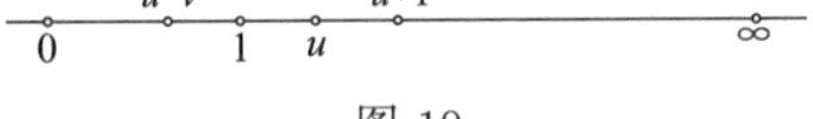

图 10

举例来说, 如果我想以纯粹射影的方式来做出点 $u+iv$, 我就在直线上标出 $u-v^2, u, u+1, \infty$ 四个点, 并把它们看做对合里互相分开的两个点对, 定向由 $0, 1, \infty$

确定. 这就解决了问题. (也可参看克莱因《高观点下的初等数学》第 2 卷 (*Elementar-mathematik vom höheren Standpunkt aus*, Bd 2), 3rd edition, Berlin, 1925: 133 页以下.)[6]

现在我要回到在讲普吕克时讲到过的一个例子, 来说明这个方法如何用于特例. 我们考虑过以下定理, 即一条平面 C_3 曲线必有 9 个扭转点, 其中 3 个总是实的, 其余 6 个总是虚的, 而且它们总是 3 个一组地落在一条直线上, 所以它们必分布在一个由 12 条直线构成的构图里. 于是我们有了一个自然的问题, 就是用施陶特的方法把这 9 个扭转点及其构图展现出来.

为了使此问题从整体上看来更加简单, 我要把问题变一下, 但是这里的改变在原则上并不重要: 这就是把问题对偶化, 用一条类数为 3 的曲线 C^3 来代替阶数为 3 的曲线 C_3. 由前面的一个定理, 这条曲线有 9 条尖点切线, 而且它们 3 条一组地共点. 现在的问题就是展现这 9 条尖点切线, 而且把它们的每个三元组必定通过的 12 个点展现出来.

根据普吕克的公式, 类数为 3 的曲线阶数必定为 6, 而在适当选定对称性以后, 它的形状好像图 11 那样. 我们必须先找到这些虚切线的实承载者. 它们是这样的点, 从这些点出发只能做出一条实直线切于曲线 C_6. 它们会填满图上的环形区域, 而且它们的重数均为 2, 因为它们的每一个都是两条虚切线的承载者. (如果谁画一个连通的环形曲面使得从前面看, 它的形状如图 11 那样, 他对我的 "新型黎曼曲面" 就会有一点概念了, 我在《数学年刊》(*Mathematische Annalen*) 第 7 卷的文章就是这样来处理它的. 所以这个空间的每一点都是一个直线束的对合的承载者, 对这些直线束可以给出两个不同的指向, 相应于从前面或后面来看这个环形区域.) (见克莱因《文集》2: 69 页和 89 页以下.)

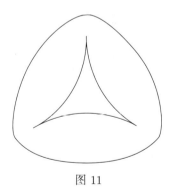

图 11

现在就容易做出那 9 条尖点切线了. 除了 3 条实的以外, 还有 3 个直线束的对

---

[6] 此书有中译本:《高观点下的初等数学》第 2 卷, 复旦大学出版社, 2008. 所述章节为: 第十九章, 虚数理论, 139–157 页.

合——在一个对称的图像上, 它们是正交的——各有两个指向, 并由我们讲过的空间
的 3 个点承载着, 而且由于尖点切线的三元组一定共点而有 12 个交点的定理, 每一个
这样的点必位于一条实尖点切线上 (见图 12).

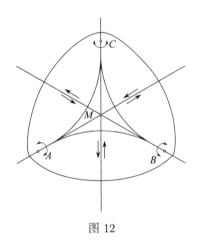

图 12

下面就是这 12 个点:

第 1 个就是图 12 的中心 M, 它是 3 条实的尖点切线的交点.

第 2—4 个就是图上标有双箭头的 A, B, C 三点, 在这些点处各有 1 条实尖点切线
与两条共轭复尖点切线相交.

第 5—10 个是直线 AM, BM, CM 上各按两个指向的对合. 在这 6 个点 (对合)
上, 各有 1 条实的尖点切线与两条复 (但不共轭) 的尖点切线相交. 比如, 直线 CM 上
的对合具有指向 $\overrightarrow{CM}$ 时, CM 与直线束对合 $A \curvearrowright, B \curvearrowright$ 相交.

第 11 和第 12 个是两个 (虚) 圆点, 亦即具有两个指向的无穷远直线上的对合. 在
这些点处各有过 A, B, C 的 3 个虚尖点切线相交: 一个是 $A \curvearrowright, B \curvearrowright, C \curvearrowright$; 另一个
是 $A \curvearrowleft, B \curvearrowleft, C \curvearrowleft$. 这个问题的几乎不足道的解决, 就直觉与流畅而言, 再也没有什
么可说的了.

我对施陶特在射影几何学中的成就的讨论就到此为止了, 现在就转来讨论射影几
何在法国和英国的发展. 这些发展与我们上面讨论过的奠基性的工作是独立但又平行
的. 从这些了不起的成就里, 我仍然只能挑选出对于射影几何学和度量几何学的关系特
别重要的来讲.

先从法国开始, 我要讲到沙勒 (Michel Floréal Chasles, 1793—1880, 法国数学家),
作为那个时代的数学的典型代表. 他于 1793 年出生在巴黎附近的埃佩尔农 (Epernon),

本应属于老一代人, 但他特殊的发展使他达到科学高产期的只是后来的事情. 1813 年当他还是巴黎高工的学生时, 就在校刊上发表了一篇关于单叶双曲面的射影生成的有趣的文章, 但是后来又完全放弃了科学生活, 到他的故乡沙特尔 (Chartres) 致力于银行事业, 干了许多年, 赚了不少钱. 直到 1837 年已经 44 岁时他的大作《几何方法的起源与发展的历史概览》(*Aperçu historique sur l'origine et le développment des méthodes en géométrie*, 以下简称《概览》) 才问世. 1841 年, 他成了高工的机械工程教授, 在公众生活和科学生活中地位逐步上升. 1846 年巴黎大学专门为他设立了一个教授职位, 作为高等几何学的代表. 他就这样越来越成为法国几何学的领导人和核心, 以自己的大量出版物和影响深远的教学活动建立了一个学派, 使法国数学获得了很高的地位. 他的高寿更增加了他的影响: 1880 年去世时, 已 87 岁.

沙勒后来的工作讨论的是高阶代数簇, 他创立了我们所称的 "列举几何学" (enumerative geometry): 即用几何的考虑来决定代数问题解的个数[7], 而把基本的代数概念当作已给定的——这个方法我以后还要讲, 而在目前我们只注意沙勒对一次和二次代数簇做了些什么, 特别是他的综合射影几何的概念, 以及他怎样把度量几何学归属其中.

沙勒在这方面最值得注意的著作是他的《高等几何学》(*Traité de géométrie supérieure*, 1852). 读过默比乌斯和斯坦纳的著作的人, 应该都是熟知这本书的内容的, 但是沙勒完全跳过了施陶特.

沙勒和默比乌斯一样, 采用并且严格地执行了符号原理, 并且把 4 个点或 4 条直线的交比当作基本的量, 研究了最一般的共线关系 (collineation) 和对偶关系. 而和斯坦纳一样, 他也用射影直线束或点列来生成射影圆锥截线. 可能沙勒很久以前就有了这些思想, 但是在这些思想在德国成形很久以后才提出来. 他在这方面的功绩就是把它们输入法国, 而通过法国教育体系的深远影响, 又把它们推广到英国、意大利和斯堪的纳维亚诸国.

沙勒在自己的工作中, 一贯使用与德国不同的用语, 人们需要知道沙勒的用语, 因为它们是很有影响的. 部分地说来, 沙勒只是把德国用语的拉丁字根翻译成了希腊字根. 他把交比称为 "非调和比" (*rapport anharmonique*), 这个词又是来自 "anaharmonique", 表示 "超过调和", 我看这个词就选得不妙. 沙勒又用同义的希腊字 "单应" (*homographie*)[8] 来代替 "共线性" (collineation). "对偶变换" 沙勒就说成 "相互关

---

[7] 关于沙勒在这方面的贡献, 可以参看 Steven Kleiman 出色的综述: *Chasles's enumerative theory of conics: A historical introduction, Studies in Algebraic Geometry, Mathematical Association of America Studies in Mathematics*, vol. 20, Mathematical Association of America, Washington DC, 1980, 117–138. ——校者注

[8] "单应" 一词现在在计算机图形学里用得很多. 粗略说来, 如果从两个不同点对同一物体照相, 这两张照片上的点是一一对应的, 直线也变成直线. 这个关系就叫单应关系. 其实是二者之间存在射影关系. ——中译本注

系" (corrélation), 老卡诺也使用过这个词, 但是意义完全不同. 甚至庞赛莱的用语在沙勒的著作中也大有 "改变", 但我觉得不是 "改良". 庞赛莱想用多少有点神秘的连续性原理来掌握虚元素, 而沙勒则认为发生实的情况实属偶然, 所以称这些实的情况为偶发性质 (qualités contingentes), 但是他又没有给出区别本质性质与偶发性质的判别方法. 例如两个圆总有一个实根轴, 这是本质性质; 而有时有两个实公共点, 这是偶发性质. 但是沙勒怎能用偶发性质概念来解释一般的 C_3 曲线的 9 个扭转点中, 3 个总是实的, 6 个总是虚的呢?

然而在沙勒的著作中有一点真是新的, 特别是在《概览》一书中: 就是对于这门科学有一种历史发展感. 沙勒发现了许多先行者, 并且给了他们应有的地位; 例如德萨格 (Girard Desargues, 1591 — 1661, 法国数学家), 他在 1630 年左右曾作过重要的工作, 而且至今仍然通过德萨格定理而处处为人所知. 沙勒在处理欧几里得的三部论 porism[9] 的佚著上有特殊的功绩: 他发现这几部书可能就是处理最简单的射影关系的, 这个猜想被后来的研究证实了.

数学史研究从沙勒那里获得了新的推动, 它带给我们很多有价值的东西. 这种研究教我们要看到大局的联系, 对于人类知识的进步要有感觉, 要知道人类知识总是时而前进与时而后退组合起来的. 肯定地说, 一个人认为是自己创造出来的新思想, 其实总是早就准备好了的, 只不过是沉睡在时间里而已 —— 谚语里说的 "日光之下并无新事", 正是多少粗略地反映了这一点[10] —— 我要说, 这种看法并不受那些多产的作者的欢迎, 因为它既限制了自我认知, 也限制了客观认可. 这样, 沙勒的工作引起了许多敌意. 庞赛莱, 这位沙勒在许多领域里的死对头, 就认为沙勒写《概览》一书, 为的就是贬低他的成就.

另一方面, 沙勒本人也屈服于一种倾向, 而这种情形又很难增加人们对他的历史研究的敬意. 研究人类文化的特定领域的历史, 总有一种潜在的危险, 而沙勒也未能幸免: 这就是过分地热衷于、过分地乐于去发现什么, 以致最终以一种游戏式的兴趣去猎取尽可能多的遗忘的细节, 不去重视这些发现的重要性和可靠性. 收藏家力求收藏完备的愿望代替了必需的筛选. 沙勒很不幸, 不愉快的错误使得他这种做法的危害暴露于众. 我不想略去不讲这件事, 因为这件事情在好几个方面引起人们普遍的兴趣.

1861 年沙勒获得了一大批亲笔书信, 而在 1867—1869 年间, 他传播了其中一部分, 引起了许多人注意. 他一开始发表了年轻的帕斯卡大约从 1650 年起寄出的一些信件, 这些信件似乎表明, 帕斯卡那时已经得到了牛顿 1687 年才发表的万有引力的理论的要点. 后来的文件就越来越离谱了: 例如有一封抹大拉 (Mary Magdalene) 给使徒彼

---

[9] porism 是一种很古老的数学命题的类型, 使用此词的目的尚不清楚. 有些作者出于历史的考虑把少数定理称为 porism. 而在非出于历史考虑的情况下, 有时 porism 就是 "系" 或 "推论", 有时则指这样一类命题, 其中给出了某个问题为不定或有许多解的条件. 因此有人把 porism 译为 "不定设题". —— 中译本注

[10] 此语出自《旧约圣经·传道书》, 第 1 章第 9 节. —— 中译本注

得的信, 据说是从马赛发出的, 还有瓦卢斯 (Varus)[11] 给恺撒的私人信件, 等等.

沙勒发表的东西立即遭到责难, 特别是来自天文学家勒维耶 (Urbain Jean Joseph Le Verrier, 1811 — 1877, 法国数学家和天文学家, 由于他在海王星的发现上的功绩而特别知名) 的责难. 然而巴黎科学院花了两年时间热烈讨论这件事 —— 讨论文章几乎塞满了《巴黎科学院通报》1867 —1869 年的各期 —— 直到最后, 沙勒不得不承认自己是一桩大规模伪造案件的受害者[12].

这起诉讼案件引起了前所未有的轰动, 由于其极大的心理学的趣味, 被收入一套名为《新比达瓦案例汇编》(New Pitaval) 的著名丛书[13] 中, 在那里读者可见其详. 人们不能不对这位终于在光天化日之下被捉了个正着 (in flagranti) 的伪造者寄予某些同情. 他必定不仅技巧高超, 学问渊博, 而且有很强的幽默感: 看见这么多著名学者都被他牵着鼻子转, 必定暗地里万分高兴.

介绍了这些负面的批评以后, 我要讲一下沙勒以及他的法国学派的正面的贡献, 他们通过将无穷远平面上的球面圆 (spherical circle) 以及无穷远直线上的圆点 (circular point) 作为实构造引入, 从而发展了关于射影几何学与度量几何学的关系.

我首先要在解析形式下给出一些解释, 这是普吕克首先做到的 (见 Crelle 杂志, Bd. 5, 1830).

若以 $\xi/\tau, \eta/\tau, \zeta/\tau$ 代替 x, y, z 而引入齐次坐标, 则球面圆由下式给出:

$$\tau = 0, \quad \xi^2 + \eta^2 + \zeta^2 = 0.$$

在这里我愿指出, 把球面圆看成 "无穷远" 处的东西是多么愚蠢. 一般说来, 到原点的距离是由下式给出的:

$$r = \sqrt{\frac{\xi^2 + \eta^2 + \zeta^2}{\tau^2}}.$$

---

[11] 此处可能是克莱因记忆有误, 应为克莉奥帕特拉七世 (Cleopatra VII) 给恺撒的私人信件. —— 校者注

[12] 伪造这批文件的人是一个法国人 Denis Vrain-Lucas (1816 — 1881). 他曾是一个律师的助理, 据统计一生之中曾伪造过 27000 页文件. 究竟伪造了些什么, 各书说法不一, 未必就与本书举的几个例子相同. 沙勒为了收买这些文件总共花了 14 —15 万法郎. (注意, 那是 19 世纪的法郎, 按今天的币值不知应该值多少钱.) 沙勒之所以 "上当", 至少部分地是由于他的 "爱国主义": 如果发现万有引力的不是英国人牛顿, 而是法国人帕斯卡, 那么, 作为英国 "宿敌" 的法国人的 "爱国热情" 自然会高涨起来! 这一点是否也属于 "心理学的兴趣" 呢? 后来, 巴黎的法院判处这位老兄 2 年监禁, 罚款 500 法郎, 并负担全部审讯费用; 沙勒虽然无罪, 那十几万法郎就自认倒霉了事. 倒是直到今天, 还有人 (包括 "数学家") 在写什么《诈骗大全》之类的畅销书, 这一点当然也属于 "心理学的兴趣". —— 中译本注

[13] 比达瓦 (François Gayot de Pitaval, 1673 — 1743) 是一位法国律师. 曾经写了一本书, 汇编了许多法国的著名诉讼案例. 由于这本书影响很大, 在 1842 —1890 年间, 在德国也出现了篇幅达 60 卷的案例汇编, 而且取名《新比达瓦案例汇编》(Der neue Pitaval). 此书本来只收集德国案例, 但由于沙勒一案影响太大, 所以也收入其中. —— 中译本注

对于球面圆, 此式成为不定式 0/0, 所以说球面圆上的点到原点的距离是多少都是无所谓的; 也只有这样才能理解, 何以球面圆属于具有任意固定半径 r 的球面.

法国人时常应用这个定理来阐述互相正交的方向. 从射影几何来看, 两个方向的正交性只是说的这两个方向对于球面圆处于调和的位置, 因为正交性可以用齐次坐标表示为 $\xi\xi' + \eta\eta' + \zeta\zeta' = 0$, 即它们关于 $\xi^2 + \eta^2 + \zeta^2 = 0$ 的极线 (polar) 的代数式为零. 在这里, 如果像法国人那样用与球面圆相交的直线来解释, 就又会遇到一个表面上的悖论. 如果这条直线通过原点, 则在其上有 $\xi^2 + \eta^2 + \zeta^2 = 0$. 所以看起来就像是一条直线与它自己正交; 而且它的长度为零!

由于这些貌似悖论的性质, 李在他的数学生涯开始时 (1868 — 1870), 常称这些构造为 "疯狂的直线" (*die verrückten Geraden*). 在他后来的著作里又比较文雅地称它们为 "极小直线" (*Minimalgeraden*). 现在通用的 "迷向直线" 一词来自法文的 "*droites isotropes*", 是黎鲍库 (Albert Ribaucour, 1845 — 1893) 创用的; 这个名词是基于以下事实: 在每个绕原点的旋转作用下, 连接原点和垂直于旋转轴的平面上的圆点得到的两条直线保持不变.

这些令人吃惊的结果其实又是不定式的问题. 事实上, 两个经过原点而方向各为 $\xi : \eta : \zeta$ 和 $\xi' : \eta' : \zeta'$ 的直线的交角为

$$\arccos \frac{\xi\xi' + \eta\eta' + \zeta\zeta'}{\sqrt{\xi^2 + \eta^2 + \zeta^2}\sqrt{\xi'^2 + \eta'^2 + \zeta'^2}}.$$

如果令

$$\xi' : \eta' : \zeta' = \xi : \eta : \zeta$$

而使这两条直线重合, 再让这条直线与球面圆相交 (从而有 $\xi^2 + \eta^2 + \zeta^2 = 0$), 这个角就成了 $\arccos 0/0$. 这样我们讨论的角又成了不定式. 我们可以令此量为 90° (相当于令分子为零), 也同样有根据令此量取任意值. 我们也可得出这条直线的长度为

$$r = \sqrt{\frac{\xi^2 + \eta^2 + \zeta^2}{\tau^2}} = 0,$$

除非也有 $\tau = 0$. 这就是说, 沿这条直线到无穷远平面的距离是不定的 —— 这也是必然的, 因为此直线与无穷远平面的交点, 必在球面圆上.

使用这些关系, 是他们法国人的论证的一个特色, 这使他们轻而易举地得到很有意义的几何结果, 如李说的那样, 简直是 "凭空抓出来的". 我倒愿意向哲学家们推荐这种思维方式, 这些哲学家时常是另一种做法, 常把自己局限于数学的细节, 而不是考虑其原理.

作为这种论证方法的一个例子, 我愿举出沙勒的一项发现, 即二次的共焦曲面族, 连同球面圆, 一起内切于同一可展曲面内. 这个可展曲面是虚的, 它的仅有的实成分是

此族的两条焦曲线, 它们是 [可展曲面的] 二重曲线 (见沙勒的《概览》第 2 版, 注 31, 384 页以下).

这个共焦族 F_2 在齐次点坐标下的方程是

$$\frac{\xi^2}{a^2 - \lambda} + \frac{\eta^2}{b^2 - \lambda} + \frac{\zeta^2}{c^2 - \lambda} = \tau^2.$$

在齐次平面坐标下则为

$$\left(a^2 - \lambda\right) u^2 + \left(b^2 - \lambda\right) v^2 + \left(c^2 - \lambda\right) w^2 = \omega^2,$$

或写为

$$\left(a^2 u^2 + b^2 v^2 + c^2 w^2 - \omega^2\right) - \lambda \left(u^2 + v^2 + w^2\right) = 0.$$

因为 $u^2 + v^2 + w^2 = 0$ 是球面圆在平面坐标下的方程, 所以现在我们有了一个类数为 2 的方程, 球面圆也属于其中, 相应于 $\lambda = \infty$. 但是簇

$$a^2 u^2 + b^2 v^2 + c^2 w^2 - \omega^2 = 0,$$
$$u^2 + v^2 + w^2 = 0$$

(这是一个可展曲面) 属于此共焦族中的一切曲面, 于是得证.

沙勒从这些关系式中很容易地导出以下定理, 即几个共焦的 F_2, 不仅在通常的意义下是正交的, 而且它们从任意点观看的轮廓线也是正交的.

我们考虑连接眼睛和两条这样的轮廓线的交点的直线. 这条直线与这族曲面中的两个元素 F 和 F' 相切. 此外族中的每个元素都有两个切平面通过这条直线. 这些平面对成为一个对合, 对合的不动点是 F 与 F' 的切平面 T 和 T', 切点的连线正是与 F 和 F' 相切的直线. 因此, 从直线向曲面族中任意曲面所引的两个切平面关于 T 和 T' 是调和的. 但是球面圆也在此曲面族内, 所以球面圆的过此直线的两个切平面也关于 T 和 T' 调和. 但是两对元素位置的调和性是对称的, T 和 T' 就也是正交的. 是所求证.

这就是这一批几何学家惯用的那种论证方法. 有一点肯定是值得注意的: 许多事实在这里都被压缩为少数几个一般概念, 而一旦完全地掌握了这些概念, 种种新的结果, 内容丰富而且复杂, 就几乎是显而易见的了. 一开始, 沙勒使用这种论证方法还有些胆怯, 许多时候把它们说成是一种心智的和心理的活动; 到后来就更自由、更有技巧地使用它们, 使得年轻人也树立雄心想要获得这种技巧. 当李和我在 1870 年一同来到巴黎时, 这种数学生活达到了顶点. 我愿再给出一个例子表明这个工具所达到的发展高度, 以及对它的绝妙的掌握.

那时, 为了寻找一已给曲面上的曲率线, 已经有许多工作. 一般说来, 只有在很孤立的情况下用积分才得到成功. 其后, 达布 (Jean Gaston Darboux, 1842—1917, 法国数

学家) 发现了在每个曲面上可以立即找到一条曲率线 (其实是在我们感兴趣的想法的范围内发现的): 作同时与给定曲面和球面圆相切的可展曲面, 此可展曲面与给定曲面的切触曲线就是一条曲率线.

这个定理是这样得到的: 曲面上的曲率线是由相邻而且相交的曲面法线的垂足构成的[14]. 但是极小平面的法线应该认为也位于此平面上, 而且通过它与球面圆的切触点. 这是由以下定理得出的, 即一平面的法线必通过此平面相对于球面圆的极点 (pole). 现在如果让极小平面同时沿此曲面和球面圆滚动, 这些法线 (即极小直线) 确实是相交的 (见图 13). 所以这个滚动的平面—— 其相继的位置就表示上面说的可展曲面—— 就在曲面上生成一条曲率线, 这条曲率线当然是虚的.

球面圆

曲面

曲率线

图 13

从这里可以看到, 我们这里讲的是一种逐渐发展起来的思考方式如何得到漂亮的实际应用, 也揭示了这种方法非凡的技巧性和简练性. 这些正是沙勒的特征, 与施陶特这些人所具有的彻底性和深刻性, 成了鲜明的对比. 这或许与民族性有关, 然而整个构造的无可争辩的基础, 只能是来自彻底性和深刻性.

我们给出的几个例子现在是足够了. 如果要做进一步的研究, 则有大量文献可供参考, 在此, 我只提出

沙勒: 《关于几何学在法国的进展》(M. Chasles, *Rapport sur les progrès de la géométrie en France*, Paris, 1870).

Enz., III: C1 (Dingeldey), C2 (Staude).

---

[14] 这里克莱因本质上是在复述蒙日的一个定理: 即给定曲面上的一条曲率线, 作曲率线各点曲面的法线, 这些法线所构成的曲面是可展曲面. 可见 Struik 的 *Lectures on Classical Differential Geometry*, 2nd edition (Dover Books on Mathematics), Dover Publications, 1988, 特别是 2-9 节. —— 校者注

E. Kötter: 《综合几何从蒙日到施陶特的发展》(*Entwicklung der synthetischen Geometrie von Monge bis auf Staudt, Jahresber.* d . D. M. V., Bd. 5, 1901) .

在 19 世纪 40 年代, 射影几何学的发展突然从法国转到了英国, 而英国在这个领域里的多产性又只是来自国外的书面著作, 这是非常特别的.

现在我们要去见一见凯莱 (Arthur Cayley, 1821 — 1895, 英国数学家), 他是这一发展中最令人高山仰止的人物. 他于 1821 年生于里士蒙 (Richmond), 但长于圣彼得堡, 因为他的父亲在那里经商. 从 1838 年到 1841 年, 他按照当时的习惯进了剑桥大学, 他在剑桥获得了老英国教育制度下的最高荣誉: Wrangler 第一名[15], 同时也得到了史密斯一等奖. 1841 年, 他开始在剑桥的刊物上发表文章. 他发表第一批文章时仅仅受到来自文献的启发, 主要是雅可比和法国数学家的著作.

这时他数学之外的经历有点像沙勒, 也是奇怪地来了一次急转弯. 1843 年, 凯莱在伦敦成了一个律师, 以后 20 年他一直从事这个职业. 他怎么能够一边从事另一种职业, 却又在数学上有无可比拟的多产性 (这一点与沙勒不同)? 这总是一个谜. 凯莱的所有基本的工作都是在这个时期完成的. 从 1863 年起, 凯莱在剑桥担任教授, 而且按那时的传统, 他在自己身边聚集了一小批精选的学生, 其余的时间则均分在科学工作和行政事务上. 他平静的工作和生活于 1895 年 1 月 26 日走到了终点.

凯莱的卷帙浩繁且内容广泛的著作集辑发表为 13 卷的四开本大书, 而且由福赛思 (Andrew Russell Forsyth, 1858 — 1942, 苏格兰数学家, 凯莱的学生) 专门编了一卷索引. 这些著作延伸到我们的科学的更广泛的领域, 包括力学和天文学. 但是凯莱主要是现代代数几何学的领军人物, 而且在更深远的意义上是其创立者, 无论是就这门科学的不变式理论方面还是几何方面都是如此.

我们现在讲的主题, 引导我们首先去关心他对于射影几何学与度量几何学的关系的发展. 最要紧的是, 我们必须考虑他的名著 "关于 quantics 的第六篇论文" (*A Sixth Memoir on Quantics*, London, Phil. Trans, 1859, 又见《凯莱全集》II: 561 页). 所谓 "quantics", 意义和 "形式" (或 "型") 相同, 就是二变元、三变元或更多变元的齐次多项式, 而按变元个数分成二元、三元的 quantics, 等等.

与我们有关的凯莱的基本概念是: 度量几何学的基本概念都是球面圆关于齐次坐标的任意线性变换的协变量 (covariant). 在此, 我们定义: 与某个簇相关的不变量和协变量就是一些与该簇有关联的表达式, 而这些表达式不被线性变换所破坏. 这个定义已经够用了. 从传统上说, 某个已给的簇的不变量就是只含有与该簇有关的常数的表达式, 而协变量就是也包含变量的表达式. 但是因为常数也总是看成变量, 所以不变量和

---

[15] 当时剑桥有一种非常严格的数学考试: Tripos (Tripos 本意是一种三脚凳, 参加考试的学生就坐在这种三脚凳上. 时日久远, 这种考试就称为 Tripos 了. 其优胜者称为 Wrangler), 18 — 19 世纪出身剑桥的一大批数学家和物理学家, 大多都当过前几名 Wrangler. 史密斯奖也是一种很高的学术荣誉. —— 中译本注

协变量的区别并非本质的区别.

两个平面的交角就是球面圆的协变量的一个例子. 这个角在平面坐标下可以表示为

$$\arccos \frac{uu' + vv' + ww'}{\sqrt{u^2 + v^2 + w^2}\sqrt{u'^2 + v'^2 + w'^2}},$$

分子是球面圆的基本形式的极形式 (polar) —— 最简单的共变式, 而分母则是基本形式本身. 平行于此, 两点距离在点坐标下的表达式是

$$r = \sqrt{\frac{(\xi\tau' - \xi'\tau)^2 + (\eta\tau' - \eta'\tau)^2 + (\zeta\tau' - \zeta'\tau)^2}{\tau^2\tau'^2}},$$

现在, 当点 ξ, η, ζ 和点 ξ', η', ζ' 都位于极小直线上时, 分子为零, 分母则相应于无穷远平面的方程.

说一个角的解析表达式是球面圆的一个协变量, 就意味着: 如果把通常的直角坐标通过一个线性变换代以任意其他的齐次坐标 u_1, u_2, u_3, u_4, 使得球面圆的方程成为

$$\sum \alpha_{ik} u_i u_k = 0,$$

则两平面夹角的表达式将是

$$\arccos \frac{\sum \alpha_{ik} u_i v_k}{\sqrt{\sum \alpha_{ik} u_i u_k}\sqrt{\sum \alpha_{ik} v_i v_k}},$$

这里 u_1, u_2, u_3, u_4 和 v_1, v_2, v_3, v_4 两组值表示我们想要求其交角的两个平面.

我们从这个式子可以看到, 出现了一个新的更一般的思想. 如果在坐标系 $u_1, u_2, u_3,$ u_4 下有一个任意的圆锥截线 —— 而不一定是球面圆 —— $\sum \alpha_{ik} u_i u_k$, 则若以上式表示 "夹角", 并相应地定义 "距离", 再把通常关于度量的概念都依此平移过去, 就可以以此式为基础定义一种拟度量. 更有甚者, 若 $\sum \alpha_{ik} u_i u_k$ 是任意的四元二次形式, 还可以它为基础定义一种新的度量. 令此式为零, 并不表示一个圆锥截线, 而是任意的二次簇.

这就是凯莱的一般射影度量或称凯莱度量的思想. 凯莱用下面的值得注意的几句话说明: 度量几何学包含于射影几何学 —— 凯莱称为画法几何学 —— 之中, 以及后者的广泛性. 这几句话就是: "于是, 度量几何学成了画法几何学的一部分, 而画法几何学就是全部几何学." 每一种度量几何学都是一个事前决定了的簇的系统的不变式理论, 但对此簇附加了一个二次曲面. 特别是, 通常的度量几何学就是对射影几何学附加了一个球面圆而得到的.

于是, 余下的就是对这个基本思想进行深入思考和详细阐述的问题. 我自己对这一发展的贡献就是从这里开始的: 第一件要做的工作就是从射影几何学的角度, 分别就这个二次簇的各种特例, 来研究凯莱度量的各种情况. 若只考虑具有实方程的簇, 则这些情况就是:

a) 真正的二次曲面:

    1. 实直纹面 (单叶双曲面, 双曲抛物面),

    2. 实的非直纹面 (椭球, 椭圆抛物面, 双叶双曲面),

    3. 虚的二次曲面.

b) 真正的二次曲线:

    1. 实二次曲线 (椭圆, 双曲线, 抛物线),

    2. 虚二次曲线.

c) 点对:

    1. 实的,

    2. 虚的.

d) 二重点.

在情况 b.2 下, 若取球面圆为基本的圆锥截线——凯莱称这个圆锥截线为 "绝对"——就会得到通常的度量. 由情况 a.2 和 a.3 就得到两种非欧几何学: 这两种非欧几何学由高斯、罗巴切夫斯基、鲍耶依、黎曼所区分. 在通常的几何学中, 令三角形三内角之和小于或大于 π 就会分别得出它们. 所以这些几何学体系现在也都被包括在射影几何学中, 而不再有任何悖理之处了. 这是刻画这些几何学的特性, 并且确信它们的相容性的最简单的方法.

当然, 其他情况也都已经实现了, 而且推出了对于我们的世界的有趣的、惊人的模型. 四维世界中 (其实我们仍停留在三维世界中, 不过使用了齐次坐标), $x^2 + y^2 + z^2 - t^2 = 0$ 或者 $dx^2 + dy^2 + dz^2 - dt^2 = 0$ 的情况, 近年来通过物理学的相对论获得了特殊的意义.

我愿在此指出纯粹和应用科学的特别的联系. 借用莱布尼茨的说法, 我把这个联系称为 "前定的和谐": 其效果是, 理论经常创造和发展的就是那些来自纯粹学术动机的结构, 而实践很快就会需要它们, 以便掌握从外部世界得来的问题. 对于心智的创造物的价值, 我几乎就想利用下面的问题来判断: 创造者们原来仅能看到抽象性, 现在要看它是否终于会突破抽象性的圈子, 而变得有效可用. 但是, 纯数学的思想圈当然就像一棵树: 我们不能要求每朵绽开的花朵都会成熟, 并结出果实.

除了以上的发展以外, 凯莱的方法还提出了第二项任务: 就是让理论最终摆脱一些基础性的不完全之处, 而证明它确实真正给出一个新的几何基础.

说实在的, 这还关系到整个系统的第一步, 即坐标的引入. 对于凯莱, 坐标要么就是简单的变量, 其几何意义如何, 根本不必考虑, 要么就是按度量几何中常见的做法那样, 用欧几里得距离来定义它. 但是还必须验证施陶特的思想, 即齐次坐标可以纯射影几何地引入, 这一点我们已经讨论过了 (见本章 109–111 页关于施陶特在这方面的工作的讨论).

应该这样来构造几何学的体系:

1. 按照施陶特的思想, 不提度量关系而来建立射影几何学. 使用希尔伯特以来已经惯用的名词, 给出次序公理、关联公理还有连续性公理, 等等, 并在这个基础上建立射影几何学.

2. 取凯莱几何学的各种特例 (射影度量几何学).

3. 按照所取的特定的几何学, 引入一个新的公理, 即存在一个实的非直纹 F_2, 取它为 "绝对", 这时, 我们就生活在其内域中; 或者取虚的 F_2 为 "绝对"; 或者取 "绝对" 为一个虚的圆锥截线. 就是在这三种情况下, 从我们能够达到的空间之点到绝对簇的锥面是虚的, 所以我们可以使用通常的角度的量度.

即使把我们的思想转变得适应于此, 也没有改变凯莱的公式的内在意义, 但是它对于我们的具体的几何学的基础的暂时的意义确实有了改变. 我们不再遵照通常的思想, 不再在度量几何学的框架内为非欧几何学构造模型, 而是提出了为一个更高级的几何学提供基础的任务, 而这个基础不需要任何度量概念, 这个更高级的几何学将包含所有我们熟悉的各种几何学, 成为一个流畅的系统.

我一开始着手从事这项工作时, 就很清楚地看到了射影几何学和非欧几何学的联系, 甚至可以说这联系是显然的. 但是, 我的这个思想遭到了来自几乎所有方面的强烈反对 (而这些反对意见之间又互相矛盾), 其理由又是各种各样的——一个新的思想, 哪怕是在我们这个比较客观的科学里, 想要有所突破是何等困难, 这是一个典型的例子. 那位有幸发现这个新思想的人, 尽管可以清楚地看到它如何从已知的思想成长起来, 又必定以何种形态呈现出来, 然而在把新思想传达给世界的时候, 他可能不能保证新思想不受他人怀疑和顾虑. 发现者自身此前从未有过这些顾虑, 也就无须去克服它们. 然而, 完成了的结构又突然地出现在那些未曾亲历的旁观者的面前, 并且声称自己是完全有根据的. 即令这些旁观者自己也是多产的人, 要想自如地追随发现者指出的道路, 也是难事. 因为这都来自发现者的个性, 而非来自旁观者的个性. 旁观者们总会沿自己选定的途径来接近一个主题, 这个途径是旁观者们从熟悉的途径中选出来的, 很可能是充满障碍的迂回的道路. 类似的例子还有亥姆霍兹关于力的守恒的工作和康托尔关于超限数的工作. 我愿简短地报告一下在我的生活中, 我是怎样经历了这些关系的.

我是在 1869 年从菲德勒 (O.W. Fiedler) 编译为德文的萨尔蒙 (George Salmon, 1819—1904, 爱尔兰数学家) 的《圆锥截线》(G. Salmon, *A Treatise on Conic Sections*) 一书中读到凯莱的理论的; 而在 1869—1870 学年冬则在柏林从施托茨那里学到了罗巴切夫斯基和鲍耶依的理论. 在这样一些指点的基础上, 虽然我理解得很少, 但是马上就掌握了一个思想, 就是二者之间必有某种联系. 1870 年 2 月, 我在魏尔斯特拉斯的讨论班上讲了一次凯莱度量, 而以一个问题结束我的讲演, 即这个工作是否尚未延伸到与罗巴切夫斯基的工作相一致? 作为答案, 我被告知, 二者属于完全不同的互相分离的思想领域, 而作为几何的基础, 第一个需要考虑的是, 直线给出两点之间的最短距离这一思想.

由于这些反对意见的压迫, 我就把已经形成的思想放在一旁了. 对于逻辑学家的批评, 我历来有些敬而远之, 因为逻辑学离我的兴趣较远. 只是到了很久以后, 我才懂得, 这是来自天生禀赋的差别, 而数学研究的心理会掩盖大问题. 魏尔斯特拉斯天性就更倾向于细心的探索, 一步步地筑起通向顶峰的道路. 但他的本性对于清楚地看到远处山峰的轮廓稍有欠缺; 至少在目前的问题上, 他没有这样来从远处观看.

我在前面说过, 1871 年夏, 我和施托茨在哥廷根再会, 我再一次怀着特别的谢意回想起这件事. 如同他曾经教过我读懂施陶特那样, 这一次他又让罗巴切夫斯基和鲍耶依的工作——我从来没有读过他们的著作——成为我能够理解的. 通过和施托茨这位出色的讲究逻辑的数学家的无休无止的辩论, 我终于感觉到, 非欧几何学只不过是凯莱意义下的射影几何学的一部分, 而在克服了我的顽固抵抗以后, 我的这位朋友又引导我对此确信无疑. 我把这个想法写成短文发表在哥廷根的通讯 (*Göttinger Nachrichten*) 上, 也发表在《数学年刊》(*Mathematische Annalen*) 的第 4 卷上, 这就是我 1871 年发表的关于这个问题的第一篇文章: "论所谓非欧几何学" (*Über die sog. nichteuklidische Geometrie*) (亦见克莱因《文集》第 1 卷, No. XV, XVI).

这些文章引起了许多反对, 首先是来自哲学方面的反对. 在那时宣称所有的非欧几何学都是胡说八道的, 正是罗泽 (Rudolph Hermann Lotze, 1817—1881, 德国哲学家) 这样的哲学家. 这还联系到一个无法消除的误解, 这个误解甚至今天还在影响哲学家和通俗作者, 所以我不能不说几句. 使用 "曲率" 一词来表示一个数学概念就会引起误解, 因为这个词暗示有某种可视的直觉的东西在那里. 其实, "曲率" 这个由高斯所创造而黎曼用得很多的名词, 本来讲的是微分几何学里的一个不变量

$$K = f\left(E, F, G; \partial E/\partial p, \partial E/\partial q, \partial F/\partial p, \cdots, \partial G/\partial q, \partial^2 E/\partial p^2, \cdots, \partial^2 G/\partial q^2\right),$$

而人们则称它为高斯所给出的弧长元素的表达式

$$ds^2 = Edp^2 + 2Fdpdq + Gdq^2$$

的 "曲率", 而且有一个定理说非欧空间的曲率 K 是常数. [这个名词里面本来没有什

么 "弯曲" 的意味, 但[16]] 这个纯粹内在的数学定理却被哲学家们和形形色色的神秘主义者, 以一种完全不可接受的方式, 硬加上了一种变化无定的意义, 似乎它赋予空间一种可视的直觉的弯曲, 而且同时还造成了关于四维空间的玄想和争论, 因为空间一定要有一个新的维度才能在其中 "弯曲". (甚至哥廷根数学会也有些年参与了这种争论. 请看布鲁门塔尔[17] 的诗句:

何谓空间的曲率? 岂是凡人的心智所能追随!)

所有这些虚浮之辞, 有些是赞同我们的, 有些则是反对我们的, 给我们带来了很大的困难. 我还记得, 在 1871—1872 学年的冬天, 我和朋友们每天晚上在 Gebhard 的 *Tunnel* 里[18] 的那些无休止而有时又是很热烈的谈话.

但是更重要的是来自数学方面的反对. 我在《数学年刊》第 4 卷的文章里, 一开始就无害地使用了度量几何学, 并没有想到这个问题竟然会引起逻辑的困难, 我在文章末尾引述了施陶特射影几何学独立于任意度量的结果, 不过可能过于简练扼要, 所以许多人责备我犯了循环论证的错误. 但他们并不理解施陶特关于 "投射" (Wurf) 作为一个数的定义是纯粹射影的, 而坚持认为这个数是作为欧几里得距离的交比而给出的, [因而是属于度量几何学的[19]].

1872 年夏, 在与许多数学家作了大量的商讨和通信以后, 我关于非欧几何学的第二篇文章又发表在《数学年刊》第 6 卷里 (即克莱因《文集》第 1 卷, No. XVIII), 文中我特地讨论了施陶特体系的基础, 甚至斗胆进行了 [几何学] 现代公理化的初次尝试.

但是哪怕这样详细的讲解, 也未能在各处都澄清问题, 特别是, 凯莱本人就从未放弃他的不信任的态度, 而相信在我的论证里有隐藏的循环论证. (见凯莱对他的文集第 2 卷 (1889 年) 所作的补充, 他在那里引用了鲍尔爵士 (Sir Robert Stawell Ball, 1840—1913, 爱尔兰数学家和力学家) 的话, 其实我和鲍尔爵士本人除了在这一点外, 有着良好的关系.) 在这里我们又一次看到一个很典型的现象: 一个大人物上了年纪以后, 时常不能从他自己提出的命题得出推论. 我们时常可以看见一种心理上的必然过程的后果: 大脑失去了灵活性和可塑性. 所以洛伦兹 (Hendrik Antoon Lorentz, 1853—1928, 荷兰物理学家, 相对论的伟大先行者) 总在反对相对论, 虽然相对论成为可能, 首先是由于他的思想.

还有一种来自另一方面的对我的责难, 这种责难大概每个革新者都会遇到过: 你的成果并不是新的. 具体说来, 在 1868 年左右, 意大利的贝尔特拉米 (Eugenio Beltrami,

---

[16] 方括号里的话是译者加的. ——中译本注

[17] 这里说的很有可能是 Otto Blumenthal (1876—1944), 希尔伯特的学生, 继克莱因之后长期担任《数学年刊》的主编. ——校者注

[18] 不清楚这是一个什么地方. 从上下文看, 似乎是一个喝咖啡或者啤酒的去处. ——中译本注

[19] 方括号里的一句话是译者加的. ——中译本注

1835—1900, 意大利数学家) 也提出了一些类似的考虑. 事实上, 我在 1871 年的论文里已经指出, 要从贝尔特拉米的公式得出凯莱的公式, 要不了两步. 如果在这句话里, 我再强调一下我所指的只是 "公式" 就好了. 我在这里想说的是, 要思索一下: 这些公式既然相同, 背后就可能有正确的东西.

贝尔特拉米 (他从来没有提到过施陶特) 在从这些关系式做出推论时, 犯了一个关键的错误. 这个错误后来亥姆霍兹和其他人又一犯再犯. 这一点, 我在 1871 年的论文里就已经指出过. 这就是在用球面上的三角形的内角和大于 π 来解释非欧几何时, 他们得出了两条最短路径必定交于两点. 但在射影平面上即令加上一个虚的基本圆锥截线, 两条直线也一定只能交于一点! 这个例子说明, 在曲面上解释任意度量几何学时, 一定要把该曲面的连通性 (Zusammenhang) 考虑进去. 射影平面有着不寻常的连通性, 而与球面本质不同; 前者是一个单侧曲面, 像默比乌斯带那样, 只不过它是封闭的. 这些事情只是在我与施雷夫里 (Ludwig Schläfli, 1814—1895, 瑞士数学家) 1874 年的通信里才完全说清楚了 (见《数学年刊》(*Mathematische Annalen*), Vol. 7, 549–550, 即克莱因《文集》2: 63 页以下).

关于这个复杂的时常受到阻碍的发展, 我还可以说上许多细节, 但我就此打住. 在相关的《数学年刊》各期里可以找到一个大概 (特别是《数学年刊》第 37 卷). 但是还有一个人我愿在这里提到, 就是克利福德 (William Kingdon Clifford, 1845—1879, 英国数学家). 我以特别愉快的心情回忆起这个人: 他立刻就完全地理解了我, 而且很快就走到我前面去了.

至此, 我就要结束关于纯粹综合几何发展的讨论了. 通过构造一个没有漏洞的系统, 它达到了一个自然的结尾, 而把那个时代所有的几何研究都有机地包括进来、组织起来. 现在我要转到与这个发展有关的代数学的进展.

代数学的平行发展: 不变式理论

就本书现在的内容而言, 不变式理论的主题可以用下面的问题来表述: 几何图形的射影性质 —— 即在任意共线变换下不变的性质 —— 如何反映在代数计算上? 所以现在和普吕克的情况不同, 问题不再是避免计算, 而是以系统的形式进行计算, 使得从一开始就可以看清楚, 计算的结果不受变元的任意线性变换的影响. 但是, 想要全面掌握这个理论的进展以及不变式的意义的人, 必须站在一个可以看得更远的观点上. 不变式理论首先起源于数论, 我们试着从这一侧面来透视不变式理论.

我不想回溯太远, 就从高斯的《算术研究》开始. 我们在第 1 章里就已经看到, 在那部论著里, 高斯把二元二次型

$$f = ax^2 + 2bxy + cy^2$$

的研究当作数论的主要问题之一, 而问题是, 当对 x, y 作线性变换

$$x = \alpha x' + \beta y', \quad y = \gamma x' + \delta y'$$

时, f 如何变化, 这里 $\alpha\delta - \beta\gamma = r$. 这时, 我们会得到另一个二次型

$$f' = a'x'^2 + 2b'x'y' + c'y'^2.$$

在搜索这个变换下不变的量, 或者只有表面改变的量时, 我们首先遇到的是判别式

$$D' = b'^2 - a'c' = r^2 D$$

——但是高斯称它为行列式. 我们已经看到, 数论里面特别有趣的情况是 a, b, c 和 $\alpha, \beta, \gamma, \delta$ 均为整数, 而且 $r = 1$ 的情况下两个二次型等价的问题, 这时 $D = D'$ 只是必要条件而不是充分条件.

我们这里理解的不变式理论, 就这样离开了数论而提出一个纯粹的代数问题如下: 对于任意已给的形式

$$f = a_1 x^n + b_1 x^{n-1} + c_1 x^{n-2} + \cdots + p_1,$$
$$g = a_2 x^n + b_2 x^{n-1} + c_2 x^{n-2} + \cdots + p_2,$$

求一个对于 $a_1, b_1, \cdots, p_1$ 为齐次 (可能也对 $a_2, b_2, \cdots, p_2$ 为齐次) 的多项式, 使得对于变元作线性变换时, 它们最多会增加一个因子: 即增加变换的行列式的一个幂. 作为一个例子, 考虑两个线性形式

$$a_1 x_1 + b_1 x_2, \quad a_2 x_1 + b_2 x_2,$$

行列式

$$\begin{vmatrix} a_1 & b_1 \\ a_2 & b_2 \end{vmatrix}$$

就是这两个形式的所谓同时不变式.

商

$$\frac{|ab||cd|}{|ad||bc|}$$

则是四个这种形式的同时不变式. 其实, 它是一个绝对不变式, 因为它在变换之下完全不变. (它表示四个点的交比.)

不变式理论以后就变窄了, 几何学对此负多大的责任? 与数论的脱离又要负多大责任? 其实, 就不变式理论自身而言, 它本来不必这样发展: 我们已经看到, 由高斯的二元二次形式理论, 可以得到关于格点以及模曲线的几何考虑这些非常美丽的支持和解释.

所以, 数论本身肯定不是非几何的. 但是, 如果把几何学限制到连续空间的曲线曲面等, 就会使得不变式理论相应地变窄了.

但是, 在历史的发展进程中, 事实上又只有极少数研究者能够均衡地从各个方面来追随这个非常广泛的学科. 雅可比仍然完全追随高斯的精神, 算是其中之一. 他以后还有艾森斯坦 (Ferdinand Gotthold Max Eisenstein, 1823—1852, 德国数学家) 和埃尔米特 (Charles Hermite, 1822—1901, 法国数学家). 再往后就出现了各个分支的专业化. 后来的研究者完全被形式代数问题及其几何应用所俘虏; 他们离开了数论, 而遵从那个时代的精神, 力求专业化.

科学生活顺着这个势头发展出新的特点: 日益改善的交流手段带来了更加生机勃勃的国际交流, 这种交流体现在日益增长的热情而持久的合作上. 1868 年《数学年刊》(Mathematische Annalen) 的创办, 是这个科学行业的一个标志, 它很快就成了不变式理论的机关刊物.

在这个领域的杰出研究者中, 我想提到

a) 海赛 (Ludwig Otto Hesse, 1811—1874, 德国数学家), 阿隆霍德 (Siegfried Heinrich Aronhold, 1819—1884, 德国数学家), 他们是哥尼斯堡学派的杰出代表; 稍后还有克莱布什和戈丹等人.

b) 英国三重奏组: 凯莱, 西尔维斯特 (James Joseph Sylvester, 1814—1897, 英国数学家) 以及萨尔蒙.

c) 最后还有意大利人布里奥斯基 (Francesco Brioschi, 1824—1897, 意大利数学家) (他写了一本关于行列式的教本), 几何学家克雷蒙纳 (Antonio Luigi Gaudenzio Giuseppe Cremona, 1830—1903, 意大利数学家) 和贝尔特拉米.

我仍然只能给出这些研究者对于不变式理论的发展的一个样本. 但是我要提到麦克斯·诺特[20] 为他们撰写的发表在《数学年刊》上的传记:

第 7 卷 (1874)	克莱布什 (由其友人撰写),
第 46 卷	凯莱,
第 50 卷	西尔维斯特, 布里奥斯基,
第 55 卷	埃尔米特,
第 61 卷	萨尔蒙,
第 53 卷	李,
第 59 卷	克雷蒙纳,
第 75 卷	戈丹.

---

[20] 见本章脚注 [2] —— 中译本注

当然, 最后这位已经远远超出了我们研究的时期. 诺特写的这些传记是研究这个时期极佳的资料来源, 包括这个时期各种广泛而有趣的关系, 它们被处理得如同花园里的美丽花朵, 纯粹只是为美丽而美丽, 而不是为了有什么外在的用途.

现代不变式理论的直接预备知识就是行列式理论. 这个数学工具最早是由莱布尼茨想到的, 而由范德蒙德 (Alexander-Théophile Vandermonde, 1735 — 1796, 法国数学家) 在 18 世纪、还有柯西在 19 世纪加以改进, 最后则由雅可比把它完善. 它被引入数学的各个分支, 并且进入了各地的数学教育. 雅可比在 *Crelle* 杂志第 22 卷 (1841) 里发表了两篇文章如下:

"论行列式的形成和性质" (*De formatione et proprietatibus determinantium*, 见《雅可比全集》3: 355–392 页).

"论函数行列式" (*De determinantibus functionalibus*, 见《雅可比全集》3: 393–438 页, 德语译本由 P. Stäckel 编入 *Ostwalds Klassiker* 丛书中, 为其 77 和 78 卷).

今天, 行列式——雅可比的记号是 $\sum \pm a_{11}a_{22}\cdots a_{nn}$, 而我们则简记为 $|a_{ik}|$ ——的变换与计算规则 (这是为了有效使用行列式所必须掌握的), 受过数学教育者是无人不知的了. 所以我不必再往下讲, 但要再次指出它是如何出现在求解线性方程中, 正如我以前只对两个未知数的两个方程所讲过的那样. 行列式

$$\begin{vmatrix} a_{11} & a_{12} & \cdots & a_{1n} \\ \vdots & \vdots & & \vdots \\ a_{n1} & a_{n2} & \cdots & a_{nn} \end{vmatrix} = |a_{ik}|$$

是 n 个线性形式

$$\sum_{i=1}^{n} a_{1i}x_i, \sum_{i=1}^{n} a_{2i}x_i, \sum_{i=1}^{n} a_{3i}x_i, \cdots, \sum_{i=1}^{n} a_{ni}x_i$$

的同时不变式. 这句话的意思是: 若作代换

$$x_k = \sum_{l=1}^{n} \alpha_{kl}y_l,$$

使上面 n 个线性形式变为

$$\sum_{i=1}^{n} a'_{1i}y_i, \sum_{i=1}^{n} a'_{2i}y_i, \sum_{i=1}^{n} a'_{3i}y_i, \cdots, \sum_{i=1}^{n} a'_{ni}y_i,$$

则新行列式 $D' = |a'_{ik}|$ 与老行列式 $D = |a_{ik}|$ 之间有等式 $D' = rD$. 这里 $r = |\alpha_{ik}|$ 是变换的行列式. 这个关系式可以立即从行列式理论的基本定理, 即乘法定理得出.

以上所述有一个推广, 即所谓函数行列式. 这时处理的不再是线性形式及其系数的组合, 而是如以前经常说的那样, 是 $x_1, x_2, \cdots, x_n$ 的完全任意的函数. 然而今天我要说: 如果考虑任意的可微函数 $f, g, h, \cdots$ 及其偏导数 $f_i = \dfrac{\partial f}{\partial x_i}$, 则可以做出行列式

$$
\begin{vmatrix}
f_1 & f_2 & f_3 & \cdots & f_n \\
g_1 & g_2 & g_3 & \cdots & g_n \\
h_1 & h_2 & h_3 & \cdots & h_n \\
\vdots & \vdots & \vdots & & \vdots
\end{vmatrix}.
$$

这是一个更高意义下的不变式, 即对于变元 $x_1, x_2, \cdots, x_n$ 的任意变换的不变式, 但是一定要加上一个限制, 而这一点雅可比并不知道, 即新变元必须是老变元的可微函数, 反过来老变元也必须是新变元的可微函数. 为了证明这一点, 需要用到关系式

$$
\frac{\partial f}{\partial y_1} = f_1 \frac{\partial x_1}{\partial y_1} + f_2 \frac{\partial x_2}{\partial y_1} + f_3 \frac{\partial x_3}{\partial y_1} + \cdots + f_n \frac{\partial x_n}{\partial y_1},
$$
$$
\cdots\cdots\cdots\cdots
$$
$$
\frac{\partial f}{\partial y_n} = f_1 \frac{\partial x_1}{\partial y_n} + f_2 \frac{\partial x_2}{\partial y_n} + f_3 \frac{\partial x_3}{\partial y_n} + \cdots + f_n \frac{\partial x_n}{\partial y_n},
$$
$$
\frac{\partial g}{\partial y_1} = g_1 \frac{\partial x_1}{\partial y_1} + g_2 \frac{\partial x_2}{\partial y_1} + g_3 \frac{\partial x_3}{\partial y_1} + \cdots + g_n \frac{\partial x_n}{\partial y_1},
$$
$$
\cdots\cdots\cdots\cdots
$$
$$
\frac{\partial h}{\partial y_1} = h_1 \frac{\partial x_1}{\partial y_1} + h_2 \frac{\partial x_2}{\partial y_1} + h_3 \frac{\partial x_3}{\partial y_1} + \cdots + h_n \frac{\partial x_n}{\partial y_1},
$$
$$
\cdots\cdots\cdots\cdots
$$

以及行列式的乘法定理. 这里, 我们对于以变元的任意变换群为基础的更一般的不变式理论算是得窥其一斑了. 另一个本质上更复杂的例子是曲率的不变性, 这一点我们在上面已经提到了.

雅可比的这个工作后来由海赛就解析几何加以发展. 正如上面提到的那样, 不变式理论与数论的联系已经被完全放弃了.

海赛于 1811 年生于哥尼斯堡. 在此, 我不想忽略向读者提出一个值得注意的事实, 即从哥尼斯堡竟然出来那么多数学家——东普鲁士人似乎受到上天特别的眷顾, 对于我们这门科学有特别的才能. 如果把哲学家兼数学家康德也算作我们中的一员, 就有下面的值得纪念的名单: 康德, 1724; 里歇洛, 1808; 海赛, 1811; 基尔霍夫, 1824; 卡尔·诺依曼[21], 1832; 克莱布什, 1833; 希尔伯特, 1862. 每个人名后面附的是他的出生年份.

海赛的才能发展得很慢, 他曾在各个学校就职. 1840—1855 年, 他在哥尼斯堡任 *Dozent*, 1855—1856 年在哈雷, 1856—1868 年在海德堡, 最后, 1868—1874 年在慕

---

[21] 见第 3 章脚注 [14]. ——中译本注

尼黑的工科技术学院 (高工, *technische Hochschule*). 他的真正有创造性的时期是他在哥尼斯堡的那一段时间. 在海德堡, 他写了被广泛使用的《解析几何讲义》(*Vorlesungen über analytische Geometrie*) 一书, 通过这本书, 他把用对称性的公式进行优美的计算这个意识传递给了广大的读者. 在其他方面, 海德堡对于海赛的发展并没有什么好处. 他沉溺在内卡尔河上的这个城市的魅力中, 这个城市确实是让人的心智徜徉其中的好去处, 却远非精确工作的好地方. 诗人舍费尔把他引入了一个小圈子, 海赛在其中度过了许多快乐的时光——诗人因 "*Gaudeamus*" 一书的 "*Beide auf Nr. 8*" 而名垂久远[22], 却毁了海赛的数学生涯. 这样, 海赛一生的终结多少有点悲剧性. 在慕尼黑, 他还打算再次回到创造性的活动, 但是成果有限: 那种确定地区分真伪的能力已经一去不返了.

在海赛的成就中, 我只提一项, 即使得海赛的名字仍然生活在我们中间的那一项: 这就是所谓的*海赛行列式*, 它是由一个齐次函数 f 的二阶偏导数生成的:

$$H = \begin{vmatrix} f_{11} & f_{12} & f_{13} & \cdots & f_{1n} \\ f_{21} & f_{22} & f_{23} & \cdots & f_{2n} \\ \vdots & \vdots & \vdots & & \vdots \\ f_{n1} & f_{n2} & f_{n3} & \cdots & f_{nn} \end{vmatrix}.$$

它在几何中有许多应用. 作一线性变换可以把 H 变成 $H' = r^2 H$, 想要证明这一点, 只需用行列式 r 乘 H 两次, 一次按行乘, 另一次按列乘, 就可以了. 所以 H 是一个不变式——或者说是一个协变式, 因为当 f 的次数大于 2 时, 行列式的各个元中还含有变元.

关于这个协变式对于几何研究的价值, 我要给出一个简单的例子, 来表明它是怎样标志着超过普吕克的进展.

问题是决定一个方程为 $f(x, y) = 0$ 的阶数为 n 的平面曲线的扭转点. 普吕克把条件 $d^2y/dx^2 = 0$ 化为用 f 的偏导数来表示的条件, 所有微积分教科书都是这样做的. 用雅可比的记号, 普吕克所得到的条件是: 以下的 "加边" 行列式为零:

$$\begin{vmatrix} f_{xx} & f_{xy} & f_x \\ f_{yx} & f_{yy} & f_y \\ f_x & f_y & 0 \end{vmatrix} = 0.$$

这个式子表示一条 $3n - 4$ 次曲线. 所以, 这样看起来, 一条 C_n 曲线应有 $n(3n - 4)$ 个扭转点. 但是普吕克是这样推理的: 由此行列式表示的曲线应与已给的 C_n 曲线的 n 个无穷分支的每一个均有一个切点, 所以从这 $n(3n - 4)$ 个交点中应该除去 $2n$ 个非扭转点的交点. 他就这样得到了扭转点的正确的个数, 即 $3n(n - 2)$.

---

[22] 舍费尔 (Joseph Viktor von Scheffel, 1826 — 1886) 是一个著名的诗人. "*Gaudeamus*" 是一本诗集, 诗风愉快而幽默, 题材主要取自当地的传说和一些历史故事. —— 中译本注

海赛表明了, 如果彻底地使用齐次坐标, 所有这一切可以变得清楚得多.

他令 $x = x_1/x_3, y = x_2/x_3$, 使得普吕克的行列式成为

$$\begin{vmatrix} f_{11} & f_{12} & f_1 \\ f_{21} & f_{22} & f_2 \\ f_1 & f_2 & 0 \end{vmatrix} = 0.$$

然后他用欧拉关于齐次函数的定理, 即得

$$f_1 x_1 + f_2 x_2 + f_3 x_3 = n \cdot f,$$

$$f_{i1} x_1 + f_{i2} x_2 + f_{i3} x_3 = (n-1) \cdot f_i, \quad i = 1, 2, 3,$$

等等, 把普吕克的行列式 (在乘以 $n-1$ 后) 写成

$$\begin{vmatrix} f_{11} & f_{12} & f_{11}x_1 + f_{12}x_2 + f_{13}x_3 \\ f_{21} & f_{22} & f_{21}x_1 + f_{22}x_2 + f_{23}x_3 \\ f_1 & f_2 & 0 \end{vmatrix} = 0.$$

把第 1 和第 2 列分别乘以 x_1 和 x_2, 再从第 3 列中减去它们. 提出因子 x_3 有

$$x_3 \cdot \begin{vmatrix} f_{11} & f_{12} & f_{13} \\ f_{21} & f_{22} & f_{23} \\ f_1 & f_2 & f_3 \end{vmatrix} = 0.$$

我们现在用同样的办法处理第 3 行. 消去数值因子 $1/(n-1)$ 就得到

$$x_3^2 \cdot \begin{vmatrix} f_{11} & f_{12} & f_{13} \\ f_{21} & f_{22} & f_{23} \\ f_{31} & f_{32} & f_{33} \end{vmatrix} = x_3^2 \cdot H = 0.$$

因子 $x_3^2 = 0$ 相应于普吕克的方法用了一些技巧来排除的交点, 而次数为 $3(n-2)$ 的方程 $H = 0$ 则决定了作为完备的交点的扭转点.

从这个例子我们看到, 方法上是有了进展, 也看到了海赛的理想: 通过从一开始就使用对称的齐次的陈述, 使得代数过程成为几何考虑的纯粹的对应物. 他特别关注平面上的 C_3 和 C_4 的理论, 这个理论我们在下面还要细说.

在这段时期, 英国人也成长起来了, 成了不变式理论及其对于射影几何学的应用的领导者.

我已经谈到过凯莱和他的绵绵不绝的工作. 他生于 1821 年, 但早从 1841 年起

就开始在《剑桥数学杂志》(*Cambridge Mathematical Journal*) 上发表论文. 他从一开始就与射影几何学打交道, 对于英国, 当时那还是一个新研究方向, 在强调自由的数学创新这点上, 与剑桥占主导地位的逻辑学家 (如德摩根 (Augustus De Morgan, 1806—1871, 英国逻辑学家) 等人) 形成鲜明对照: 1846 年, 我们看到, 他把自己的 "论超行列式" (*Mémoire sur les hyperdéterminants*) 一文投交 *Crelle* 杂志 (Bd. 30). 用超行列式 (hyperdeterminant) 一词来表示我们现在说的不变式, 很清楚地表明了这个理论发展历史的痕迹, 说明它来自行列式理论的推广. 凯莱领导了这个理论的发展 (德国也不断有人从事这一理论的研究), 并且持续进行了理论体系的整理和创新. 他的 10 篇论文 "论 *quantics*" (*Memoirs on Quantics*) 是很有名的, 先后发表在《哲学汇刊》(*Philosophical Transactions*) 上 (1854—1878). 它们全都表现了作者的巨大才能, 以及他的不知疲倦的勤劳和坚韧的能力.

与凯莱的平和而连续的性格成对照的, 是他的略微年长的战友西尔维斯特, 那是我们迄今见到的最为活跃、最为多变的人物. 他 1814 年生于伦敦, 也是很早就开始了数学工作, 但是后来, 老是变换住处和职业. 1841—1845 年, 他在美国弗吉尼亚大学任教, 1845—1855 年, 在伦敦做精算师, 而且和凯莱一样, 又是诉讼律师, 然后又在伍利奇 (Woolwich, 在伦敦郊区泰晤士河边) 的军事学院当教授, 直到 1871 年. 以后的几年里, 他没有任职, 直到 1876 年他受聘于美国巴尔的摩的约翰·霍普金斯大学. 他在这个职位上通过大量的教学工作 (专门教不变式理论), 将美国拉入了纯粹数学创造性研究的队伍. 他又创办了《美国数学杂志》(*American Journal of Mathematics*), 至今仍是最有名的数学刊物之一. 1884 年, 西尔维斯特回到英国, 并以 70 岁高龄担任了牛津大学新设立的教授职位, 直到 1897 年去世为止.

西尔维斯特在伦敦被凯莱引到了这个新学科中, 而且很快就成了其领导者之一. 这个理论中有许多名词都是他拟定的, 如: 不变式、协变式、伴随式、判别式, 等等. 而且这还只是他建议的名词的一部分. 他开玩笑地说他自己是新亚当, 因为他像我们最古老的父辈亚当[23] 一样, 给一切东西定了新名字.

西尔维斯特是一个极为活跃和多才多艺的人物, 他能以最大的深度透视他所见到的每一件事物, 把它们连接起来; 但是就他把所研究的东西作详细的阐述, 并且系统地表现为一个完成了的具有宏大风格的工作而言, 则他的生性在此稍有欠缺. 他的专门领域是这门科学的完全抽象的、组合的侧面. 而且他还从这个角度出发, 对数学不变式理论以外的方方面面 —— 比如力学问题 —— 也都给出了漂亮的阐述. 他的这种思维方式的一个典型, 如他对我说过的那样, 就是如何理解化学公式. 在那时, 这是数学家感兴趣的问题, 而且他还在《美国数学杂志》上, 用一种与二元形式的不变式理论的符号过程相平行的方式, 来讲述化学. 他想把化学公式看成两个概念的逻辑关系, 而对具体的原

---

[23] 这里借用了圣经创世纪中上帝创造的第一个人 (即我们最古老的父辈) 就是亚当的故事. —— 中译本注

子的连接则付诸一笑. 现在这当然不是自然科学取得进展的思想基础.[24]

西尔维斯特的性格极能使人兴奋, 他极为机智, 光彩照人. 他是一个才华横溢的演说家, 而且常用动人的敏捷的诗句把自己包装起来, 使得大家都很高兴. 就才华和敏捷而言, 他可以说是自己的种族的代表: 他来自一个纯粹的犹太家庭, 到他这一代, 才 "取" 西尔维斯特为姓, 在那以前, 他的家族本是没有姓的.

在西尔维斯特的数学成就中, 我只想提到, 两个二次形式的初等因子理论 (至少是初步的理论), 以及最重要的标准形式理论. 它关系到怎样把一个已给的齐次形式最简单地写出来, 或者换一个完全相同的说法, 就是要找出一个齐次坐标系, 使一个已给的代数簇能用最简单的方程来表示. 例如对于一个三次曲面, 西尔维斯特发现了一个以他命名的五面体坐标. 这个五面体坐标包含了五个平面 $x = y = z = t = u = 0$, 而由方程 $x + y + z + t + u = 0$ 确定. 在这个五面体坐标中, 三次曲面的方程成为

$$ax^3 + by^3 + cz^3 + dt^3 + eu^3 = 0.$$

利用此式, 这个曲面的许多几何性质都可以轻而易举地做出来.

在这方面, 我还要提一件事: 年老的斯坦纳曾经突然不加证明地给出许多结果, 并且宣布这些都是他的发现. 上述结果也是其中之一. 事实上, 施雷夫里已经使得斯坦纳可以见到西尔维斯特的工作. (见 Graf 在 1896 年编辑的二人的来往信件.)

现在又有第三个人跟上了凯莱和西尔维斯特, 此人则是另一个性格完全不同的人物, 他就是爱尔兰的都柏林的神学家萨尔蒙. 他几乎终身都属于古老的爱尔兰新教的三

---

[24] 外尔 (Hermann Klaus Hugo Weyl, 1885—1955, 德国数学家) 在他的名著《数学与自然科学的哲学》(*Philosophy of Mathematics and Natural Science*, 中译本, 2007, 上海科技教育出版社) 的 "附录 D: 化学价与结构的等级" 中认为分子的化学结构理论的发展有 3 个阶段. 首先是凯库勒的分子结构式 (包括立体结构), 其次是西尔维斯特利用不变式理论对它的组合学处理, 然后才有量子论的分子理论. 外尔为此写了一个很长的脚注 (原书中译本 379 页), 与本书克莱因的说法对照起来很有意思, 所以抄录于下. 不过对于文字稍作修改, 使与本书一致.

西尔维斯特的文章发表在《美国数学杂志》第一卷, 这个刊物正是他本人在约翰·霍普金斯 (John Hopkins) 大学创办的, 论文标题是: 论新原子论对二元齐次式的不变式与协变式的图示的一个应用 (*On an application of the new atomic theory to the graphical representation of the invariants and covariants of binary quantics*). 这篇论文开始的一段, 首先是对 19 世纪自然哲学一个特有的表述, 其次又是一篇西尔维斯特式的如此动人的散文, 所以值得引述如下: "所谓新原子论, 我是指凯库勒的崇高的发明, 它与旧原子论的对比, 多少类似于开普勒的天文学与托勒密的天文学的对比, 或达尔文的自然体系与林耐 (Carl Linnaeus, 1707—1778, 瑞典生物学家, 公认为分类学的鼻祖, 时常拼作 Carl von Linné) 的自然体系的对比 —— 和旧理论一样, 它在动能学的直接影响之外, 其定律基于纯粹的形式之间的关系, 又像新的由牛顿完善了的理论一样, 这些定律有精确的算术定义. 我想方设法, 终于有一夜在梦中醒来, 发现一种方法可以把现代代数学的对象的很明白的概念, 传授给一个混杂的群体, 这个群体主要由物理学家、化学家和生物学家组成, 也有少数数学家散居其内. 我坚持要把我自己在我所偏好的这个学科里的新近的研究介绍给这个群体, 而且我一直感到, 对于化合物的基因的研究和对 'Grundformen', 即既约的不变式之研究有一种亲和性, 甚至在我的心智的视网膜上, 出现了一个化学 ——图式的影像, 它可以体现和说明导出的代数式与原来的代数式之间的关系, 以及它们自己之间的关系, 从而完全地完成了我心中的目标, 这就是我将在下面解释的." —— 中译本注

一学院 (Trinity College)[25], 哈密顿也出身于这所令人起敬的学院. 这所学院长期以来一直是比较沉思的心智活动之家, 至今仍是爱尔兰的新教的学术中心. 神学、古典文献学和数学三门学问一直携手同行, 而一个有力的传统 (来自例如贝克莱主教等人[26]) 给这三门学问以固定的形式. 当我 1899 年访问都柏林时, 那里的人们对我说, "剑桥是如此有雄心大志", 恰到好处地说明, 现代的科学趋势在那里占了优势. 1892 年都柏林三一学院在建校三百周年庆典上展现了其承袭自传统的绚烂夺目的气派和文化. 当时哥廷根参加了这个庆典, 发出了我们已故的同事雷欧用动人的拉丁文对仗诗句写的颂词. 当时我请求在估计学院的功绩时, 给数学以适当的地位, 雷欧回答说 "珀伽索斯[27] 也会跨过这个栅栏", 于是在他的颂词的定稿里就有这样一句: 在那里/数学家之光/哈密顿/照耀四方……

萨尔蒙就生长在这样的气氛中. 他于 1819 年出生于都柏林, 就读于三一学院, 而且 1840 年以后就在这里任教. 1860 年以后, 他对神学的兴趣越来越浓, 所以 1866 年又成了神学教授. 1888 年他当上了都柏林三一学院的助理副校长 (provost), 以后一直与学院保持最密切的联系, 直到 1904 年去世.

萨尔蒙生性温和, 但是在行政事务上又保守到顽固的地步. 当我 1899 年去访问他时, 他在一处避暑胜地过着舒适而平静的生活. 他不和我谈数学, 而是以一种最使人愉快的方式和我分享种种无害的、在每个小镇里都有的趣闻逸事.

凯莱、西尔维斯特和萨尔蒙这三个人都享有了少见的长寿, 但他们在我们所知道的通常的学术生涯之外的生活方式是完全不同的.

作为萨尔蒙特有的成就, 我愿在此举出他写的著名的教科书, 通过它们, 萨尔蒙为射影几何学的现代分析处理和不变式理论找到了最广大的听众. 这些教科书就是:

1848: 《圆锥截线》(*Conic Sections*).

---

[25] 请勿与剑桥大学的三一学院相混淆. 这两个三一学院各出了一大批思想家和科学家. —— 中译本注

[26] 乔治·贝克莱 (George Berkeley, 1685—1753), 贝克莱 (Berkeley) 正确的读音应为 ′ba:kli (巴克莱), 是著名的主观唯心论哲学家. 他于 1734 年被任命为爱尔兰克罗因 (Cloyne) 地方的主教 (Bishop), 但许多人说顺了口就称他为 "贝克莱大主教", 这是错误的. 因为作为一个教职, 大主教是 Archbishop, 而贝克莱只担任了主教 (Bishop). 虽然他是克罗因地方的主教, 却一直在都柏林的三一学院教书. 就他与数学的关系而言, 数学界的人们更多地是因为他的一本书《分析学家, 致一位不信神的数学家的信》(*The Analyst, A Discourse Addressed to an Infidel Mathematician*, 1734) 而知道他. 这本书虽然是站在为宗教辩护的立场上, 却尖锐地、一针见血地指出了当时的微积分学的基础中存在的问题. 这里说的 "一位不信神的数学家", 一般认为是指哈雷. —— 中译本注

[27] 珀伽索斯 (Pegasus) 是希腊神话中的飞马, 英雄柏勒洛丰 (Bellerophon) 曾经骑着它斩杀喷火怪喀美拉 (Chimera). 传说中天马踏足之处都会涌出一眼清泉, 会给饮用它的人带来灵感. 传说其中一眼清泉就在缪斯女神所在的赫利孔山 (Helicon) 上. 此处克莱因提到的人指的是古典文献学家 Friedrich Leo (1851—1914), 1892 年他代表哥廷根为爱尔兰都柏林三一学院成立三百周年写拉丁语颂词. 原文提到克莱因请求雷欧在颂词中给数学以适当的地位, 雷欧的回答相当于在说: 虽然我的领域和数学相去甚远, 但这点障碍还挡不住我写作的灵感. —— 校者注.

1852: 《高等平面曲线》(*Higher Plane Curves*).

1859: 《现代高等代数》(*Modern Higher Algebra*).

1862: 《三维解析几何》(*Analytic Geometry of Three Dimensions*).

这些书都出了许多版, 有种种译本和编译本 (德文本编译者是菲德勒), 在很长的时间里, 它们颇为流行, 而这是很公正的. 它们并不是系统的陈述和严格的展开, 而宁可说是对于代数几何的许多美丽结果的平静而流畅的、轻松的谈话, 总是把最新的结果收入新版; 原书松散的形式使得这样做仍可以不扰乱整个结构. 读这些书犹如在森林、田野和花园里愉快而富有教益的漫步, 导游时而指点这个美景, 时而告诉你那个奇异的现象, 而不去费劲把每一件东西都归结为一个僵硬的、没有漏洞的完成了的作品 —— 这种趋势在菲德勒的编译本里很快就可以感受到 —— 这些书也不按照合理的农艺学的原理, 深挖出最有利可图的植物, 并且把它们种到事先准备好的土地上. 我们都是在这样的花园里长大的; 我们在这里获得了基本的知识, 以后再在此基础上去建筑.

现在我愿举一些例子, 简短地描绘这些人把我们的理论带到了什么状况.

在比较抽象的数学方面, 有一个问题, 就是如何求出一个给定的形式的完全不变式组; 也就是求出尽可能少、尽可能简单的不变式与协变式, 而使得所有其他不变式与协变式都可以写成它们的多项式, 艾森斯坦已经知道了二元三次形式

$$f = ax_1^3 + 3bx_1^2x_2 + 3cx_1x_2^2 + dx_2^3$$

最简单的协变式是二次多项式:

$$H = \begin{vmatrix} f_{11} & f_{12} \\ f_{21} & f_{22} \end{vmatrix},$$

而最简单的不变式则是

$$3b^2c^2 + 6abcd - 4b^3d - 4ac^3 - a^2d^2,$$

它是二次形式 H 的行列式; 它也是形式 f 的判别式, 通常记为 Δ. 然后则有 f 和 H 的函数行列式, 记为 Q, 它也是一个三次式. 凯莱证明了, f, H, Δ, Q 就是一个完全的不变式组. 这以后就开始了对于其他形式求完全不变式组的工作.

在二元四次形式

$$ax_1^4 + 4bx_1^3x_2 + 6cx_1^2x_2^2 + 4dx_1x_2^3 + ex_2^4$$

的情况下, 凯莱发现, 除了量 $f_{(4)}$, $H_{(4)}$ 以及 $f_{(4)}$ 和 $H_{(4)}$ 的函数行列式 $Q_{(6)}$ 以外, 还有两个不变式. 它们后来用魏尔斯特拉斯的记号就写作

$$g_2 = ae - 4bd + 3c^2,$$

$$g_3 = \begin{vmatrix} a & b & c \\ b & c & d \\ c & d & e \end{vmatrix}.$$

另一方面, 在现在的情况下, 又有 $\Delta = g_2^3 - 27g_3^2$, 所以 Δ 现在不再属于完全的不变式组. 这个情况的不变性的证明, 在计算上的要求超出了通常行列式的可能, 所以需要引入符号式的记号, 用它们来发展一个计算系统, 而这个系统又有其自身独立的意义, 可以用于掌握更高次形式提出的问题, 这些问题很快就变得无比复杂. 这一发展后来由凯莱、阿隆霍德和克莱布什实现了, 这标志了下一个时期极为广泛的文献.

在结束这一部分时, 我愿从代数几何角度, 从这些研究者处理的几何学中的等式问题里举几个例子.

图 14

1. 我们已经说过平面曲线 C_3 的 9 个扭转点问题是普吕克发现的. 海赛也研究过它, 而最终是由阿隆霍德完成的. 普吕克注意到, 这 9 个扭转点是 3 个一组地分布在 12 条直线上. 海赛则发现了这 12 条直线可以排成 4 个三角形, 而每一个三角形的边上都包含了全部 9 个扭转点 (见图 14). 所以线束 $f + \lambda H = 0$ 中包含了 4 个蜕化为直线的 C_3. 所以, 从这个以 12 条扭转线为解的十二次方程必定可以做出具有不变系数的四次方程. 海赛想要求出的这个四次方程后来由阿隆霍德显式地给出了. 一旦解出了这个四次方程, 只需初等运算就可以求出这些扭转点.

类似的研究指出, 对于平面 C_4 的 28 条二重切线的构形, 也需要作类似的研究. 在这里, 也是普吕克开了头, 但是前面已经说过, 普吕克最后还是搞错了. 这个问题是由斯坦纳和海赛同时解决的 (见 *Crelle* 杂志, Bd. 49 (1855), 亦见克莱因《文集》2: 110 页以下).

2. 在同一方向上, 高次曲面现在也引起了人们的兴趣. 1849 年, 萨尔蒙和凯莱发现了在 F_3 上存在 27 条直线, 其构形很值得注意: 它们的每一条都与其他 10 条相交 (*Cambridge and Dublin Journal*, Vol. 4). 它们可以都是实的, 而且可以极为直观地表现在克莱布什 1872 年发现的对角曲面上 (见 *Mathematische Annalen* 4: 331 页以下, 或克莱因《文集》2: 29 页以下). 在西尔维斯特五面体坐标中, 它有一个简单的方程

$$x^3 + y^3 + z^3 + t^3 + u^3 = 0.$$

此外, F_3 和这些直线的构形以一种很特殊的方式与一个平面 C_4 的 28 条二重切线相关. 这件事是由盖塞尔首先发现的 (见 *Mathematische Annalen*, Bd. 1 (1868)), 这个关系就是: 若将 F_3 从其上一点 O 投影到任意平面上, 则其轮廓将成为一个平面 C_4, 它

有 28 条二重切线, 分别由以下的经过 *O* 的平面与此平面相交而成: F_3 在 *O* 点的切平面, 以及 27 个由 *O* 和 F_3 上的直线所张的平面.

3. 最后我还想提一下由库默尔 (Ernst Eduard Kummer, 1810—1893, 德国数学家) 在 1864 年发现的一个曲面 (见 *Berliner Monatsberichte*), 尽管我们提到的内容来自稍晚一些的时代. 这是一个阶数和类数均为 4 的——因而是自反的——曲面. 它有 16 个二重点, 而且 6 个一组地落在此曲面的 16 个二重切平面 (即沿一圆锥截线与该曲面相切的平面) 上. 这些二重元素所满足的十六次方程可以化为一个六次方程和几个二次方程. 这件事是若尔当 (Marie Ennemond Camille Jordan, 1838—1922, 法国数学家) 在 1868 年发现的 (见 *Crelle* 杂志, Bd. 70), 而我则用几何的考虑证实了它 (见 *Gött. Nachr.*, 1869, *Mathematische Annalen*, Bd. 2, 即克莱因《文集》1: 53 页), 这是我的第一项工作, 我由它赢得了我的名声 (就是我 1868 年学位论文的继续).

N 维空间和广义复数

现在我要简短地讨论一下, 在我们所考虑的这个时期中代数几何学的发展的第三个本质的特点: 这就是几何概念被推广到 *n* 维空间中, 以及更广义的复数 (不只含有实部和虚部两项) 的使用.

我们所有考虑过的几何学——射影几何学、仿射几何学和度量几何学——只要搞清楚能够使得它所涉及的关系不变的变换群是什么, 就可以刻画出来 (见 1872 年我的《埃尔朗根纲领》(*Erlanger Programm*), 即克莱因《文集》1: 460 页). 这些变换是:

1. 对于射影几何学, 它就是最一般的线性分式变换之群. 用非齐次坐标来表示, 线性分式变换就是:

$$x' = \frac{\alpha x + \beta y + \gamma z + \delta}{\alpha''' x + \beta''' y + \gamma''' z + \delta'''},$$

$$y' = \frac{\alpha' x + \beta' y + \gamma' z + \delta'}{\alpha''' x + \beta''' y + \gamma''' z + \delta'''},$$

$$z' = \frac{\alpha'' x + \beta'' y + \gamma'' z + \delta''}{\alpha''' x + \beta''' y + \gamma''' z + \delta'''}.$$

2. 对于仿射几何学, 仍是以上的变换, 但是去掉分母:

$$x' = \alpha x + \beta y + \gamma z + \delta,$$

$$y' = \alpha' x + \beta' y + \gamma' z + \delta',$$

$$z' = \alpha'' x + \beta'' y + \gamma'' z + \delta''.$$

3. 对于度量几何学, 则在上述变换上还要加上以下条件:

$$\begin{vmatrix} \alpha & \beta & \gamma \\ \alpha' & \beta' & \gamma' \\ \alpha'' & \beta'' & \gamma'' \end{vmatrix}$$

是所谓正交行列式; 从这个条件, 可以导出以下的不变性关系:

$$dx'^2 + dy'^2 + dz'^2 = dx^2 + dy^2 + dz^2.$$

这里还可以作进一步的区别, 即限制这些正交变换的行列式为 +1 或者把行列式为 −1 的正交变换也包括到这里的群内.

　　由于有了这些公式, 进一步的推广似乎是显然的了: 即把 3 个变元 x, y, z 代之以任意 n 个变元, 从而相应地研究 n 维空间的几何学. 这个想法太自然了, 所以, 如果希望真有进展, 就必须对于这个推广了的领域有更透彻的兴趣, 而且精确地构建起所需要的理论才行.

　　对于我们这一代人的思维方式, 这个进展是如此自然 —— 现在看来, 如果只是满足于推广到变量个数 n 为有限的情况, 似乎是太谦虚了 —— 所以我想比较详细地谈一谈, 当这个思想刚出现时, 在很长一段时间里所遇到的困难, 以及那些犟着脖子的反对意见.

　　这里又要怪那些哲学家造成了进展的困难, 他们对数学理论的内在的意义和它的真正力量的所在, 缺少了解, 而数学理论并不是一开始就触及一时的实际应用的. 似乎数学的每一个真正的进展都有这样奇怪的命运: 它首先要冲撞已经建立起来的正统观念. 而进展的真正的秘密正在于那种朴素的创新性中, 它始于对某个主题纯粹的欢愉, 人的精神驱使它到哪里, 它就创造出什么.

　　但是除了哲学家的拒绝 —— 一种可以想得到的反对意见是: n 维空间就是胡说八道 —— 我们还从恰好相反的方向遇到令人吃惊的困难. 因为还出现了一些对于哲学热心的人, 硬是要从数学的存在性 (*Existenz*) 和数学理论的丰富成果, 推论出有某个实在的四维空间的现实的存在性 (*Dasein*), 假设这个四维空间存在于大自然之中, 而且可以用实验去证明.

　　在这方面, 我必须谈到莱比锡的天体物理学家和哲学家措尔纳 (Johann Karl Friedrich Zöllner, 1834 — 1882). 措尔纳出生于 1834 年, 在自然科学中, 因许多有价值的探索和建议而知名, 特别是他 1878 — 1881 年写的《科学论文集》(*Wissenschaftliche Abhandlungen*). 他有不少关于物质的电动力学的物理思想今天又复活了: 极小的粒子的连续发射, 引力作为不可补偿的电吸引力, 等等. 实验物理也有许多有价值的进展要归功于他: 他第一个用辐射计 (radiometer) 作定量的测量, 他在日食以外的时间也成功观测到日珥 (solar protuberance), 等等. 措尔纳对于自然科学的才能是无可置疑的; 但除此之外他倾向于把神秘主义和玄想看得很重, 这样的特质出现在这么一个性格激进的人身上, 就注定了他的厄运. 他甚至还热情地认为自己是站在受到传统和时尚的压制和威胁的自由思想一边, 越来越沉溺于幻想, 越来越被自我推定的偏见所激怒, 这样, 他就陷入唯灵论的泥沼里去了, 毫不令人惊奇, 他在那里被人肆无忌惮地利用了.

可能看起来奇怪的是: 正是我推动了措尔纳决定性地转向唯灵论 —— 当然我丝毫也没有想到其后果. 那是在 19 世纪 70 年代中期, 著名的美国唯灵论者斯雷德 (Henry Slade, 1835—1905), 一个极有本事的神媒 —— 多年后也被揭穿了 —— 举行他的有名的降灵大会 (séance), 引起了极大的关注. 在此前不久, 我曾颇不经意地对措尔纳谈到过我的一个关于有结的封闭曲线的结果 (发表在《数学年刊》第 9 卷上, 亦即克莱因《文集》2: 63 页), 这只是一次纯粹科学的谈话. 这个结果就是: 只有当限制在三维空间中运动时, 结的出现才可以认为是封闭曲线的一个本质的现象 (即在变形下不变); 而在四维空间里, 封闭曲线上打的结可以通过变形来解开. 所以, 只要我们的思考越出了通常的空间, 打结就不再是一个拓扑 (analysis situs) 性质.

措尔纳对这个说明表现出了我无法理解的热情. 他以为, 现在他有了一个以实验证明 "第四维存在" 的手段了, 并且建议斯雷德试着去解开一条闭合的绳子上的结. 斯雷德如他通常的习惯那样回答说 "让我试一试", 就这样接受了这个建议. 不久以后他就做出了这个实验, 使措尔纳大为满意. 可以在此提一下, 这个实验用的是一根用胶或者蜡来封口的绳子: 措尔纳用他的两个大拇指摁住胶或者蜡的封口, 而斯雷德再把自己的手放在上面. 措尔纳由此实验得出结论, 说存在一个 "媒介者" 与第四维空间有密切关系, 而且有把我们的物质世界的东西在这第四个维度里移来移去的本事, 所以 —— 在我们的感觉中 —— 这些东西一下子不见了, 一下子又重新出现了.

这样就出现了一种非常普遍的欺诈活动, 它与催眠术、暗示、各种宗教派别和通俗的自然哲学等合在一起, 很快就统治了许多人的思想. 这种统治延续了很长时间, 直到今天, 在综艺节目、电影和魔术表演 —— 还有日常用语 —— 里, 无不可以找到它的踪迹.

由这些事情和各种反对意见造成的兴奋, 加速了措尔纳的终结. 他被狂热的活动俘虏了. 他在生命最后几年里, 每天都要印好几页书稿出来! 1882 年, 还不满 50 岁, 就在工作中中风而亡.

尽管有这些误解、争辩和烦恼, n 维空间最终在科学思想的领域中站住了脚, 而使我们数学家感到满意的是, 在理论物理学中也站住了脚. 在力学中, n 维空间作为一个受欢迎的资源被接纳了 (例如可以用它来数学地处理自由度为 n 的刚体系统). 在气体运动论中, 需要处理 $6N$ 维空间, 这里 N 是 1 克·摩尔 (gram-mole) 气体所含的分子数: 对每一个分子需要 6 个坐标来决定其位置和速度. 因为 $N = 6 \times 10^{23}$, 所以我们处理的是 36×10^{23} 维空间. 这个思想的提示的力量, 以及问题在此基础上能够得到的简化, 是每个做过这方面工作的人都不会否认的.

但是四维空间在力学中找到了最富有成果的解释: 除了 3 个空间坐标 x, y, z, 还要加上第四个 "维度" 来表示时间变量 t, 而这个维度在任意力学问题中都会出现. 这个思想是拉格朗日引入的, 但是他并没有深入下去, 而在今天的物理学, 在所谓相对论中, 其意义是人们十分熟悉的了.

　　高维空间理论的历史发展是从拉格朗日开始的. 柯西等人扩展了其纯粹形式的应用. 1844 年凯莱在《剑桥数学杂志》(*Cambridge Mathematical Journal*) 的第 4 卷 (见《凯莱全集》1: 55 页以下) 就写过 "n 维解析几何的章节" (*Chapters in the Analytical Geometry of n Dimensions*), 当时他还只有 22 岁. 但是把这个理论作为一个独立的数学学科, 并对它给出非常独特的、前后连贯的陈述的是格拉斯曼 (Hermann Günther Grassmann, 1809—1877, 德国数学家), 斯特丁 (Stettin) 的 *Gymnasium* 的教师.[28] 他在 1844 年写了一本书《延伸理论》(*Ausdehnungslehre*). 关于此书我们下面还会详细介绍, 而现在我们必须提到两位作者, 他们各以不同形式走到同一思想, 而且都非常本质地对于下面的情况做出了贡献, 那就是, 到了 1870 年左右, n 维空间 R_n 已经成了进步的年轻一代的共同财富.

　　第一个需要提到的是普吕克. 他在《空间解析几何的系统》(*System der analytischen Geometrie des Raumes*, 1846) 一书中, 特别是在其著名的第 258 节 (322 页以下) 中, 从一个全新的角度触及四维空间问题, 即以直线为空间几何的元素. 一条直线是由两个线性方程来表示的, 即

$$x = rz + \rho,$$
$$y = sz + \sigma.$$

所以是用了四个参数 r, ρ, s, σ. 若以直线为空间的基本元素, 则可以说: 空间是四维的. 而普吕克赋予 n 维空间的意义也就是: 用含有 n 个参数的元素来构建起通常空间中的几何学. 然而, 他在有时的谈话中, 又认为这样捏造出来的 n 维点空间 "太形而上学" 了, 因而又拒绝了这个概念.

　　于是, 在这个基础上发展出了一个新学科 —— 直线几何学: 即用 r, ρ, s, σ 的一个、两个或多个方程所确定的直线之集合的理论. 普吕克称由 $f(r, \rho, s, \sigma)$ 给出的簇为线丛 (*complex*), 两个这样的丛的交集为线汇 (*congruence*). 库默尔在 1866 年研究的 "直线射线系" (*geradlinige Strahlensysteme*) 也就是这一类线汇. 详情可见普吕克的《基于以直线作为空间的元素的新空间几何学》(*Neue Geometrie des Raumes, gegründet auf die Betrachtung der geraden Linie als Raumelement*, 1869—1870) 一书.

　　第二个必须提到的是黎曼和他的意义深远的就职演说 (*Habilitationsvortrag*): "论作为几何基础的假设" (*Über die Hypothesen, welche der Geometrie zu Grunde liegen*). 这个演说于 1854 年 6 月 10 日在哥廷根发表. (请不要把它与黎曼关于三角级数的就职论文 (*Habilitationsschrift*) 混淆起来, 该文在另一个方向上同样得到了突破性的效果.)

---

　　[28] 斯特丁是德国波美朗尼亚 (Pomerania) 地区的城市, 第二次世界大战后划归波兰, 而且改用了它在波兰语中的名字 "什切青" (Szczecin). —— 中译本注

黎曼在这里和在许多其他数学领域中一样, 是高斯提出的思想的真正后继者. 高斯在 1827 年写的《曲面论》(*Disquisitiones generales circa superficies curvas*) (见《高斯全集》4: 217 页以下) 追求曲面上所谓的 "内蕴几何学". 他从弧长元素

$$ds^2 = Edp^2 + 2Fdpdq + Fdq^2$$

开始, 寻找曲面的那些不随曲面坐标 p, q 的选择而改变的性质. 他找到了以关系式 $\delta \int ds = 0$ 来定义的测地线; 他找到了由 E, F, G 及其对于 p, q 的一阶和二阶导数构成的一个不变量 "曲率", 等等 (见本书 125 页).

这样, 黎曼假设了有一个空间 —— 但是为了避免空间二字引起反对, 他使用了 "n 维流形" 一词, 其中弧长元素是由一个正定二次形式

$$ds^2 = \sum_{i,k=1}^{n} a_{ik} dx_i dx_k$$

给出的. 然后, 黎曼就来寻求那些与 $x_1, x_2, \cdots, x_n$ 的选择无关的性质. 这里, 他特别关注到弧长的法式为

$$ds^2 = dx_1^2 + dx_2^2 + \cdots + dx_n^2$$

的那些流形, 并且用系数 a_{ik} 所应满足的条件来刻画这类流形; 他同样也特别关注到弧长元素可以化为

$$ds^2 = \frac{1}{1 + (\alpha/4) \sum\limits_{i=1}^{n} x_i^2} \cdot \left(\sum_{i=1}^{n} dx_i^2 \right)$$

的流形. 前者是欧几里得空间的直接推广; 后者则包含了非欧几里得空间. 类比于 R_3 中的初等的曲面理论, 黎曼称前一种流形为 "平坦的", 而把后一种描述为 "具有常曲率的" 流形. 虽然这种类比非常吸引人, 却很暧昧不清. 因为 "平坦的" 和 "具有常曲率的" 这些性质可以用于二维簇, 只是因为它们都位于三维空间内; 而对于黎曼流形 R_n 就谈不到是否有外围流形 R_{n+1} 的问题.

当黎曼 (1866 年) 早逝后, 戴德金把这个讲演发表在 *Göttinger Abhandlungen* 第 13 卷上 (1868 年), 引起了极大的注意. 因为在这里, 黎曼不仅开始了深刻的数学研究 —— 由此开创了一门新的数学分支: 微分形式 $\sum a_{ik} dx_i dx_k$ 的性质和分类理论 —— 而且还触及我们关于空间直觉的内蕴的成分, 以及他的思想可否用于揭示自然界的问题.

非常值得注意的是, 很久以后, 最新的自然科学也捡起了黎曼的思想. 爱因斯坦的相对论是基于这样一个 ds^2 的: 它在最简单的坐标下形为

$$dx^2 + dy^2 + dz^2 - dt^2.$$

这也是黎曼研究过的形式之一, 区别在于, 这个形式不再是正定的.

我们现在转到格拉斯曼, 对于他, 我们要比较详细地谈一下.

由于莱比锡科学会在 1894—1911 年编辑了格拉斯曼的著作集, 共 3 卷, 每卷 2 册, 所以我们可以借此很真实地介绍他的人格和工作. 第 3 卷中有恩格尔 (Friedrich Engel, 1861—1941, 德国数学家, 克莱因和李的学生) 所写的很详细的传记, 值得一读. 特别是由于这篇传记没有格拉斯曼那个学派的坏习惯, 没有把一切荣耀都归之于他们的领导者, 所以更可一读.

赫尔曼·格拉斯曼于 1809 年生于斯特丁. 他来自一个古老的新教牧师家庭, 家中历来注重科学和艺术. 这样的家庭背景对于格拉斯曼有重大意义. 在它的长期熏陶下, 他的平静而和缓的天性, 就沿着自己的路径, 按自己的规律发展. 格拉斯曼的生涯很典型地始自对神学和语言学的研究. 1827—1830 年间, 他在柏林进行的就是这些方面的学习, 虽然部分地受到施莱尔马赫 (Friedrich Daniel Ernst Schleiermacher, 1768—1834, 德国神学家和哲学家, 人称现代新教神学之父) 的影响, 但主要是靠自学. 格拉斯曼从来没有听过数学课, 但是在 1832 年左右却开始研究起数学来了. 自 1836 年起他就在斯特丁教数学 (这以前还在柏林教过数学). 直到 1839—1840 年才通过一次附加的考试 (写了一篇关于退潮和水流的论文) 获得了允许教授数学的职位. 1842 年受聘到斯特丁的 *Gymnasium*, 他在这个岗位上工作直到 1877 年去世.

尽管格拉斯曼的工作如此具有独创性且如此重要, 他却从未担任过大学教师. 说真的, 由于他的特殊的发展道路, 他在自己数学生涯的大部分时间里没有得到公正的承认. 可以理解, 格拉斯曼常因命运对自己的不公而悲叹[29]; 但是这对他也有好处, 这一点在他的工作和人格上都有表现. 我们这些学者生活在激烈的竞争中, 好像树林里的树, 一定要又细又长, 只是为了要高出别的树, 才能获得自己那一份阳光和空气, 才能生存. 但是如格拉斯曼这样孤独孑立的人, 却可以向各个方向生长, 和谐地发展, 尽其天性, 完成自己的工作. 但是多才多艺如格拉斯曼, 也难免浅尝辄止; 很明显, 这一点损害了格拉斯曼晚年的工作.

要想列举格拉斯曼曾经涉足而且有所建树的领域, 实在太困难了. 他不仅是一个对

[29] 他在自己的名著《延伸理论》第 2 版 (出版时间距第一版已有 17 年) 的序言里写了下面一段感人的话, 而历史终于证明格拉斯曼是正确的. 下面是这段话的译文: "我仍然完全确信, 我花在这本书上的劳力, 占据了我的一生的很大一部分, 消耗了我极为艰辛的努力, 这不会是白费的. 我确实知道, 我所贡献给科学的东西, 形式尚不完全, 也不可能完全. 但是我知道, 而且感到有必要申明 (虽然这有过于傲慢的危险), 即令这本书再等 17 年甚至更长时间, 不为人们所用, 未曾进入科学的实际发展, 然而这样的时刻终会到来: 那时它会脱离尘封, 那些沉睡的思想也会结出果实. 我知道, 如果我仍然未能在我身边聚集起一群学者 (直到现在我在这方面只是徒劳), 与他们共享这些思想的成果, 激励他们把这些思想进一步发展与丰富起来, 然而这样的时刻终会到来, 那时, 这些思想, 说不定会以新的形式重新出现, 进入与当代的发展的互相交流之中. 因为真理是永恒神圣的, 它的任何一个阶段都不会不留踪迹; 哪怕我们这些人所穿的衣服已经化为尘土, 真理仍然是永存的." —— 中译本注

哲学有很强兴趣的最独创的数学家, 也是一个物理学家 (实验物理和理论物理两方面),
在电流理论、色彩理论和元音理论等各方面都做了极出色的工作; 在最后这个方面, 他
的工作与亥姆霍兹的工作是平行的, 而且得到了亥姆霍兹极大的尊重——格拉斯曼对
音乐有特别精微的听力. 一般来说他对艺术和音乐有很大的爱好和特殊的品位. 除此以
外, 还有他对于语言学的倾心. 他特别有兴趣于语言的比较, 对于比较语言学做了许多
有用的工作: 其中包括关于梨俱吠陀 (Rig Veda) 的一本字典, 一本德国民歌集和德文
植物名称的研究. 除了这些, 格拉斯曼还有大量时间积极参与当时的公众生活. 政治、社
会和宗教问题都使他大为感动. 有好几年他是一家报纸的编辑; 他是共济会会员, 而且
是他那个基层组织的头; 他对于在中国传教有特别积极的兴趣[30].

活动的方面过于多样, 所以至少在一个方面格拉斯曼并不成功也就不足为奇了: 他
是一个糟糕的教师. 尽管他对自己的职业有着他所特有的责任心, 但是他的仁慈、谦逊
和一贯友善的天性, 并不适宜让学生尊重他. 只要能使少数学生对他教的课程有兴趣,
哪怕多数学生完全不懂, 爱怎么玩就怎么玩, 有时全然不顾老师, 格拉斯曼也就满足
了——精于教学与科学上的重要性和多产性未必能够得兼, 这正是一个清楚而且有教
益的例子.

我们现在转到格拉斯曼在数学上的成就. 这表现为他的巨著《延伸理论》(Aus-
dehnungslehre). 第一版只涉及仿射几何学, 出版于 1844 年; 第二版 (1861 年) 包含的
是同样的理论, 但是讲法完全不同, 而且也包含了度量几何学. 两本书都极为难读; 说真
的, 几乎无法卒读. 第一版是从最一般的哲学概念开始推演, 完全没有公式. 第二版倒
是使用了 n 个坐标, 但是也使用了许多新名词和新算法, 其陈述是彻底严格、系统和欧
几里得式的[31]. 为了给出其内容的一个图景, 我试图用我们的语言来陈述其要点.

本书研究对象是 n 个 (非齐次的) 变元 $x_1, x_2, \cdots, x_n$ 的连续统, 即一个 R_n.《延
伸理论》的第一版是从仿射几何学的角度来考虑这个 R_n 的; 所以格拉斯曼称它为 "线
性" (lineale) 的延伸理论. 第二版中则加进了量

$$\sqrt{x_1^2 + x_2^2 + \cdots + x_n^2},$$

所以也就带进了度量的考虑. 目的是把通常的欧几里得几何学推广到 R_n. 首先注意

---

[30] 共济会 (freemasonry) 是 16—17 世纪在欧洲很多地方都存在的一个兄弟会性质的组织, 有原始基督
教色彩, 至今在许多国家, 它还存在. 它的基层组织叫做 lodge, 领头人叫做 Master. 格拉斯曼就是一个 lodge
的 Master. 大家知道从 15 世纪起就有许多天主教士来中国传教, 利玛窦是其著名的代表. 这批传教士多是耶
稣会士. 到了格拉斯曼的 19 世纪, 新教 (路德教会) 也大量派人到中国传教. 格拉斯曼虽然没有来过中国, 但
对此特别积极. ——中译本注

[31] 现在把两版书的全名录下. 第一版全名是《线性延伸理论, 一个新数学分支》(Die lineale Aus-
dehnungslehre, ein neure Zweig der Mathematik). 德文的 lineale 就是英文的 linear, 书名叫做 "线性延伸"
自然是指它只涉及仿射几何学. 此书出版以后, 大家都不懂, 默比乌斯甚至拒绝为之写评论. 于是, 经过 17
年苦苦加工, 改写为第二版, 书名也改成了《延伸理论: 完的和严格的改写本》(Die Ausdehnungslehre:
Vollständig und in strenger Form bearbeitet). ——中译本注

到的是线性簇: 点、直线、平面 $\cdots\cdots$, 或者因为这些名词不能用于 R_n, 就说是一系列簇 $S_0, S_1, \cdots, S_n$, 而因为有对偶法则, 也可以倒过来排列成 $S_n, S_{n-1}, \cdots, S_0$.

迄今, 我们得到的还只是斯坦纳的基本簇, 或称基本构造 (Gebilde), 只不过是推广到了 R_n 上. 但是现在, 格拉斯曼走出了重要的一步. 对于这些构造, 格拉斯曼还附加上了 "内容" (Inhalt) 的概念, 而且把无界构造与从它上面切下来的 "片、段、块" (Stücke) 区别开来, 并把它们作为特殊的对象加以处理. 这样, 格拉斯曼就会讲到 "直线段" (Strecken)、"平面量" (Plangrössen)、空间块, 等等. (请参看我写的《高观点下的初等数学》第 2 卷: 几何 (Elementarmathematik vom höheren Standpunkt aus, Bd. 2, Geometrie)[32].) 现在我要列举格拉斯曼的基本构造, 并与斯坦纳的基本构造在三维空间中作一个比较, 根据的是格拉斯曼本人在 Grunert 的 Archive (Bd. 6, 1845, 即《格拉斯曼全集》I, 1: 297–312 页) 上的报告. 我们将看到, 按格拉斯曼本人的说法, 有七个 (或六个) 基本构造 (Grundgebilde), 而斯坦纳的则只有四个, 即: 点、直线、平面、空间. 在列举它们时, 格拉斯曼严格而系统地使用了行列式及其矩阵, 虽然形式与我现在讲的我们所熟悉的不尽相同.

他的第一个重要步骤是对每一个点赋予一个 "权重"[33] (Gewicht) m——这一点很明显是与默比乌斯相同的, 他们二人还有更多的共同点. 这样他就得到了一个含有四项的齐次坐标, 即对一个点给出坐标 mx, my, mz, m, 他用这个坐标, 就能够把两个点

$$m_1 x_1, m_1 y_1, m_1 z_1, m_1,$$

$$m_2 x_2, m_2 y_2, m_2 z_2, m_2$$

的重心用其分量之和来表示为

$$m_1 x_1 + m_2 x_2, m_1 y_1 + m_2 y_2, m_1 z_1 + m_2 z_2, m_1 + m_2.$$

特别是, 若此点的权重 $m_1 + m_2$ 变为零 (即此点退向无穷远处), 则得到由两个权重相同的点坐标之差表示的一组值, 它表示一个线段. 这组值就是

$$x_1 - x_2, y_1 - y_2, z_1 - z_2, 0 \quad \text{或写作} \quad X, Y, Z, 0,$$

它表示一个线段; 它有一定的方向, 但此外在空间里可以自由运动. 因为有这样的性质, 我们将很清楚地称它为一个 "自由线段", 也就是力学中的 "自由向量".

以上是格拉斯曼的第 1 层次的基本构造. 我们现在来讲第 2 层次的基本构造. 它是由两个权重相同的点构成的:

$$\begin{pmatrix} x & y & z & 1 \\ x' & y' & z' & 1 \end{pmatrix}.$$

---

[32] 请看中译本 3–46 页, 即第 10–12 章. ——中译本注

[33] 下文常称为 "质量". ——中译本注

(因为设权重不同并非本质的推广, 所以我们设它们均为 1, 然后再作为一个特例, 设它们为 0.) 这个矩阵的三个[34] 二阶子行列式确定了一个 "线段" 或 "有限线段" (有限向量), 它只能沿一固定直线运动. 作用在刚体上的力 (这是我们熟悉的) 就是这样一个量. 如果我们作为一个特例, 把两个质量为 0 的点 (也就是两个 "自由线段") 合起来, 得到

$$\begin{pmatrix} X & Y & Z & 0 \\ X' & Y' & Z' & 0 \end{pmatrix},$$

它是所谓的 "自由平面量", 也就是, 它位于一个平面上, 此平面具有确定方向, 而且在空间内可以平行于自身自由运动, 所以, 它是一个具有确定大小和定向 (orientation) 的 "平面片". 这就是在力学中熟知的 "力偶" (*couple*). 第 3 层次的构造有:

1.
$$\begin{pmatrix} x & y & z & 1 \\ x' & y' & z' & 1 \\ x'' & y'' & z'' & 1 \end{pmatrix},$$

即平面片, 或称 "有界平面量", 它只能在自己所属的平面上运动.

2.
$$\begin{pmatrix} X & Y & Z & 0 \\ X' & Y' & Z' & 0 \\ X'' & Y'' & Z'' & 0 \end{pmatrix}.$$

这是一个具有确定大小和定向的空间块.

最后, 第 4 层次的构造又是具有确定大小和定向的空间块, 用行列式来表示就是:

$$\begin{vmatrix} x & y & z & 1 \\ x' & y' & z' & 1 \\ x'' & y'' & z'' & 1 \\ x''' & y''' & z''' & 1 \end{vmatrix}.$$

因为从各行中减去某一行, 就又得到上面的形式, 所以它仍是上述空间块. 以上共有六个基本构造. 但是还可以加上零层次的基本构造: 纯粹的数, 这样就有了七个基本构造.

我们已经看到, 这些构造与刚体力学有密切的关系: 事实上, 它们后来到英国绕了一个圈, 而以向量理论的名目又回到了德国, 其实它们早就存在于德国的土地上, 不过没有被我们认出来罢了. 这里所取的研究途径在晶体学里也很有用.

---

[34] "三个" 二字是译者加的. 因为这个二阶矩阵有六个二阶子行列式. 其中的三个是 $\begin{pmatrix} x & 1 \\ x' & 1 \end{pmatrix}$, $\begin{pmatrix} y & 1 \\ y' & 1 \end{pmatrix}$ 和 $\begin{pmatrix} z & 1 \\ z' & 1 \end{pmatrix}$, 就是上面讲的 "自由向量", 另外三个就是下面讲的 "自由平面量". 前三个是我们熟知的力, 后三个是我们熟知的力偶. 在克莱因的《高观点下的初等数学》第 2 卷中有详细论述. ——中译本注

　　格拉斯曼不仅给了我们研究的全新对象, 他还努力追求一种非常独特、非常深刻的方法, 所以, 他不仅有基本的概念, 还有非常聪明的实现它们的算法.

　　延伸理论的基本概念对于有几何才能的人是一再出现的, 这个一般概念就是: 连续的量——如延伸、如空间——对于人类的心智, 是和数同样原始的概念; 前者只是通过量度才与后者有了关系, 量度则是一个第二位的概念; 所以, 把量度放在几何学的基础里, 如欧几里得之所为, 既不自然也不必要. 但欧几里得就以量度为基础, 例如建立起了比例理论, 再通过引入无理数, 使得连续统看起来是由离散性生成的. 用承袭自欧几里得的这个途径来建立几何基础, 其实是走了弯路, 而且没有达到理解和掌握连续统的目的, 这个思想一再出现, 而与今天占统治地位的数学的算术化的趋势, 正好相反 (可见 Zacharias 在 *Enz.* Vol. III, AB9 中写的关于初等几何的总结). 例如希尔伯特在《几何基础》(*Grundlagen der Geometrie*)[35] 中, 也是这样, 在论述的最终才考虑极限概念, 前面论述所依赖的纯粹的线段运算并没有用到它. 格拉斯曼也同样保证了避免把几何学看成算术的应用. 他宣称延伸理论具有一门独立的科学的地位. 由此他也对 “量度” (*Messkunde*) 给予了独立的地位.[36]

　　量度是建立在算术的基础上的, 所以, 格拉斯曼进一步来研究算术的基础, 就是很自然的了. 这样, 他就成了第一批研究算术基本性质的研究者之一. 很奇怪的是, 在德国

---

[35] 其第 2 版的中译本由科学出版社在 1987 年出版. ——中译本注

[36] 为了理解本书对格拉斯曼原始思想的介绍, 我们再译出《延伸理论》第 1 版序言的一段话如下: “……不能把几何学像算术或组合理论那样看成数学的一个分支; 相反地, 几何学研究的是某个在自然界里已经存在的事物, 即空间. 我已经看到了, 应该有一个数学分支, 以纯粹抽象的方式, 给出关于空间的一些法则, 如同几何学的法则一样. 通过这种新的分析, 有可能形成一个纯粹抽象的数学分支; 事实上, 这个新的分析, 不需要借助任何外加的原理就可以发展起来, 而且是纯粹抽象地进展, 它本身就是这门新科学. 最初的动机来自考虑几何中的负的东西; 我习惯于把位移 AB 和 BA 看成相反的量. 由此可以得到: 若 A, B, C 是直线上的三个点, 则 $AB + BC = AC$ 总是成立的, 而不问 AB, BC 的方向是相同还是相反, 就是说, 即令 C 位于 A, B 之间时, 它仍然成立. 就是不能把 AB 和 BC 简单地看成长度, 它们的方向也应同时考虑进来, 这时它们的定向恰好相反. 这样, 就把长度之和与这种同时考虑了方向的位移之和区别开来了. 由此就看到了一个需要: 不只是在这两个位移同向或反向时建立这样一个和的概念, 而且要在一切情况下建立这样一个和的概念. 如果假设了法则 $AB + BC = AC$ 甚至当 A, B, C 不在同一直线上时也成立, 就可以最容易地做到了这一点.

　　“这就是这个新分析的第一步, 而后来就引导到了这里陈述的新数学分支. 然而, 我当时还没有认识到我已经达到了这个全新而又内容丰富的领域; 宁可说这个结果如果不与一个相关的结果联系起来, 就没有什么价值.

　　“当我在探讨我的父亲所提出的几何学中的积的概念时, 我断定, 不仅是矩形, 而且还有一般的平行四边形都可以看成其一对邻边的积, 但是不能把它们解释为长度的乘积, 而要看成两个有方向的位移的乘积. 当我把这个积的概念与上面讲的和的概念联系起来以后, 就达到了最惊人的和谐; 不论我是把两个位移 (在上述意义下) 之和, 用同一个平面上的第三个位移去乘, 还是用同一个位移去乘各项, 并且适当地考虑它们的值之正或负, 再来求和, 都得到相同的结果, 而且结果非相同不可.

　　“这种和谐确实使我看到, 一个全新的领域已经揭开了, 它会引出重要的结果. 然而这个思想沉睡了一些时间, 因为我的职务还要求我做别的事; 还有, 我开始也为一件事感到烦恼, 那就是, 虽然这些关于乘积的法则, 包括它与加法的关系, 都很平常, 但是对于这种新乘积, 在对换因子次序时, 同时也须改变乘积的符号 (即变 + 为 −, 或者相反) 才行.” ——中译本注

除他以外, 马丁·欧姆 (Martin Ohm, 1792—1872, 德国数学家, 长期担任柏林大学的数学教授. 提出 "欧姆定律" 的那位著名的物理学家格奥尔格·西蒙·欧姆 (Georg Simon Ohm, 1789—1854, 德国物理学家) 就是他的哥哥) 也在这个方向上工作. 这位欧姆从其他方面来看, 并不是一位深刻的数学家, 但是他也建立了一个 "完全相容的" 算术基础的体系.[37]

格拉斯曼找到了关于数的各种计算方式的特征性质. 对于加法, 它们就是交换性和结合性:

$$a+b=b+a, \quad a+(b+c)=(a+b)+c.$$

对于乘法则有交换性、结合性以及相对于加法的分配性:

$$a \cdot b = b \cdot a, \quad a \cdot (b \cdot c) = (a \cdot b) \cdot c, \quad a \cdot (b+c) = a \cdot b + a \cdot c.$$

我在这里使用的名词来自法国和英国的著作, 其字根是拉丁文, 所以是国际性的, 从而也就是通用的; 格拉斯曼当然为所有这些概念创造了自己的德文名词.

他特别关心的是把这些规则推广到更高级的算法. 他引入了超复数 (higher complex number 或称 hyper-complex number), 这时就必须放弃乘法的交换性. 他把自己研究的多种乘法系统发表在 Crelle 杂志的一篇文章里 (见 Bd. 49, 1855, 10 页以下, 123 页以下), 其中竟然研究了不下 16 种乘法! 我在这里只提出他在线性延伸理论中提出的所谓 "组合积" (kombinatorische Produkt[38]). 在线性延伸理论中, 它完全等价于我们更熟悉的行列式计算.

他对 R_n 中的一点给出了下面的表达式

$$x_1 e_1 + x_2 e_2 + \cdots + x_n e_n = \sum_{i=1}^{n} x_i e_i,$$

---

[37] 格拉斯曼的工作与算术和几何学的公理化研究, 以及数理逻辑的研究均有密切关系. 正文中说他与马丁·欧姆一起从事了算术基础的研究, 其实, 格拉斯曼在 1861 年就写过一本《高等数学教程》(Lehrbuch der Mathematik für höhere Lehranstalten), 其中就已经有了自然数的公理化处理的初步 (甚至包含数学归纳法公理). 当然还没有后来佩亚诺 (Giuseppe Peano, 1858—1932, 意大利数学家) 那样清晰的表述和名词. 另一方面, 佩亚诺也非常注意格拉斯曼的工作. 1888 年, 他写了一本《以格拉斯曼的延伸理论为基础的几何演算》(Calcolo geometrico secondo l'Ausdehnungslehre di H. Grassmann), 其中清楚地给出了格拉斯曼理论的公理处理. 线性空间一词也首先出现于此. (一般人多以为是外尔等人在 20 世纪 20 年代才给出了线性空间的正式定义, 其实, 佩亚诺给出线性空间的正式定义至少要早 30 年!) 遗憾的是, 这本书几乎失传, 直到不久以前才有了全书的英译本 (Lloyd C. Kannenberg 译, G. Peano, Geometric Calculus, Birkhausser, 2000). 这是一本关于数理逻辑的著作, 书名中的 "演算" (意大利文为 calcolo, 即英文中的 calculus), 并不是微积分意义的那种 calculus, 而是逻辑学中谓词演算那种意义的 calculus, 不过是出自几何学. 所以此书第一章就是讲的演绎逻辑. 可以说它是佩亚诺的经典之作《算术原理的新方法》(Arithmetices principia, nova methodo exposita) 的预备篇. 自然数的公理化处理就出现在这本经典之作里. —— 中译本注

[38] 格拉斯曼也称这种乘积为 äusseres Produkt (外乘积). 这是现在流行的名词. 除了组合积以外, 格拉斯曼也考察了例如现在我们所说的内积、叉积等, 所以多达 16 种. —— 中译本注

其中 e_i 是不同类型的单位元. 这样马上就可以得到两个点的和, 只要把与相同单位元相关的数加起来就行了:

$$\sum_{i=1}^{n} x_i e_i + \sum_{i=1}^{n} y_i e_i = \sum_{i=1}^{n} (x_i + y_i) e_i.$$

其实, 我们在讲 R_3 中两个质点的重心时, 就已经用过这个公式了. 关于乘积也给出了确定的法则, 即有[39]

$$\sum x_i e_i \cdot \sum y_i e_i = \sum \sum (x_i y_k) e_i e_k,$$

这里 $e_i e_k = -e_k e_i$, 所以 $e_i^2 = 0$. 这样, 如果把 n 个单位元 e_i 两两相乘, 就会得到 $\frac{1}{2} n(n-1)$ 个新类型的单位元, 称为二阶的单位元. 用类似的方法, 还可以得出 $3, \cdots, n$ 阶的单位元. 如果在一个乘积中有多于 n 个单位元作为因子出现, 则此乘积必定为零, 因为至少有一个单位元会出现多于一次. n 个点

$$\sum x_i e_i, \sum y_i e_i, \cdots$$

的乘积必定等于行列式

$$\begin{vmatrix} x_1 & x_2 & \cdots & x_n \\ y_1 & y_2 & \cdots & y_n \\ \vdots & \vdots & & \vdots \end{vmatrix}$$

乘以 n 阶单位元 $e_1 e_2 \cdots e_n$, 而 n 阶单位元就只有这一种, 其他的 n 阶单位元无非将它改变符号而已. 于是乘法过程终结于此; 这个过程与行列式的形成完全平行. 两个单位元的乘积变成一个新的实体, 即一个高一阶的单位元, 这一点也反映在以下事实上: 两点定义一条线段, 等等.

这就是格拉斯曼在《延伸理论》第 2 版里所遵循的表述方法. 我之所以要更加强调它, 是因为, 自那时起, 介绍超复数——我们按照确定的规则对它们进行运算——就成为更高级的算法不可或缺的部分, 这一点一再地引起人们注意.

除了这些算法上的发展外, 格拉斯曼还做了许多有趣的特殊的研究, 每一个都包含重要的成果, 下面我以提示的方式介绍少数几个.

1.《延伸理论》的第 2 版包含完全地列举所谓普法夫问题的各种可能性, 而这在历史上是首次. 1814 年, 高斯的老师普法夫提出了如何简化表达式

$$X_1 dx_1 + X_2 dx_2 + \cdots + X_n dx_n = 0$$

---

[39] 现在这种超复数 (实际上就是 n 维向量) 的积, 通称外积. 此外, 格拉斯曼又把两个三维向量的向量积 (即叉积) 称为外积. 所有这些地方都请读者注意, 不要混淆. ——中译本注

的问题. 这里 X_i 按当时通行的说法是 "任意" 函数, 也就是现在的没有更高级奇点的可微函数. 这个表达式中可以含有极不相同的种种特例. X_i 既可以是彼此独立的, 也可以是互相有关的. 最特殊的情况是此式为一个全微分, 稍微广一点的情况是: 在用一个乘子遍乘各项以后得到一个全微分. 格拉斯曼的功绩就是认识到所有的可能性, 并且加以分类.

2. 代数簇的所谓 "线性构造法" (*lineale Konstruktionen*), 或称为用 "平面度量乘积" (*planimetrische Produkte*) 来生成代数簇, 值得特别提一下. 不幸的是, 这个理论太不为人所知, 尽管它很容易懂.

我只限于二次或三次的平面曲线. 圆锥截线的所谓麦克劳林生成法是众所周知的, 这个程序自然地起源于射影生成法, 但是麦克劳林生成法以特别容易总结的方式整理了射影生成法.

若 x 是所求的圆锥截线上的一点, 则由任意三点 a, b, c 和任意直线 A, B 所决定的一串直线 (Geradenzug) 必汇聚于此点 (见图 15). 所以, 可以以五个已给的资料即三个点 a, b, c 和两条直线 A, B 为基础, 构造出圆锥截线上的任意多个点.

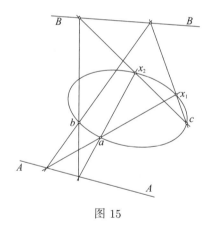

图 15

格拉斯曼把这件事用符号表示为一个方程

$$xaAbBcx = 0,$$

并称左式为平面度量积. 我们可以这样来定义每一个代数曲线, 甚至机械地把这条代数曲线构造出来. 当 x 在此乘积中恰好出现 n 次时, 就会得到一个 n 次曲线. 例如

$$xaAbBxCcDdx = 0$$

就给出了一条三次曲线, 而且可以如图 16 那样做出这条曲线. 如果我们按照这个格式做一台仪器, 并令它从 x_0 处开始, 它就会自动描出 C_3 的含有 x_0 的成分; 要想得到 C_3

的其他成分 (如果有这样的成分存在的话), 可以调节这个仪器从一个新点开始.

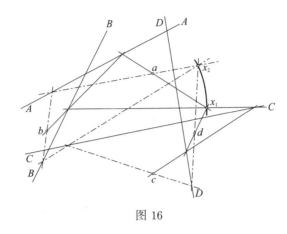

图 16

这个理论的最重要的特点是: 格拉斯曼证明了, 每一个 C_n 都可以用一个充分复杂的平面度量乘积, 按这种线性的、从而是纯粹几何的方法做出来. 这就为代数曲线理论提供了一个基础, 很难想象还会有更简单的基础.

至此我本想停止对格拉斯曼的成就的说明. 但在完全离开之前, 我还必须回忆一下他所产生的特别的影响, 而这种影响至今还可以感觉到. 格拉斯曼的天性和命运里的两个特点, 借由他与时俱进的影响力, 使他成为一个学派的领袖, 或者更应该说是一个在这种情况下常见的狂热宗派的开山鼻祖. 第一个特点是对某些特定算法的明确强调, 熟练掌握这些算法是入门者义不容辞的责任, 这些算法也是这个派别里的能手紧密团结的标志; 如果对某一种特定的思考方式的正统性关注过多, 忽略了数学中本质性的内容, 也就是对问题的透彻研究, 那就是明显的脱轨, 而格拉斯曼学派的人常常不能避免这个问题. 第二个特点是, 格拉斯曼在一生中从未得到应有的承认, 于是他的门人把他看成殉道者, 把各种荣耀的光环都加在他的身上, 使他能够辉煌起来. 为此, 他们尽可能地挑选用语和计算的表达方式, 为了他们自己和掌门人以后的荣耀, 从一开始就与一切通常的东西划清界限, 从而也就脱离了比较和竞争.

作为这种精神的一个例子, 我可以举出小格拉斯曼[40] 的《射影几何学》(*Projektive Geometrie*, Bd. 2, part 1, 1913) 一书. 这套书 1909 年开始出版, 本来还有点意思. 它为格拉斯曼的六个基本构造取的名字是: 点 (*Punkt*)、线段 (*Strecke*)、杆 (*Stab*)、场 (*Feld*)、叶 (*Blatt*) 和块 (*Block*). 这些用词乍一看还有点吸引人, 因为它们是德文, 而且很简明.

---

[40] Hermann Ernst Grassmann, 1857—1922, 即本文讲的这位老格拉斯曼 Hermann Gunther Grassmann 的三儿子. 他在 1893 年的博士学位论文也是以其父的《延伸理论》为题的: "论延伸理论在空间曲线和曲面的一般理论中的应用" (*Anwendung der Ausdehnungslehre auf die allegemeine Theorie der Raumkurven und krummen Flächen*). 后来他在哈雷大学和吉森大学任教. 正文中讲到的《射影几何学》(共 2 卷) 就是他的主要著作. ——中译本注

但是, 再细看, 对于这种 "改进" 就不免生疑了. 例如, 为什么线段就可以在空间自由运动, 而杆就只能沿一直线运动呢? 场可以自由运动, 而叶就一定要贴在某个平面上, 这同样没有根据. 再说, "场" 这个词在力学中已经使用很久了, 但是意义完全不同. 所以这种用词并不如作者宣称的那样有直观性, 而是从一开始就引起怀疑. 因为它们不像 "有限线段"这样的术语, 完全体现不出相应概念的发展过程. 所以实际上就成为一种只能死记硬背的格式, 要想牢固地掌握, 也还要花点时间.

这种虔信的小派别的上述特征, 在四元数派, 即哈密顿的弟子们的身上也表现出来了. 我们现在就转来讲哈密顿相关的研究. 不言而喻, 格拉斯曼派和四元数派激烈地互相攻讦, 而且每一个派别又都分裂成狂野地争战的集团.

威廉·罗恩·哈密顿 (Sir William Rowan Hamilton, 1805 — 1865, 爱尔兰数学家和物理学家) 1805 年生于都柏林. 和萨尔蒙一样, 他也进了都柏林的三一学院, 而且在非常年幼时就出色地完成了学业. 1827 年他得到了都柏林顿新克天文台 (Dunsink Observatory) 台长这个荣誉很高而且很重要的职务, 得到爱尔兰皇家天文学家的称号, 而且保持这个称号直至 1865 年去世.[41]

哈密顿的聪慧过人又多才多艺是极为罕见的, 而且很早就令人吃惊地表现出来了. 他 10 岁时就能背诵荷马的史诗, 并开始学习阿拉伯文和梵文: 没几年就学会了 13 种文字. 他的艺术倾向同样强烈, 直到晚年, 他都是一个多产的诗人, 终身是诗人华兹沃斯 (William Wordsworth, 1770 — 1850, 英国最重要的浪漫主义诗人之一) 的密友. 每一个对他的才能与发展的细节有兴趣的人, 一定会高兴读到格雷夫斯 (Robert Perceval Graves) 写的三大本的哈密顿传记 (1882 — 1889). 这位作者不是数学家, 所以更加着重的是哈密顿作为一个人而不是作为一个科学家. 对他的晚年, 精确的材料不多. 我在都柏林时, 人们告诉我, 不说他是神经错乱, 至少也是行径古怪. 很明显, 他的智慧由于过于早熟地发展, 至此已经耗尽, 所以最后也就崩溃了. 哈密顿的全部成就, 也使我们推断出关于发展的一个规律: 我们一而再地看到, 一个新的天才诞生, 然后迷失于细节之中, 而未能成熟为完备的大器.

哈密顿在数学上也和在其他方面一样, 很早就崭露头角. 大约从 1824 年到 1835 年, 他从事几何光学和分析力学问题的研究. 他在这些方面的成就, 我们以后再说.

1833 年以后, 他越来越专注于研究代数计算的本质. 他在这方面的思想首先发表在 1833 年和 1835 年的《爱尔兰皇家学会汇刊》(Transactions of the Royal Irish Academy) 第 17 期 (293 页以下), 文章题为 "共轭函数或代数偶的理论; 并附有对于代数作为一门关于纯粹时间的科学的初步的初等论文" (Theory of conjugate functions or Algebraic Couples; with a preliminary and elementary essay on Algebra as the Science of pure time).

---

[41] 1835 年他被册封为爵士, 所以他的称呼时常是 Sir W. R. Hamilton. —— 中译本注

正如本文标题所指出的, 是时间, 而非空间, 对于数的概念起了重要作用, 数的概念主要处理的仅仅是相继的概念. 这个思想可以回溯到康德, 但是哈密顿走得更远. 在哈密顿看来, "量" 和 "空间" 是在 "差异" 基础上构建起来的表象对象, 此后才能进行 "量度" 的运算. 此外, 这篇论文还对复数作了分析; 复数的计算被论证为对于实数对 (x,y) 的有一定规则的运算 —— 今天我们仍是这样看的. 以后接着就是对通常的数的计算的一般公理化的考虑, 其方式与后来格拉斯曼的方法相近.

自此以后, 就有了一个问题, 就是可否用什么办法创造一种新的复数, 把关于通常的复数 $x + iy$ 的运算在平面中的几何解释移入空间 (即我们通常的 R_3), 哈密顿对这个问题有极大的兴趣. 1843 年, 他的不知疲倦的努力引导他发现了四元数, 这是一种适当的含有四项的数. 以后, 他就倾毕生之力来研究和普及这种四元数, 并把他的理论写成两本详尽的书:

《四元数讲义》(*Lectures on Quaternions*), 都柏林, 1853;

《四元数初步》(*Elements of Quaternions*), 伦敦, 1866 (遗著)[42].

在都柏林, 人们对四元数理论的兴趣很快就超过其他的数学分支; 它甚至成了官方考试的主题, 不懂得它, 就别想完成大学学业. 哈密顿本人把它变成了数学信条的某种正统教义, 他把所有关于几何和其他一切的兴趣都放在这里面了, 到了晚年就更加如此, 那时, 他变得更加片面, 他的头脑也因酒精中毒而变糊涂了.

我已经说到, 跟随着哈密顿出现一个小派别, 其思想之僵化与不能容人, 甚至超过了它的掌门人. 这个派别自然就引起了反对的潮流. 例如在德国, 四元数被大多数数学家强烈反对, 直到最后, 四元数迂回地通过物理学渗入到德国, 成为对于动力学必不可少的向量分析, 这才为人接受. 人们今天对于四元数的评价大致如下: 它们在自己的地方很好, 很有用, 但是其意义绝对比不上通常的复数.

对于四元数, 我意识到, 如果按照我多年来的思考方式作一个更详细的介绍, 并且参照流行的概念, 就会与哈密顿派的讲法尖锐对立, 其实他们的掌门人就已经给它穿上全然不同的衣衫, 我还知道, 今天这一派人已经剥夺了我把自己讲的东西称为 "四元数" 的权利 (我在与索末菲 (Arnold Johannes Wilhelm Sommerfeld, 1868 —1951, 德国理论物理学家) 合写的《陀螺理论》(*Kreiseltheorie*) 一书的第 1 册 (即 Klein-Sommerfeld: *Über die Theorie des Kreisels*, Heft 1, Kap. I, section 7) 中讲得比较详细). 我已经无数次确认过, 理解这些反对意见不过是徒劳, 所以这些意见已然不在我的考虑范围之内.

我要从平面上的数 $x + iy$ 的几何解释开始. 众所周知, $x + iy$ 既可表示点 (x,y), 又可表示连接原点与此点的线段. 加法

$$(x + iy) + (a + ib) = (x + a) + i(y + b)$$

[42] 有 P. Glan 的德语译本, Leipzig, 1881. —— 德文版注

表示两个具有相应长度和方向的线段相加, 也就是把整个平面按线段 $a+ib$ 作平移.

乘法

$$(x+iy)\cdot(a+ib)=(x+iy)\cdot\rho e^{i\phi}$$

使得平面绕原点旋转一个角度 ϕ, 同时所有线段均按比值 $1:\rho$ 放大. 就是同时作一个相似变换 (伸长) 与一个旋转 (扭转), 而简称为一个 "伸扭" (Drehstreckung)[43]. 所以, 加法与乘法合起来包括了所有可能发生的平面运动的整体, 事实上, 由于它还包含了放大, 所以比平面运动还要多些. 我们从这些考虑可以得到通常的复数的代数计算对于度量几何学的应用.

现在出现了一个问题, 即空间的相应变换如何用更高级的复数的计算来表示. 我从一个 3 项的表达式开始: $ix+jy+kz$ 既表示空间中的一点 (x,y,z), 又表示连接原点到此点的线段——我们称它为向量. "向量" 一词第一次出现是在哈密顿发表在《季刊》的一篇文章里 (Quarterly Journal, Vol. 1, 1845, 56 页)[44].

和平面情况一样, 两个这种向量的加法表示空间的平移. 但是对于乘法, 情况就不同了. 对于绕空间的原点的旋转, 还需要一个固定轴. 所以平面上的伸扭由两个参数 (ρ,ϕ) 决定, 而在三维空间中则需要 4 个参数:

决定坐标轴需要 2 个, 即方向余弦 $\cos\alpha,\cos\beta,\cos\gamma$, 其中

$$\cos^2\alpha+\cos^2\beta+\cos^2\gamma=1;$$

一个参数 ω 决定旋转角;

最后还有一个参数决定放大率: r.

把它们整合为一个含有 4 项的总体, 并称这个总体为一个四元数:

$$r\cos\frac{\omega}{2}+ir\sin\frac{\omega}{2}\cos\alpha+jr\sin\frac{\omega}{2}\cos\beta+kr\sin\frac{\omega}{2}\cos\gamma=t+ix+jy+kz.$$

他把这个四元数的纯数值部分 t 称为其标量部分, 而把有方向的部分 $ix+jy+kz$ 称为其向量部分. 要求一个四元数给出一个纯向量, 就要

$$r\cos\frac{\omega}{2}=0,$$

[43] 这个词是克莱因创造的. T. Needham 在他写的《复分析——可视化方法》(Visual Complex Analysis) 一书 (中译本由我译出, 人民邮电出版社出版) 中指出, 这个词是由德文的 drehen (扭转) 和 strecken (伸长) 合成的, 所以在译为英文时, T. Needham 也就把 amplify (伸长) 和 twist (扭转) 各取一节得出新字 amplitwist (伸扭). T. Needham 在书中详细说明了为什么其几何意义更好地说明了解析函数的共形性. 下文的 Klappstrekung 也是由两个德文字 klappe (翻转) 与 strecken 合成的, 所以拟译为 "伸翻". ——中译本注

[44] 克莱因的记载是不正确的. 哈密顿在 1844 年的文章 On Quaternions 中就使用了向量一词. ——校者注

所以, 纯向量在四元数理论中有双重意义: 1) 它代表一个线段; 2) 它代表一个旋转角为 $\omega = 180°$ 的伸扭, 我们称之为一个 "伸翻" (*Klappstreckung*).

第二个意义再次说明为什么纯向量这个 3 项的表达式不足以表示三维空间的任意伸扭, 因为它只能生成一个 180° 的旋转, 即翻一个个儿. 要想表示具有任意角的旋转, 含有标量部分的四元数是不可少的.

很值得注意的是, 空间的伸扭的一般问题, 即两个伸扭如何复合的问题, 几乎在同时 (1840 年) 就解决了, 但是是由罗德里格斯 (Benjamin Olinde Rodrigues, 1795—1851, 法国数学家, 通常称为 Olinde Rodrigues) 从完全不同的出发点解决的, 发表在 *Liouville* 杂志的第 5 卷里. 更加令人吃惊的是, 高斯早在 1819 年就已经完全得到了这个复合的公式, 这件事可以从高斯的 "遗著" 里看到, 而高斯把这个变换称为 "空间的突变" (这件事发表在《全集》的第 8 卷 357 页以下[45]).

这些作者是在几何思考的基础上得出两个伸扭的复合公式的, 而哈密顿则从四元数的形式乘法开始, 他像格拉斯曼一样舍弃了交换律, 而采用以下法则:

$$i^2 = j^2 = k^2 = -1,$$

$$jk = i, \qquad ki = j, \qquad ij = k,$$
$$kj = -i, \qquad ik = -j, \qquad ji = -k.$$

他再用乘法的分配律, 得出

$$(d+ia+jb+kc) \cdot (t+ix+jy+kz) = dt-ax-by-cz+i(at+dx+bz-cy)$$
$$+ j(bt+dy+cx-az)+k(ct+dz+ay-bx).$$

特别是, 对于两个纯向量的乘法, 他得出

$$(ia+jb+kc) \cdot (ix+jy+kz) = -(ax+by+cz)+i(bz-cy)+j(cx-az)+k(ay-bx),$$

---

[45]请参看 P. Stäckel 在《全集》, 第 10.2 卷, Abh. IV, 68 页和 F. Study 在 *Enz.* I A4, 173 页上说的话, Stäckel 就下文的乘法公式, 在 1917 年 4 月 28 日致克莱因的信中写道: "欧拉在研究一个整数如何表示为 4 个平方数这个费马问题时, 也得到了这个公式, 并且于 1748 年 5 月 4 日写信给哥德巴赫通告了这件事 (见《欧拉通信集》第 1 卷 452 页). 这些公式见于欧拉的论文 *Demonstratio theorematis Fermatiani omnem numerum esse summam quatuor quadratorum*, Novi Comment. Petrop. 5 (1754/5) 1760, §93, Opera I2, 369 页; 又见于 *Novae demonstrationes circa resolutionem numerorum in quadrata*, Nova Acta Petrop. 1777, II, 1780, Opera I3, 229 页 (§9) 中. 但是, 必须特别提到欧拉的论文 *Problema algebraicum ob affectiones prorsus singulares memorabile*, Novi Comment. Petrop. 15 (1770)1771, 欧拉在其中决定了 3, 4, 5 个变元的正交变换, 也发展了上面的关系式. 你肯定能猜到我是怎样得到这一点的: 那是我在关于复数 (见上书) 的一章里, 处理高斯的突变指标时得到的. 我现在正在做这件事. 我对欧拉的这些公式给予了相当的地位, 因为它再次说明高斯是多么理解他的欧拉……" —— 德文版编者注

中译者翻译过 T. Needham 的《复分析: 可视化方法》, 此书第三章第四节、第六节以及第六章第二节正是解释高斯方法可能来源的注脚. —— 校者注

用来自格拉斯曼的名词, 我们就称这两个纯向量的乘积的标量部分为其 "内积", 而向量部分为其 "外积". 所以内积是标量, 而外积是向量.

在此, 我愿提请大家注意格拉斯曼原来的组合积与哈密顿的处理有三个重要区别:

1. 对于格拉斯曼, 两个单位元之积 $e_i \cdot e_k$ 并不转回成另一个单位元 e_i; 而在哈密顿这里, 却总是原来的各个单位元的线性组合. 不会出现更高级的单位元. 所以在列出高级的超复数时, 问题就改变了. 对于四元数, 可以累次地进行加法和乘法任意多次, 而在格拉斯曼的系统中, 这是做不到的.

2. 格拉斯曼从一开始就受到对于 n 维空间的兴趣的引导, 而哈密顿完全没有这个思想.

3. 但是哈密顿关于场的思想优于格拉斯曼, 而正是这一点决定了四元数对于物理学的全部意义.[46]

哈密顿把一个四元数的各分量看成位置的函数: 即对空间的每一点均附着一个四元数, 从而附着一个标量和一个向量. 他再对于这样一个四元数场

$$t(x, y, z) + iu(x, y, z) + jv(x, y, z) + kw(x, y, z)$$

进行各种运算以得出新的场. 哈密顿用在剑桥专门培育出来的方法, 即所谓 "符号记法", 就是一种纯粹形式的简写方法, 来表示这些运算. 在这个方法中, 所有的符号, 甚至如微分符号, 都被写成并看成代数量. 这样, 在剑桥学派里, 例如泰勒定理也被写成

$$f(x + h) = e^{h \frac{\partial}{\partial x}} \cdot f(x),$$

这里的 $e^{h \frac{\partial}{\partial x}}$ 要看做用幂级数展开式来定义的, 而在此级数中出现的 $\left(\frac{\partial}{\partial x} \right)^\nu f(x)$ 就表示导数 $\frac{\partial^\nu f(x)}{\partial x^\nu}$.[47]

哈密顿也用对于场点的坐标的偏导数造出一些 "算子". 其中最重要的一个, 他记作 ∇, 并且取其形似一种古犹太乐器而命名为 $nabla$,[48]

$$\nabla = i \frac{\partial}{\partial x} + j \frac{\partial}{\partial y} + k \frac{\partial}{\partial z}.$$

---

[46] 严格说起来, 在格拉斯曼那里也可以找到这个概念 (他称之为 "函数" 或延伸量), 然而是在一个更广泛因此也更难接受的形式下面. 哈密顿的思想从一开始就是度量的, 而格拉斯曼则是仿射的.

[47] 这种符号记法可以回溯到拉格朗日. 请参看他的文章: *Sur une nouvelle espèce de calcul relativ à la différentiation et l'intégration des quantités variables* (1772, Œuvres, t. III, 441–476 页).

[48] 这种乐器是古犹太的一种竖琴, 形似倒立的三角形, 其名在希腊语中为 nabla. 哈密顿就以此为数学符号 ∇ 的名字和读音. 所以不妨说这是一个 "象形字". 一个不那么流行的名称为 atled, 即 delta 的反写. —— 中译本注

这个 *nabla* 也要形式地看成一个向量: 把它作用于一个四元数场, 就会给出我们在向量分析中熟知的最重要的概念. 若 t 是一个四元数的标量部分, 则

$$\nabla t = i\frac{\partial t}{\partial x} + j\frac{\partial t}{\partial y} + k\frac{\partial t}{\partial z} = \mathrm{grad}\, t,$$

这是一个向量, 称为 t 的 "梯度", 它给出 t 在场中每一点处, 增长最快的方向和增长率.

将 *nabla* 作用于此四元数的向量部分 $iu + jv + kw$, 将得出另一个四元数

$$\nabla(iu + jv + kw) = -\left(\frac{\partial u}{\partial x} + \frac{\partial v}{\partial y} + \frac{\partial w}{\partial z}\right) + i\left(\frac{\partial w}{\partial y} - \frac{\partial v}{\partial z}\right)$$
$$+ j\left(\frac{\partial u}{\partial z} - \frac{\partial w}{\partial x}\right) + k\left(\frac{\partial v}{\partial x} - \frac{\partial u}{\partial y}\right).$$

它的标量部分称为此场的散度, 而向量部分称为其旋度. 想在这里解释这些概念的非凡的物理意义将是离题太远了. 对一个标量两次作用以 ∇, 会给出通常记为 $-\Delta$ 的算子. 在与位势理论相关的问题中, 我们时常遇到它:

$$\nabla^2 t = -\Delta t = -\left(\frac{\partial^2 t}{\partial x^2} + \frac{\partial^2 t}{\partial y^2} + \frac{\partial^2 t}{\partial z^2}\right).$$

一些意义最为深远的定理, 推导起来如此容易与优美, 实在令人惊奇. 我们也就可以理解四元数派何以对自己的系统如此热情, 而对其他一切都嗤之以鼻——我们说过, 这种热情很快就超出合理的限度, 这无论对于数学作为一个整体, 还是对于四元数理论, 都没有促进作用. 形式主义成长壮大, 成为敬畏和崇拜的对象, 又在符号记法的充分滋养下, 加剧了这种趋势的发展. 人们曾经对这个理论的进展寄予厚望; 希望以普通数学为例, 来系统地探讨它; 对于四元数的四则运算, 还曾经附加过一个代数理论, 希望通过系统研究四元数多项式的零点, 得到一个完全的方程式理论. 最终目标过去是——现在也是——建立一个四元数函数理论, 并由此得到有益于整个数学的强有力的新结果. 为了促进这个尚不完全清楚就被轻信地接受了的目标, 在 1895 年还成立了一个促进四元数的国际学会! 对于握苗助长地扶植这样一个科学分支, 采取怀疑的立场一般说来是比较妥当的, 即令撇开这一点不说, 我们现在也能说, 这项宏图的结果必须说是令人灰心的, 甚至是毫无结果的. 追随一条事先预定的途径——这条途径自称是新的, 但实际上只是把久已为人熟知的思想, 不辞辛劳地加以翻译, 用于新的对象, 所以实际上没有真正给出出色的概念——最后引到把熟知的定理作各种各样的推广, 在一般性之中失去了主要之点而没有目的, 最多也只是给出了一些好玩的新玩意儿. 举例来说, 代数的基本定理是没有的, 但却找到了一个三次方程, 使所有的四元数都满足它.

四元数派顽固地跋涉于这条事先划定的小道上, 忽视了真正有意义的深刻问题. 由于他们的门户之见, 一项真知灼见就与他们擦肩而过, 而这个真知灼见本来是会对这个

理论的应用是否富有成果, 提供一个判据, 对自己略加限制, 本会是通向成功的真正道路的指路牌.

这个深刻的洞察来自凯莱. 他在自己的论文 "关于矩阵理论的一篇论文" (*A Memoir on the Theory of Matrices*, Phil. Trans., 1858) 里发展了一种矩阵计算, 可以用于讨论含 $4, 9, 16, \cdots$ (总之是 k^2, 而 k 是一个正整数) 个分量的超复数, 四元数也只是其一个特例. 所有的计算都是基于把计算线性变换的规则移到矩阵上去这样一个简单思想. 所以两个矩阵只要把对应元加起来就可以相加:

$$
\begin{pmatrix} a_{11} & \cdots & a_{1n} \\ \vdots & & \vdots \\ a_{n1} & \cdots & a_{nn} \end{pmatrix} + \begin{pmatrix} a'_{11} & \cdots & a'_{1n} \\ \vdots & & \vdots \\ a'_{n1} & \cdots & a'_{nn} \end{pmatrix} = \begin{pmatrix} a_{11} + a'_{11} & \cdots & a_{1n} + a'_{1n} \\ \vdots & & \vdots \\ a_{n1} + a'_{n1} & \cdots & a_{nn} + a'_{nn} \end{pmatrix}.
$$

它们的乘积则相应于它们所表示的线性变换的复合, 所以是由我们熟悉的行列式乘法定理给出的. 在 $n = 2$ 的特例下, 我们有

$$
\begin{pmatrix} \alpha & \beta \\ \gamma & \delta \end{pmatrix} \cdot \begin{pmatrix} \alpha' & \beta' \\ \gamma' & \delta' \end{pmatrix} = \begin{pmatrix} \alpha\alpha' + \beta\gamma' & \alpha\beta' + \beta\delta' \\ \gamma\alpha' + \delta\gamma' & \gamma\beta' + \delta\delta' \end{pmatrix}.
$$

有了这个乘法规则, 现在我们就可以明白四元数何以是它的特例了.

事实上, 如果 i 表示通常的 $\sqrt{-1}$, 且令

$$
\begin{pmatrix} \alpha & \beta \\ \gamma & \delta \end{pmatrix} = \begin{pmatrix} d + ia & b + ic \\ -b + ic & d - ia \end{pmatrix},
$$

其行列式 $\alpha\delta - \beta\gamma = a^2 + b^2 + c^2 + d^2$. 相应地令

$$
\begin{pmatrix} \alpha' & \beta' \\ \gamma' & \delta' \end{pmatrix} = \begin{pmatrix} t + ix & y + iz \\ -y + iz & t - ix \end{pmatrix}
$$

并按上面的乘法规则把这两个矩阵相乘, 就会得到一个形状如下的新矩阵:

$$
\begin{pmatrix} \alpha'' & \beta'' \\ \gamma'' & \delta'' \end{pmatrix} = \begin{pmatrix} D + iA & B + iC \\ -B + iC & D - iA \end{pmatrix},
$$

其中

$$
A = dx + at + bz - cy,
$$
$$
B = dy - az + bt + cx,
$$

$$C = dz + ay - bx + ct,$$
$$D = dt - ax - by - cz.$$

若 $d + ia + jb + kc$ 和 $t + ix + jy + kz$ 是两个四元数, 我们上面就得到了一个新四元数 $D + iA + jB + kC$, 与按照哈密顿的乘法规则得出的是一样的.

这个结果初看有点惊人, 但若细看一下它所涉及的几何关系, 又很易懂. 四元数在应用中卓有成效的表现就是二元线性变换的出现. 四元数的计算相当于实行这些线性变换. 在此基础上看来, 四元数无非是很适用于实现空间的伸扭. 这样一个变换保持虚的球面圆不变. 球面圆上的点可以有理地用一个参数 λ 来表示. 把这个参数齐次化写为 $\lambda = \lambda_1/\lambda_2$, 当在空间中作伸扭时, λ_1, λ_2 就会经过一个二元的线性变换.

我们可以类似地理解, 何以四元数可以光辉地应用于相对论. 这时, 不变簇是 R_4 里的一个二次曲面 $x^2 + y^2 + z^2 - t^2 = 0$, 其上有两个直线束, 它们的元可以分别用参数 $\lambda = \lambda_1/\lambda_2$ 和 $\mu = \mu_1/\mu_2$ 来表示. 在伸扭之下, 每一个参数都会经历一个二元的线性变换[49].

---

[49] 见克莱因《文集》, Vol. 1, No. XXX, 533 页以下.

第 5 章　德国和英国 1880 年前后的 力学和数学物理

力学

在讨论延伸理论和四元数时, 我们已经接触到刚体力学的基本几何概念的发展. 本章第一部分, 我们将要讨论拉格朗日形式的分析力学的进一步发展, 也就是讨论微分方程理论和任意力学系统的轨道理论.

为了确定一下参照点, 我要简短地列举一下自拉格朗日以来已经发展起来的最重要的普适性的原理, 我将限于具有适当的一般性的情况, 并且使用现代的名词.

设有一个自由度为 n 的系统: 即它的点的位置在每一时刻都可由 n 个独立的参数 $q_1, q_2, \cdots, q_n$ 完全确定. 于是它的运动将由两个重要的量来描述:

1. 动能 $T = \sum a_{\alpha\beta} \dot{q}_\alpha \dot{q}_\beta$. 式中的 $\dot{q} = dq/dt$ 表示 q 对时间的变率; $a_{\alpha\beta}$ 则是 q 的函数;

2. 力函数或称位能 U. 我注意到今天我们常称为力函数的, 与早前所谓力函数差一个符号, 所以, 现在的力函数就是位能.

对于没有外力作用的封闭系统, T 和 U 这两个量都不显含时间 t. 这时, 运动可以用所谓的拉格朗日方程来刻画如下: 引入动量

$$p_\alpha = \frac{\partial T}{\partial \dot{q}_\alpha},$$

则拉格朗日方程就是

$$\frac{dp_\alpha}{dt} = \frac{\partial T}{\partial q_\alpha} - \frac{\partial U}{\partial q_\alpha}.$$

在有外力作用时, 上式右方还要添上一个时间的已知函数 P_α. 如果再引入所谓的拉格

朗日函数 $L = T - U$, 这个方程将要取稍微不同的形状:

$$\frac{\partial L}{\partial \dot{q}_\alpha} = p_\alpha, \qquad \frac{\partial L}{\partial q_\alpha} = \dot{p}_\alpha;$$

亦即

$$\frac{d}{dt}\left(\frac{\partial L}{\partial \dot{q}_\alpha}\right) = \frac{\partial L}{\partial q_\alpha}.$$

这里我们用到了 U 不依赖于 $\dot{q}$ 这个事实. 分析力学的要点之一, 就是要理解这些方程的全部意义与丰富内涵, 以便能用于具体的特例.

　　能量守恒定理

$$T + U = h = \text{const.}$$

是拉格朗日方程

$$\dot{p}_\alpha = \frac{d}{dt}\frac{\partial T}{\partial \dot{q}_\alpha} = \frac{\partial T}{\partial q_\alpha} - \frac{\partial U}{\partial q_\alpha}$$

的一个首次积分; 而当有外力时, 能量守恒定理可以写为

$$T + U = h + \int P_\alpha dt,$$

这个定理由于其基本的重要性, 统治了整个力学.

　　这些关系式及其推广 (我在此无法细说) 时常是由所谓的变分原理导出的. 这些原理从某个积分 (而非微分方程) 开始, 并设它达到某个最小值或 "驻定值", 这里最小性或 "驻定性" 条件则由其一阶变分为零来表示. 我在此要提到三个这样的变分原理, 它们以后会时常出现.

　　1. 拉格朗日方程可以直接由以下变分问题得出:

$$\delta \int_{q_1^0, \cdots, q_n^0; t^0}^{q_1^1, \cdots, q_n^1; t^1} L dt = 0$$

(积分上下限都是固定的). 值得注意的是, 在拉格朗日的著作里, 这个方程并没有明摆在字面上. 所以就出现了一个奇怪现象, 就是: 这个关系式, 主要由于雅可比的影响, 在德国, 也在法国, 一般被称为哈密顿原理. 在英国就没有人懂这个术语, 他们把这个方程正确地, 虽然不甚直观地, 称为驻定作用量原理.

　　2. 广为人知的 "最小作用原理" 是拉格朗日很喜爱的另一个概念. 他是在自己的研究之始的 1759 年得到这个原理的. 这个原理在 18 世纪曾引起过极大的兴趣, 特别是来

自哲学界的兴趣, 因为他们认为它证明了自然界有着一种有目的的秩序. 这里应该特别提到莫培督 (Pierre-Louis Moreau de Maupertuis, 1698—1759, 法国数学家、哲学家和作家).

"最小作用原理" 可以从前一个原理, 再加上方程式

$$\left.\begin{array}{l} L = T - U \\ h = T + U \end{array}\right\} \quad 2T = L + h$$

而得出. 因此

$$\int L dt = \int 2T dt - h(t_1 - t_0),$$

从而变分问题变成

$$\delta \int 2T dt = 0,$$

但是现在要把 $T + U = h$ 作为一个附加的条件来对待, 所以 $q_1^0, \cdots, q_n^0$ 和 $q_1^1, \cdots, q_n^1$ 是固定的, 而 t^0 和 t^1 则不是固定的了. 积分 $\int 2T dt$ 一直以来就被称为 "作用" (或作用量), 而 "最小作用原理" 一词即由此而来, 这个名词很好地解释了大自然有一种力求经济的本性.

3. 最近, 雅可比给这个原理以另一个很值得注意的形式, 其中完全消除了时间 t. 他写出

$$T = h - U = \sqrt{T(h - U)},$$

于是得出了

$$\delta \int_{q_1^0, \cdots, q_n^0}^{q_1^1, \cdots, q_n^1} \sqrt{(h - U) \sum a_{\alpha\beta} dq_\alpha dq_\beta} = 0.$$

当然, 变分原理的这个形式只能用来确定轨道, 而不能确定质点何时达到轨道上的哪一点.

如果在 "雅可比原理" 中令

$$\sqrt{\sum a_{\alpha\beta} dq_\alpha dq_\beta} = \sqrt{ds^2} = ds,$$

即为轨道所在的 n 维空间的黎曼意义下的弧长, 我们最后就得到了

$$\delta \int \sqrt{h - U} ds = \delta \int v ds = 0.$$

现在的 v 表示质点在 n 维空间的速度, 它是力学问题的一目了然的几何对应物. 变分原理的最后的这个形式对我们今后的研究很方便.

现在我们转到哈密顿和他在力学中的成就. 令人吃惊的是, 他在这个方向上的成就都是他在另一个不同的而且特殊得多的领域中的工作中得到的, 即几何光学, 而哈密顿本人则称之为 "光线理论". 这个理论处理的是光线在透明介质中的传播问题, 而不考虑光的强度、波长、偏振, 等等. 哈密顿为这个理论贡献了 4 篇基本的论文, 它们发表在爱尔兰皇家科学院的汇刊中, 其年份如下:

第 15 卷: "论光线系统" (*On systems of rays*, 写作于 1824 年, 发表于 1828 年) ;

第 16 卷: "补充 I 与 II" (*Supplements I and II*, 写作于 1830 年, 发表于 1830 年);

第 17 卷: "补充 III" (*Supplement III*, 写作于 1832 年, 发表于 1837 年).

这些论文在形式上肯定不是完美无缺的: 它们并非一目了然, 次序很乱, 其中有许多重复以及未详细做出来的提示, 但是, 它们仍然是巨大的思想财富.

哈密顿的目标是理解光学仪器并加以完善. 所以, 当他说到光学介质时, 主要是指的一层一层的不同的均匀而各向同性的物体, 这些物体可能沿着反射曲面互相邻接, 其次也可以是密度连续变化的介质, 如大气.

为了理解光线在这种介质中的路径问题为何与力学有关, 关系又密切到何种程度, 我们的出发点必须是光的发射理论, 即粒子理论. 把发射出的光粒子当作普通的质点来处理. 如果我们把这个运动安置在具有常值力函数 U 的均匀介质里, 而且介质越稠密, 力函数之值就越小, 就会得到均匀介质中的直线光线, 它们在边界上改变方向, 而精确地符合由经验导出的斯涅尔 (Willebrord van Royen Snell, 1580 — 1626, 荷兰数学家) 折射定律. 这就是牛顿的光的粒子理论的现代版本.

对于光线的速度 v (参见下文, 请勿与波动理论中惯用的 v 混淆, 见本书 165 页), 有以下关系式

$$v = c \cdot n,$$

其中 c 是真空中的光速, 而 n 为折射率 (折射指数).

最小作用原理, 正是从这个特殊的运动情况被认识出来, 并加以陈述的, 其实是用雅可比的形式来陈述的, 即

$$\delta \int v ds = 0.$$

它首先是由费马提出的, 所以就以他命名. 当然费马提出的形式不同: 他不是用 v, 而是用的折射率 n, 他没有用积分而是用的和, 变分条件则被代以要求这个和在固定的边值条件下达到最小.

哈密顿就是以此为出发点的. 但是在讲他的主要成就以前, 我要提前讲到另一件事. 这件事他只是在 "补充 III" 里一带而过, 但他正是因此而名噪一时.

哈密顿把费马原理推广到晶体介质, 即 v 不仅依赖于位置坐标 x, y, z 以及一个有关彩色的指标, 即所谓 "彩色指数" (chromatic index) χ, 而且还依赖于相对于晶体的主光轴坐标系的方向余弦 α, β, γ (这里 $\alpha^2 + \beta^2 + \gamma^2 = 1$). 这就使他能够把自己的研究与光在双轴晶体中的传播的研究联系起来, 而菲涅耳 (Augustin-Jean Fresnel, 1788 — 1827, 法国物理学家, 光的波动理论的创始人之一) 当时正热衷于研究这个问题. 1832 年, 哈密顿开始对双轴晶体中的菲涅耳曲面进行深刻研究. 他首先得到了其几何形状的清晰的概念, 发现了这个曲面有 4 个实二重点存在, 还有 4 个平面与此曲面沿完整的圆锥截线 (实际是圆) 相切. 在这些知识的引导下, 哈密顿宣布, 双轴晶体有两个—— 即内和外 ——锥折射; 这件事, 他的物理同事劳埃德 (Humphrey Lloyd, 当时是都柏林大学的物理学教授) 用文石 (arragonite 或 aragonite) 在实验中证实了. 理论和实验合若符节到这样的地步, 类似的伟大胜利只在天文学里见到过.

对于现代的几何学家, 菲涅耳曲面并不是一个很不平常的簇: 它是库默尔曲面的一个特例, 这个曲面具有 16 个二重点和 16 个二重切面, 而以它的实构造与某种对称性为特征; 我们已经一般地谈过了库默尔曲面 (见第 4 章, 139 页).

哈密顿的这些发现不论其本身如何重要, 都还与他引入分析力学的真正基本的思想没有关系. 如果我们把费马原理 $\delta \int v ds = 0$ 用光的波动理论的概念来表示, 并且研究由此得出的公式的物理意义, 就会比较接近这个真正基本的思想了. 为简单起见, 我们的阐述限于均匀介质.

光的粒子理论认为 $v = c \cdot n$, 其中 n 是折射率, 而光的波动理论则认为, 速度 v' 应由 $v' = c/n$ 给出. 所以 $v = c^2/v'$, 而积分

$$\int_0^1 v ds = \int_0^1 c^2 ds/v' = \int_0^1 c^2 dt' = c^2(t_1' - t_0')$$

除了多一个因子 c^2 外, 表示光波由下标 0 表示的点 x_0, y_0, z_0 走到由下标 1 表示的点 x_1, y_1, z_1 所需的时间. 这样, 费马的最小作用原理就简单得令人吃惊地变成了 "耗时最少原理" (或称 "最速到达原理") (*Prinzip der schnellsten Ankunft*).

哈密顿的基本思想在于把费马的作用量积分

$$\int_0^1 v ds = W$$

看做端点的函数 $W(x_0, y_0, z_0; x_1, y_1, z_1)$, 即在固定端点条件下, 利用 $\delta W = 0$ 算出积分之值以后, 再把 W 写成端点坐标的函数. 他称这个函数为 "特征函数" —— 在物理教

本中, $(1/c)\,W$, 即 $c(t_1' - t_0')$, 称为 "光学路程" —— 并且视其为所有几何光学问题 (包括光学仪器的制造和使用) 中居于前列的问题.

这样就有可能取得某些形式的进展. 具体说来, 若 n_0 是 x_0, y_0, z_0 处介质的折射率, $\alpha_0, \beta_0, \gamma_0$ 是光线在发出点 x_0, y_0, z_0 处的方向余弦, 而 $n_1, x_1, y_1, z_1, \alpha_1, \beta_1, \gamma_1$ 则是在终点处的相应值, 这时, 哈密顿证明了

$$n_1 \alpha_1 = \left(\frac{\partial W}{\partial x} \right)_1, \quad n_0 \alpha_0 = \left(\frac{\partial W}{\partial x} \right)_0,$$

$$n_1 \beta_1 = \left(\frac{\partial W}{\partial y} \right)_1, \quad n_0 \beta_0 = \left(\frac{\partial W}{\partial y} \right)_0,$$

$$n_1 \gamma_1 = \left(\frac{\partial W}{\partial z} \right)_1, \quad n_0 \gamma_0 = \left(\frac{\partial W}{\partial z} \right)_0.$$

我们首先可以说, 它解决了光线的指向的问题: 它使我们知道了, 对于从 x_0, y_0, z_0 发出的光线, 要怎样选取 $\alpha_0, \beta_0, \gamma_0$, 才能使它通过 x_1, y_1, z_1 点, 并且入射角的方向余弦就是由 $\alpha_1, \beta_1, \gamma_1$ 给出的. 此外, 由于有

$$\alpha_0^2 + \beta_0^2 + \gamma_0^2 = 1, \qquad \alpha_1^2 + \beta_1^2 + \gamma_1^2 = 1$$

这样两个关系式, 所以 6 个方程就化成了 4 个. 这两个式子就成了 W 应满足的偏微分方程:

$$\left(\frac{\partial W}{\partial x} \right)_1^2 + \left(\frac{\partial W}{\partial y} \right)_1^2 + \left(\frac{\partial W}{\partial z} \right)_1^2 = n_1^2,$$

$$\left(\frac{\partial W}{\partial x} \right)_0^2 + \left(\frac{\partial W}{\partial y} \right)_0^2 + \left(\frac{\partial W}{\partial z} \right)_0^2 = n_0^2.$$

但是我们也可以说, 借助于量 W (它是由具有固定端点的费马原理得出的), 我们对于光线在整个光学仪器内的全进程有了一个极为漂亮而且一目了然的表示. 因为我们有足够多的方程来从已经给出的 $x_0, y_0, z_0; \alpha_0, \beta_0, \gamma_0$ 得出轨道上任意多个其他点 x_1, y_1, z_1 以及相应的 $\alpha_1, \beta_1, \gamma_1$.

这才是哈密顿的真正的成就. 他称之为 "变动的作用量原理". 其实, 称为 "作用量函数原理" 可能更说明问题.

应该理解, 这个方程组其实没有给出真正新的东西, 例如没有给出如何计算光线的路程, 而需要先知道这个路程才能得出 W. 这里的进展首先还是形式方面的, 就是给出了问题的敏捷而且漂亮的解: 不需要任何中间的步骤, 不需要考虑在构造复杂的光学仪器内的整个过程. 哈密顿解释说, 他的发现也许不是 "有用的", 但是它给出了一种 "心智上的满足".

但是, 哈密顿的自我批评是太谦虚了. 因为这个原理超越了自身, 而在另一个方向上, 由于 W 的函数性质, 给出了正面的新知识, 这些知识使我们能立即认识到一些极有意义的物理法则. 这样, 从偏导数的可交换性, 例如

$$\frac{\partial^2 W}{\partial x_1 \partial x_0} = \frac{\partial^2 W}{\partial x_0 \partial x_1}$$

等就可以得到一般的光学互反律: 对于一个固定的光学仪器, 如果把眼睛和实物对调, 其放大率不变. 我想, 这样少少的说明, 就已足够说明哈密顿的结果的丰富与优美. 认识到这一点, 这些发现的历史就显得很奇怪了: 在欧洲大陆上, 它们从未按照它们的真正价值被人接受. (我们上面已经提到过) 在欧洲大陆上, 哈密顿的名字是被放在最小作用原理 $\delta W = 0$ 上的 —— 其实最小作用原理的历史要比哈密顿早得多 —— 但是在德国和法国, 他的真正的发现, 也就是变动的作用量原理 却从来未被吸收; 只不过因为理论的发展需要它, 所以它就被人以不同的、但又总是差得多的形式重新发现. 伟大的仪器制造者, 如阿贝 (Ernst Karl Abbe, 1840 — 1905, 德国物理学家[1]) 就不知道这个原理, 所以采用的是他们自己的复杂的算法; 天文学家布隆斯 (Ernst Heinrich Bruns, 1848 — 1919, 德国数学家和天文学家. 豪斯多夫就是他的学生) 也不知道哈密顿的工作, 他建立了一个较长的理论, W 也以 "光程" (eiconal, 德文是 Eikonal) 之名出现其中. 光程的理论现在还在使用; 类似情况还有很多.

但是哈密顿在英国却是家喻户晓的人物. 英国的作品也流入了德国. 我这里指的是麦克斯韦的许多文章, 其中给出了许多特殊情况下的 W; 特别还有汤姆孙和泰特合写的《自然哲学论著》(W. Thomson and Tait, *Treatise on Natural Philosophy*, 1867), 此书第一次出版于 1867 年, 包含了哈密顿关于一般力学的发展及其意义的完整的讲述. 在亥姆霍兹的建议下, 本书于 1871 年译为德文.

哈密顿在力学中的发现, 可以说只是他的关于光学的基本思想的推论. 但是因为雅可比吸收了哈密顿力学的结果并加以发展, 而雅可比又时常使用哈密顿的名字, 所以在这个新方向 —— 雅可比的方向 —— 上, 在雅可比的学生和读者中, 就产生了一个印象, 即在力学中, 雅可比才是主将, 而哈密顿则只是他的先行者. 我在旅行中得知了这一情况以后, 就花了很大的力气 (其实是白费力), 使得在德国, 人们也能熟知哈密顿关

---

[1] 阿贝的生平几乎是传奇性的. 他在哥廷根大学毕业以后, 长期在耶拿大学教授物理. 1866 年夏天他开始了与卡尔·蔡司 (Carl Zeiss, 1816 — 1888) 的合作. 蔡司本人因为疾病 (腹股沟疝) 的缘故, 未能完整地接受预科学校的教育. 不过他通过一次特殊考试, 得到许可可以在大学听取特定课程的讲授. 他在耶拿大学的机械师 Friedrich Körner 门下当学徒时也听取了大学的课程. 后来他在耶拿开设了他的显微镜作坊, 取得了商业上的成功, 但蔡司本人对于 "试错" (trial and error) 而缺乏理论指导的方法感到厌烦, 他在尝试与学界人员的合作时找到了阿贝. 二人团结合作, 蔡斯的小作坊就成了后来闻名遐迩的蔡斯公司. 阿贝当然也成了一位伟大的 "高科技创新型产业家", 这在今天当然已经是见惯不惊的事, 但是在当时, 实在是重要的首创. 可是, 阿贝仍然是一个物理学家. 在光学仪器的制造上, 所谓阿贝正弦定律仍然起着基本的作用. 但是, 阿贝不知道哈密顿理论对于光学的贡献及其在仪器制造上的意义. —— 中译本注

于光学和力学的结果. 特别在 1891 年夏天, 我很高兴能以哈密顿为基础, 把力学仅看做 n 维空间中的一种光学, 并且把雅可比的发展整合到这个框架下来. 同年, 我用这些材料在哈雷的一次科学会议上作过讲演[2]; 有一份讲稿就放在哥廷根的阅览室里达 20 年之久. 福斯 (Voss) 在 *Enz.* 第 4 卷的第一篇文章里, 对这些问题给出了正确的处理. 但是所有这些努力全是白费. 哈密顿的思想源自光学, 然而圈子里本该对此最关心的人却一无所知. 只是到了不久前, 斯图第 (Eduard Study, 1962 — 1930, 德国数学家) 才在 "论哈密顿的几何光学及其与切触变换的关系" (*Über Hamiltons geometrische Optik und deren Beziehung zur Theorie der Berührungstransformationen*, Jahresbericht der D. M.V., Bd. 14, 1905, 424 页以下) 一文中以新形式对这些事实作了正确的解说.[3]

这些著作何以遭到如此令人惋惜的命运, 可以从它们的发表地点上找到一个原因. 爱尔兰皇家科学院的汇刊在德国和法国很少见, 很难找到. 事实上, 哈密顿发表在伦敦皇家学会的汇刊上的关于力学的工作, 知道的人就多得多. 还有, 哈密顿年轻时的著作的笨拙混乱的表述, 当然也不会有助于别人接受.

最后, 在众多起了抑制作用的影响中, 有一个趋势必须考虑到, 我也愿借此机会来反驳它. 这就是不可理喻的理性主义者掀起的一种争论, 它不仅是针对哈密顿, 甚至针对所有应用变分原理的力学家. 哲学家对这个原理有着朴素的偏好, 因为这个原理中出现了关于目的的观念. 出于此, 这些理性主义者就反其道而行: 只要一项科学成果受到目的论的沾染, 他们都十分厌恶. 但是这种误解, 和另一种对数学科学根本上错误的观念广泛地连接在一起, 而纯粹的理论家时常持有这种观念. 这就是这样一种意见: 科学, 特别是分析力学, 只需要 "解释" 自然界. (在此, 我愿引述普朗克在文集《现时的文化》(*Kultur der Gegenwart*) 物理卷中的文章 "最小作用原理" (*Das Prinzip der kleinsten Wirkung*).) 与此不同, 我认为必须这样来表述这个观点: 不论目的论的趋势对于科学的发展曾经如何重要, 科学的目标终究不是去揭露自然界中的超自然的 "目的", 甚至也不是引用 "目的" 来解释自然现象. 但是对于凡人为自己树立的 "目的", 科学却与之有密切的联系, 可以是十分有用的. 科学的真正的目标不是去解释自然界——最终的解释也是不可能的——而是控制自然界. 绝不要忘记, 创造性的技术是可以实现理论科学的假设 (Ansatz) 的.

于是, 在当前的情况下, 哈密顿的变动的作用量原理的作用, 并不在于回答自然界是否在追索光学过程中内在的目的, 而是要回应仪器制造者的完全有根据的目的, 即怎样巧妙地把这些光学过程用于制造尽可能有用的仪器!

---

[2] 见克莱因《文集》第 2 卷, 601 页以下.

[3] 其后还有 G. Prange 的两篇文章: *W. R. Hamiltons Bedeutung für die geometrische Optik*, Jahresbericht der D. M. V., Bd. 30 (1921), 69 页以下和 *W. R. Hamiltons Arbeiten der Strahlenoptik und analytischen Mechanik*, Nova Acta, Abh. d. Leop. -Carol. Deutschen Akad. d. Naturforscher, Bd. 107, Nr. 1, Halle 1923.

在转到哈密顿的力学论文之前, 我必须提到另一个数学领域, 在那里也常提到哈密顿的名字, 然而又只是作为另一项成就的先驱者. 哈密顿对于光线系统的研究刺激了柏林的库默尔, 使他对之作纯粹代数以及相关几何问题的研究, 这些问题的出现, 与光学毫无关系, 事实上与一切物理问题都毫无关系. 库默尔在 *Crelle* 杂志上发表了关于射线 (光线) 系统的一般理论的文章 (*Crelle* 杂志, Bd. 57, 1860) 时, 还多少以哈密顿为基础, 后来他又成功地研究和列举了阶数为 1 或 2 的代数射线系统 (见 *Abhandl. der Berliner Akademie*, 1866). 他在做这个工作时, 找到了以他命名的具有 16 个二重点和 16 个二重平面的四次曲面, 关于这个曲面我们已经讲过多次; 他发现, 这个曲面是一个阶数和类数均为 2 的射线系统 (即过每点都有 2 条射线, 每个平面上也都有 2 条射线) 的焦曲面.

库默尔的这个非常重要、非常深刻的工作为普吕克的线几何学准备了道路, 至于它与哈密顿的工作的联系, 却只是纯粹外在的. 库默尔的目标与方法, 实际上他游走于其中的思想世界, 与哈密顿的思想世界如此远离, 所以一个人如果研究这两位科学家之一的问题, 要想拿起另一位科学家的工作, 那是十分困难的. 这样一种传承关系自然使得哈密顿在欧洲大陆上的形象更加模糊了.

讲完了这些插话以后, 我现在要对哈密顿在分析力学中的工作做一个简短的介绍, 我对于介绍的一般性与我以前所容许的相一致.

正如前面说到的, 我在这里考虑的是哈密顿 1834 年至 1835 年在伦敦皇家学会汇刊上发表的两篇文章. 二者都遵循哈密顿的思想, 就是把出现在最小作用原理中的积分, 在估计其值以后, 看成其端点的函数.

第一篇文章从变分原理的以下形式开始:

$$\delta W = \delta \int_{q_1^0,\cdots,q_n^0}^{q_1^1,\cdots,q_n^1} \sqrt{2(h-U)\sum a_{\alpha\beta}dq_\alpha dq_\beta} = 0,$$

其中

$$T = \sum a_{\alpha\beta}\dot{q}_\alpha\dot{q}_\beta, \qquad T + U = h = \text{const.}$$

在把问题 $\delta W = 0$ 所产生的微分方程积分以后, 就把其积分 $W(q_1^1,\cdots,q_n^1;q_1^0,\cdots,q_n^0;h)$ 看做这个力学问题的 "特征函数". 令 q_1,q_0 变动, 就会给出

$$\frac{\partial W}{\partial q_\alpha^1} = p_\alpha^1, \qquad \frac{\partial W}{\partial q_\alpha^0} = -p_\alpha^0,$$

这里 $p_\alpha = \partial T/\partial \dot{q}_\alpha$ 是相应于 $\dot{q}_\alpha$ 的动量坐标. 此外, 我们还有

$$\frac{\partial W}{\partial h} = t^1 - t^0.$$

所以, 如果能用已知的决定力学问题轨道的方法求出 $W\left(q^1; q^0\right)$, 则不但轨道本身, 还有质点在各个时刻在轨道上的位置, 都可以得出, 而且其形式会在许多问题中有用.

$T + U = h$ 还有一个附带的推论, 即 p_α, 以及由此可知 $\partial W / \partial q_\alpha$, 会满足某些偏微分方程. 为了把 $T = \sum a_{\alpha\beta} \dot{q}_\alpha \dot{q}_\beta$ 用 $p_\alpha = \partial T / \partial \dot{q}_\alpha$ 表示出来, 我们恰好必须使用把方程对偶化 (即把点坐标和平面坐标互换) 时所用的那一种变换. 于是, T 可以表示为两个行列式之商, 其中一个是用 p_α "加边"的行列式:

$$T = \frac{-\begin{vmatrix} a_{\alpha\beta} & p_\alpha \\ p_\beta & 0 \end{vmatrix}}{|a_{\alpha\beta}|}.$$

现在, 由于 $p_\alpha = \partial W / \partial q_\alpha$ 以及 $T + U = h$, 所以可得 W 在两个端点上所满足的偏微分方程:

$$\frac{-\begin{vmatrix} a_{\alpha\beta} & \partial W / \partial q_\alpha^1 \\ \partial W / \partial q_\beta^1 & 0 \end{vmatrix}}{|a_{\alpha\beta}|} + U = h,$$

$$\frac{-\begin{vmatrix} a_{\alpha\beta} & \partial W / \partial q_\alpha^0 \\ \partial W / \partial q_\beta^0 & 0 \end{vmatrix}}{|a_{\alpha\beta}|} + U = h.$$

第二篇文章则从作用量积分的另一种形式开始:

$$S = \int_{q_1^0, \cdots, q_n^0, t^0}^{q_1^1, \cdots, q_n^1, t^1} (T - U) dt,$$

其中 $T - U$ 是拉格朗日函数, 而条件 $\delta S = 0$ 仍是在固定端点情况下取的. 只要 q 是按照条件 $\delta S = 0$ 决定的 t 的函数, 则可以引入函数

$$S\left(q_1^1, \cdots, q_n^1; q_1^0, \cdots, q_n^0; t^1, t^0\right),$$

称为力学问题的所谓 "主函数", 并用它来表示积分. 这里有关系式

$$\frac{\partial S}{\partial q_\alpha^1} = p_\alpha^1, \qquad -\frac{\partial S}{\partial q_\alpha^0} = p_\alpha^0,$$
$$\frac{\partial S}{\partial t^1} = -h, \qquad \frac{\partial S}{\partial t^0} = h.$$

和 "特征函数" W 的情况一样, "主函数" S 也满足两个一阶偏微分方程组, 每个方程组均包含 n 个方程.

在上面讲的这一切中, 主要兴趣都在于一种优美的表示所引起的 "心智的满足", 而不是如何去求积力学的微分方程.

除了应用"变动的作用量原理"以外, 在哈密顿的第二篇论文中还给出了力学的微分方程的一种重要的简化. 这与数学的其他部分中常说的"勒让德变换"有关, 这就是引入动量分量 p_α 来代替速度分量 $\dot{q}_\alpha$.

对 T 应用欧拉关于齐次函数的定理, 就得到

$$2T = \sum p_\alpha \dot{q}_\alpha.$$

把总能量 $T + U$ 写成 p_α 和 q_α 的函数 $-H(p_\alpha, q_\alpha)$, 我们有

$$T - U - \sum p_\alpha \dot{q}_\alpha = -T - U = H(p_\alpha, q_\alpha),$$

于是 H 的微分就是

$$dH = \sum \frac{\partial T}{\partial q_\alpha} dq_\alpha + \sum \frac{\partial T}{\partial \dot{q}_\alpha} d\dot{q}_\alpha - \sum \frac{\partial U}{\partial q_\alpha} dq_\alpha - \sum \dot{q}_\alpha dp_\alpha - \sum p_\alpha d\dot{q}_\alpha$$

$$= \sum \frac{\partial L}{\partial q_\alpha} dq_\alpha - \sum \dot{q}_\alpha dp_\alpha.$$

但按照拉格朗日微分方程有

$$\frac{\partial L}{\partial q_\alpha} = \frac{dp_\alpha}{dt} = \dot{p}_\alpha,$$

所以由上面的 dH 的表达式, 就会得到形式很简单的力学微分方程如下:

$$\frac{\partial H}{\partial q_\alpha} = \dot{p}_\alpha, \qquad \frac{\partial H}{\partial p_\alpha} = -\dot{q}_\alpha.$$

这些方程称为哈密顿微分方程 (其实在拉格朗日的著作里已经有了它们), 或者按照雅可比的称呼, 叫做典则微分方程. 可以认为, 这种方程实现了唯能论者的理想, 因为这些方程是把总能量放在力学发展之首, 而完整地由能量导出运动方程.

现在我们要转到雅可比从 1837 年起开始发表的工作, 正如已经说过的那样, 它们以多种方式基于哈密顿的工作, 但是仍然遵循一种颇为不同的独立的道路. 雅可比是拉格朗日、泊松等人开创的法国学派的真正继承人. 由此原因, 他在法国, 也和在德国一样, 有着持久的影响.

力学得自雅可比的结构本质上是解析的. 它的基本点特别是:

1. 典则变量的一般概念.

我们已经看到, 哈密顿把动力学的微分方程写成很简单的形式

$$\frac{\partial H}{\partial q_\alpha} = \dot{p}_\alpha, \qquad \frac{\partial H}{\partial p_\alpha} = -\dot{q}_\alpha.$$

雅可比称之为典则形式, 其中 $H(p_\alpha, q_\alpha)$ 是负的总能量. 雅可比第一次提出以下问题:
什么是最一般的典则变换? 所谓典则变换就是形如

$$p_\alpha^1 = \phi_\alpha \left(q_1^0, \cdots, q_n^0; p_1^0, \cdots, p_n^0 \right),$$

$$q_\alpha^1 = \psi_\alpha \left(q_1^0, \cdots, q_n^0; p_1^0, \cdots, p_n^0 \right)$$

的, 把典则微分方程变为典则微分方程的变换. 这个问题在天文学和数学物理中有重大
意义: 它在把这些科学看成一个 R_{2n} 空间的拟几何学 (quasigeometry) 这一思想里起
了很大的作用, 而这一点已经由玻尔兹曼 (Ludwig Boltzmann, 1844—1906, 奥地利物
理学家) 和庞加莱发展起来了. 但是李从完全不同的、纯粹几何的角度出发, 以所谓的
切触变换理论 研究了这个问题. Liebmann 在 *Enz.* Bd. Ⅲ, D7 中对这方面内容多有
介绍.

雅可比在提出这个问题以后, 又第一个用所谓 "引导函数" (*Leitfunktionen*) 给
出[4]了一个解法: 如果有一个 q_α^0 和 q_α^1 的任意可微函数 Ω (即所谓引导函数) 使得

$$\frac{\partial \Omega}{\partial q_\alpha^0} = -p_\alpha^0, \qquad \frac{\partial \Omega}{\partial q_\alpha^1} = p_\alpha^1,$$

则 p^1, q^1 必可由 p^0, q^0 通过一个典则变换得出.

这些公式必定清楚地使人联想到哈密顿的特征函数 W 或者主函数 S. 很明显, 是
哈密顿的公式在引导着雅可比, 而雅可比原来只不过是想要检验一下哈密顿的公式的
适用范围. 事实上, 一个从初值 $q_1^0, \cdots, q_n^0, p_1^0, \cdots, p_n^0$ 到终值 $q_1^1, \cdots, q_n^1, p_1^1, \cdots, p_n^1$ 的
力学运动就是一个以 W 或 S 为引导函数的典则变换的例子 —— 典则变换一开始似乎
只是与一个已给定的力学问题相联系的, 但是很容易看出来它具有一般性的特性. 此
外, 既然典则微分方程适用于运动的全过程, 对于参数的每个变化, 不论多么小, W 都
是由以下积分给出:

$$W = \int_{q_1^0, \cdots, q_n^0}^{q_1^0 + \Delta q_1^0, \cdots, q_n^0 + \Delta q_n^0} \sqrt{(h - U) \sum a_{\alpha\beta} dq_\alpha dq_\beta},$$

而且条件

$$\frac{\partial W}{\partial q_\alpha^0} = -p_\alpha^0, \qquad \frac{\partial W}{\partial (q_\alpha^0 + \Delta q_\alpha^0)} = p_\alpha^0 + \Delta p_\alpha^0$$

也成立, 所以力学的运动就是一连串持续的无穷小典则变换.

既然典则变换可以由任意的函数 Ω 来生成, 那么似乎典则变换的领域就大得很了.
但是, 不论这样做的领域有多大, 仍然概括不了所有典则变换, 因为当我们试图用方程

---

[4] 现代的文献中称为 "生成函数" (*generating functions*). 例如可以参见阿诺尔德《经典力学的数学方
法》(高等教育出版社, 2006) 第 201—202 页. 注意, 并非所有的典则变换都是由生成函数生成的. —— 中译
本注

$$q_\alpha^1 = \phi_\alpha(q_1^0, \cdots, q_n^0; p_1^0, \cdots, p_n^0)$$

来计算 p_α^0 时, 可能还需要满足一些条件等式, 如 $\Omega_1(q^0, q^1) = 0, \Omega_2(q^0, q^1) = 0$, 等等. 这时, 我们就假设

$$\frac{\partial(\Omega + \lambda\Omega_1 + \mu\Omega_2 + \cdots)}{\partial q_\alpha^0} = -p_\alpha^0,$$

$$\frac{\partial(\Omega + \lambda\Omega_1 + \mu\Omega_2 + \cdots)}{\partial q_\alpha^1} = p_\alpha^1,$$

而在给定 q^1, p^1 为 q^0, p^0 的显式的函数以后, 再来消去参数 $\lambda, \mu, \cdots$.

所有的典则变换都可以在这种扩展了的形式下求出. 后来人们不再喜欢 (分不同场合) 显式地求出 p_α^1, q_α^1, 而去求它们所必须满足的微分方程. 1873 年, 谢林 (Ernst Christian Julius Schering, 1833 — 1897, 德国数学家) 和李都以泊松的工作为基础提出所谓括号表示. 如所谓泊松括号 $[u, v]$ 的定义是

$$[u, v] = \sum_\alpha \frac{\partial u}{\partial p_\alpha^0}\frac{\partial v}{\partial q_\alpha^0} - \frac{\partial u}{\partial q_\alpha^0}\frac{\partial v}{\partial p_\alpha^0},$$

而 p_α^1, q_α^1 属于一个由 p^0, q^0 而来的典则变换的条件是

$$\begin{bmatrix} p_\alpha^1, p_\beta^1 \end{bmatrix} = 0, \qquad \begin{bmatrix} q_\alpha^1, p_\beta^1 \end{bmatrix} = \begin{cases} 0, & \text{如果 } \alpha = \beta, \\ 1, & \text{如果 } \alpha \neq \beta. \end{cases}$$
$$\begin{bmatrix} q_\alpha^1, q_\beta^1 \end{bmatrix} = 0,$$

从这些公式很容易导出所谓刘维尔定理 (1838), 即一个典则变换的函数行列式恒等于 $+1$ 或 -1. 为了证明这个定理, 只需把一个变换的行列式自乘即可:

$$\begin{vmatrix} q_1^1 & \cdots & q_n^1 & p_1^1 & \cdots & p_n^1 \\ \vdots & & \vdots & \vdots & & \vdots \\ q_1^0 & \cdots & q_n^0 & p_1^0 & \cdots & p_n^0 \end{vmatrix} \begin{vmatrix} p_1^1 & \cdots & p_n^1 & q_1^1 & \cdots & q_n^1 \\ \vdots & & \vdots & \vdots & & \vdots \\ p_1^0 & \cdots & p_n^0 & q_1^0 & \cdots & q_n^0 \end{vmatrix} = \Delta^2 = 1.$$

Δ 恒为 $+1$ 的证明这里不能讲了.

以上的这些公式, 特别是刘维尔定理, 在现代数学物理中有特殊的意义, 因为它们在 R_{2n} 中的解释已经很流行了 (1868 年以后玻耳兹曼的工作).

有一点我想指出, 在这个对数学家和物理学家都很重要的领域中, 存在一种特殊的、完全不必要的外在的困难, 它对双方之间的交流造成了很大的阻碍. 这就是, 我们数学家从拉格朗日以来就习惯用 p 来表示动量坐标, 因为它使人联想起力 (*potentia*), 位置坐标则用 q 表示 (使人想起 "质" (*quality*)), 而物理学家则遵从亥姆霍兹的先例, 用法恰好相反! 可以想象, 用语的变动带来了多少混乱.

2. 求积哈密顿微分方程的方法.

按照哈密顿的理论, 从函数

$$W(q^1, q^0; h) = \int_{q^0}^{q^1} \sqrt{(h - U) \sum a_{\alpha\beta} dq_\alpha dq_\beta}$$

可以得出动量的公式

$$\frac{\partial W}{\partial q_\alpha^1} = p_\alpha^1, \qquad \frac{\partial W}{\partial q_\alpha^0} = -p_\alpha^0.$$

因为

$$H(q_1, \cdots, q_n, p_1, \cdots, p_n) + h = 0,$$

所以, 应用上面动量的公式, 就知道 W 满足以下的偏微分方程

$$H\left(q_1^0, \cdots, q_n^0, \frac{\partial W}{\partial q_1^0}, \cdots, \frac{\partial W}{\partial q_n^0}\right) + h = 0,$$

$$H\left(q_1^1, \cdots, q_n^1, \frac{\partial W}{\partial q_1^1}, \cdots, \frac{\partial W}{\partial q_n^1}\right) + h = 0.$$

雅可比从这个事实看到, 哈密顿偏微分方程的每一个充分一般的解 —— 即一个含有 $n - 1$ 个独立常数的解, 也就是雅可比称之为 "完全解" 的解 —— 就足以把这个力学问题的轨道表示为已经积出的形式.

这是因为, 如果有了这样一个解

$$\overline{W}(q_1, \cdots, q_n, c_1, \cdots, c_{n-1}),$$

只需再写出

$$p_\alpha = \frac{\partial \overline{W}}{\partial q_\alpha}; \qquad \frac{\partial \overline{W}}{\partial c_1} = d_1, \cdots, \frac{\partial \overline{W}}{\partial c_{n-1}} = d_{n-1},$$

即得所求的解. 这里的 c 和 d 共为 $2n - 2$ 个任意常数, 这正是表示, 要想决定由 $H + h = 0$ 所定义的 $2n - 1$ 维空间中的轨道, 就需要那么多个常数.

在动力学的微分方程与一阶偏微分方程的联系中, 我们终于看到了一个属于一阶偏微分方程理论的事实, 事实上它早已从柯西的观点出发在 1819 年就发现了. 这两个问题的相互关系才是它所引起的多方面兴趣的真正对象. 雅可比用很大的精力来探讨这件事, 建立了求积动力学微分方程的一般理论, 给了处理分析力学中的特殊问题以巨大的推动. 按照这个方法, 并不需要直接处理动力学微分方程, 而需要去求哈密顿偏微分方程的一个充分一般的解, 于是, 动力学微分方程的解法可以说是瓜熟蒂落, 自然落在我们怀里.

事实上, 对于特殊的问题, 这样一个解 $\overline{W}$ 时常是可以求出来的. 雅可比用这个方法解决了力学和天文学中许多最重要的问题. 他在自己的讲义里讨论了三维空间中的二体问题 (即所谓开普勒运动), 两个固定中心的引力问题, 还有三轴椭球的测地线问题. 最后这个问题最先就是雅可比解决的. 欲知其详, 可以参看雅可比的书, 事实上, 参看任何一本关于天文学或力学的书都可以[5].

雅可比在一些特殊情况下扩展和改进了他的积分理论. 特别是他研究了, 在求积基本的动力学方程时, 如果已经知道其某些积分, 会有什么好处. 在追随这些研究时, 雅可比得到了许多值得注意的深刻的结果, 例如, 如果两个面积定理 (Flächensätze) 对一个方程组成立, 则第三个一定也成立[6]. 力学的这个发展, 可以追溯到泊松 (不幸的是, 我们这里不能深入了), 而在 19 世纪 70 年代早期李和迈耶 (Christian Gustav Adolph Mayer, 1839 — 1908, 德国数学家) 对雅可比的工作的继续中, 达到了高潮. 所有这些结果, 如果从解析角度提升到更为一般, 则对于单积分的变分问题, 还有一阶偏微分方程理论, 也都有价值. 在分析数学的这两个很大的独立的领域, 即变分法和一阶偏微分方程理论之间的这个持久的关系里, 可以看到力学事实的这种表示法的数学魅力.

尽管这个主题无可置疑地非常美丽, 我仍要警告, 不要只作片面的研究. 如果谁只是抽象地研究力学, 他对具体的特定问题的感觉就得不到发展, 面对一个给定的力学问题, 把它解决到底的能力, 也就得不到发展. 珀斯克 (Friedrich Poske, 1852 — 1925, 德国物理学家) 正是在这个意义下, 在他的《物理教学法》(*Didaktik des physikalischen Unterrichts*, 1915) 一书中说到, 对于物理学家 "数学教育 (是) 精巧的毒药". 事实上, 一个物理学家想要解决自己的问题, 从这些理论中所得无几, 而工程师则将一无所得[7]. 这些理论可以说只是把现象世界划分为空格子的格式, 只有削足适履地把丰富多彩的现象世界放进这些空格子中, 才可以认识它们.

有了这些提醒, 我愿热诚地推荐雅可比的《动力学讲义》(*Vorlesungen über Dy-*

---

[5] 例如可以参看阿诺尔德的《经典力学的数学方法》(高等教育出版社, 2006). —— 中译本注

[6] 如果关于 x 轴的角动量 $\boldsymbol{L}_x$ 和关于 y 轴的角动量 $\boldsymbol{L}_y$ 都是定值, 那么泊松括号 $[\boldsymbol{L}_x, \boldsymbol{L}_y] = \boldsymbol{L}_z$ 也是定值, 因此角动量 $\boldsymbol{L}$ 本身就是定值. 几何上即意味着对两坐标面的面积速度一定的话, 对第三坐标面的面积速度也是一定的. 这一定理泊松本人已经知晓, 雅可比本人对此做出了推广, 也就是说, 如果不含时间 t 的典则方程组有解 $H_1 = h_1$, $H_2 = h_2$, 那么由泊松括号导出的 $[H_1, H_2] = H_3 = h_3$ 也是典则方程组的解. —— 日译本注

[7] 我们保留了这些评论, 虽然后来的发展否定了它们, 因为这些发展证实了克莱因时常讲到的一个现象: 一个理论看来是纯粹数学的, 却在相邻科学里得到了意想不到的巨大重要性. —— 德文本编者注 [本书德文原著是由 R. Courant 和 O. Neugebauer 根据克莱因的讲稿编辑而成的. 所以才有 "保留" 一说. 德文本编者就是他们. 对于这段话 (楷体是中文译者加的), 阿诺尔德在《经典力学的数学方法》(高等教育出版社, 2006) 第一版序言 (第 vii 页) 中也评论说: "以后年代中科学的发展明确地否定了这个评论. 哈密顿形式化是量子力学的基础, 而且是物理学的数学武器库中最常用的工具之一. 在认识到辛构造和惠更斯原理对各种优化问题的意义以后, 在工程计算中也开始经常应用哈密顿方程了. 另一方面, 与空间探索相关的天体力学的新近发展, 对分析力学的方法和问题也赋予了新的意义." —— 中译本补注]

namik) 这本特别有启发性的书 (由克莱布什于 1866 年根据博卡特 (Carl Wilhelm Borchardt, 1817—1880, 德国数学家, 雅可比的学生) 在 1842/1843 年冬的记录编辑而成)[8].

现在我们就要最终离开雅可比这个非常独特的人物了. 关于他的一般性格的描写和评价, 请参看本书第 3 章 "*Crelle* 杂志里的分析学家们" 一节的 87-92 页. 在下一个时期里, 我们还会一再见到, 雅可比的巨大激励在德国国内外的影响.

我们现在转到哈密顿和雅可比以后分析力学的发展. 我们要讲的第一个人是英国人劳斯 (Eduard John Routh, 1831—1907, 英国数学家), 我们一旦和他打起交道来, 就一步踏入了完全不同的世界, 那就是剑桥的科学生活. 在剑桥有以学校表现和考试成绩为基础的严格的教育制度. 从 1860 年起的一个长时期中, 劳斯通过他的广泛而著名的 "个别辅导" 的教学活动, 在其中起了显著的作用, 所谓 "个别辅导" 就是帮助个别的学生准备 Tripos 和其他考试[9]. 多年以来, Tripos 的第一名优胜者, 即所谓 Senior Wrangler, 时常都是出自他的辅导班. 许多重要人物都是在劳斯那里打下了彻底的数学教育的坚实基础, 而这种数学教育是指向应用的. 这些受到好处的人中有瑞利勋爵[10], 他后来时常带着谢意回忆起当劳斯的学生的日子.

劳斯写的教本也带有这些辅导活动的烙印, 这与雅可比的教学方法成了可以想象得到的最大的对立. 一般的理论肯定不会缺少, 但是却都被许许多多容易掌握的具体应用包围着. 这些书的德文译本为我们提供了我们在德国完全不习惯的东西. 这些书不是由互相联系着的讲述构成的, 也不是由一篇一篇的讲稿汇集而成, 而是每日要做的习题, 其分量精确地按照时间来决定, 书中提出了确定的题目, 而且把它们从头到尾地解了出来. 这个体系精确地相应于辅导教员的活动, 他们在自己的小圈子里, 日复一日地做着漫长的工作, 达到了使我们吃惊的学术成就和独立性. 这正是体育活动中有本事的教练教学生, 使他们达到最高成就的方法.

大学教育的方法在不同的国家是很不相同的, 谁也不能相信他的那一种是只有优点的, 或者说是 "学院式" 的. 每种方法各有优点, 但如果过于片面地追随, 又必然产生不利之处. 教育的组织和方法不能简单地从一个国家移植到别的国家, 因为它们的根在这个国家的文化中. 教师和学生都被牢固地捆在这个国家的传统上, 并受到这个国家的考试制度, 以及以考试制度为基础的社会等级的划分所制约.

---

[8] 后来成了雅可比《全集》(*Gesammelte Werke*) 的增补卷 (1884).

[9] 关于 Tripos, 请参看本书第 4 章的脚注 [15]. —— 中译本注

[10] 瑞利勋爵 (Lord Rayleigh) 本名是斯特鲁特 (John William Strutt, 1842—1919), 英国物理学家, 特别是数学物理学家, 1904 年诺贝尔物理学奖获得者. 瑞利勋爵是他的爵号. 这和开尔文勋爵 (Lord Kelvin) 的情况一样, 后者真名是 William Thomson (1824—1907), 是苏格兰物理学家, 特别是数学物理学家. 他在物理学中的贡献是多方面的. 在数学上, 格林定理、斯托克斯定理等都因他的努力才广为人知. 开尔文勋爵也只是爵号. 但是他的授勋却是由于他在铺设跨大西洋的电报电缆上的贡献. 下面还会细说. 但他只是 Second Wrangler, 即第二名 Wrangler. —— 中译本注

　　然而, 现在德国和英国在教育领域中走得更近了. 在剑桥, 那个已经蜕化成为精巧地解决疑难问题的绝技的考试制度, 自 1900 年以后已经减轻了; 而在德国, 随着讲课的分量越来越大, 习题课也被推向前台, 成了必要的补充.

　　现在我们来看一看, 在劳斯手里, 分析力学的问题是什么形式的.

　　按照拉格朗日的讲法, 分析力学的许多公式之首, 必是拉格朗日函数

$$L = T - U,$$

而在哈密顿的工作里, 它则被哈密顿函数

$$H = T - U - \sum p_\alpha \dot{q}_\alpha = -(T + U)$$

所取代. 函数 H 被看做只依赖于 p 和 q 的函数; 为了得出它, 就需要在 $q, \dot{q}$ 的拉格朗日函数 L 中, 通过勒让德变换把 $\dot{q}$ 代换为 p.

　　劳斯的讲法恰好在二者之间. 它只是部分地实行勒让德变换, 例如只把 n 个 $\dot{q}$ 中的前 m 个 $\dot{q}_1, \cdots, \dot{q}_m$ 换成 $p_1, \cdots, p_m$, 这样, 就可以构造出所谓的劳斯函数

$$R = L - \sum_1^m p_\alpha \dot{q}_\alpha,$$

它现在是 $q_1, \cdots, q_m; q_{m+1}, \cdots, q_n$ 以及 $p_1, \cdots, p_m; \dot{q}_{m+1}, \cdots, \dot{q}_n$ 的函数. 所有三类变元 $\dot{q}, p$ 和 q 都显式地出现于其中.

　　为清楚起见, 我们把新引入的 $p_1, \cdots, p_m$ 记为 $\pi_1, \cdots, \pi_m$, 而把相应的 q 记为 $\kappa_1, \cdots, \kappa_m$, 于是得到下面两组变元:

$$q_{m+1}, \cdots, q_n, \qquad\qquad \dot{q}_{m+1}, \cdots, \dot{q}_n,$$

$$\kappa_1, \cdots, \kappa_m, \qquad\qquad \pi_1, \cdots, \pi_m.$$

而力学的微分方程就成为

$$p_\alpha = \frac{\partial R}{\partial \dot{q}_\alpha}, \qquad \frac{dp_\alpha}{dt} = \frac{\partial R}{\partial q_\alpha} + P_\alpha \qquad (\alpha = m+1, \cdots, n);$$

$$\frac{d\kappa_i}{dt} = -\frac{\partial R}{\partial \pi_i}, \qquad \frac{d\pi_i}{dt} = \frac{\partial R}{\partial \kappa_i} + \Pi_i \qquad (i = 1, \cdots, m).$$

上面的 P_α, Π_i 表示可能有的外力. 于是力学的微分方程分成了两组, 一组是拉格朗日形式的, 另一组是哈密顿形式的. 当 $m = 0$ 时, 劳斯函数变成了拉格朗日函数, 相应的微分方程也就和拉格朗日方程有相同形式; 而当 $m = n$ 时, 微分方程组就和哈密顿情况下一样了.

　　这样的微分方程组通过力学中与之相关的某些普适的基本概念, 有了特别的意义. 具体说来, 如果 R 不显含 κ_i, 并只包含相应的 π_i, 就得到一个特例, 亥姆霍兹深入地研

究过它, 并称之为 "循环方程组" (*cyclic system*) (*Crelle* 杂志, Bd. 97, 1884), 其实这个特例更早一些已经在汤姆孙和泰特合写的《自然哲学论著》中出现过, 那里称之为 "类循环方程组" (*cycloidal system*).

在实际问题中, 当研究旋转物体的旋转运动 (例如飞轮的旋转) 时, 就会出现这种情况. 这时, 旋转角就叫做 "循环坐标" (所以只有与它们相应的动量坐标才出现在方程组中). 如果把这个旋转物体放在一个不透明的箱子里, 则它的 "隐藏的运动" 就表现得和这个物体作为一个整体在空间中的运动一样 (陀螺与回转仪就是其例子). 在这种情况下, 如果排除对于这个旋转物体如飞轮的外加的影响, 从而 $\Pi_i = 0$, 以及

$$\frac{d\pi_i}{dt} = 0,$$

那么相应于循环坐标的动量必为常数, 即为守恒的.

从这些事实可以得到关于位能的本性的一些值得注意的思想. 假设动能 T 可以分解为一个只含速度 $\dot{q}$ 的部分 $T(\dot{q})$ 和一个只含循环动量 π 的部分 $T(\pi)$(所以动能中没有速度 $\dot{q}$ 乘上动量 π 的项), 这时, 只要记得所有的量均依赖于坐标 q, 并且把常值的 π_i 代以常数 c_i, 即知劳斯函数就是

$$R = T(\dot{q}) - T(\pi) - U = T(q, \dot{q}) - T(q, c) - U(q).$$

量 $q_{m+1}, \cdots, q_n$ 可以从微分方程组

$$p_\alpha = \frac{\partial T(\dot{q})}{\partial \dot{q}_\alpha}, \qquad \frac{dp_\alpha}{dt} = \frac{\partial [T(\dot{q}) - (U + T(c))]}{\partial q_\alpha}$$

求出. 这样我们就得到一组公式, 它恰好相应于这样一个力学系统, 其自由度为 $n - m$, 而位能增加了 $T(c)$, 即隐藏运动的动能[11]. 量 U 和 $T(\pi)$ 都是 q 的常系数函数, 它们总是以和的形式一起出现在公式中, 而不会分别出现. 因此出现了一个问题 —— 我们在任何情况下都不知道位能的本质是什么 —— 即每一个以 "位能" 之名出现在力学中的量, 是否其实只是由某个隐藏的、循环的、即所谓 "被忽视了的" 运动的动能生成的. 物质的一个纯粹运动学的理论的可能性, 如幻影 (fata morgana) 似的, 出现在远方.

这样一个一般性的思想, 第一次是在 1888 年出现在 J. J. 汤姆孙[12] (Joseph John Thomson, 1856 — 1940, 英国物理学家) 写的《动力学对物理和化学的应用》(*Applications of Dynamics to Physics and Chemistry*, 这是他 1886 年在剑桥的讲稿,

---

[11] 见 E. T. Whittaker, *A Treatise on the Analytical Dynamics of Particles and Rigid Bodies*, 4th edition, Cambridge University Press, 1970, §38.

[12] 有好几个著名的汤姆孙. 这一位曾因发现电子和同位素获得了 1906 年诺贝尔物理学奖. 他对质谱法有着重大的贡献. 另一位非常著名的汤姆孙就是开尔文勋爵威廉·汤姆孙. 为了避免混淆, 我们以后再遇到汤姆孙时, 将要尽可能地注明其全名. —— 中译本注

后来又发表在 *Philosophical Transactions*, 1886 — 1887 上) 一书中. 但是在一些特殊情况下威廉·汤姆孙 (即开尔文勋爵) 已经研究过它, 例如可见威廉·汤姆孙 1884 年在蒙特利尔的英国协会上的讲演. 威廉·汤姆孙很谨慎地以 "物质的运动学理论刍议" (*Steps towards a kinetic theory of matter*, 见开尔文《数学与物理学论文集》第 3 卷 366 页) (这里的文献引用有些问题. 此文实际出现在威廉·汤姆孙《通俗讲演集》, 卷 1 (第二版), 225 页以下. —— 校者注) 作为这篇讲演的题目. 对于封闭系统, 这个思想最后是由赫兹 (Heinrich Rudolf Hertz, 1857 — 1894, 德国物理学家) 完成的. (见他的遗著《力学原理》(*Die Prinzipien der Mechanik*, 1904).)[13]

关于这一独特思想产物的更多的信息可以在 Voss 在 *Enz.* 第 4 卷的第一篇文章里找到. 不幸的是, 我在这里不能评价其价值与不足之处了. 虽然这个思想初看起来令人耳目一新, 但是仍有相当大的困难: 合乎逻辑地实现它是很难的 —— 例如赫兹的做法就是: 简单地从通常的力学中把条件方程整个拿过来, 后来又没有把它们化为运动学的概念 —— 玻耳兹曼等人已经指出, 给出具体的形式, 同样很困难. 由于其狭窄的应用范围, 人们也不能满足于开尔文勋爵的涡旋理论, 其中与运动学的基本思想背道而驰的唯一元素就是他关于具有旋涡的液体的不可压缩性的公理.

隐藏的循环运动的思想还引起了另一个类比, 我不想略去不提. 这要归功于亥姆霍兹 (见 *Crelle* 杂志, Bd. 97, 1884). 这就是最简单的 "单循环" (monocyclic) 力学系统 (其中的循环运动仍被看做 "可以理解的" (accessible)) 的静力学与热的机械理论的基础的类比.

我从热的机械理论的简短介绍开始来讨论这个类比. 在这里本质上有两个数学概念在起作用:

1. 函数 $F(x_1, \cdots, x_n)$ 的偏导数 $\partial F/\partial x_1, \cdots, \partial F/\partial x_n$, 以及它们在引入新变元时如何变化.

2. 普法夫表达式

$$X_1 dx_1 + \cdots + X_n dx_n$$

的各种不同的意义. 我们在讨论格拉斯曼时就已经提到过, 在不同情况下, 普法夫表达式的广泛性可以大不相同: 它可能是恰当微分 (即全微分), 也可能在乘上一个 "积分因子" 以后成为一个恰当微分, 也可能连这也不是 (这种情况更加普遍). 恰当和非恰当微分在概念上的区别在这里很重要, 因为它们在沿闭路上积分时 (在热力学中更常用的说法是: 在循环过程中), 性状很不一样.

---

[13] 此书有英译本: *The Principles of Mechanics*, 1958, Dover. —— 英译本注

这是克莱因本人的笔误. 赫兹因恶性血管炎在 1894 年元旦去世. 这本书在当年就作为《赫兹全集》的第 3 卷出版, 赫兹在波恩的助手菲利普·莱纳德 (Philipp Lenard, 1862— 1947, 1905 年诺贝尔奖得主) 编辑了赫兹的手稿并为这本书写了序言. —— 日译本注

这些事情数学家们都很熟悉, 但是新手们是在它们披着热力学外衣时见到这些事情的, 而在热力学中, 它们又总是承受着沉重的历史负担. 这些新手身上背负的期望是, 他们可以沿着最早的开创者小卡诺, 即萨迪 · 卡诺[14] (Sadi Nicholas Léonard Carnot, 1796—1832, 法国物理学家) 和克劳修斯所艰难开创的道路, 穿过他所不熟悉的数学概念的荆棘丛林, 不仅是达到他的目的地, 而且只需看上一看, 就能清楚地看见目的地的轮廓. 在我看来, 想要做到这一点, 就需要先对基本原理给出一个目的明确的、权威的, 而且是不容置疑地写出来的大纲; 这些新手只有遵循这个大纲, 才能严格且详细地学习这门学问. 在这个意义下, 我愿简明地指出这个大纲的要点.

设有一个系统, 它依赖于 $n+1$ 个参数 $q_1, \cdots, q_n, \vartheta$, 这里的 ϑ 表示绝对温度. 热力学研究的并非这个系统的运动, 而是研究其平衡态, 也可能是所谓的 "无限缓慢的过程"[15], 即略微偏离平衡状态的一连串的过程. 如果这样的系统受到外力 $P_1, \cdots, P_n$ 作用, 使得 q 产生了微小改变, 则表达式

$$P_1 dq_1 + \cdots + P_n dq_n = dA$$

就是外力所作的功, 这时假设热量无法进出这个系统, 或者说这个系统是绝热的.

热力学有两个基本定理. 设处于平衡态的变元 $q_1, \cdots, q_n, \vartheta$ 有微小变动, 则外力将作无穷小的功 dA, 设还有外加的热 dQ. 其实热是与机械功等价的, 所以可以与机械功相加. 这时, 有两个重要的量也将产生相应的变化: 一个是在力学中已经见到的能量 E. 另一个是新引入的熵 S. 热力学的两个基本定理就是:

热力学第一定律: $dA + dQ = dE$,

热力学第二定律: $dQ = \vartheta \cdot dS$.

理解第一定律并无困难. 但是对于热力学第二定律, 恰当微分的概念就起了明显的作用, 因为这个定律并没有说, dQ 是变元 $q_1, \cdots, q_n, \vartheta$ 的某个函数的恰当微分, 但是在乘了因子 $1/\vartheta$ 以后, 却成了变元 $q_1, \cdots, q_n, \vartheta$ 的函数 S (即熵) 的恰当微分 dS.

我们不来论证这两个定律而以 "理想气体" 为例来说明它们. 设气体质量为 1. 整个系统有两个参数: 单位质量气体的容积 (比容) v 和绝对温度 ϑ. 作用于单位容积 v 上的外力分量 P, 按通常的做法记为 $-p$, 其中 p 就是单位容积所受到的外力 (压强). 现在出现了两个常数: 定容比热 c_v 和定压比热 c_p. 用这些常数和上述参数, 气体的状态函数可以写为

$$E = c_v \vartheta,$$
$$S = c_v \log \vartheta + (c_p - c_v) \log v.$$

---

[14] 请参看本书第 2 章脚注 [5]. ——中译本注

[15] 即准静态过程. ——校者注

而两个热力学定律就成为

$$- p dv + dQ = dE = c_v d\vartheta,$$

$$dQ = \vartheta dS = c_v d\vartheta + (c_p - c_v)\, \vartheta \frac{dv}{v}.$$

从这两个定律就可以得到气体的状态方程; 即马略特 (Edmé Mariotte, 1620—1684, 法国物理学家)-盖吕萨克 (Joseph Louis Gay-Lussac, 1778—1850, 法国物理学家) 定律:

$$p \cdot v = (c_p - c_v)\, \vartheta.$$

其实, 这个定律在整个理论构成以前, 就已经通过实验发现了. 由它, 在知道了能量 E 以后, 就可以算出熵 S 来.

到这一步为止, 可以如亥姆霍兹那样用一个单循环力学系统来模仿热力学系统.

仍然停留在理想气体的例子里面, 我们想象有一个系统, 它具有一个参数 $q = v$, 还有一个循环参数 κ, 相应的动量为 π. 令能量由下式给出:

$$E = c_v \pi^2 / v^{\frac{c_p - c_v}{c_v}},$$

相应地, 平衡条件则为

$$p = -P = -\frac{\partial E}{\partial v} = (c_p - c_v)\, \pi^2 / v^{\frac{c_p}{c_v}}.$$

再令

$$\vartheta = \pi^2 / v^{\frac{c_p - c_v}{c_v}}, \qquad S = 2c_v \cdot \log \pi,$$

就能得到与前面的公式一致的

$$E = c_v \cdot \vartheta, \qquad p \cdot v = (c_p - c_v) \cdot \vartheta.$$

所以 ϑ 是某种动能; 和熵 S 一样, 可以用 π 表示的隐运动来说明.

至此, 已经构造出了热力学过程的一个令人相当满意的力学模型了. 但是如果我们想要把两个温度不同的热力学系统在一个绝热的容器里 "耦合" 起来, 经典力学 (它不承认摩擦或非弹性碰撞) 就无能为力了.

和力学系统一样, 这时对于总能量也有

$$E = E_1 + E_2,$$

但是这时还有气体处于具有共同温度 ϑ (它是 ϑ_1, ϑ_2 的某个平均值) 下的新的平衡态, 而这个状态的总熵大于两个部分的熵之和:

$$S > S_1 + S_2.$$

例如, 设有两个单位质量的同种气体, 设其容积相同但温度不同. 把它们混合起来, 则因其总能量是 $E = E_1 + E_2$, 而总质量是 2, 所以

$$\vartheta = \frac{\vartheta_1 + \vartheta_2}{2}.$$

总熵则由下式给出:

$$S = 2c_v \log \frac{\vartheta_1 + \vartheta_2}{2} + 2(c_p - c_v) \log v.$$

每一部分的熵则分别是

$$S_1 = c_v \log \vartheta_1 + (c_p - c_v) \log v,$$
$$S_2 = c_v \log \vartheta_2 + (c_p - c_v) \log v.$$

但因

$$\vartheta_1^2 - 2\vartheta_1\vartheta_2 + \vartheta_2^2 = (\vartheta_1 - \vartheta_2)^2 > 0,$$

所以

$$2 \log \frac{\vartheta_1 + \vartheta_2}{2} = \log \frac{\vartheta_1^2 + 2\vartheta_1\vartheta_2 + \vartheta_2^2}{4} > \log \vartheta_1\vartheta_2 = \log \vartheta_1 + \log \vartheta_2.$$

这样, 我们就验证了 $S > S_1 + S_2$.

现在我们有了一个所谓不可逆热力学过程的例子, 这在力学中是不会发生的: 在自然界的一切过程中, 熵总是在增加的. 克劳修斯把 "变化" 的基础放在一个物理量上, 即所谓 "变化容量" (*Verwandlungsinhalt*) (见 *Poggendorffs Annalen*, 5 Reihe, Bd. 125, 390 页)[16], 正如他把能的概念置于 "热功容量" (*Wärme- und Werkeinhalt*) 的基础上一样 (见上引的文献, 354 页). 然后他就称这个量 S 为 "熵" (*entropy*, 这个字源于希腊文的 ή τροπή, 意为 "变化"). 同时, 他也指出了熵与能的密切关系.

理解不可逆过程, 特别是理解熵的增加, 是热力学的主要目标. 关于这个主题, 最好的老式的表述, 是威廉·汤姆孙 (即开尔文勋爵) 为《英国百科全书》(*Encyclopaedia Britannica*) 所写的论文, 还有克劳修斯的书《热的机械理论》(*Die mechanische Wärmetheorie*), 此书第 1 版出版于 1861 年. 以后各版则在 1864 等年出版, 但因为增加了内容, 反而质量较差. 卡拉特沃多利 (Constantin Carathéodory, 1873 — 1950, 德国数学家) 在《数学年刊》(*Mathematische Annalen*, Bd. 67, 1909, 381 页以下) 中, 给出了一个基本的现代的讲法[17].

---

[16] *Poggendorffs Annalen* 就是《物理学年刊》(*Annalen der Physik*), 之所以这样称呼它, 是因为它在那时的主编是 Poggendorff. 下面还要介绍这位物理学家和这份刊物. ——中译本注

[17] 更近一些还有他写的 "论用可逆过程决定能量与绝对温度" (*Über die Bestimmung der Energie und der absoluten Temperatur mit Hilfe der reversiblen Prozesse, Sitzungsber. d. Akad. Berlin*, 1925, 39 页以下).

不可逆过程完全不能用纯粹的力学过程 (即排除了摩擦等情况) 来描述. 力学和热力学这两个分支只能在从更高的观点来考察时, 才能联系起来, 这就是分子系统的统计力学. 它的全新的特点是, 其中包含了速度分量在各个分子上分布的概率. 玻耳兹曼最光辉的思想之一, 就是指出 $S = k \log W$ (W 就是这个分布概率). 但是我现在不能来讲它了.

数学物理

讲过了分析力学在英国和德国的发展以后, 我们现在进入本章的第二部分, 它涵盖了在英国和德国从 1830 年到大约 1880 年间数学物理的发展.

所谓 "数学物理", 按我的理解是指整个 "唯象的" 物理学领域. 它主要使用微分方程. 它在德国是由弗朗兹·诺依曼[18]等人发展起来的, 而在英国则以麦克斯韦方程为高潮——这种物理学依靠连续介质的概念, 而与近来又重新走到前台的原子物理成为对照. 但是为了保持历史的和谐性, 我也会超出这个主题的材料和国界的限制. 在应用性质的主题中, 数学物理特别有意义, 因为它一直保持了与纯粹数学最为活跃的相互作用.

我们已经讨论过了数学物理 (到 1830 年左右) 在法国的发展, 在那里, 它逐渐地由拉普拉斯的原子概念 (点状的力心) 发展到以傅里叶和柯西为代表的唯象的观点 (见本书第 2 章, "力学和数学物理"一节, 特别是 54–59 页). 它的目的是用微分方程来描述和表示物质过程, 而物质被认为是连续的. 我们还考虑了这个发展在德国的继续, 那是在高斯和 W. E. 韦伯手上的事情. 二人之中, 前者更多地应该看成一个唯象论者, 而后者 (由于他的电学定律) 应该归于原子论者 (见本书第 1 章 18 页). 最后, 我们一直追随着完全基于唯象理论的纯粹数学途径; 这是与狄利克雷的名字相联系的, 本质上是致力于澄清与克服特定情况下的数学困难 (见本书第 3 章 77–80 页).

这些源头的继承人中, 我们应该超出所有其他人来加以考虑的是黎曼 (1826—1866). 但是我们要等到下一章 (第 6 章) 才来考察这位非凡人物在所有数学领域里的杰出成就, 并且作一个彻底的评价. 现在我们则要正视与科学观测有更紧密的联系的发展, 而它主要是以弗朗兹·诺依曼和哥尼斯堡学派为代表的.

弗朗兹·诺依曼 1798 年出生于乌克马克 (Uckermark) 一个护林人家庭里, 1895 年以 97 岁高龄去世. 即以如此高寿来说, 他就已经是那种倔强刻板的普鲁士类型的人物的代表了, 他的普鲁士性格还表现在终身都坚韧地完成自己的职责上, 他把自己的巨大影响和非凡成功主要归功于此.

---

[18]关于弗朗兹·诺依曼以及一些姓名相近的人, 请参看本书第 3 章脚注 [14]. 更详细的介绍是本节的重要部分. —— 中译本注

他的女儿露易丝·诺依曼于 1904 年为他出了一本纪念文集, 对他的人格给出了一个栩栩如生的描述. 他的科学成就则在 Volkmann 1896 年的一本专著和 Wangerin 1907 年的另一本专著里作了评论.

1815 年弗朗兹·诺依曼作为一个 17 岁的高中生 (Gymnasiast) , 怀着对解放战争的热情, 投笔从戎于布吕歇尔 (Gebhard Leberecht von Blücher, 1742 — 1819) 麾下. 同年 6 月 16 日他于利尼 (Ligny) 附近因下颚中枪而身受重伤[19]. 尽管当时医疗条件很差, 又遭到巨大的个人不幸, 他的坚韧的个性却使他能渡过此劫. 康复以后, 他又回到柏林的 *Gymnasium* 读书, 而于 1817 年毕业.

他在耶拿和柏林的学习首先把他引向矿物学, 这门学问在 19 世纪 20 年代由于结晶学的发展而非常活跃, 结晶学最终也成了一门纯粹的几何学问. 结晶学的这个发展主要是由阿羽依 (Hauy, 1784 年出生)[20]在巴黎推动的: 可惜他的著名的晶体收藏毁于 1870 年的轰炸中 (即在普法战争中). 在柏林, 则由外斯 (Christian Samuel Weiss, 1780 — 1856, 德国物理学家) 代表这个学科, 诺依曼正是在作为他的助手时, 做出了他的第一个、但很出色的发现. 从 1823 年起, 他的精力都用于所谓的 "区域法则". 这是一个关于晶体边界平面的位置的纯粹几何命题: 如果知道了晶体的一系列边缘平面和棱边, 这个命题指出, 任何一个平行于两条棱边的平面也可以是晶体的平面表面. 所以, 从晶体的四个边缘平面及其所成的四面体出发, 晶体的其他边缘平面都可以逐步构造出来.

这个命题的本质的内容 —— 弗朗兹·诺依曼似乎以为这是自明的, 所以没有特别强调 —— 在于: 在所有这样做出的平面中, 实践上最常出现的是由基本平面首先导出的, 它们也是最经常被观测到的. 如果不谈到这些平面出现的概率, 这个命题就没有实际的意义, 因为这种构造方法最终会给出具有 "有理" 指数的一切可能的平面. 有些平面正是由于其出现的次序而被特别区分了出来.

这个 "区域法则" —— 弗朗兹·诺依曼把与一个位置的平面平行的所有平面的整体称为一个区域 —— 又由它的发现者给出了一个非常美丽的几何解释. 具体说来, 如果把晶体的棱边代以平行于它的通过原点 O 的直线, 过 O 外一点作一平面与这个线束中的所有直线相交. 在这个平面上实行 "区域法则" 的构造方法, 就要从最初的四面体的像 —— 这是一个完全四边形 —— 开始, 而这个构造程序恰好就是默比乌斯网的构

---

[19] 布吕歇尔是著名的普鲁士将军, 官居元帅之职, 还被封为亲王, 长期与拿破仑作战. 1812 年拿破仑在莫斯科惨败以后, 布吕歇尔率领大军参与反法同盟对法军的追击, 终于攻陷巴黎, 拿破仑也被流放到厄尔巴岛. 但是 1815 年, 拿破仑又从流放地回到巴黎, 战火再起, 布吕歇尔又披战袍, 几次激战后, 终于在当年和英国统帅威灵顿一起, 在滑铁卢打败拿破仑. 德国人把这个长期战争称为解放战争. 利尼是比利时的一个小城. 利尼一战, 是 "解放战争" 中的一次著名战役. —— 中译本注

[20] 此处所指的应该就是晶体学中大名鼎鼎的神父 René Just Haüy (1743 — 1822), 晶体学中有以他命名的阿羽依定律. 原著确实说他 1784 年出生, 但很有可能克莱因把他的出生年份和他关于晶体学的著作《晶体结构理论》(*Essai d'une théorie sur la structure des crystaux*) 的出版年份 (1784) 搞混了. —— 校者注

造方式! 所以, 它与射影几何有密切关系, 而弗朗兹·诺依曼 1823 年的工作, 必须看成默比乌斯 (1827 年) 和格拉斯曼 (1844 年) 的工作的直接前驱; 而他们二人当年都曾指出他们的理论对于结晶学的意义 (请参看 Liebisch 在 *Enz.* 第 V 卷上的第 7 篇综述文章).

这个问题不仅触及射影几何, 还触及格点理论, 所以还可以用于晶体的纯粹分子概念的基础. 按照这个观点, 这个命题说的就是: 每一个含有三个 (从而也就有无穷多个) 格点的平面都是可能的, 而最先得出的平面就是最有可能发生的.

1826 年, 弗朗兹·诺依曼来到哥尼斯堡, 先是作为矿物学和物理学的自费讲师 (*Privatdozent*), 从 1828 年起则是额外教授. 他在哥尼斯堡的活动前后超过 50 年, 先是与雅可比在一起 (直至 1843 年), 后来则和里歇洛 (于 1875 年去世) 在一起, 取得了不俗的成绩. 1875 年弗朗兹·诺依曼也退出了这个位置. 在他以后, 应用物理由巴沛 (Pape) 为代表, 数学物理则由他的最后一个学生佛格特 (W. Voigt) 为代表, 他从自己的老师那里也继承了对于结晶学的特殊兴趣与研究方法 (他对此也有自己的贡献).

弗朗兹·诺依曼是在傅里叶的影响下转向数学物理的. 1832 年他开始研究光学. 他力求在弹性理论的基础上掌握光学, 这样创立了一个统治这一领域长达 60 年的理论, 直到光的电磁理论到来为止. 这样一个弹性理论带来的困难, 我们在第 2 章讲柯西的工作时已经讲过. 当有绕射存在时, 纵波的存在问题, 横振动平面及其与偏振平面的相互位置关系问题, 所有这些都首先是由光的电磁理论澄清的.

十年以后出现了弗朗兹·诺依曼关于感应电流定律的重要工作, 在其中, 兴趣的中心是所谓 "两个电流的相互位势":

$$\iint \frac{ds\,ds' \cos(ds, ds')}{r}.$$

除了发表的这些文章外, 弗朗兹·诺依曼还通过热情的教学活动, 对于他的科学的各个方面施加了强大的、富有启发性的影响. 通过这些教学活动, 在他身边聚集了一大批特别的学生. 在他的多次重复使用、而每一次都加以更新的讲义里, 处处可以看到数学的思考与物理的度量的汇合. 他的大量讲稿现在可以从他的学生们编辑的书里找到. 这些书, 例如有:《磁学》(*Magnetismus*) (C. Neumann 编辑, 1881),《电流理论》(*Elektrische Ströme*) (von der Mühll 编辑, 1884),《光学》(*Optik*) (Dorn 编辑, 1885),《弹性理论》(*Elastizität*) (O. E. Meyer 编辑, 1885),《位势与球函数》(*Potential und Kugelfunktionen*) (C. Neumann 编辑, 1887),《毛细现象》(*Kapillarität*) (Wangerin 编辑, 1894).

全部讲义合起来有三大卷, 但其第一卷一直没有出版.

弗朗兹·诺依曼终其一生的工作表明他是一个卓越无私的教师, 他的许多结果没有自己发表而给了学生. 他常说, 要引导学生, 而又不要让他们知道, 这样他们就会相信, 是依靠自己的力量达到了目的.

他从事研究的两个方向 —— 物理和数学 —— 在他的学生中都有特别的代表. 第一组里面最杰出的大概要算基尔霍夫, 第二组里则有他的儿子卡尔·诺依曼 (Karl Neumann, 1832 年出生). 克莱布什 (1833 年出生) 和亨利希·马丁·韦伯 (Heinrich Martin Weber, 1842—1913, 德国物理学家, 以下常记为 H. M. 韦伯)[21] 则由于个别的工作, 也算是这个组里的人物. 克莱布什 1854 年关于 “椭球在流体中的运动” 的学位论文[22]就属于这一类, 他 1862 年关于弹性理论的教本 (其中引述了法国工程师圣维南 (Saint-Venant) 的工作) 也一样. H. M. 韦伯的关于方程

$$\Delta u + k^2 u = 0$$

的工作 (是《数学年刊》(*Mathematische Annalen*) 第一卷第一篇文章 (1868)) 已经表明他深受黎曼的影响.

我们要比较详细地谈到基尔霍夫 (Gustav Robert Kirchhoff, 1824—1887, 德国物理学家). 他属于哥尼斯堡的一大批数学家和科学家之列, 自己就出生于哥尼斯堡. 他与这个城市的关系因为他的妻子是里歇洛的女儿而变得更深. 他的学术生涯于 1848 年开始于柏林. 1850—1854 年在布累斯劳任额外教授, 在那里他遇见了化学家本生, 并于 1854 年随本生来到海德堡. 在那里他担任理论和实验物理的正教授, 直到 1875 年. 然后他成为柏林科学院院士. 在柏林, 他专门从事数学物理的研究, 于 1887 年去世.

一般人主要是通过他与本生在光谱分析上出色的共同工作才熟知基尔霍夫的. 这些工作是从 1860 年左右开始的, 其重心是 1861 年在柏林科学院发表的论文 “关于太阳光谱和化学元素光谱的研究” (*Untersuchungen über das Sonnenspektrum und die Spektra der chemischen Elemente*).

基尔霍夫还因为他写的被广泛使用的教本《力学教程》(*Lehrbuch der Mechanik*) 而闻名, 此书第一次于 1874 年出版. 它因其对于科学的目标有自己的看法而与众不同. 基尔霍夫在此书的序言中说: 科学的目标 “并不是解释自然现象, 而是要完全地并且尽可能简单地描述它们.” 这个提法迄今仍然在广泛的圈子里深得赞同, 特别是得到像马赫 (Ernst Mach, 1838—1916, 奥地利哲学家和物理学家) 那样的实证主义哲学家的赞同.

---

[21] 不要与 W. E. 韦伯 (Wilhelm Edouard Weber) 混淆. 那是高斯的合作者, 见本书第 1 章. —— 中译本注

[22] 标题是 *De motu ellipsoidis in fluido incompressibili viribus quibuslibet impulsi*, Regiomonti, 1854 年出版.

　　这本书的特点, 除了它的抽象以及自我局限的观念以外, 还在于其叙述之简要达到了极致. 它只对空间与数值的量进行运作, 而把所有 "拟人化" 的东西, 所有需要诉诸直觉的东西, 统统舍弃. 这样, 讲 "力" 的概念的时候, 他避免提及肌肉的感觉, 质量则定义为一个数值因子, 等等. 由基尔霍夫以降, 产生了一种风格, 统治数学物理达数十年之久. 它的主要规则是: 避免一切不成熟的假设乃至错误; 对现象世界无尽的神秘油然而生的个人的情感, 发现的欢喜与惊叹, 统统应予禁止. 但是如果我们否定基尔霍夫也具有感情和想象力, 那我们就对基尔霍夫不够公正了: 他巧妙而成功的工作就是反证. 然而, 他认为教员在教学中不应该 [对科学] 有惊奇以及自谦的任何表现, 因为这会剥夺这位教员的说服力之可靠性, 或者使他的讲课有隙可乘. 他的讲课也服务于这个思想: 他在课上, 全凭记忆复述自己写得很流畅的讲稿, 他有时会在正讲着一个词中间停顿下来, 说自己前面什么地方讲错了.

　　关于基尔霍夫的这种苛刻的行为有许多例子可以讲. 例如, 他在研究导线里的电流时 (见 *Poggendorff Annalen*, Bd. 100, 1857, 即《基尔霍夫全集》(*Ges. Abh.*, 131 页以下)), 顺带地发现了 (见《基尔霍夫全集》147 页) W. E. 韦伯的法则[23]中的常数 c 就是光速乘以因子 $\sqrt{2}$. 在这里本来已经显示了我们关于自然界的知识正面临着取得巨大进展的契机, 麦克斯韦就是从这里出发, 完成了这个伟大进展的, 但是基尔霍夫对此则一字不提. 基尔霍夫的精力总是完全限于正在自己手上的事情, 所以新发现于他而言似乎只是麻烦抑或无趣的东西. 据说当克尔 (John Kerr, 1824—1907, 苏格兰物理学家) 在 1877 年发现了现在以他命名的现象时 (即当光在光滑的磁石末端反射时, 其偏振平面会旋转), 基尔霍夫评论道: "难道说还有其他什么要发现的吗?"

　　我不能掩饰, 我很嫌恶基尔霍夫对待科学的这种看法, 因为它妨碍了人们学习的兴趣, 抑制了驱动人们作科学研究的力量. 年轻的物理学家对他的这种看法都不屑一顾, 而沿着完全不同的道路取得了他们的伟大成功. 然而我又不得不描述一下以基尔霍夫为代表的这种处理方式, 因为我认为: 这里所说的理解上的冷漠无味并不是对物理学作数学处理造成的, 因为数学不仅是理解的问题, 而颇为本质的是想象力的问题.

　　正如我已经说的, 基尔霍夫这种无效的态度并没有影响他自己的科学成就. 事实上, 他是使得数学深入到物理学中取得最重要的成就的人物之一.

　　基尔霍夫在这方面最大的成就 —— 这与他在光谱分析方面的工作是相关的 —— 是: 他是第一个给出热辐射定律的数学表述的人. 他证明了, 所有的物体, 发射的热量与吸收的热量之比, 是绝对温度的同一个函数. 而且他在证明这一点时, 既用了理想实验, 又用了特定的数学论据, 例如用到了傅里叶积分为零时, 被积函数必定也为零这个数学结论. 基尔霍夫在此的成就并不因今日的数学家对他的论据的批判 (例如希尔伯特在明斯特 (Münster) 所作的批评: *Jahresbericht der DMV*, Bd. 22, 1 页以下, 1912) 而缩小.

---

[23] 见本书第 1 章 18 页. —— 中译本注

在基尔霍夫的这些工作中，"黑体"概念第一次出现，发表在 *Berliner Monatsberichten*, 1859，即《基尔霍夫全集》571 页以下[24].

除了这个基本成就以外，基尔霍夫还对弹性理论、流体动力学和电学等方面的一些最重要的问题给出了出色的解答.

基尔霍夫的数学处理对于当时已知的资料的影响有多么深，又怎样改变了它们，可以从下面的例子看到. 欧姆在他 1827 年的基本著作《伽伐尼电路: 数学研究》中，应用了不太明确的电压 [Spannung] 概念，他是从这样一个想法出发的，即对于一个具有常值电压的静止的导体 (欧姆认为这个电压正比于密度 [Dichte])，电荷一定是均匀地充满其中的. 基尔霍夫第一个发现，电压就是一种位势，而静止的电荷，即使在 Galvanic 链中也只分布在导体表面，或者是 [不同] 导体的接触面上 (*Poggendorff Ann.*, Bd. 78, 1849，即《基尔霍夫全集》49 页)[25].

我总是觉得基尔霍夫的这些结果中最美丽的一个是他平行地处理了两个问题: 一个是无限细均质杆的弯曲与扭转问题，另一个是受驱动力的重物绕固定点的旋转问题 (见 *Crelle* 杂志，Bd. 56, 1858，即《基尔霍夫全集》285 页以下). 这是一个罕有而又奇特的情况，即同一个公式可以处理完全不同的问题. 建立起两个问题之间的联系最容易的方法是: 把两个问题都表示为变分问题.

现在我们转到数学物理的新的发展中心，它于 19 世纪 40 年代在柏林兴起.

我在前面已经说过，柏林的科学生活并不始于 1810 年柏林大学的建立: 宁可说，这里的科学生活是被流行的新人文主义和黑格尔哲学所抑制了，直到 19 世纪 20 年代初，通过洪堡的努力，科学生活才开始兴起. 数学则得到了当时的高级建筑专员 (Oberbaurat)[26] 克雷尔的周到的呵护. 对于我们所关心的那一部分自然科学，起点

---

[24] 1859 年 12 月 11 日，基尔霍夫在普鲁士科学院宣读了题为 "论光与热的吸收和辐射间的联系" (*Über den Zusammenhang zwischen Emission und Absorption von Licht und Wärme*) 的文章，热辐射定律就出自此文. 但克莱因在上文提及的 "Fourier 积分" 和 "黑体" 的概念并没有出现在这篇文章当中. 在次年 1 月的论文 "论物体光与热的辐射能力和吸收能力间的关系" (*Über das Verhältnis zwischen dem Emissionsvermögen und dem Absorptionsvermögen der Körper für Wärme und Licht*) 中这些内容才正式登场. 另外，后者与 [1861 年的] 同名论文都涵盖在 "关于太阳光谱和化学元素光谱的研究" (*Untersuchungen über das Sonnenspektrum und die Spektra der chemischen Elemente*) 这篇文章中 (第二版 1862 年出版)，此文比 1860 年的文章更加全面. 《基尔霍夫全集》(他本人并未参与编纂) 中收入了 1862 年的文章，但文末的日期却是 1860 年 1 月. ——日译本注

[25] 克莱因原文说 "欧姆在他的……基本著作中……对于一个具有常值电压的静止的导体，电荷一定均匀地充满其中"，然而基尔霍夫在其 1849 年的论文中说 "欧姆假定，导体内部分布的电荷不仅处处均匀，同时它还是静止的". 由此看来，这里讨论的问题是静电荷是存在于导体内部还是导体表面 [实际与导体是否静止无关——校者注] ——日译本注

[26] 本书英译本说，克雷尔是 "建筑方面的部长" (architectural minister [Baurat])，但英译本第 3 章第 76 页则说他是建筑方面的高级专员 (Building Commissioner [Oberbaurat]). 看来只是译名不统一的问题. ——中译本注

则是 1822 年东弗里西亚 (Ostfriesland)[27] 人化学家米采利希 (Eilhard Mitscherlich, 1794—1863, 德国化学家) 来到柏林. 柏林大学为了赞扬他的功绩专门在校园里为他立了雕像.

米采利希在物理学与化学的边缘上工作. 从他的学派里出现了第一批柏林的物理学家; 他们都是纯粹的经验主义者, 自觉地反对当时占统治地位的思辨哲学. 他们中最重要的当属马格努斯 (Heinrich Gustav Magnus, 1802—1870, 德国物理学家) 和波根多夫 (Johann Christian Poggendorff, 1796—1877, 德国物理学家), 二人从 1834 年起都是额外教授. 后者则因他所编辑的《物理年刊》(Annalen der Physik) [28] 而为人周知. 波根多夫原是一名药剂师, 而且始终忠于自己实干的本性. 马格努斯的教学活动主要表现在他的讨论班 (Colloquium) 上 —— 我本人也在 1869/70 学年参加过这个讨论班 —— 它在很大程度上是下一代物理学家的来源. 马格努斯很关心他的学生需要做实验, 就把自己的私人实验室开放公用, 那时人们还不知道公用的物理实验室为何物呢.

同一时间, 柏林的自然科学又在另一个方面得到了进一步的提升, 这是由于来自莱茵河地区的生理学家缪勒 (Johannes Peter Müller, 1801—1858, 德国生理学家, 他生于莱茵河边的科布伦茨 (Koblenz), 所以说他是来自莱茵河地区), 他在 1824—1833 年在波恩工作以后, 又来到柏林, 并有重大的影响. 他谨慎地把自己限制在本专业的范围之内, 他也知道怎样激励自己的许多学生. 因为他必须与一种只关心实验的纯粹经验主义倾向作斗争, 所以他的作用主要是在精确理论的基础方面.

在这样的影响下, 新一代科学家成长起来了. 1845 年, 其中 6 位年轻人建立了柏林物理学会 (Berliner Physikalischen Gesellschaft) 这个更紧密的团体. 成立这个组织的推动力来自生理学家爱米尔·亨利希·杜波瓦–雷蒙 (Emil Heinrich du Bois-Reymond, 1818—1896, 德国生理学家). 学会是由卡斯滕 (Gustav Karsten, 1820—1900, 时为柏林大学物理系的 Privatdozent) 组织起来的, 后来 (从 1848 年起) 卡斯滕在基尔 (Kiel, 德国北部面临波罗的海的一个海港城市) 的气象服务和其他工作中施展才能.

这个年轻的学会在卡斯滕的指引下做了下面的工作: 首先是出版了《物理学进展》(Fortschritte der Physik), 内容是对每年的物理学文献作一报告 —— 此后它成了不可少的知识库, 后来的《数学进展》(Fortschritte der Mathematik) 就是以它为模型办起来的; 其次是编辑一部综合全面的《物理百科全书》(Enzyklopädie der Physik), 当然, 此事并未完成. 《全书》由单篇文章组成, 但其价值不一, 其中也有一些名篇, 例如亥姆霍兹的 "生理光学" (Physiologische Optik).

---

[27] 就是德国下萨克森州北海沿岸的地区, 与荷兰接壤. —— 中译本注

[28] 其实在波根多夫 1824 年接手杂志的编辑以前, 就已经有了这份杂志, 由 Gilbert 主编, 所以人们称之为 Gilbert Annalen, 而在波根多夫接手后, 人们称之为波根多夫年刊 (Poggendorff Annalen). 波根多夫主编这份杂志达 52 年之久. —— 中译本注

更多的年轻科学家, 物理学的未来领导人, 也参加到这个组织里来. 其中最杰出的是亥姆霍兹, 当他在波茨坦担任军医时, 就于 1847 年向物理学会第一次提出了他的能量守恒理论. 和他在一起的还有工兵军官西门子 (Ernst Werner von Siemens, 1816—1892, 生于汉诺威附近, 德国发明家和工业家, 也是柏林物理学会成员). 西门子参加了 1848 年对丹麦的战争, 因为在基尔港布设电起爆水雷立了大功, 而声名鹊起. 1849 年[29], 他和哈尔斯克 (Johann Georg Halske, 1814—1890, 一个非常有才能的德国工匠) 合作建立了一个现在世界闻名的电气企业, 就是西门子公司 (开始叫做西门子—哈尔斯克电报建设公司). 在西门子写的很有可读性的《回忆录》(Lebenserinnerungen, Berlin, 1893) 一书中, 对于这个发展作了很有趣的讲述. 物理学会的另一个重要性绝不稍次的成员是当时做 Gymnasium 教师的克劳修斯 (Rudolf Julius Emanuel Clausius, 1822—1888, 出生于当时属于德国的波美朗尼亚 (Pomerania) 省的科斯林 (Köslin) 城 [现在该城属于波兰, 并改名为科沙林 (Koszalin). 但是克劳修斯仍被公认为德国物理学家], 我们已经谈过他建立热力学第二定律的伟大功绩. 他在自己的论文 "论热的驱动力" (Über die bewegende Kraft der Wärme) (Poggendorff Annalen, Bd. 79, 1850) 中, 把萨迪·卡诺的正确的东西和错误的或者陈述得不完全的东西区别开来. 这件事被马赫在他关于热力学历史的著作[30]中赞扬为 "人类智慧的了不起的成就". 克劳修斯也因其气体分子运动论的工作成为原子理论的先驱者之一.

基尔霍夫也属于这个志向远大的天才人物的圈子. 他们自愿结成的团体, 建立在坚定合作的基础之上, 这个团体受到首都柏林兴起的影响进一步发展起来, 凭借活跃而振奋人心的交流, 为智慧生活之花难得一见的绽放提供了空间.

这样我们就见到了这个团体的高耸入云的人物亥姆霍兹, 对于他我要更详细地介绍. 他在科学史上非凡的地位, 是由于他具有一种少见的、多方面的、深入透彻的才能, 数学在他的成就里起了重要的作用, 我们当然对于这一方面更感兴趣.

亥姆霍兹是一个 Gymnasium 教师的儿子, 1821 年生于波茨坦. 他遵照父亲的意愿为了尽快获得独立而且持久的饭碗就去学医. 他进了设在柏林的军医学院[31], 这里素有 "苗圃" 之称. 1842 年他以题为 "无脊椎动物的神经系统的构造" (De fabrica systematis nervosi evertebratorum) 的论文毕业, 因有规定, 去波茨坦当了军医. 亥姆霍兹所有的数学知识都是自学得到的. 有一个小故事很能说明, 有像他这样倾向的人, 在他的职业环境中得到的理解是何等少: 他有一位军队里的上司, 在得知他写了一篇

---

[29] 西门子公司是 1847 年 10 月成立的. —— 日译本注

[30] E. Mach,《热的理论原理》(Die Principien der Wärmelehre, Leipzig, 1896). —— 庞加莱在他的《热力学》(Thermodynamique) 一书的 114 页中说: 克劳修斯独立地重新发现了卡诺原理.

[31] 具体说是腓特烈–威廉大帝医药和外科学研究所. 它与柏林大学是互相独立的, 但是地点在一起. 所以亥姆霍兹有机会在柏林大学听课. 按规定, 这里的学生毕业后一定要到军中服役, 所以后来亥姆霍兹又到波茨坦去当军医. —— 中译本注

论文 "论力的守恒" 以后, 对他说, "你终究搞出一点实实在在的东西了", 因为这位长官把 "力" 理解为军队的 "战斗力", "守恒" 就是保持军队的战斗力!

经过洪堡的推荐, 亥姆霍兹在 1848 年成了柏林的解剖学博物馆的助手, 一年以后又成了哥尼斯堡大学的生理学与解剖学教授[32]; 他也是这个学科在波恩大学 (1855 年) 和海德堡大学 (1858 年) 的领头人物. 海德堡时期可能是亥姆霍兹创造活动的顶点. 在这里, 他的兴趣越来越转向物理学, 使得他在 1871 年, 即他 50 岁时, 到了柏林成为物理学的主要领导人物. 1888 年他退出学术活动, 然后任帝国物理学与技术研究所的主席, 转而从事行政工作. 这个研究所是按照西门子的倡议建立的. 他去世于 1894 年.

亥姆霍兹一生的外在的轨迹也表现了他的崇高的成就, 这个成就并不限于某一个单独的方面. 他在世时, 在公众心目中一直是精确自然科学的真正代表, 而因他得到的独特的社会地位, 就更加如此. 正是相应于他的中心的地位, 他的雕像立在柏林大学前方的中心位置, 紧邻街道两侧是威廉·洪堡和亚历山大·洪堡两兄弟[33] 的雕像, 后方稍远处则是莫姆孙 (Christian Matthias Theodor Mommsen, 1817—1903, 德国 19 世纪最重要的古典历史学家、作家, 1902 年诺贝尔文学奖获得者) 和特莱茨克 (Heinrich Gotthard von Treitschke, 1834—1896, 德国历史学家和政治活动家) 的雕像.

关于亥姆霍兹的天性和著作, 在雷欧·哥尼希伯格 (Leo Königsberger) 写的三卷本的亥姆霍兹传记 (Vieweg 出版社, 1902—1903) 里有生动的描述[34]. 他的科学著作有《科学著作全集》(*Wissenschaftliche Abhandlungen*, 共 3 卷, 由 Barth 书店出版, 1882—1895).

亥姆霍兹的特点就在于他的才能是多方面的, 而且在各个方面都非常强. 在他身上, 进行定量的实验, 进行观测和度量的特殊才能 (这种才能在个别工作中表现得令人叹为观止) 与进行数学表述的才能 (这种才能是他自学得来的) 结合起来了. 他从对各个自然科学领域知识的非同寻常的积累中, 创造出来一些问题, 而因为这两种才能的结合, 这些问题他都能够掌握. 此外, 他进行哲学思考的才能和对于生活的各个领域的善于感受, 使他能创造出全面的而且统一的世界图景, 而他的研究成果也就有机地纳入其中. 总的说来, 在他身上, 概念性的思维仍然优于直觉的感受力和创造的想象力. 亥姆霍兹不像达尔文那样, 不是一个既能包容生命的浩繁的多样性, 又能把它们归结为一体的生物学家; 他也不是法拉第那样的物理现象世界的发现者; 他更不是为数学而数学的

---

[32] 这是克莱因的错误. 亥姆霍兹在 1851 年 [准确地说, 是 1851 年 12 月 17 日 —— 校者注] 才成为正教授, 此前是额外教授. —— 日译本注

[33] 哥哥全名是 Baron Wilhelm von Humboldt (1767—1835), 是语言学家、政治家和教育家. 在教育思想方面, 他遵从裴斯泰洛齐. 在他任普鲁士教育部长期间, 按照裴斯泰洛齐的思想改造了普鲁士的基础教育. 在高等教育方面, 他在 1809 年创立了柏林大学. 他关于大学教育的思想和功绩已经众所周知. 弟弟的全名则是 Baron Friedrich Heinrich Alexander Humboldt (1769—1859). 本书前面讲到洪堡处都是指的弟弟. 两兄弟都有男爵 (Baron) 称号. —— 中译本注

[34] 此书有 Dover 出版公司的剪辑英译本. —— 英译本注

数学家. 能吸引他的, 只有伟大的科学整体的框架里的东西.

所以, 他的才能并没有在狂飙突起的青年多产时期消耗殆尽. 它只能缓慢地在丰富的经验中成熟, 所以直到老年仍然新鲜生动. 我愿把亥姆霍兹刻画为典型的普鲁士人, 然而与弗朗茨·诺依曼不同. 他与德国南方人或者以高斯、黎曼和魏尔斯特拉斯为代表的下萨克森人[35]也明显地不同.

在这里我们只能谈到亥姆霍兹的数学工作, 而且只是其中最重要的. 按照上面说的, 亥姆霍兹的成就并不在于找出新的数学思想, 而在于把已经存在的数学思想的 "统治权" 扩大到新领域中. 我们要对亥姆霍兹表达特殊的谢意, 因为和其他的同时代人不同, 他表明了数学思想在为一般的问题服务时, 可以取得何等非凡的成就.

首先要提到的是他 1847 年的短文 "论力的守恒" (Über die Erhaltung der Kraft), 这是亥姆霍兹的声望的基础.

用现代的用语来说, 这篇短文说的应该是 "能量的守恒". 亥姆霍兹把这样一个思想发展了, 指出存在一个量, 我们称之为 "能", 它是始终不变的, 因而永动机 (perpetuum mobile) 是不可想象的. 永动机就是只需把它的各个部件加以安排, 就会从 "无" 之中不断生出功来的机器. 当时这个思想还只是处于不确定的形态中. 我不想在这里给出这个思想的历史渊源, 因为可以在许多地方找到; 我只想说, 如果限于力学, 这个思想就是 $T + U = h = \text{const}$ 这个命题, 这里 T 是力学系统的动能, 而 U 是位能. 如果我们假设——最早这样做的是 1758 年的波斯科维奇 (Roger Joseph Boscovich, 1711—1787, 克罗地亚数学家、物理学家和天文学家等), 然后是拉普拉斯在 1820 年左右也这样做了, 到 1840 年左右, 拉普拉斯的如下思想就已经相当流行, 即所有自然现象最终都是基于质点的相互作用, 它们相互吸引, 其吸引力的方向是两点连线的方向, 吸引力的大小则是两点距离 r 的某个函数 $f(r)$. 到了这时, 说这个守恒定理适用于自然现象的整个领域就是显然的了.

所以, 亥姆霍兹的问题不是去找出这个思想, 而是就他能够观测到的范围, 从数学上把这个思想贯彻到他所能及的一切自然过程——只要对这些过程的测量是可以实现的. 在他的 1847 年的论文中, 他特别对热现象, 静电、静磁和电动力学现象等解决了这个问题; 论文以这个定律对生命现象合法性的某些暗示结束.

与下面就要提到的英国人的一些工作相联系, 亥姆霍兹后来 (1887 年) 以广泛得多的形式展开了他的思想. 在他的论文 "论最小作用原理的物理意义" (Über die physikalische Bedeutung des Prinzips der kleinsten Wirkung) 中, 他断言, 力学的微分方程, 不仅是 $T + U = h$ 这个命题, 而且它的一切发展, 都必定能够统辖所有的自然现象. 亥姆霍兹的思想从力学考虑扩张到一切物理现象, 这个过程是从 1847 年开始的.

[35] 下萨克森地区在德国西北部, 北临北海, 西邻荷兰和莱茵河流域. 高斯出生于不伦瑞克, 黎曼出生于布雷塞伦茨 (Breselenz), 魏尔斯特拉斯出生于奥斯滕菲尔德 (Ostenfelde), 还有哥廷根, 这些都是下萨克森的城市. —— 中译本注

很明显, 对于亥姆霍兹, 这个过程既非谁强加于他的, 也非仅仅是思想的演绎. 他在和我的私人谈话中——在 1893 年参加芝加哥博览会的往返路途中, 我们一起待了很长时间——确定无疑地对我说, 在两种情形下, 这个一般命题于他而言都是完全显然的.

    甚至在 "论力的守恒" 中, 这个一般命题也是人类智慧的一项伟大而特别的成就. 因为在亥姆霍兹以前, 人们所写的并不是

$$T + U = h$$

(尽管拉格朗日在他的《分析力学》(*Mécanique Analytique*) 一书里是这样写的) 而是 $T = U + h$ 或 $T - U = h$, 这里 U 是所谓 "力函数", 同时, 考虑的也不是 T, 而是 $2T$——在初等情况下就是 mv^2——即所谓的 "活力" (*vis viva*)[36]. 使用这些名词以后, 以上命题用文字来表述就成了一句很难理解的话: 一半活力减去力函数等于常数. 只是通过亥姆霍兹把 $-U$ 换成 U, 这个定理才得到更有意义的形式, 更容易处理, 更能把思想弄明白, 就是动能和位能两个量之和为常数; T 和 U 这两个量是完全对称的, 内在地等价的. 只有这样才谈得上 "能量守恒定理".

    亥姆霍兹的论文并不是一下子就得到人们认可的. 当时的物理学潮流反对自然哲学的鲁莽仓促的演绎推理, 对于所有的演绎思想都持有一种强烈的反感, 甚至不信任. 这样, 波根多夫拒绝在自己的《年刊》上发表亥姆霍兹的这篇文章, 只是通过爱米尔·亨利希·杜波瓦-雷蒙的努力, 这篇文章才找到了发表的地方. 柏林科学院院士中只有雅可比立刻注意到了它的重要性; 狄利克雷始终没有参与这些争论.

    这种反感的根源还是与时代有关. 即令今天的读者来读这篇文章, 也不会对当时的物理学家的这种反感觉得奇怪. 对我们而言, 首先文章的术语就很奇怪. 因为我们今天已经习惯于用 "力" 这个词来表示质量和加速度的乘积, 而亥姆霍兹还在使用 "活力" (*lebendige Kraft*) 和 "张力" (*Spannkraft*) 这些词来表示 T 和 U, 他的文章以力的守恒为标题原因就在于此. 再者, 他的文章一开始就是一些先验的思考, 所以严格意义下的自然科学家读起来自然心存抗拒, 当然不认为它是有说服力的了. 这反映了康德的影响: 亥姆霍兹的理想就是从最基本的原理作纯粹的演绎. 最后, 文中个别的表述也是磕磕绊绊, 而不甚完全, 这也与亥姆霍兹孤身独处于波茨坦, 对文献的接触只能是片面的、时断时续的这个情况有关.

    这样, 在文风方面, 亥姆霍兹的这第一篇论文, 与高斯的科学著作从一开始就具有的古典的完美性而无可指责不同, 亥姆霍兹在我们将要介绍的工作中, 并没有甚至也不打算达到这一点. 这些工作就是他在海德堡时期对于数学最重要的伟大创造.

---

[36] *vis viva* 是一个拉丁词, 它的含义一直不很明确, 甚至因与生命现象有关而有一点神秘. 活力守恒思想的历史可以追溯到古希腊的泰利斯. 莱布尼茨在 1676—1689 年间, 认为——用现代语言来说——活力就是 mv^2, 即二倍动能. 他的看法立即遭到笛卡儿和牛顿的追随者的激烈反对, 他们二人认为真正守恒的因而可以刻画运动的量应该是 mv, 即动量. 这两种观点都来自具体的力学问题. 现在, 这些问题当然完全清楚了. 亥姆霍兹在这里有重大的贡献. —— 中译者注

这些工作主要是关于知觉的理论, 关于耳和眼的理论 —— 由于他具有非同寻常的精细而且优雅的感觉组织能力, 又对认知理论有强烈兴趣, 他才特别能够创造这个理论. 有两个伟大的工作要在这里介绍:

1. 1863 年: "音调的感觉理论, 作为音乐理论的生理学基础" (*Die Lehre von den Tonempfindungen, als physiologische Grundlage für die Theorie der Musik*);

2. 1867 年:《生理光学手册》(*Handbuch der physiologischen Optik*). 与此书有关的还有:

3. 1865 —— 1876 年: 广为人知的《通俗科学讲演集》(*Populäre Wissenschaftliche Vorträge*) 第一版. 这些讲演是由自然史和医学联合会 (*Naturhistorisch-medizinischen Verein*) 组织的, 其中包括了一些困难问题, 而且写得很流畅, 使非专家也能读懂.

对于我们, 第一本著作特别重要; 但是为了准备它而作的数学物理工作更加重要. 我们这里指的是关于流体力学的两个贡献:

1. 1858 年发表在 *Crelle* 杂志第 55 卷上的 "流体力学方程的相应于涡旋运动的积分" (*Integrale der hydrodynamischen Gleichungen, welche den Wirbelbewegungen entsprechen*).

2. 1860 年发表在 *Crelle* 杂志第 57 卷上的 "两端开放的管中的空气振动" (*Luft-schwingungen in Röhren mit offenen Enden*).

第一篇文章包含了著名的关于涡旋运动的一般命题, 以及涡环 (Kreiswirbel) 的特殊理论[37]. 因为在那以前, 人们都满足于所谓势流运动, 所以这些命题标志着所谓理想流体的流体力学理论的一个巨大进展, 使它更接近真实的现象. 实际上, 流体力学抗拒数学处理比其他领域更久, 因为它的微分方程是非线性的. 甚至亥姆霍兹的处理也还有待改进. 我在这里要提到, 他的这些命题在威廉·汤姆孙 (即开尔文勋爵) 1868 —— 1869 年的伟大论文 "论涡旋运动" (*On Vortex Motion*) 中推导得特别简单. 在其中还出现了一个关于流体的特性的新概念: 流体沿一条曲线的环流. 在严格性方面, 亥姆霍兹的工作也大可推敲. 这个毛病是许多数学物理学家的特征, 不应在这里过于强调, 因为比之这些研究的正面的价值, 老去追究这些毛病, 不会有什么很大的用处.

第二篇文章里包含了关于方程 $\Delta u + k^2 u = 0$ 的相当于格林函数在位势理论中的发展的第一批命题 —— 用我们今天的语言来说, 就是研究这个微分方程的边值问题. 这

---

[37] 狄利克雷大约在相同时间得到了关于涡旋的同一个命题. 狄利克雷的研究在他去世不久后即由戴德金发表 (见《狄利克雷全集》第 2 卷 363 页以下).

项研究从今天的数学看来也不是很严格的, 其中充满了没有弄明白的直觉, 而正因为如此, 它才是开创性的.

在 19 世纪 60 年代末期, 亥姆霍兹得知了黎曼的一些作品. 他对这些作品如此有兴趣, 所以外出时还一直带在身边. 把亥姆霍兹从生理学拉出来的, 正是这些作品; 它们渐渐地把亥姆霍兹吸引到数学物理的问题中来了. 他在 1868 年的两篇文章可以证明此事:

1. 发表于 Berliner Monatsberichte 上的 "论流体的不连续运动" (*Diskontinuierliche Flüssigkeitsbewegungen*);

2. 发表在 Göttinger Nachrichten 上的 "论作为几何基础的事实" (*Über die Tatsachen, die der Geometrie zum Grunde liegen*).

第一篇文章标志了把流体力学引向更加接近现实的另一大进展. 它研究了势流中自由射流 (jet, Strahlbildung) 的形成, 而且按黎曼引入的方法, 即用共形映射, 解决了最简单的平面问题. 这个问题很快就被基尔霍夫向前推进了.

第二篇文章的推动力量也是来自黎曼的论文: "论作为几何基础的假设" (*Über die Hypothesen, welche der Geometrie zu Grunde liegen*). 这是黎曼 1854 年的就职演说, 但是直到 1868 年才发表. 然而, 亥姆霍兹的论文是出于他自己的哲学需要, 所以可能亥姆霍兹已经在自己头脑里酝酿很久了. 我们已经指出过, 黎曼把空间中的弧长单元设想为一个二次型 $ds^2 = \sum a_{ik}dx_i dx_k$, 然后对各个不同的二次微分形式及其相应的几何学进行分类, 亥姆霍兹则更向深处再追溯了一步, 考虑在空间里是否存在可以自由运动的刚体, 为使这个自由运动的刚体存在, 就必定要存在一个特殊类型的二次型作为 ds^2.

最后, 我们要考虑亥姆霍兹作为一个物理学家在柏林的活动. 正如我们已经说过的那样, 亥姆霍兹在那里有了更高的领导地位. 他在学术上的责任包括指导物理研究所 (这个所那时才刚刚成立), 还有对于实验物理作一般性的讲演, 对数学物理极不相同的问题作专门的讲演. 这些讲演后来由 König, Krigar-Menzel, Runge 和 Richarz 发表. 这中间包括了对理论物理的几乎所有领域的非常可读的讲述: 涉及离散质点组和质量连续分布的物体的动力学、声学、电动力学和磁学、光的电磁理论和热力学.

但是这些讲演的书面讲稿要比口头的讲述更能体现相应于其丰富思想内容的效果. 因为亥姆霍兹对待教学活动 (主要是讲课) 相当草率, 他完全不去好好备课, 也不知道怎样即兴发挥. 这种情况的原因可以用他在柏林负担过重来解释. 领导的责任总在不断地要求于他: 部里有了合适的问题总要向他咨询; 他又被派去做代表参加各种国际会议等等, 不一而足. 此外, 他还要花一部分时间和精力去做通俗讲演, 这也让他在国内国外跑来跑去.

尽管如此, 亥姆霍兹还是在实验室里通过个别指导带出了许多真正杰出的具有自由思想、视野广阔而且能独立做实验的学生. 其中我们只能举出最出色的, 那就是赫兹

(Heinrich Rudolf Hertz, 1857 — 1894, 德国物理学家).

在亥姆霍兹起过重要作用的大会中, 最著名的是 1881 年在巴黎举行的 "国际电学大会", 这次大会基本上是亥姆霍兹和威廉·汤姆孙指导的. 在法国邮电部长柯歇雷 (Cochery) 主持下, 这次大会确定了电学方面的单位的国际标准 —— 伏特、库仑、欧姆、安培、法拉. 遗憾的是, 亥姆霍兹未能使大家承认高斯和韦伯的名字, 尽管电磁学领域中的绝对单位体系本质上来源于他们. 以 "高斯" 之名为磁场强度单位只是后来通过英国人的提议而被接受的.

在这里, 除了民族的因素起作用以外, 可能还有一个因素起负面作用: 我们已经提过多次, 那就是 W. E. 韦伯的电磁定律在 19 世纪 70 年代早期引起过一场大争论, 而亥姆霍兹也参与其中. 现在我们可以说, 这些反对卡尔·诺依曼的争论 (有时还很激烈), 仅有的结果倒是回到一个古老的洞察之见: 即这种问题不能靠辩论来解决, 只能靠实验. 当赫兹第一次用实验证明, 电力的传播是需要时间的, 是以波的形式传播的, 假定电磁作用是瞬间超距作用的韦伯定律就被证伪了.

亥姆霍兹在柏林的岁月, 是在对数学物理的几乎所有领域进行概述中度过的, 他处处都要插上一手, 鼓励每个领域的发展. 他 1882 年在伦敦所作的 "法拉第讲演", 在我看来, 似乎是在这方面最值得注意的. 在讲演里, 基于电化学的事实, 亥姆霍兹很清楚地表明, 必须对于电赋以原子结构 (顺便说一下, W. E. 韦伯也是这么主张的). 所以电不可能和以太等同, 因为我们认为以太是连续介质. 亥姆霍兹的这个成就是今天的电子学说的起点, 考虑到亥姆霍兹在他已经完成了的工作中仍然是唯象主义者, 这项成就就更加了不起了.

在结束对这位杰出人物的评论时, 我不能不追踪一下他的影响的局限, 至少不能不指出, 有一些东西否定了他的多方面的理解. 我只指出一点: 技术精神与他观念的特性是背道而驰的, 所以与之相符的是: 对于年轻奔腾的发现精神, 亥姆霍兹时常持一种近乎不信任的保留态度. 有他那样非同寻常的地位和影响, 他的这种态度在领导层中, 和在财政方面起了很大作用. 而事实上, 我们最年轻的技术部门明显深受其害 —— 我讲的是航空工业. 亥姆霍兹在 1873 年的一项工作中基于力学方面相似性的考虑, 对机械飞行的可能性作了很低的评价 (尽管他有个别结果还是对的). 他的判断在公众外行的阐释中扭曲, 无疑进一步推迟了航空工业本该有的自然发展历程.

遗憾的是, 讲了亥姆霍兹以后, 我对数学物理在德国和奥地利的发展的介绍只好打住了, 这当然对于其中许多有价值的、有趣的成就颇不公正. 我必须转到本章的最后一节, 即数学物理在英国的成就. 虽然这与数学物理在我们关心的这一时期在德国的成就有许多接触, 但总体上说, 它走的却是自己的伟大的道路.

我们已经提到过自学成才的格林 (1793 — 1841) (他有一卷《数学论文集》(*Mathematical Papers*), 伦敦, 1871), 他于 1828 年发表在诺丁汉的第一篇论文 "论数学分析在电磁理论上的应用" (*An Essay on the Application of Mathematical Analysis to the Theories of Electricity and Magnetism*) 是开创性的, 但是一开始几乎无人注意. 他来到剑桥时已经 40 岁, 他在那里发表了一系列重要文章. 我们在这里只想提到关于 "椭球的吸引力" 的一篇文章 (1835). 这项研究比他在声学和光学里的重要贡献在数学上更加有意义, 因为它研究的是 n 维情况, 这比在德国开始的 n 维几何学的研究要早得多.

可以和格林并行讨论的还有麦卡拉 (James MacCullagh, 1809 — 1847, 爱尔兰数学家), 他在都柏林的三一学院活动 (与哈密顿和萨尔蒙在一起). 他有杰出的几何才能, 但是他的有效的活动时间很短, 因为他后来自杀了. 他的《论文集》(*Collected Works*) 一卷本于 1880 年在都柏林出版.

特别值得注意的是麦卡拉在 1839 年的论文: "论晶体反射和折射的动力学理论的建立" (*An Essay towards a dynamical theory of crystalline reflexion and refraction*) (都柏林《汇刊》(*Transactions*), Vol. 21, 这一卷直到 1848 年才出版). 他在这里给了菲涅耳理论一个全新的基础; 这篇文章是非常值得注意的, 因为就数学陈述而言, 它准确地预告了光的电磁理论. 我想解释一下这个奇特的发展, 如果考虑到它是多么地接近今日司空见惯的数学物理研究, 就更该如此.

令 u, v, w 为一个连续体中的无穷小位移. 以下 9 个偏导数

$$\frac{\partial u}{\partial x}, \quad \frac{\partial v}{\partial x}, \quad \frac{\partial w}{\partial x}, \quad \frac{\partial u}{\partial y}, \quad \cdots, \quad \frac{\partial w}{\partial z}$$

特别重要. 从它们可以做出表示体积元素变形的 6 个量:

$$\frac{\partial u}{\partial x}, \quad \frac{\partial v}{\partial y}, \quad \frac{\partial w}{\partial z},$$
$$\frac{\partial v}{\partial z} + \frac{\partial w}{\partial y}, \quad \frac{\partial w}{\partial x} + \frac{\partial u}{\partial z}, \quad \frac{\partial u}{\partial y} + \frac{\partial v}{\partial x}.$$

还有表示体积元素的旋转 (-2 倍旋转) 的 3 个量:

$$\frac{\partial v}{\partial z} - \frac{\partial w}{\partial y}, \quad \frac{\partial w}{\partial x} - \frac{\partial u}{\partial z}, \quad \frac{\partial u}{\partial y} - \frac{\partial v}{\partial x}.$$

按照现代的用语, 前者是一个张量, 而后者是一个向量.

弹性理论 —— 同时还有 "弹性" 光学 —— 最一般的出发点, 是假设弹性形变的势是这个张量的 6 个分量的函数, 特别是一个二次函数. 格林在他的 1837 年的著名论文中详细阐述了这个思想.

麦卡拉却与此不同, 他有另一个思想, 以及运用这个思想的勇气, 即假设这个函数同时还依赖于这个向量. 例如, 对于晶体, 他写出了

$$V = a^2 \left(\frac{\partial v}{\partial z} - \frac{\partial w}{\partial y} \right)^2 + b^2 \left(\frac{\partial w}{\partial x} - \frac{\partial u}{\partial z} \right)^2 + c^2 \left(\frac{\partial u}{\partial y} - \frac{\partial v}{\partial x} \right)^2.$$

结果表明, 麦卡拉从一开始就能够充分地说明菲涅耳关于晶体中的反射和折射的理论, 不加任何约束, 而完全遵照分析力学的规则!

然而他遭遇到巨大的反对, 一开始没人理会他. 事实上, 他的途径是一种纯粹唯象的途径: 建立一个符合通常力学格式和观察结果的数学公式, 但是并不了解它的深层的物理意义. 从物理上说, 麦卡拉的假设就是, 势这个函数所依赖的, 并非体积单元的变形, 而是其相对于绝对空间的旋转, 这似乎是荒谬的. 威廉·汤姆孙确实设计了一种介质——它是一些胞腔的框架, 在每个胞腔里各放一个 2 自由度的陀螺——经过物理处理以后, 至少在一个相当的时段内, 得出了麦卡拉的公式.

虽然这个解释实在牵强附会, 虽然麦卡拉的公式只有在与电磁的观念联系起来后才有生命力, 但是它标志了思想的转变, 虽说是摸索前行, 而没有一定目标, 但确实是非常奇特而值得注意的, 所以我不愿将它略去不提.

格林和麦卡拉, 就他们的成就而言, 只是孤立的现象. 数学物理在英国持续地光辉地发展, 是 19 世纪 40 年代以后的事, 是从剑桥的毕业生斯托克斯 (George Gabriel Stokes, 1819 — 1903, 英国数学家) 和威廉·汤姆孙的工作开始的.

斯托克斯是一个狭义的英国人. 他 1819 年出生于爱尔兰的斯克里恩 (Skreen), 1842 年起就开始发表文章. 他的文章都收集在 5 卷本的《数学和物理论文集》(*Mathematical and Physical Papers*) 中 (第 5 卷里有瑞利勋爵写的一篇有趣的纪念文章). 他从 1837 年到去世的 1903 年都在剑桥, 共 66 年之久. 他先是做研究人员, 后来则是教师和行政人员, 由于他为人厚道, 他影响深远的、持续的工作的效果是极其显著的.

威廉·汤姆孙 (1824 — 1907), 后来授勋被封为开尔文勋爵, 其实是苏格兰人, 但是生于北爱尔兰 (1824 年)——当时许多苏格兰人移居于此——的贝尔法斯特 (Belfast), 那时他的父亲在那里当数学教授. 这样, 我们就有了一个有趣的传承上的个例, 特别是, 威廉·汤姆孙的哥哥詹姆斯·汤姆孙 (James Thomson)[38]也是一位很不错的理论家 (他发现冰点可以通过加大压力而降低). 1832 年父亲詹姆斯·汤姆孙被格拉斯哥大学聘任, 威廉就在父亲的个别指导下成长. 1834 年, 当他 10 岁时, 就进了格拉斯哥大学——但是必须记住, 老格拉斯哥的学院只相当于我们的 *Gymnasium* 的高年级. 在 1841 年进入剑桥以前, 威廉·汤姆孙就在那里学习. 1845 年, 他的大学生活以他去巴黎的旅行结束, 这次旅行对他有很大的影响. 1846 年他又被格拉斯哥大学聘为 "自然哲学教授"[39]. 直到 1907 年去世, 他都在格拉斯哥, 包括 1899 年他成为荣誉退休教授 (Emeritus) 在内.

大概只有苏格兰人才能理解威廉·汤姆孙何以终生停留在他的故乡. 格拉斯哥是一个巨大的制造业城市, 高高的烟囱排放着它的化学工业的废气; 它位于克莱德河 (River

---

[38] 注意, 威廉·汤姆孙的父亲也叫 James. ——中译本注
[39] 在这里, 和在许多其他地方一样, 所谓 "自然哲学" 其实就是物理学的另一个说法. ——中译本注

Clyde) 的非常平坦的盆地中, 由于苏格兰的气候, 那里总是笼罩着黑色的烟云. 有一条小河叫开尔文河, 是克莱德河的支流. 威廉·汤姆孙 1892 年得到的封号 "开尔文勋爵" 就来源于此.

威廉·汤姆孙终生都在数学物理中不懈地工作, 或者从事教学, 或者从事其工业应用. 他的工作始于 1840 年他 16 岁时, 那时他和父亲第一次去德国旅行: 他随身带了一本傅里叶的《热学理论》(*Théorie de la chaleur*), 边走边读. 也和弗朗兹·诺依曼的情况一样, 傅里叶的刺激也在这块石头上敲出了火花.

这以后就进入了一个丰富的多产时期, 主要是一些简短中肯的短文. 到结束在剑桥的学习时, 他已经发表了 16 篇文章! 最初一批是纯粹的数学文章, 涉及位势理论、静电学和热传导. 但是, 到了 1845 年, 威廉·汤姆孙受到巴黎的雷尼欧 (Henri Victor Regnault, 1810 — 1878, 法国化学家) 关于定量测量的工作的有力的激发. 这样, 他在格拉斯哥的热力学时期就开始了. 大约与克劳修斯同时, 威廉·汤姆孙也必须处理, 使卡诺关于热机效率的考虑与能量守恒协调起来所遇到的困难. 他从新近得到的基本原理出发, 从数学上做出的电、磁和弹性理论, 正紧接在这一时期之后.

威廉·汤姆孙的宏伟的, 也许是独有的实践活动, 大约是从 19 世纪 50 年代末期开始的, 首先是出现了需要铺设电报电缆带来的机遇. 1858 年, 铺设了从英国到美国的第一条电缆, 但是很快就损坏了, 其原因如威廉·汤姆孙所确定的那样, 是由于所用的电流太强; 1866 年第三次铺设成功, 建立了稳定的线路. 这个年代标志着技术发展历史的最值得纪念的时期之一. 威廉·汤姆孙是这一发展的真正领导人物, 他通过制造可靠的仪器, 并提出可靠的方法, 克服了所有这些困难. 作为这项工作的副产品, 威廉·汤姆孙无可比拟地改进了几乎所有航海仪器. 没有他的补偿罗盘, 没有他的测深锤 (sounding-lead) 等等, 合理的航海是不可想象的.

威廉·汤姆孙通过这些活动获得了大量财富以及无可比拟的声望. 他成了富裕的社交生活的一个中心. 这使人想起了亥姆霍兹, 甚至他迎娶第二位夫人都与之相似. 这位夫人是一个擅长交际而又野心勃勃的女人. 在 1899 年我去访问他时, 有机会目睹这些事情多么强烈地干扰了威廉·汤姆孙的生活. 那一次, 他以他惯有的友好和特别活跃而又实际的兴趣, 带领我到他的实验室, 这时, 女主人出现了: 从那一瞬间起, 所有的个人的谈论都停下来了, 代之以按照规矩的毫无亲密感的气氛.

尽管这些社交活动给威廉·汤姆孙造成沉重负担, 他还是持续地工作, 甚至在休闲旅游的游艇上也在工作. 他无休止地寻求对于一切过程作力学的理解 —— 这是他终生的理想. 他的 1884 年的 "巴尔的摩讲演" (1904 年出版) 在这方面是很有趣的: 在其中, 他尝试了种种方式, 试图用力学模型来解释以太自相矛盾的性质. 威廉·汤姆孙终生反对光的电磁理论.

英国把能够赐予自己的名人的一切荣誉都给了开尔文勋爵: 1907 年他被国葬于威斯特敏斯特教堂. 最动人的是 1896 年他任教授 50 周年的纪念会, 有各国的代表参加.

庆祝的高潮是一份祝贺电报. 这份电报从他的住室发向世界各国, 耗时 13 分半钟; 然后威廉·汤姆孙的回电又回到了自己手上, 耗时 8 分半钟[40].

开尔文勋爵的论文见于以下各个论文集: 《关于静电和磁学的论文集》, 1 卷 (*Reprint of papers on electrostatics and magnetism*, London, 1884); 《数学和物理学论文集》, 6 卷 (*Mathematical and Physical Papers*, Cambridge, 1882); 《通俗讲演集》, 3 卷 (*Popular lectures and addresses*, London, 1891). 西凡努斯·汤普生 (Silvanus Phillips Thompson, 1851—1916, 英国电气工程师, 以写作威廉·汤姆孙和法拉第的传记而闻名) 在 1910 年为他写了一本很大部头的传记, 结尾是一篇很有特色的开尔文勋爵曾获得的奖励、出版物和专利的目录. 格雷 (Andrew Gray) 的书 (1908 年在伦敦出版) 是一本比较注重科学的较简短的传记 —— 但是完全是英国人的观点.

我想对威廉·汤姆孙的数学工作随意地挑选几个作简短的介绍.

他年轻时期 (1843—1844 年) 关于位势的工作是很著名的, 它们是以刘维尔的工作为基础的. 威廉·汤姆孙在这些工作里发现了 $\Delta v = 0$ 在反演下的不变性, 由此他得出了所谓 "电镜像法", 这样就以简单而且直观的方法解决了关于球面或球冠面的静电学问题. 他发表在 *Liouville* 杂志 1847 年第 12 卷上的文章 (见他的《关于静电和磁学的论文集》, 142 页) 里就已经出现了我们现在说的 "狄利克雷原理".

从他的热力学时期 (事实上是大约 1852 年) 的工作中, 我想举出他由热力学第二定律 $dQ = \vartheta \cdot dS$ 得到的绝对温度的严格定义, 以及他用不断改进的气体温度计进行绝对温度的对照实验; 但我更愿向读者推荐他在《英国百科全书》(*Encyclopedia Britannica*) 上介绍整个热力学的出色的综述.

他关于地球物理和航海的工作使他与地质学家们发生激烈冲突. 因为他按照热传导的原理决定了地球的年龄, 其方法与地质学家们的意见大异其趣. 地球的弹性形变和潮汐现象引导他到达以下的现在得到公认的思想, 即地球是一个固定的硬的物体, 而不是一个球壳包着液体的核心. 特别杰出的是威廉·汤姆孙对于潮汐理论的贡献, 以及他十分出色地实现了潮汐运动的调和分析, 把它分解为振动的叠加. 我们知道, 潮汐的生成主要是由于地球对太阳和月亮的位置的变化; 但是也大大地依赖于局部条件, 即陆地与海洋的分界 [是什么样的]. 威廉·汤姆孙是从拉普拉斯就已经知道的一个原理出发的: 如果级数

$$\sum a_k \sin \lambda_k (t - t_k)$$

[40] 此处与 Glasgow 大学庆典的记录内容有矛盾. George F. FitzGerald 关于庆典的记录 (*Lord Kelvin, professor of natural philosophy in the University of Glasgow, 1846—1899: with an essay on his scientific work*, 1899) 的 36 页提到了庆典的高潮: 一封庆祝开尔文勋爵任教 50 周年的电报从 Glasgow 学院发出, 经大西洋海底电缆, 过纽芬兰、纽约、芝加哥、旧金山、洛杉矶、佛罗里达、华盛顿、纽约、纽芬兰再回到开尔文勋爵手上, 历时 7 分半钟. 回电经同样的线路, 历时 4 分钟. 不是很清楚克莱因的 13 分半和 8 分半的说法是从哪里来的. —— 校者注

表示一个导致满潮的天体运动, 则在某一点的潮汐本身也可以用一个级数

$$\sum A_k \sin \lambda_k(t - T_k)$$

来表示. 这里的 A_k, T_k 需从观测得到, 但 λ_k 是由第一个级数决定的, 为了 (在考虑的范围内) 确定 A_k 和 T_k 的值, 人们自然需要发展出观测和计算的程序. 威廉·汤姆孙发明了精巧的仪器来得出这些 "调和成分", 并且机械地把有限多个 $A_k \sin \lambda_k(t - T_k)$ 这样的项加起来; 这些装置使我们能够满意地算出在指定地点期望得到的现象. 威廉·汤姆孙在这方面的成就, 以及这个半经验理论的进一步的发展, 在乔治·达尔文 (George Howard Darwin, 1845—1912, 英国天文学家, 伟大科学家、进化论的创始人查尔斯·达尔文 (Charles Robert Darwin, 1809—1882) 的儿子) 关于潮汐的书中能够找到透彻的讲解[41]. 很遗憾, 我在这里无法去讲威廉·汤姆孙关于水波问题的研究, 特别是关于在水中放进一个物体 (例如船只) 所造成的水流运动问题; 请参看他的《通俗讲演集》第 3 卷, 450 页.

这些成就都在纯粹的力学的边缘上. 力学在理论和仪器制造两个方面的进展都大大有赖于威廉·汤姆孙. 我已经提到过他对亥姆霍兹的涡旋理论的简化与发展 (见 *Edinburgh Transactions* 第 25 卷 (1869 年), 217 页以下). 对于制造仪器的特殊的喜爱, 引导威廉·汤姆孙去制造越来越新的仪器来证明陀螺的运动及其效应. 哥廷根收藏的模型——如回转仪、液体陀螺等——都是按照他的想法造的.

威廉·汤姆孙在这些工作中不仅是受到他对实验的纯粹的喜爱的引导, 而且也受到纯粹思辨的兴趣的引导. 他在心中暗自想要建立物质的一种旋涡理论: 世界就应该理解为一种充满了亥姆霍兹旋涡的纯粹的流体, 这些旋涡有的是个别的, 有的则是不可分离地结合在一起的——就如原子结合成分子. 在这个模型里, 引力——这里是勒萨日意义下的引力[42], 见勒萨日 (Georges-Louis le Sage, 1724—1803, 瑞士物理学家) 1764 年发表在 *Journal des savants* 上的文章: "论包含吸引与排斥的法则" (*Loi qui comprend toutes les attractions et répulsions*)——要用高速运动着的极小的旋涡与吸引的物体的碰撞来解释, 威廉·汤姆孙还为这种小旋涡起了一个漂亮的名字: "ichthyoid". 当然, 这个理论只是一个概述, 从中没有产生一点儿切实的东西, 但是它对于有着敏感想象力的人总是具有某种魅力.

威廉·汤姆孙的所有这些思想产物, 包括最奇幻的那些在内, 总是把实际的力学作为基础. 正如我们已经提到过的那样, 威廉·汤姆孙一生顽固地拒绝与光的电磁理论发

---

[41] 英文版第三版已翻译为德文, 收入 Teubner 出版社的《科学与假设》(*Wissenschaft und Hypothese*) 第五卷, 1911(第二版). —— 德文版注

[42] 自从牛顿提出万有引力以来, 就有许多人想要解释其根源. 勒萨日的理论是其中一种. 它是一种运动学理论, 认为引力是一种极微小的看不见的粒子, 它们作用在物体上, 产生了吸引力或排斥力. 这种理论一直没有得到广泛接受, 特别在广义相对论兴起以后, 大家都认为它已经被抛弃了. 但是实际上一直有人在研究它, 甚至用它来解释现代空间探索中的一些问题. —— 中译本注

生任何关系; 他这样做是完全前后一致的, 因为在他以力学为基础的世界图景中, 没有光的电磁学理论的位置. 赫兹的 1888 年的实验来得太晚, 没有对他产生很强的影响.

作为本节的结论, 我还想提到一本在英国很流行的教本, 即威廉·汤姆孙与泰特合写的《自然哲学论著》(*Treatise on Natural Philosophy*). 泰特 (Peter Guthrie Tait, 1831—1901, 苏格兰数学家和物理学家) 是哈密顿的特殊的学生, 后来则是爱丁堡大学教授. 这本书最开始是在 1867 年在牛津出版的. Wertheim 按照亥姆霍兹的建议于 1871 年将它译为德文. 第二版大为扩充, 成为 2 卷, 于 1878—1883 年在剑桥出版. 不幸的是, 第二版没有译成德文.

威廉·汤姆孙与泰特的这部名著 —— 英国学生们戏称为 T + T′ —— 在文献中是非常独特的, 因为它的二位作者具有完全不同的品质与倾向, 他们在这本合写的书中形成了最大的对比.

泰特是一个教条主义者, 深度的民族主义者, 又不缺书生气, 在实行自己的计划时极端小心谨慎而又前后一致. 他是一个忠诚的四元数派, 这一点倒是很适合这种形象的. 而汤姆孙尽管在其他方面都愿意屈从, 却绝不愿意哪怕是听到四元数, 甚至低调了的向量形式也不允许出现在他的书中.

这本书的框架结构和组织都来自泰特. 但是在这张网的网眼里, 威廉·汤姆孙还是插进了一些段落, 让他的不断更新的思想自由流淌. 就内容而言, 这些插曲令人振奋; 但是它们是以一种离题的、很难辨识的形式表述出来的. 事实上, 它们读起来很像是从一本笔记里草率摘抄出来的. 就它们的概略性而言, 倒是给出了威廉·汤姆孙的讲演风格的一个图像. 因为在广大听众面前, 威廉·汤姆孙总难以遵循一个计划好的思路的线索, 老是被随时涌现的思想打断.

从整体上说, 威廉·汤姆孙 – 泰特这本书富有好思想. 它总是引导读者对实际的运动过程有一个具体掌握, 恰好与基尔霍夫类型的力学相反. 所以, 对于独立的、成熟而且有志于自己创造的读者, 这本书颇有启发人的好处, 我自己就曾经 —— 既带着很大欢乐, 又遇到很大麻烦 —— 多次读过它的许多部分. 这本书在英国学生中的名气和流传的广泛, 与这些学生从它实际得到的好处并不相应: 它对于普通的学生来说太难了. 我就看到过有人把 T + T′ 买来就放到书架上, 而在想学一点什么的时候, 再去找更简单的纲要来参考.

作为结尾, 我想讲一件足以刻画威廉·汤姆孙的教学方式的小事情. 他进了教室, 突然问学生一个问题: "dx/dt 是什么意思?" 他得到的回答只是严格的逻辑定义, 他把所有的答案都挥之一旁. "忘记你们的托德亨特吧, dx/dt 就是速度". 托德亨特 (Isaac Todhunter, 1820—1884, 英国数学家) 是纯粹数学在当时剑桥的代表人物.[43]

可能人们注意到威廉·汤姆孙和我们的亥姆霍兹有诸多相似之处, 有鉴于二人有不

---

[43] 以写过许多教科书而闻名, 他是泰特和前面介绍过的劳斯的 Tripos 辅导教师. —— 中译本注

少通信来往和科学的合作, 例如 1881 年在巴黎的国际电学大会上的合作, 他们就显得更加相似了. 对于他们二人作比较研究, 将会是数学史研究中一个具有很大吸引力和回报的课题.

本章余下的部分我们要用于介绍一位至今对于数学物理的整个领域具有最持久影响的英国人 —— 克拉克·麦克斯韦 (James Clerk Maxwell, 1831—1879, 苏格兰物理学家). 和他的伟大同行威廉·汤姆孙一样, 麦克斯韦也是苏格兰人. 但前者的人格特性是不断地活动, 在这些活动中产出成果也是轻而易举; 而在麦克斯韦身上, 我们则看见了一个更加沉思的、更加平和的天性, 让深刻的新思想缓缓地流淌而出.

克拉克·麦克斯韦 1831 年出生于爱丁堡, 但是一生大部分时光, 甚至他的晚年, 都是在自己家族的产业里度过的. 不论是就他的外在的生活轨迹而言, 还是就他的内在的心路历程而言, 他都代表了一个很普通的英国类型: 一个上流社会的独立学者, 有时也担任公职. 1850—1856 年, 他在剑桥学习, 然后在阿伯丁 (Aberdeen, 苏格兰北海边的一个城市) 任教授直到 1860 年, 这以后就在伦敦的国王学院直到 1865 年. 这时, 他退休回到自己的私人生活. 然而 1871 年他又掌管了卡文迪什实验室. 这是英国第一个独立的研究与教学的物理实验室 —— 此外在剑桥各个学院只有一些比较小的物理实验室 —— 它与物理学在现代的大发展有着不可分割的联系. 不幸的是, 麦克斯韦于 1879 年 48 岁时, 因内科疾病英年早逝.

我要对卡文迪什实验室多说几句话, 它对下文很是重要. 实验室因之命名的亨利·卡文迪什 (Henry Cavendish, 1731—1810, 英国物理学家和化学家) 1731 年出生于法国尼斯, 1810 年在英国伦敦去世. 他是一个很有钱的无公职的人, 德文郡公爵 (Duke of Devonshire) 家族的亲戚, 终生从事很详尽的物理和化学研究; 在提出与解决问题上, 他时常走在时代前面. 他的科学著作, 关系到电学问题的部分, 是由麦克斯韦在 1879 年出版的, 正是由于麦克斯韦的倡议, 建立了卡文迪什实验室, 并设置了卡文迪什实验物理学教授, 资金主要是私人来源[44]. 麦克斯韦是第一任领导人, 他去世后, 由瑞利勋爵继任 (1879—1884); 瑞利勋爵在自己的任期内, 和他的前任一样, 成了英国数学

[44] 有人说亨利·卡文迪什是 "最有钱的学者, 最有学问的富翁", 他确实是系出名门. 母亲是肯特公爵的女儿, 父亲是查尔斯·卡文迪什勋爵 (Lord Charles Cavendish), 是第 2 任德文郡公爵之子. 正式出资建立卡文迪什实验室的是当时剑桥大学的校长 (Chancellor), 威廉·卡文迪什 (William Cavendish, 1808—1891), 第 7 任德文郡公爵. 1871 年, 他用德文郡公爵家的私产建立了这个实验室, 由麦克斯韦负责筹建, 于 1874 年建成, 并以亨利·卡文迪什命名, 以示纪念. 同时, 剑桥的各学院共同出资设立卡文迪什实验物理学教授的教职, 担任这个教职的人就是卡文迪什实验室的学术领导人, 所以卡文迪什实验室也就是剑桥大学的物理学院. 而麦克斯韦就是第一任卡文迪什实验物理学教授. 第二任则是瑞利勋爵, 任期是 1879—1884 年. 本书说 J. J. 汤姆孙是第三任, 而且至今还是. 其实 J. J. 汤姆孙的任期虽然长达 35 年, 却只到 1919 年. 本书是克莱因的讲稿, 直到 1926 年才由 R. Courant 和 O. Neugebauer 编辑出版的. 所以克莱因写出这些讲稿的时间应在 1919 年前. 卡文迪什实验室对科学的发展有卓著的功勋. 到 2020 年为止, 一共有 30 位诺贝尔奖 (不只是物理学奖) 得主出自此实验室. —— 中译本注

物理的领导人. 在此我仅举出他写的 2 卷本的《声学理论》(Theory of Sound) 一书 (1877—1878 年出版) 以及 1894 年氩的发现. 在瑞利勋爵以后, 领导职位传给 J. J. 汤姆孙, 他现在仍然在此职位上; 他对于物理这门科学也具有核心的重要性.

坎佩尔和加内特写过一本详细的麦克斯韦传, 1882 年在伦敦出版 (L. Campbell and W. Garnett, *The Life of James Clerk Maxwell*), 着重介绍麦克斯韦的个人生活方面. 1890 年麦克斯韦的《科学论文集》(*Scientific Papers*) 出版, 这是 2 卷 4 开本大书, 其中有一篇科学上很有价值的引言. 他的科学遗产还有重要的《电磁通论》(*A Treatise on Electricity and Magnetism*) 一书 2 卷, 1873 年出版[45].

在进一步考虑麦克斯韦的科学成就时, 我们必须优先考虑他的最著名的创造, 即光的电磁理论, 由于它还包含了许多数学上有意义的地方, 就更加应该以此为优先了. 很不幸, 我们不能来处理麦克斯韦的许多其他的数学上值得注意的工作, 哪怕提一下也做不到, 例如他关于 "静力学图示法基础" 的论文, 关于土星环的组成、稳定性和运动的工作, 关于气体运动论的工作 (最后这一项是物理学家所熟知的).

麦克斯韦关于光的电磁理论——说是他把光和电看成同一要素的不同表现的新理论更好一些——起源于他力图用数学语言来掌握法拉第 (Michael Faraday, 1791—1867, 伟大的英国科学家) 所建立的关于充满空间的以太理论的思想, 因为法拉第的理论虽然具有统一一切的意义, 但是, 他的理论的形式并不确定. 把这个新理论与现实世界连接起来的事实与演绎的链条上, 决定性的一环是静电单位与电磁单位的关系. 这是 W. E. 韦伯和老柯尔劳什 (Rudolf Hermann Arndt Kohlrausch, 1809—1858, 德国物理学家)[46] 在 1855 年确立的, 但到 1857 年才发表: 如果把韦伯定律中代表速度的常数 c 除以 $\sqrt{2}$, 结果正是光速.

法拉第的思想方式在两个基本点上与 W. E. 韦伯的思想方式不同: 1. W. E. 韦伯与当时处处占统治地位的牛顿的自然哲学一致, 认为电力是一种纯粹的超距作用. 法拉第则相反, 他的思想的基础是: 电的作用是通过充满空间的介质来传递的. 2. 因此, W. E. 韦伯意义下的力产生作用是瞬时的; 而在法拉第看来, 力从起源之点传到起作用之点是要花时间的.

早在 1846 年——正如法拉第致菲利普斯 (Richard Phillips, 1778—1851, 英国化学家) 的一封非常值得注意的信 (见 *Phil. Mag.*, Bd. I, Vol.28, 345 页) 所证实的那样——法拉第就抱有一个幻想, 即电现象和光现象之间有某种联系; 不过他说得很不确定, 因为 W. E. 韦伯–柯尔劳什关于静电量度与电磁量度的关系的工作当时还没有出现. 我很高兴, 再一次引述我在第 1 章里讲过的一件事: 高斯在 1845 年给 W. E. 韦伯

[45] 第二版由 B. Weinstein 翻译成德语, 1882 年在柏林出版. ——德文版注
[46] 他的儿子小柯尔劳什 (Friedrich Wilhelm Georg Kohlrausch, 1840—1910) 也是一位重要的物理学家. 老柯尔劳什的重要贡献是他在 1855 年与 W. E. 韦伯的一项共同的工作; 他们证明了静电单位和电磁单位之比是一个速度, 也就是光速. 这一贡献对于麦克斯韦的工作的意义自然是不言而喻的. ——中译本注

的信中表达了一种与法拉第追求的联系有相同的方向的思想 (见《高斯全集》, 第 5 卷 629 页).

特别有意义的是追随麦克斯韦是如何展开这些思想的. 他在 3 篇内容连贯但时间跨度很大的文章里形成了一个前后一致的理论. 我在下面对这些文章的评述, 和我迄今所做的事情一样, 是很主观的, 因为我着重的是给出麦克斯韦的思想的决定性的转折, 而不是历史细节问题.

1. 第 1 篇是麦克斯韦 1855 年的文章 "论法拉第的力线" (*On Faraday's Lines of Force, Cambridge Philosophical Transaction*, Vol.10, 即《科学论文集》(*Scientific Papers*), 卷 1, 155 页以下), 它致力于表明, 关于电和磁的两种理论, 虽然一个是基于远距作用, 另一个则基于近距作用, 但是只是同一个情况的不同数学描述. 远距作用理论用力 $1/r^2$ 来进行操作, 法拉第则看见了由零点发出的力线织出了全空间. 为了更抽象地表述一般思想: 我们可以从位势 V 所满足的偏微分方程开始来描述这个关系. 这个方程在全空间成立, 所以我们不必为产生位势的质量的位置何在操心. 但是我们同样可以把 V 表示为这个方程的 "主解" (principal solutions)[47] 之和, 例如在铺满了一个曲面 (Flächenbelegung) 的各个元素上的质量位势 (Massenpotentiale) 的积分. 前一个概念的直观等价物就是力线的形象, 它在空间各点满足某个微分方程, 并把空间各点处作用的力可视化, 从而也可以直观地得到位势整体的形象; 而由在给定点的位势, 可以形式地导出力来, 则满足了第二个概念的要求.

从纯数学和逻辑的观点看来, 这两种表示法 —— 在真空里, 二者可以立即互相导出 —— 以及附属于它们的概念是同样有根据的. 但是法拉第的观点有一个很大的心理上的优点, 因为它把这些关系用可塑的形象放在人们脑海里去了. 对于必须处理这些事物本身的人来说, 这是不可少的. 如果一个人不能想象磁感线的走向, 不能想象运动的感应线圈所处的磁场, 那么就不可能生动地理解发电机的效果, 有目的地制造一台这样的机器更是无从提起. 但是我不想在这里谈到由此发展起来的物理问题.

2. 麦克斯韦在 1861 — 1862 年的论文 "论物理的力线" (*On Physical Lines of Force*) (见 *Philosophical Magazine*, Vol. 21,[48] 即《科学论文集》(*Scientific Papers*) 第 1 卷, 451 页以下) 中, 则致力于寻找充满空间的以太中的物理机制, 使得能够既考虑到远距的电磁作用, 也考虑到当磁场变化时会感应出电流来. 他得到了以下的图像:[49] 有有限

[47] 即具有某种奇性的解, 例如我们常说的基本解及其衍生的解; 它们代表点电荷或点偶极子等等. —— 中译本注

[48] 这里克莱因记载不全. 麦克斯韦的这篇文章共分四个部分, 前两部分发表在此刊物 21 卷 (1861) 上, 后两部分则在 23 卷 (1862) 上. —— 校者注

[49] 考虑到这里的叙述比较抽象, 建议有兴趣的读者参看齐民友等译的《现代世界中的数学》(上海教育出版社, 2004 年) 中纽曼 (James R. Newman) 写的传记: "麦克斯韦" (原书 98–117 页), 其中有这个模型的具体解释. —— 中译本注

多条, 可能是很多条磁感线. 介质绕着其每一条旋转, 但磁感线本身则不动. 为了避免误解, 需要说明, 这里的旋转并不是我们在力学中遇到的那种旋转, 比如亥姆霍兹的涡旋. 想要得到这些旋转的完全的描述, 只要知道原来的坐标 x, y, z 是怎样变成新坐标 x', y', z' 的就行了: 这些旋转只能间接地产生 —— 就是说要通过邻近于 x, y, z 的其他的点的旋转来把旋转传播出去, 这些邻近的点的旋转与 x, y, z 点的旋转稍有不同. 而每个分子旋涡都有一个独立的坐标系, 它的旋转相对于这个坐标系的角度是 λ, μ, ν.

麦克斯韦把这个过程表现得如此实在, 使我们今天仍然感到吃惊. 因为他想象的是, 为了避免或减少摩擦, 存在一些减少摩擦的滚珠 (Friktionsrollen), 垫在介质的各个旋转的部分之间. 他把这些很像轴承里的滚珠的小颗粒, 看成电所在的地方.

麦克斯韦尽管用了很大的力气, 在利用这些具体的形象上却没有取得成功. 所以, 他抛弃了这些具体形象, 而转到纯粹唯象的陈述方式, 也就是今天我们教年轻人所用的方式. 按照它, 充满空间的介质的每一点都是电场和磁场两个向量的承载者, 我们知道它们的效应和形式的联系, 但是对于它们是否还有更深一层的含义, 我们就不再追究了.

麦克斯韦总是对于以下的事情赋以很高的价值: 不要排除对于电磁场的规律作力学解释的可能性; 人们反而有可能对于场的动能和位能作某些形式上的假设, 再从这些假设按照力学的一般规律, 引导出已经知道的电磁效应. 这样, 我们今天如此欣然抛弃的概念, 即力学是物理的基础这个概念, 仍然是处处适用的. 这个现象, 从基本上说, 正是表明拉格朗日所创立的形式化的力量经久不衰. 这个形式化被充实以某些概念的内容, 然而, 形式化的创立者不但没有掌握这些概念, 甚至对其知识也完全不知. 经典力学的形式化逐渐占领了越来越多的新的遥远的领域, 使得我们甚至不需要对于一些现象的真实的基本事件有透彻的理解, 就能对观察到的现象有足够的掌握, 这是我们这门科学最惊人的发展之一. 这个体系在物理化学中, 经过美国人吉布斯 (Josiah Willard Gibbs, 1839 — 1903, 伟大的美国科学家: 物理学家、化学家和数学家) 之手得到了它的最近一次巨大成功! (见吉布斯在 1876 年到 1879 年之间的一系列著名论文 "论异类物质的平衡" (*On the Equilibrium of Heterogeneous substances, Transactions of the Connecticut Academy of Arts and Sciences*).) 如果拉格朗日还活着, 当他看见他的量 q 竟然被人用来表示碘在一种混合物中所占的百分比, 他会怎么说呢?

3. 在这个抽象的纯粹唯象的基础上, 麦克斯韦在 1864 年完成而在 1865 年在 *Trans. Royal Society* 的第 155 卷上发表了他的伟大论文 "电磁场的动力学理论" (*A Dynamical Theory of the Electromagnetic Field*) (见《科学论文集》(*Scientific Papers*) 第 1 卷, 526 页以下), 它最大的亮点是建立起了光的电磁理论, 而且预告了许多不同的新关系. 在他 1873 年的伟大著作《电磁通论》中[50] (见本书 204 页), 麦克斯韦把这些

---

[50] 此书有中译本:《电磁通论》, 戈革译, 北京大学出版社, 2010. —— 校者注

新思想详细地展开. 这本书的各个章节内容都是丰富而且有趣的, 但是全书整体上很难读, 因为它小心翼翼地带领着读者穿过各个领域的传统的理论, 而没有对各个理论作系统的概略性的说明.

为了浅尝这些材料, 我想说明一下, 麦克斯韦的电动力学方程, 在纯以太情况下, 与我们前面讲过的麦卡拉在 1839 年用拟力学方式对光学介质导出的方程有何关系, 这个关系是菲兹吉拉德 (George Francis FitzGerald, 1851 — 1901, 爱尔兰物理学家) 首先指出来的 (见 *London Phil. Trans.*, Vol. 171, 1880).

我从 "哈密顿原理"

$$\delta \int (T - U)dt = 0$$

开始, 这里的积分是取在两个定限之间的. 如前面所说的 (见 197 页), 我们记麦卡拉的连续体中的位移为 u, v, w, 而旋度的分量为

$$\xi = \frac{\partial v}{\partial z} - \frac{\partial w}{\partial y}, \quad \eta = \frac{\partial w}{\partial x} - \frac{\partial u}{\partial z}, \quad \zeta = \frac{\partial u}{\partial y} - \frac{\partial v}{\partial x}.$$

麦卡拉假设我们处理的是各向同性介质, 而单位体积中的位能是

$$U = \frac{a^2}{2} \left(\xi^2 + \eta^2 + \zeta^2 \right),$$

单位体积的动能则是

$$T = \frac{\rho}{2} \left(\dot{u}^2 + \dot{v}^2 + \dot{w}^2 \right),$$

其中的 ρ 是密度. 如果令 $a^2/2 = c^2$, 其中的 c 后来知道是光速, 如果再把整个介质的动能和位能之值记作 T 和 U, 则由变分理论可得介质的运动方程 (为简单计, 令 $\rho/2 = 1$)

$$\delta \iiiint dxdydzdt \left\{ (\dot{u}^2 + \dot{v}^2 + \dot{w}^2) - c^2 \left(\xi^2 + \eta^2 + \zeta^2 \right) \right\} = 0$$

(积分限为定限). 由此即可把运动方程写为

$$\frac{1}{c^2} \ddot{u} = \frac{\partial \zeta}{\partial y} - \frac{\partial \eta}{\partial z}, \quad \frac{1}{c^2} \ddot{v} = \frac{\partial \xi}{\partial z} - \frac{\partial \zeta}{\partial x}, \quad \frac{1}{c^2} \ddot{w} - \frac{\partial \eta}{\partial x} \quad \frac{\partial \xi}{\partial y}.$$

把它们写出来就是

$$\frac{1}{c^2} \ddot{u} = \left(\frac{\partial^2 u}{\partial x^2} + \frac{\partial^2 u}{\partial y^2} + \frac{\partial^2 u}{\partial z^2} \right) - \frac{\partial}{\partial x} \left(\frac{\partial u}{\partial x} + \frac{\partial v}{\partial y} + \frac{\partial w}{\partial z} \right),$$

$$\frac{1}{c^2} \ddot{v} = \left(\frac{\partial^2 v}{\partial x^2} + \frac{\partial^2 v}{\partial y^2} + \frac{\partial^2 v}{\partial z^2} \right) - \frac{\partial}{\partial y} \left(\frac{\partial u}{\partial x} + \frac{\partial v}{\partial y} + \frac{\partial w}{\partial z} \right),$$

$$\frac{1}{c^2} \ddot{w} = \left(\frac{\partial^2 w}{\partial x^2} + \frac{\partial^2 w}{\partial y^2} + \frac{\partial^2 w}{\partial z^2} \right) - \frac{\partial}{\partial z} \left(\frac{\partial u}{\partial x} + \frac{\partial v}{\partial y} + \frac{\partial w}{\partial z} \right).$$

如果对于运动再加上适当的初始条件, 附带地就会有

$$\operatorname{div}(u, v, w) = \frac{\partial u}{\partial x} + \frac{\partial v}{\partial y} + \frac{\partial w}{\partial z} = 0,$$

这样, 我们就会有简单的运动方程

$$\frac{\ddot{u}}{c^2} = \Delta u, \quad \frac{\ddot{v}}{c^2} = \Delta v, \quad \frac{\ddot{w}}{c^2} = \Delta w.$$

这个推导可以写成非常优美和对称的形式, 只要引入一些辅助的量, 如麦卡拉在他的《全集》的附录 (188 页) 里所作的那样. 具体说来, 令

$$u_1 = c \int \xi dt, \quad v_1 = c \int \eta dt, \quad w_1 = c \int \zeta dt,$$

则变分原理成为以下形式:

$$\delta \iiint dxdydzdt \left\{ (\dot{u}^2 + \dot{v}^2 + \dot{w}^2) - (\dot{u}_1^2 + \dot{v}_1^2 + \dot{w}_1^2) \right\} = 0,$$

而我们会得到两个方程组, 各含 3 个方程如下:

$$\frac{1}{c}(\dot{u}_1, \dot{v}_1, \dot{w}_1) = -\operatorname{curl}(u, v, w),$$

$$\frac{1}{c}(\dot{u}, \dot{v}, \dot{w}) = \operatorname{curl}(u_1, v_1, w_1).$$

我们把这两个方程组的任意一个视为变分原理的附加条件, 都可导出另一个方程组. 与这两个方程组同时, 我们还有

$$\operatorname{div}(u, v, w) = 0, \qquad \operatorname{div}(u_1, v_1, w_1) = 0.$$

这样我们就得到了我们现在所称的自由以太中的麦克斯韦方程. 我要立即指出, 麦克斯韦本人并没有明确地把这些方程写成这种形式, 后来是赫维赛德 (Oliver Heaviside, 1850 — 1925, 英国数学家和电机工程师) 和赫兹把它们写成这个形式的 (请参看洛伦兹 (Hendrik Antoon Lorentz) 在 *Enz.* 第 5 卷的第 13 篇综述, 68 页, 附注 3 和 4). 量 u, v, w 和 u_1, v_1, w_1 就分别称为电场和磁场向量的分量. 关于这些量, 我们仍然可以就它们哪一个代表电现象, 哪一个代表磁现象作一个选择; 这个选择影响到在两个方程组中 curl 的符号——其实这个符号也可以表示我们是在右手抑或左手坐标系中作研究. 这里所有的关系式如此对称, 也可以从变分原理中出现的积分表达式的对称性看出来. 这个对称性还与以下的思想有关, 即动能与位能的区别并不是那么本质的, 而宁可说是由于某些人为的规定造成的.

作了如此过于简单的报告以后, 不幸的是我必须离开这里的主题, 而就麦克斯韦的性格说几句话, 当然我不能引证很详细的证据.

麦克斯韦并不是一个很在乎逻辑上是否无可指责的人; 他的论证时常缺少那种使人不得不信的力量. 可以说, 他的高度发展了的归纳思维, 压住了他的演绎思维. 举例来说, 他在球函数理论中提出了一个定理, 即以下形式的式子

$$r^{2n+1} = \frac{\partial^n(1/r)}{\partial h_1 \cdots \partial h_n}$$

总是表示 r 为一个球函数, 然后他就不加任何说明地 —— 更谈不上给出证明了 —— 应用了其逆定理! 对于任一个球函数 r, 一定可以找到唯一一组 n 个实方向 $h_1, \cdots, h_n$, 使得此函数可以按照上式求出来, 这个定理是后来西尔维斯特证明的 (例如可见 Courant–Hilbert, *Methods of Mathematical Physics*, Vol. 1, 514 页以下)[51].

是什么使得麦克斯韦如此卓尔不群? 在于他具有极强的直观能力, 有时达到似乎是来自上天启示的程度, 而且这个直观能力又与丰富的想象力携手同行. 对于后一种品质, 可以找到大量的证据: 例如他对图解的偏好, 他对滚动曲线 (Rollkurven) 的使用, 还有对立体图形的使用, 对互易的力平面 (Kräfteplänen) 的使用等等. 在物理学中, 麦克斯韦也是从直觉直接进行创造的天才, 从长时期来看, 比威廉·汤姆孙更伟大、更有效果, 而且在非理性的洞察力上远远超过了威廉·汤姆孙.

我们现在就要结束的关于力学和数学物理的一章, 向我们表明了, 数学一直以来是如何与物理学的发展相伴的, 反过来数学又怎样从物理学的问题获得强大的动力. 我们追随着这个发展过程, 走到了现代这个时代的起始点. 下一章里我们将再回到纯粹数学, 而与第 4 章结束时的思考连接起来, 在第 4 章里, 我们还几乎没有超越过 1850 年.

[51] 此处英译本对原书对柯朗–希尔伯特的引用做了修改, 但不影响阅读. 另外此书有中译本:《数学物理方法》, 卷 I, 柯朗、希尔伯特著, 钱敏、郭敦仁译, 科学出版社, 2011. 克莱因所指的章节为本书第七章, 5.5 节. —— 校者注

第 6 章 黎曼和魏尔斯特拉斯的复变量函数的一般理论

我们现在回到纯粹数学, 并转到复变量函数的一般理论. 对于今天的数学的这个中心部分的进一步发展, 我们要归功于两位德国学者: 黎曼和魏尔斯特拉斯. 在从 1850 年到 1880 年这段时期, 可以感受到他们的主要成果.

只讲复变函数论绝不能穷尽这两位研究者的终身的业绩. 在下面各章中, 我们要反复讲到, 他们二人都在不同的其他领域里作了基本的工作. 然而, 现在就来概略地回顾一下他们截然不同的性格和一般的活动, 还是适当的.

黎曼的直觉确实是光辉耀目. 他的无所不包的天才超越了他的所有的同时代人. 不论在哪个地方, 只要他的兴趣被激发了起来, 他都会从头开始, 从不让自己被传统引入歧途, 也不受任何体系束缚.

魏尔斯特拉斯则主要是一个讲究逻辑的人. 他总是慢慢地、系统地、一步一步向前走. 只要他做什么事, 他总力求做成一个形式确定的东西.

至于他们的外在的生活轨迹, 我们应该看到: 黎曼在经过一段平静的准备以后, 就如耀眼的流星一样划过夜空, 然后就熄灭了. 他的有效的活动时间只有 15 年. 他生于 1826 年, 完成学位论文是在 1851 年, 时年仅 25 岁, 1862 年患病, 然后英年早逝于 1866 年, 仅 40 岁!

魏尔斯特拉斯的工作成果则来得很慢. 他生于 1815 年, 在 1843 年 28 岁时以关于解析阶乘函数的工作 (发表在德意志 – 克隆 (Deutsch-Crone) 的 *Gymnasialprogramm* 上) 开始数学研究, 到 1897 年, 度过了丰富的一生以后以 82 岁高龄去世.

我们要先讲黎曼, 尽管他出生较晚, 但是他的活动的高峰来得比魏尔斯特拉斯早很多. 他与我们这些哥廷根的人也要接近很多, 他的一生和他的工作都与哥廷根不可分割. 他在这里开始学习; 他在这里毕业; 他在我们这所大学开始了自己的职业生涯, 开始作为一位自费讲师 (*Privatdozent*) 从事教学, 直到患病为止. 黎曼是老哥廷根学派的高峰, 这是所有我们这些人的基础.

黎曼

我们先来讲一下黎曼 (Georg Friedrich Bernhard Riemann, 1826—1866) 的著作. 他的《全集》(*Werke*) 是由 H. M. 韦伯编辑的[1]. 第一版于 1876 年出版, 第二版则于 1892 年出版. 其中附有黎曼最忠实的朋友戴德金写的栩栩如生的传记[2].

还有一个重要的补充就是麦克斯·诺特和维廷格尔 (Wilhelm Wirtinger, 1865—1945, 奥地利数学家) 于 1902 年编辑的《补篇》(*Nachträge*). 其内容来自黎曼讲座的一些听课笔记, 据信是黎曼曾经讲授过, 并且在他身后若干年新发现的材料, 由此我们可以对黎曼深刻的洞察力有一个进一步的认识[3]. 这里我们又一次看到科学的发展如何依赖于一些偶然事件. 如果黎曼的听众对黎曼的思路早有较深的理解, 或者哪怕是黎曼的讲稿早些问世, 数学的发展会多么不同! 又有多少珍贵的材料在误解和忽视下遗失![4]

除此以外, 还有 3 卷讲义, 可惜都是由他人编辑的. 它们是:

1. 《物理学中的偏微分方程》(*Partielle Differentialgleichungen der Physik*) (由 Hattendorf 编辑, 1869);

2. 《引力, 电, 磁》(*Schwere, Elektrizität, Magnetismus*) (由 Hattendorf 编辑, 1875);

3. 《椭圆函数》(*Elliptische Funktionen*) (由 Stahl 编辑, 1899).

偏微分方程一书后来由 H. M. 韦伯重写. 然而, 著名的 "韦伯–黎曼" 其实与真正的黎曼几乎无相似之处[5], 所以, 要想知道黎曼的立场, 最好把它完全丢在一旁.

黎曼于 1826 年 9 月 17 日生于汉诺威的布雷塞伦茨 (Breselenz). 和阿贝尔一样,

---

[1] 参与编辑的还有戴德金. ——中译本注

[2] 还有谢林 (Ernst Christian Julius Schering, 1833—1897, 德国数学家) 在 *Gött. Nachr.* 1867 上写的纪念文章. 此文可见于谢林的《全集》第 2 卷, 其中还有另一些关于黎曼一生的评论.

[3] 除有《补篇》以外, 还有黎曼的《手稿》(*Nachlass*) 也逐渐问世. 一个比较新的版本是由印度数学家 R. Narasimhan 在这些版本的基础上所编的 "*Riemann Gesammelte mathematische Werke, wissenschaftlicher Nachlass und Nachträge*", 由 Springer Verlag 于 1990 年出版, 其中包含了正文中说的那些数学家的工作. 此外, 网上可以找到不少黎曼的著作原文, 大概正文中说到的都在内了. 其中特别有《论作为几何基础的假设》这篇名著的 W. K. Clifford 的发表在 "*Nature*" 上的英译本. ——中译本注

[4] 请参看麦克斯·诺特 (M. Nöther) 在 *Gött. Nachr.* 1909 上关于新发现的报告.

[5] 此书全名是《数学物理中的偏微分方程, 依照黎曼的讲义》(H. Weber und B. Riemann, *Die partiellen Differential-gleichungen der mathematischen Physik, nach Riemann's Vorlesungen*), 共 2 卷, 由 Braunschweig 的 Vieweg 于 1910 年出版. 其实书名就已经明确说明是 H. M. 韦伯写的书, 只不过是 "依照黎曼" 而已. ——中译本注

他是一个乡村牧师的儿子. 他的命运在许多方面都像阿贝尔, 虽然他的成长比阿贝尔要慢得多. 黎曼身体孱弱, 得了痨病 (即结核病), 而最终因此英年早逝. 今天我们这些后人像仰望圣人一样仰望他, 然而那时这位年轻的讲师常因为自己羞怯甚至是笨拙的举止遭到同事们的嘲笑. 他经常会情绪低沉, 这也加剧了他抑郁症的发作. 然而, 在黎曼身上找不到如艾森斯坦那样的精神错乱的真正痕迹. 黎曼是在学生时代在柏林认识艾森斯坦的, 而后者最终患上了受害妄想症和夸大狂. 黎曼与周围的世界完全隔绝, 过着一种无比丰富的内心生活. 我们在黎曼身上发现一个典型的亲切的天才. 从外表看, 他是平静的, 而且有点古怪; 但从内心看, 则是充满了活力和力量.

此外, 黎曼的兴趣比阿贝尔要广泛得多, 后者只对所谓纯粹数学很热情. 黎曼的兴趣包括了数学物理, 而且说真的, 包括了对于自然现象的整个的哲学解释, 同时还有心理学的影响. 请比较黎曼自己的话 (见《全集》, 507 页[6]):

"现在主要占据了我的精力的工作是

1. 用一种迄今成功地用于代数函数、指数或圆函数、椭圆函数以及阿贝尔函数的方法, 把虚数引入其他超越函数的理论. 我在学位论文中已经提供了最必要的一般的预备性工作 (见这篇论文的第 20 节).

2. 与此相关, 还有求积偏微分方程的新方法, 我已把它应用于好几个物理问题.

3. 我的主要工作涉及已知的自然界的规律 —— 它们是用其他的基本概念来表述的 —— 的新概念, 由此我可以用热、光、电、磁的相互作用的实验数据来研究它们的联系. 我被引导到这一点, 主要是通过研究牛顿、欧拉的著作还有赫尔巴特的著作 —— 不过是从另一个侧面来研究的 —— 关于赫尔巴特, 我几乎完全同意他在毕业和就职演说 (1802 年 10 月 22 日和 23 日) 中提出的结果, 但是对于他后来的思辨, 我在一个本质之点上与他分道扬镳, 这样就在自然哲学以及在心理学与自然哲学的关联上与他有了区别."

我要特别提请注意的是, 黎曼在第 3 段开始处说的是 "我的主要工作". 所以, 黎曼对于他的哲学思辨的自我评价, 引人注目地高于他对自己在复变量函数 $f(x+iy)$ 方面工作的评价, 而后者对于我们已经是经典的工作了.

黎曼的一生从外在方面来看并没有什么大的波澜起伏. 1840 年到 1842 年, 他进了汉诺威的 *Lyceum* (一个 *Gymnasium*); 从 1842 年到 1846 年则在吕讷堡的 *Johanneum* (也是一个 *Gymnasium*) 读书. 在那里, 他还只有 19 岁半就开始攻读数学的经典著作, 特别是欧拉和勒让德的著作. 1846 年的复活节学期, 他进了哥廷根, 先是攻读神学, 很快就彻底转向数学. 他听过施特恩 (Moritz Abraham Stern, 1807—1894, 德国数学家)

[6] 这里的页码都是第 2 版的页码.

许多课, 后来施特恩告诉我: "那时, 黎曼已经像金丝雀一样歌唱了." 非常神奇, 对于我们简直是一个谜的是, 黎曼与高斯在科学思想上是如此接近. 他不可能听过时已年过 70 的高斯的许多课, 再说高斯也很少讲课. 而且一个年轻而羞怯的学生也不可能与高斯有什么社交关系. 高斯很不愿意教课, 对于他的绝大多数学生, 他毫无兴趣, 在其他方面也很难接近. 然而, 我们都说黎曼是高斯的学生; 说真的, 是他唯一的真正的学生, 唯一能够深入高斯的思想的学生, 这一点, 从他的《手稿》中粗略可见. 黎曼与高斯一样, 一方面总在寻求函数 $f(x + iy)$ 与共形映射的关系, 另一方面又寻求它与方程 $\Delta u = 0$ 的联系, 进而又与物理学的许多领域有了联系. 可以认为黎曼在超几何级数方面的工作, 是他们二人确实心有灵犀的第一个证据, 他在其中使用了许多高斯未曾发表的思想, 这件事是无法直接从文献中得到证明的.[7]

到黎曼即将结束在哥廷根的停留时, 他正忙于有关几何学的事情. 那时, 即 1847 年, 利斯廷 (Johann Benedict Listing, 1808 — 1882, 德国数学家, 高斯的学生, 他首先使用拓扑学一词) 在 *Göttinger Studien* 上发表了 "关于拓扑学的初步研究" (*Vorstudien zur Topologie*) 一文, 这里有第一批得到证明的命题, 引导到一门新的几何学科——拓扑学的建立. 这门新学科当时称为位相分析 (*Analysis Situs*) ——黎曼也是这样称呼的——而对于高斯手稿的研究表明, 高斯也为此花了大量精力. 那时施特恩正在讲其他的东西, 高斯则在讲最小二乘方法, 而年轻的黎曼则用了很集中的精力来研究这些几何问题. 我们只能这样来解释这个情况: 当时的哥廷根的气氛正是充满了对这些几何问题的兴趣, 这对才华横溢而又非常敏锐的黎曼自然有不可抗拒的吸引力. 一个人的精神环境是多么重要, 比之事实和具体的知识, 它对一个人的影响要大得多!

1847 年的复活节学期, 黎曼来到柏林, 在那里停留了两年 (直到 1849 年). 他在那里听了雅可比的力学课, 并且从雅可比那里得到一个建议——很可能也只是间接得到的——从研究椭圆函数转向研究 "阿贝尔函数"——其实阿贝尔并不知道这个词. 说真的, 阿贝尔函数的研究, 当时已经成了一个热门话题. 1846 年雅可比的一个学生罗森爱因 (Johann Georg Rosenhain, 1816 — 1887, 德国数学家) 因对 $p = 2$ 的超椭圆积分的工作而得到巴黎科学院的大奖, 但是这项工作直到 1851 年才在 *Savants étrangers* 上发表. 1847 年, 格佩尔 (Adolph Göpel, 1812—1847, 德国数学家, 也与雅可比有密切关系) 关于同一问题的重要论文发表在 *Crelle* 杂志的第 35 卷上. 1849 年魏尔斯特拉斯在布劳恩斯贝格 (Braunsberg) 的 *Gymnasialprogramm* 上宣布了超椭圆积分的一般反

---

[7]黎曼传记的作者 Detlef Laugwitz 对克莱因在这章里的多处文字持批判态度. 黎曼尽管是不世出的天才, 但他的思想并不是凭空出现的, 并不能简单归因于天才间的心有灵犀或是大学特有的精神氛围——他必然会从前辈们 (比如高斯和狄利克雷) 和同时代的人 (比如艾森斯坦、普伊瑟等人) 那里汲取营养. 克莱因本人可以接触到哥廷根图书馆的所有资料——包括黎曼的手稿和书信, 其中就有黎曼寄给高斯的信件, 但克莱因并没有彻底地调查这些资料. 关于 Laugwitz 的批判, 建议读者阅读 Laugwitz, Detlef. *Bernhard Riemann 1826 — 1866: Turning points in the conception of mathematics*, Springer, 2008, 特别是 2.5 节. ——校者注

演的结果, 发展了第一类和第二类积分周期的双线性关系. 在这里, 我们又看到, 前进的基础已经为黎曼铺设好了, 这方面的兴趣已经在黎曼身上孕育了, 由此, 在多年后 (1857 年), 出现了他的最为光辉的关于阿贝尔函数理论的工作.

黎曼也去听了狄利克雷的课. 雅可比已经给了他研究题材方面的主要刺激, 但是黎曼并没有采用雅可比的方法. 在他看来雅可比过于注重算法. 另一方面, 由于他和狄利克雷有类似的思维模式, 黎曼更感到与狄利克雷强烈地心心相印, 而不可分离. 狄利克雷喜欢在直觉的深处自己把事情搞清楚, 同时也给出基本问题的尖锐的、符合逻辑的分析, 但尽可能地避免冗长的计算. 他的这种态度更合黎曼的口味, 所以黎曼也就采用了他的方法. 黎曼和艾森斯坦 (1823 年出生) 恰好在同一个学期同在柏林, 艾森斯坦那时正在开始自己的研究生涯, 而黎曼也和他谈起把复变量引入函数论的问题. 但是这两个人很难谈得拢 —— 艾森斯坦是另一种类型的很有才能的人, 可以说是一个 "公式人", 他总是从计算开始, 从中找到自己知识的根源, 而不能掌握黎曼关于复变量的一般思想, 而按戴德金的说法, 黎曼在 1847 年秋就已经有了这些思想, 当时黎曼还只有 21 岁.

1849 年的复活节学期, 22 岁半的黎曼回到了哥廷根. 那时 W. E. 韦伯 (高斯的合作者) 也才被召回哥廷根. 黎曼把 W. E. 韦伯当作他的保护人和父辈般的朋友. W. E. 韦伯也看到了黎曼的天才, 于是把这个羞怯的学生拉到自己身边. 1850 年黎曼成了才成立的数学–物理学讨论班的一员, 而且很快就得到了 *Senior* 的位置, 有了这个头衔, 黎曼就被 W. E. 韦伯任命为物理习题课的助手. 这样我们看到黎曼和 W. E. 韦伯的关系越来越亲密. 但这不仅是外在的关系, W. E. 韦伯唤醒了黎曼对于将自然规律作数学处理的兴趣, 而且黎曼还深受 W. E. 韦伯提出的问题的影响. 不幸的是, 黎曼对于自然哲学的思考我们只能得其片段 (见《全集》305 页以下[8]). 然而即使这些零星的文件, 也告诉我们, 年轻的黎曼的工作有多大的独立性: 他脱离了 W. E. 韦伯的思路, 建造起自己的世界.

黎曼以为空间是充满了连续的物质 (黎曼的用语是 "*Stoff*") 的, 这种物质能够传递引力、光和电的作用. 他从一开始就有过程在时间中延伸的思想. 可以在高斯给 W. E. 韦伯的私信里找到高斯关于这个主题的评论 —— 但是高斯请求 W. E. 韦伯切勿告知他人. 现在我又要问, 黎曼是从哪里得到这个思想的? 这正是前面说到过的: 一般气氛对于敏锐的思想的那种神秘的影响, 既不能否定, 又无法清楚地掌握. 黎曼部分地走在麦克斯韦的前面. 例如在上一章结尾处我们讲到麦卡拉的光学的变分问题 (见《全集》538 页 d 项). 黎曼不太可能知道麦卡拉的工作.

黎曼是这样来看待引力 (*Schwerewirkung*) 的: 他认为是一种充满空间的连续的物质, 具有速度势 V, 它流入质点就产生了引力, 而且变成 "精神–物质" (*Geistesmasse*) —— 这是一个非常特别的概念.

---

[8] 此处应该是 509 页以下. —— 日译本注

　　黎曼想把引力与光联系起来, 这一点可以从他的《全集》538 页 c 项看到. 我不清楚这个概念是怎样产生的, 也不知道怎样把它与今天的最前沿的理论联系起来.

　　最后, 到 1851 年底——当时黎曼 25 岁——黎曼的学位论文出来了: "单复变量的函数的一般理论基础" (*Grundlagen für eine allgemeine Theorie der Funktionen einer veränderlichen komplexen Grösse*) (见《全集》3 页以下). 我们在下面还要详细地去讲它, 但我现在要指出一件事——说来也怪——它当时并未引起注意.

　　等了几乎 3 年, 到 1854 年夏, 黎曼才就职, 但是是以两项无比光辉的成就就职的, 这就是他的就职论文: "论函数之以三角级数表示的可能性" (*Über die Darstellbarkeit einer Funktion durch eine trigonometrische Reihe*) (见《全集》227 页以下), 以及就职演说: "论作为几何基础的假设" (*Über die Hypothesen, welche der Geometrie zu Grunde liegen*) (见《全集》272 页以下). 这两篇文章都到 1868 年黎曼去世以后, 才由戴德金发表在 *Abhandlungen der Königl. Gesellschaft der Wissenschaften*, Göttingen, Bd. 13 上; 后来则一字不改地收入《全集》.

　　看到这位年轻的 *Dozent* 要与多么大的困难斗争, 能使他满意的成功又是多么稀少, 真令人黯然神伤. 1854 年 10 月, 他写信高兴地告诉他的父亲, 他现在的学生组成一个大班——一共 8 个学生! 到了 11 月, 他又报告说他现在开始与学生有了接触, 而他的窘境有了缓解. 他第一次讲课是讲偏微分方程, 这是紧紧地以狄利克雷为基础的, 这样, 他总算开了一门正规的课程.

　　1855 年高斯去世, 由狄利克雷继任其教职, 而黎曼在柏林就已经认识他了. 黎曼, 肯定是在狄利克雷的支持下, 才敢从自己的研究领域中选取教课的主题. 1855/56 学年冬季学期和 1856 年夏季学期, 他讲单复变量函数, 特别是椭圆函数和阿贝尔函数. 他的课程有 3 位听众: 戴德金, 谢林和皮叶克尼斯 (Carl Anton Bjerknes, 1825 — 1903, 挪威数学家, 在哥廷根深受狄利克雷影响, 研究流体力学、电动力学等数学物理问题).[9] 在 1856/57 学年冬季学期, 黎曼仍然教同一门课, 但是重点在超几何级数和相关的超越函数.

　　黎曼的伟大著作, 就是发表在 *Crelle* 杂志, Bd. 54, 1857 上的 "阿贝尔函数理论" (*Theorie der Abelschen Funktionen*), 以及发表在 *Gött. Abh.*, Bd. 7, 1857 上的 "对于可以表示为高斯级数 $F(\alpha, \beta, \gamma; x)$ 的函数理论的贡献" (*Beiträge zur Theorie der durch die Gauss'sche Reihe $F(\alpha, \beta, \gamma; x)$ darstellbaren Funktionen*), 就是来自这些课程的讲义的. 它们所起的作用犹如一项上天的启示, 获得了同事们的不加保留的羡慕.

　　以后几个学期, 黎曼部分地重复了这些课程. 但是他对这些主题的进一步的发展, 因为黎曼不想发表, 所以只以别人的笔记这种有缺陷的形式为世人所知 (请与麦克斯·

---

[9] 他的儿子 Vilhelm Frimann Koren Bjerknes 也是数学家, 从事流体力学的数学理论研究, 终于成了气象学家, 现代天气预报的前驱人物. ——中译本注

诺特和维廷格尔为《全集》所编的《补篇》(*Nachträge*)[10] 比较). 我们以后还会回到这个问题上来.

1857 年秋, 黎曼成了哥廷根的额外教授, 当时黎曼 31 岁, 这可能仍是由于狄利克雷的推荐, 因为狄利克雷一直是支持黎曼的. 1859 年狄利克雷去世后, 黎曼得到了空缺的正教授职位.

1857 年到 1862 年是黎曼的创造性的高峰, 这一点只要看一看他的《全集》的目录就可以明白. 1859 年他的著名论文 "论小于一给定数的素数的个数" (*Über die Anzahl der Primzahlen unter einen gegebenen Grösse*) 问世, 这是直到现今的许多工作的基础. 此文于 1859 年 11 月发表在《柏林科学院月刊》(*Monatsberichten der Berliner Akademie*) 上, 而黎曼在 1859 年就被提名为柏林科学院的通讯院士. 这篇论文的基础是所谓的 ζ-函数. 黎曼对于它的零点提出了一些很明确的猜想, 这些猜想虽然经过了最为热心的努力, 迄今仍未完全解决.

狄利克雷去世以后, 黎曼再次受到 W. E. 韦伯的强烈影响. 黎曼在他的讲课和研究中重又回到数学物理, 原因可能就在这里, 还有他对于自己的正教授的责任的观念. 这一点可以从 Hattendorf 所编的书看出来. 这些书有很大的缺陷, 因为 Hattendorf 未能全面地理解黎曼的天才. 黎曼的内在发展则可以从他 1860 年发表的论文 "论有限振幅的平面空气波的传播" (*Über die Fortpflanzung ebener Luftwellen von endlicher Schwingungsweite*) (见《全集》157 页), 以及他 1861 年送交巴黎科学院的论文 "论热传导的一个问题" (*Über eine Frage der Wärmeleitung*, 见《全集》391 页) 中看到. 黎曼在后文中发展了现在用于相对论的全套二次微分形式的工具.

黎曼能够享受自己的力量和伟大, 时间仅仅 3 年. 1862 年婚后不久, 他就因严重受寒而病倒. 由于 W. E. 韦伯的出面, 他 3 次得到政府的津贴去意大利疗养. 可是, 疾病并未离身. 他已经开始了许多科学工作, 但是再也不能去完成了.

1866 年 7 月 20 日, 黎曼在马乔雷湖 (Lago Maggiore) 边的塞拉斯卡 (Selasca, 属于意大利, 在瑞士与意大利边界上) 离开人世, 葬于附近的小村庄比干佐拉 (Biganzola).

在对黎曼的外在的生活轨迹作了回顾以后, 我要按照黎曼在他的学位论文中提出, 又在其后的工作中进一步展开的方式, 比较深入地介绍他关于复变量函数 $f(x+iy)$ 的一般理论. 不幸的是, 这里——和在本书其他地方一样——我只能给出一些例子, 限于提出黎曼的一些最本质的和他特有的成就, 而不能进入细节.

但在刻画黎曼特有的函数理论之前, 我要预先作一个可能使人吃惊的说明: 黎曼在函数论中还做出很多并不符合他的典型的理论框架的重要成就. 我要引述的是:

1. 他的上面提到的 1859 年关于小于一个给定数的素数个数的论文. 所谓黎曼

---

[10] 脚注 [2] 中提到的 R. Narasimhan 所编的《黎曼全集》里面已经收入了这些材料. ——中译本注

ζ-函数 $\zeta(\sigma + it)$ 是用一个解析表达式表出的, 具体说来, 是用一个无穷乘积来表示的. 这个乘积又被化成一个定积分, 而后者又可以通过改变积分路径来估值. 整个程序其实是柯西式样的函数论.

作过这个草率的说明以后, 我就要把 ζ-函数理论放在一边了, 不论这个主题多么有趣、多么重要. 我这样做, 是因为这个工作, 说实话, 并没有展示黎曼的个性, 而我们就是想把这个个性揭示出来, 再说, 我无论如何也不可能把这个讲义编得很完备.

2. 黎曼在 1857 年关于阿贝尔函数的论文的第二部分开头, 突然提出了具有 p 个变元的 ϑ-函数, 而且后来还作了许多计算. 黎曼是从雅可比那里继承了这些问题的, 但是自然也是独立地加以处理的. 一般说来, 僵化的片面性与黎曼是完全格格不入的; 他是只要手边有什么方法, 就统统拿来为自己所用, 他把最多样的方法都用于推进和澄清自己的问题.

3. 黎曼在他的函数论里也使用幂级数 $\mathfrak{P}(z - a)$, 所以也可以说, 是在走魏尔斯特拉斯的路子. 函数和幂级数的联系很早就被认识到了, 而这些事情的理论也可以追溯得很远. 我想简短地说一下, 黎曼手边究竟有些什么方法可用. 拉格朗日在他 1797 年的《解析函数论》(*Théorie des fonctions analytiques*) 一书里, 就是以幂级数为出发点的. 如果一个函数可以展开为幂级数, 拉格朗日就称之为解析函数; 但他只是形式地运用幂级数, 而不为收敛性问题操心. 对于他, 一个级数只不过是无穷多个系数的一种格式; 这样, 他对导数的定义也纯粹是形式的. 拉格朗日的这些发展直到今天还有影响. "解析函数" 一词也是拉格朗日造的—— 我想, 在他的心目中, 解析函数无非就是 "在分析 (即解析) 中有用的函数"—— 这个名词直到今天还在用, 但是这个概念现今的内容已经与当时很不相同了.

1812 年高斯就超几何级数这个例子处理过收敛性问题.

柯西在 1821 年的《分析教程》(*Cours d'Analyse*) 中处理了可展开性的一般问题, 而且发现了凡幂级数在复域中都有收敛圆. 在这本讲义的第一部分里, 我详细地讲过这些事[11].

我先提前讲几句, 魏尔斯特拉斯的伟大成就正在于拿起了拉格朗日已经固化为公式的思想, 使之完善, 并且注入了精神. 我马上就要仔细讲, 魏尔斯特拉斯把在一个有限区域里收敛的级数 $\mathfrak{P}(z - a)$ 作为思考的起点, 并称之为一个 "函数元素". 如果几个 "函数元素" 的收敛圆有相重部分, 而在这个相重部分里它们又相等, 魏尔斯特拉斯则按照他的 "解析拓展原理" 把这些 "函数元素" 依序排列. 于是, [解析] 函数就以某一个 "函数元素" 的一切解析拓展的集合而出现了. 这里, 我们可以容易地掌握黎曼和魏尔斯特拉斯在思维模式上的区别. 对于黎曼只是辅助手段, 对于魏尔斯特拉斯却是基本原理, 并

---

[11] 本书原是克莱因的若干次讲稿, 经他人编辑而成. 因此, 哪是它的第一部分已难以分辨. 从内容上看, 第 2 章关于柯西的一节 (66–68 页) 正是讲的这些事情. —— 中译本注

通过计算的方法来推动思想的发展.

讲过了这些插话以后, 我要回到黎曼, 并且尽可能简短地刻画他的典型的思路, 看一看他的思想是如何通过 1851 年的学位论文和 1857 年的两篇伟大著作 (阿贝尔函数和超几何级数理论) 而胜利形成.

首先是单复变量的 [解析] 函数 $f(z)$ 的定义: $w = u + iv$ 称为复变量 $x + iy$ 的解析函数, 如果在最简单的连续性和可微性的假设下, 有

$$\frac{\partial u}{\partial x} = \frac{\partial v}{\partial y}, \qquad \frac{\partial u}{\partial y} = -\frac{\partial v}{\partial x}$$

成立. 这时一定有 $\Delta u = 0$, $\Delta v = 0$.

今天, 人们以少有的谨慎心理, 把这个方程组称为柯西 – 黎曼微分方程, 因为人们在柯西的工作里也找到了它. 但是它本身要古老得多, 例如在 18 世纪中叶, 在达朗贝尔的工作中它就已经现身, 而实际上可能出现得更早[12]. 因此, 并不是黎曼发现了它们.

本质的东西在于, 黎曼把它们用作他的发展的起点, 从而把一方面是数学物理和另一方面是几何, 连接了起来. 我们要比较确切地解释这一点.

按亥姆霍兹的说法, 我们称 u 为 xy 平面上的流体 (不可压缩流体) 的速度势 (而 $\partial u/\partial x, \partial u/\partial y$ 就是速度分量), 而称 v 为相应的流函数 (*Strömungsfunktion*).

但是在数学物理很不相同的领域中, 都会出现这样的 u, v, 而其含义很不相同. 如果想的是稳恒电流, u 就称为静电势 (这是基尔霍夫以后的叫法, 在这以前, 欧姆则把它叫做张力 (Spannung)); 如果想的是稳恒热流, 则 u 就是温度 (这在傅里叶的工作中就可以找到).

另一方面则还有几何解释. 由柯西 – 黎曼微分方程可以推导出 $d(u + iv)/d(x + iy)$ 仅依赖于点 $x + iy$, 而不依赖于 $dx + idy$ 的方向; 即是说, 若把这个函数看成由 xy 平面到 uv 平面的映射, 则它是 "共形的" (conformal). 黎曼应用了所有这一切, 正如高斯在他以前做过的那样. 但是黎曼同时还把它作为自己思想进一步发展的源泉, 并且力求在这里往深处探索, 看这个或那个观点能表明什么.

我愿从更一般的视野来看待这件事. 时常有这样的事情, 即应用对于理论是富有成果的. 微分学的兴起是一个光辉的例子. 一个点的运动及其速度本来就是先验地存在着的; 牛顿从中引出了 "流数" 的概念. 与此相似, 曲线以及它在一点处的切线的存在, 马上就可以看到是显然的. 问题在于找到计算的方法. 莱布尼茨的 dx, dy 就是从这里出来的. 我们在这里看见了, 无穷小计算生长出来的原来的起点在于直觉.

所以, 基于直觉和实验, 对于黎曼很清楚的是, 在曲面上, 简单的流 (Strömungen)

---

[12] 1752 年达朗贝尔在一篇关于流体中的阻力问题中提出了它. 但是欧拉在 1777 年就已经把它与函数的解析性联系了起来. 柯西在 1814 年利用它来构成他的复变函数理论, 黎曼是在 1851 年的学位论文里提到它的. 因此有些文献里把它称为达朗贝尔 – 欧拉方程组. —— 中译本注

是一定存在的, 在两个曲面之间, 共形映射也是一定存在的. 这就加速了黎曼的创造. 后来出现的一些疑虑, 例如这个程序是否合乎逻辑地令人满意, 以及它为什么令人不满意, 不在这里讨论. 黎曼本人确实考虑过这些疑虑 —— 但那是后来的事. 现在我只概述一下黎曼的一般的函数论思想的进化, 而我自己正是历史地来构思这个进化的.

对于黎曼, 所谓解析函数, 就是从一个起始的区域, 按照柯西 – 黎曼 微分方程来拓展其解所得出的东西.

从原则上说, 这和魏尔斯特拉斯的做法是一回事, 只不过, 就解析的资源而言, 黎曼比较魏尔斯特拉斯有更大的自由空间. 在他的学位论文中, 黎曼对于他的起点的确切范围是多么大, 可能还不完全清楚. 他说 (见学位论文第 20 节, 即《全集》39 页): "为此需要证明, 在这里, 作为复变量函数的基础的概念, 恰好就是一般的依赖关系这一概念, 而这些依赖关系可以通过对量进行运算来表示"[13]. 但是我们知道, 黎曼的定义所涵盖的, 恰好就是用幂级数所定义的东西, 而所有用其他计算程序给出的表达式则有很不相同的性质. 一般说来, 绝不要这样对待黎曼的著作, 如同对于魏尔斯特拉斯的著作那样, 要求它们服从普通的逻辑严格性的标准. 宁可说, 黎曼是通过思想的丰富与观点的充实来工作的, 这样做, 黎曼总是击中要害的.

黎曼从他的解析函数的定义, 以及他对先验存在的空间的概念出发, 发展了多么重要的几何工具, 现在我可以作一个描绘了.

因为一个函数沿着不同的路径拓展到同一个 $x + iy$ 点后, 可以给出不同的 $u + iv$ 之值, 又因为在黎曼的脑海里总有一个共形映射的形象, 这样他就得出了可以多次覆盖一个平面或其一部分的 "黎曼曲面" 这样一个想法.

利用这个想法, 黎曼就克服了其他研究者在多值函数上遇到的困难. 因为, 以黎曼曲面为基底, 可以如同在普通的平面上一样进行操作, 例如移动积分路径等等. 现以第一类椭圆积分

$$u = \int \frac{dz}{\sqrt{(z - \alpha)(z - \beta)(z - \gamma)(z - \delta)}}$$

的周期问题为例. 为了直接地理解它, 以往的数学家遇到了那么多的困难, 甚至高斯也没有成功. 黎曼以他的新途径为基础, 却得出了简单得令人惊奇的、极有说服力的结果: "u 平面上的周期平行四边形就是

$$\sqrt{(z - \alpha)(z - \beta)(z - \gamma)(z - \delta)}$$

的具有适当切口的黎曼曲面的共形映射像".

---

[13] 黎曼在他的学位论文中已经说明, 此处的依赖关系, 是指可以用有限次或无限次四则运算所表达的关系. —— 校者注

甚至在今天, 初学黎曼曲面的学生也面临着巨大的困难: 黎曼曲面的本质在于: 各 "叶" (Blatt) 绕着 "环绕点" (Windungspunkt) 互相连接, 至于说黎曼曲面沿着从这些点出发的曲线相交, 则不是本质所在——因为这些曲线可以任意地移动, 只要其端点不动就行, 再说, 这些曲线之所以出现, 是由于我们不由自主地想在三维空间里设想这种图形. 此外, 黎曼在关于阿贝尔函数的工作里又把名词改了: "叶" 改称为 "支" (Zweig), "环绕点" 改称为 "分支点" (Verzweigungspunkt), "互相穿透的曲线" (Durchsetzungskurve) 改称为 "分支曲线" (Verzweigungsschnitt).

一般说来, 不仅 $\zeta = f(z)$ 是 z 的多值函数, 而且 z 也是 ζ 的多值函数. 覆盖在 z 平面上的曲面的一部分, 不论其边界如何, 总是双方单值地, 而且一般是双方共形地, 对应着覆盖在 ζ 平面上的曲面的一部分. 正是在这里, 位相分析 (即拓扑学) 这个新几何学科插进来了. 双方单值的共形映射, 是双方单值而且连续的映射的特例. 于是出现了一个问题: 何时两个曲面才能双方单值而且双方连续地互相映射? 我只能按照历史来报告: 曲面有两个表征其特性的数. 其中一个意义如下: 在此曲面上作封闭的割口 (亦称环形割口 (Rückkehrschnitte)), 这些割口不使曲面分裂成互相分离的部分; 这些割口互相也不相交, 可以同时做出的这类割口的最大可能的个数记作 p; 另一个是 μ, 即边界曲线的个数.

我可以简单地回答上面提出的问题如下: 两个曲面可以双方单值而且双方连续地互相映射的充分必要条件是, 他们的 p 和 μ 都相同[14].

黎曼并没有明确地提出这个基本定理, 但是他一再地使用它.

现在, 特别是在假设了曲面为封闭的, 即设 $\mu = 0$ 以后, 曲面在位相分析意义下就完全由数 p 决定. 要想把具有特定的 p 的封闭曲面变成一个简单的封闭曲面, 使得再也不可能作环形割口而又不把曲面分裂, 就需要作 $2p$ 个割口 (Querschnitte).

特别是, 若 $\zeta = f(z)$ 是一个代数函数, 即若 ζ 和 z 由一个代数方程 $F\begin{pmatrix} n & m \\ \zeta & z \end{pmatrix} = 0$ (这是黎曼的记号) 相联系, 则它的黎曼曲面, 以 n 叶覆盖在整个 z 平面 (无穷远点的位置要适当选取) 的上方, 是一个封闭曲面. 如果 $F = 0$ 在 z 的有理域中是既约的, 则它只是一片; 而且这个命题之逆也是成立的. 这个结果本身就已经是一个重要的洞察. 对于这种封闭曲面, 除了 $\mu = 0$ 以外, 还可得到

$$p = \frac{w}{2} - n + 1,$$

这里 w 是环绕点的个数 (要计算重数). 数 p 后来被克莱布什称为曲面或方程 $F(\zeta, z) = 0$ 的 "亏格" (Geschlecht).

我们这就有了代数方程 $F(\zeta, z) = 0$ 的双方单值关系的一个陈述, 这是第一个重大

---

[14]这里隐含地承认了两个曲面的 "定向" 一致. ——德文版注

的结果, 特别是有了以下的理论: 方程 $F(\zeta, z) = 0$ 有互为双方单值而且双方连续的关系, 当且仅当它们有相同的亏格 p.

黎曼并不需要这个定理的证明, 因为在他看来, 直觉已经可以保证它为真.

这样, 黎曼就给出了区别代数方程的第一个特性, 借助于它, 可以把可用双方单值变换 —— 或者从公式的角度来说是用双方有理 (birational) 变换 —— 来互变的代数方程区别开来, 这样一类代数方程一定有一个数值的不变量, 它就是 p. 具有同样的 p 的代数簇还可以用其他反映其本质的常数来区分, 这就是 "模" (moduli). 黎曼发现, 当 $p = 0$ 时模为 0, 当 $p = 1$ 时模为 1, 而对 $p > 1$ 则模为 $3p - 3$. 我们不可能进一步深入这些重要问题, 但在第 7 章中, 还要回到这些问题上来.

我们现在要讨论数学物理对于黎曼的理论, 特别是对于代数函数及其积分理论的影响.

作为引子, 我从经典的传统问题中选一个例子, 即从傅里叶的热传导理论中选一个例子.

令一个已给的连续函数 $u = u(s)$ 表示一个简单区域边界上的温度. 随着时间的进程, 在区域内部的温度 $u(x, y)$ 会发展成为一个稳恒态, 这个态可以用方程

$$\Delta u = 0$$

来刻画. 这里不排除在区域内部存在源和汇的情况, 只要其总强度 (Gesamtergiebigkeit) 为零即可. 物理的经验就是这样教导我们的. 这就是法国人称之为 "狄利克雷问题" 的第一边值问题, 尽管这个称呼不太符合历史: 就是当给定边值以及在物理上确定的间断性以后, 去确定这个 u 的问题 —— 它有且只有一个解.

黎曼在他的函数理论中采用的是如下的思想方法: 取 u 为一个 [解析] 函数 $f(x + iy) = f(z) = u + iv$ 的实部, 这里 v 是由以下方程组确定的:

$$\frac{\partial u}{\partial x} = \frac{\partial v}{\partial y}, \quad \frac{\partial u}{\partial y} = -\frac{\partial v}{\partial x}.$$

于是

$$v = \int \left(-\frac{\partial u}{\partial y} dx + \frac{\partial u}{\partial x} dy \right).$$

然后黎曼就给出了第一个存在定理: 若 u 的边值是给定的连续函数, 则存在一个 [解析] 函数 $f = u + iv$, 使其实部趋向所给的边值.

然后, 黎曼显著地推广了这个原理: 他不只是考虑平面的有界部分, 而是取黎曼曲面的有界部分, 甚至是整个的封闭黎曼曲面, 而且不仅考虑 u 的边值, 他还隐式地考虑了 u 和 v 的边值间可能存在的任意关系式.

在这里不可能追求这个原理最为一般的说法. 我宁可只引述由这个原理首先给出的关于代数函数及其积分的结果. 按照黎曼本人所说, 他正是在 1851/52 学年的冬季学期, 从这一点开始的, 而且与他的学位论文有联系. 这和我在 1881/82 学年的那本小书《关于黎曼的代数函数及其积分的理论》(*Ueber Riemann's Theorie der algebraischen Funktionen und ihrer Integrale*)[15] 中所展开的一样 (见《克莱因全集》, Bd. 3, 499 页以下), 而在我关于黎曼曲面的书稿 (共 2 册, 1891/92) 中则讲得更详细, 在这些书里面, 我总是回到归纳物理的思想, 我认为这是黎曼的发展的真正源泉. 我宁可引用我的这些讲义, 而这肯定多少有些偏离黎曼的讲法. 我希望从我的讲解中能够看到黎曼是怎样用物理的概念来确定在任意多叶的黎曼曲面上函数的存在性.

首先, 设给定了一个覆盖在 z 平面上的 n 叶封闭黎曼曲面.

我们的基本的理想实验是: 把黎曼曲面想成均匀导电的. 要实现这一点其实很简单: 用锡箔把这个曲面覆盖起来就行了. 对于分离的、但互相穿透的各叶, 设想在每一叶上都安装一条形状像拉链那样的 "梳齿" 以便穿过这两叶的交线 (即分支割口) 到另一页. 这些梳齿侧面是绝缘的, 但是其顶端导电, 而且电阻 (Leitungswiderstand) 与锡箔的电阻相同. 把两点 A_1, A_2 与一个稳恒电流源的两极相连. 这就会在此曲面上产生一个电流, 其位势 u 在这个曲面上是单值连续的, 而且除在 A_1, A_2 两点以外处处满足方程 $\Delta u = 0$, 在这两点则分别有 $\log r_1$, $-\log r_2$ 那样的奇性.

这样我们就会得到另一个如下的存在定理: 在任意的封闭黎曼曲面上必存在一个连续的位势函数 u, 但它在两个指定点处具有性状确定的对数奇性.

我们要从这个 u 做出一个函数 $u + iv$, 使得

$$\frac{\partial u}{\partial x} = \frac{\partial v}{\partial y}, \quad \frac{\partial u}{\partial y} = -\frac{\partial v}{\partial x}.$$

如果我们先适当地处理黎曼曲面, 这件事就会变得很简单. 处理的方法就是: 先在此曲面上作 $2p$ 个割口, 使得如果再作任意一个其他的环形割口 (即周期路径) 都会把这个曲面分裂成好几块; 然后再用一个割口把 A_1, A_2 连接起来. 在这个已经处理过的黎曼曲面上, 由下式给出的 v 将是连续而单值的:

$$v = \int_{z_0}^{z} \left(-\frac{\partial u}{\partial y} dx + \frac{\partial u}{\partial x} dy \right).$$

但是穿过每一个割口, v 的值都会经历一次跳跃, 即要增加一个常数值; 当点 z 趋向 A_1 (趋向 A_2) 时, 它的性状就很像向量 $\overrightarrow{zA_1}$ 与 x 轴的正向的交角 (向量 $\overrightarrow{zA_2}$ 与 x 轴的正向的交角的负值), 所以在割口 $\overline{A_1A_2}$ 的两侧, v 的值将经历大小为 2π 的跳跃.

---

[15] 此书有 Dover Publication 的英译本. —— 英译本注 [原书德文本由 Teubner, Leipzig, 1882 年出版. 2003 年英译本又有新版: F. Klein, *On Riemann's Theory of Algebraic Functions and their Integrals, A Supplement to the Usual Treatise*, Dover Phoenix Edition, 2003. —— 中译本补注]

现在我要综合起来提出如下定理: 如果给定一个覆盖在 z 平面上的封闭黎曼曲面, 并且在其上指定两点 A_1, A_2, 并用一条曲线把这两点连接起来; 如果再用 $2p$ 个割口将此曲面割开如上, 则在此曲面上必存在解析函数 $u + iv$ 的一个且仅存在一个具有以下性质的单值支: 除在 A_1, A_2 两点外, 它是连续的, 而在这两点处成为对数无穷大; 它的实部在此曲面连同其边界上是单值的, 而其虚部在穿过连接 A_1, A_2 两点的曲线的相应点两侧上, 都有周期模数 2π, 在穿过其他 $2p$ 个割口时, 则有周期模数 P_i, 而这些模数是需要计算才知道的.

为了与椭圆积分中所使用的名词一致, 我们称任意穿越割口而得的函数 Π_{A_1,A_2} 为 "第三类积分".

有了这第一个存在定理, 如同下棋一样, 现在我们已经搞定了胜局. 我们可以来构造所谓 "第二类积分", 即只在一个点处取到无穷, 且在此点的性状与 $1/(z - a)$ 一致; 然后还可以来构造 "第一类积分", 即处处为有限的积分. 此外, 还可以在曲面上以种种不同方式来构造 "代数函数": 例如可以把第二类积分与第一类积分组合起来, 使得所有的周期模数均为零; 还可以简单地进行微分如 $d\Pi/dz$, 还有其他方法来构造.

事实上. 可以证明, 这种在已给的 n 叶曲面上单值且只有极点的 ζ, 必定与 z 之间以一个代数方程 $F\begin{pmatrix} n & m \\ \zeta & z \end{pmatrix} = 0$ 相联系.

这样我们就看见了, 任一个 n 叶黎曼曲面, 都有代数函数作为其积分函数; 只要综合地把它们都做出来, 就会对它们的联系有一个清晰的洞察.

但是因为我们反过来已经知道, 相应于每一个代数方程 $F(\zeta, z) = 0$ 都有一个覆盖在 z 平面上的 n 叶黎曼曲面, 我们现在就有了一个处理代数函数及其积分 (即阿贝尔积分) 的新途径.

在这里, 我不太可能进一步深入下去. 我关心的只是人们能看到, 黎曼是如何通过他的独特的思想, 以一种全新的方式达到这一类函数的. 而由此就可以一瞥他在这个领域得到的、非同寻常的成功的本质的部分.

最重要之点就是, 按照黎曼的想法, 对于任一已给的黎曼曲面, 必存在一类 (且只有一类) 代数函数 (这个 "类" 称为代数函数的一个 "域"), 以及它们的积分. 对于黎曼, 所谓一 "类" 代数函数, 就是所有以下的函数 $R(\zeta, z)$ 的集合, 这些 $R(\zeta, z)$ 可以用 ζ 和 z 有理地表示. "域" 这个词, 则是戴德金后来引入的. 这是一个用别的方法得不出来的定理. 在这一点上, 黎曼的理论直到今天, 仍然超出了所有从方程 $F(\zeta, z) = 0$ 出发来进行研究的人! 我们以后还将常常回到这里.

在一定程度上对于黎曼的思想的目标作了概述以后, 我们还必须考虑其基础的巩固性. 我已经大体上描绘了黎曼的基本思想是如何从他的想象力产生的, 而这种想象力又是以他的直觉物理的思维模式为基础的. 现在我就要来讨论, 黎曼是如何回到狄利克雷, 并用一个属于变分法的原理来支持他的思考的.

狄利克雷并不是利用变分法来证明存在定理的第一人; 高斯在 1840 年, 威廉·汤姆孙 (即开尔文勋爵) 在 1847 年, 都遵循了类似的思路. 但是黎曼是从狄利克雷那里学到这个论证方法的, 所以他就将之命名为狄利克雷原理, 而没有管它的历史演化 (见第 3 章第 79 页和第 5 章 200 页).

但是黎曼并不只是接受和应用了一项已知的成果, 而是自己也添加了一些新的东西. 他的成就在于把这个原理推广到黎曼曲面 (不只是平面) 的位势上——位势带有已给的间断性, 并在割口上有已给的周期模数. 然而我们将不管所有这些推广, 为了直达事物的核心, 我们仍限于最简单的情况, 即平面圆盘的边值问题.

这样, 令边值 $U(\psi)$ 为幅角 ψ 的已知函数. 为避免过于复杂, 我们设 $U(\psi)$ 为幅角 ψ 的连续函数. 问题就在于证明以下的存在定理: 在圆盘内部存在一个 (且仅存在一个) 连续函数 u, 趋向于已给的边值且满足方程 $\Delta u = 0$.

我们可以建立一个变分法问题, 使它的求解恰好就是上面的定理. 这个变分法问题就是, 考虑圆盘上的积分

$$\iint \left\{ \left(\frac{\partial u}{\partial x}\right)^2 + \left(\frac{\partial u}{\partial y}\right)^2 \right\} dxdy,$$

其中的 u 连续收敛于已给的边值, 而且积分有意义. 因为这个积分的值总不是负的, 所以对于一切 "可能的" u, 这些积分的值必有下确界. 这个下确界也是非负的 (但要假设这个积分不会总是无穷大, 而对于很 "坏" 的边值, 是会发生这种情况的, 阿达马就曾指出过这种情况的一个例子). 于是得到结论: 这个下确界可以通过一个 "可用的" u 达到; 即存在一个连续的而且连续趋向已给边值的 u, 使得

$$\iint \left\{ \left(\frac{\partial u}{\partial x}\right)^2 + \left(\frac{\partial u}{\partial y}\right)^2 \right\} dxdy = \text{Minimum}.$$

于是就有

$$\delta \iint \left\{ \left(\frac{\partial u}{\partial x}\right)^2 + \left(\frac{\partial u}{\partial y}\right)^2 \right\} dxdy = 0.$$

这样方程

$$\Delta u = \frac{\partial^2 u}{\partial x^2} + \frac{\partial^2 u}{\partial y^2} = 0$$

应该作为一阶变分为零这个必要条件而得到满足.

这个论证模式, 对于老一代数学家是有说服力的, 黎曼也就不容分说地在狄利克雷原理这个名号下接受了它, 甚至加以推广.

但是现在出来了魏尔斯特拉斯, 以及他对于狄利克雷原理的批评 (这个批评首先是

在 1869 年[16] 在 *Berliner Monatsberichten* 上发表的; 即《魏尔斯特拉斯全集》(*Werke*, Bd. 2, 49 页), 亦见 *Enz.* Bd. II, A7b, Anm. 157, 494 页). 魏尔斯特拉斯指出, 这个论证是错误的, 至少是不完全的. 确实, 对于所有连续可微而且连续趋向已给的边值的函数 u, 这些积分值有一个下确界; 但是这个下确界是否正好落在连续可微函数的范围内, 还是一个不能忽略的问题.

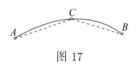

图 17

为了弄清这个反对意见的理由, 我们举一个现在的初等变分法中总在引用的最简单的例子. 在所有连接 A, B 两点, 并且通过 C 点的连续弯曲[17]的曲线中 (图 17) 找出其中长度最短的一条.

对于这里想要加以比较的 "可能的" 曲线, 正是图上的, 由两段直线 AC, CB 组成的折线, 给出了 "下确界", 但这条折线在 C 点处并不是连续弯曲的. 所以这里的下确界并不落在可用的曲线之中; 而一个合理的变分问题是否有适当的解, 并不如过去设想的那样, 并不完全清楚.

在魏尔斯特拉斯对狄利克雷原理的质疑下, 狄利克雷以及之后的黎曼所依托的原理, 就变得不再牢靠了: 黎曼的存在定理现在悬在半空中了.

看一看数学家们对于黎曼的存在定理和魏尔斯特拉斯的批评取何立场, 是很有意思的.

大多数数学家离开了黎曼, 他们对于黎曼的存在定理不抱信心了, 因为魏尔斯特拉斯的批评已经剥掉了对它的数学支持. 他们又一次从方程 $F(\zeta, z) = 0$ 出发, 想这样来挽救他们关于代数函数及其积分的研究. 我们很快就会回到这个途径上来; 现在则从布里尔 (Alexander Wilhelm von Brill, 1842 — 1935, 德国数学家) 和麦克斯·诺特 (Max Nöther)[18]的重要的综述文章 "代数函数理论的发展, 过去和现在" (*Die Entwicklung der Theorie der algebraischen Funktionen in älterer und neuerer Zeit, Jahresbericht der DMV*, Bd. 3, 1894, 265 页) 里引述一段话, 这段话在这方面很能刻画这种观点的特征: "函数概念被搞得如此一般, 而又变化不定, 使人无法掌握, 从它再也不可能推演出什么可以验证的东西了". 这样, 黎曼关于在给定的黎曼曲面上代数函数存在的中心定理, 即存在定理, 轰然崩塌, 只留下一片空白.

黎曼的意见则颇不相同. 他完全认识到魏尔斯特拉斯的批评的公正和正确. 但是,

---

[16] 数学史学家 E. Neuenschwander 引用过克莱因的这个说法 (见 *Bull. Amer. Math. Soc. (N.S.)* 5(2): 87–105, 脚注 37), 并指出克莱因此处的记载是不正确的. 魏尔斯特拉斯本人的批评是在 1870 年 7 月发表的. 1869 年发表相应看法的实际上是魏尔斯特拉斯的学生施瓦茨. ——校者注

[17] 所谓 "连续弯曲" 就是我们现在说的 "光滑". ——中译本注

[18] 布里尔与克莱因有密切关系. 麦克斯·诺特是著名女数学家艾米·诺特的父亲. 见本书第 4 章的脚注 [2]. 布里尔和诺特在代数几何上有重要贡献, 本书还会多次提到他们的贡献. 特别是下面说的那一篇综述文章. ——中译本注

魏尔斯特拉斯告诉我, 黎曼说过 "他之所以求助于狄利克雷原理, 只是因为这是他顺手就可以拿到的工具, 他的存在定理还是对的". 魏尔斯特拉斯大概也同意这个意见. 因为他引导自己的学生 H. A. 施瓦茨去找另一个证明, 而施瓦茨成功了. 我们马上就会来讲这一点.

物理学家们则采取了另一种立场: 他们拒绝魏尔斯特拉斯的批评. 有一次我问过亥姆霍兹这件事, 他告诉我: "对于我们物理学家, 狄利克雷原理就已经是一个证明". 这样, 他明显地是把对于物理学家的证明, 和对于数学家的证明区别开来了. 不管怎么说, 一般的事实是: 物理学家很少为数学的精微之处操心 —— 对于他们, "显然" 就已经够了. 这样, 虽然后来魏尔斯特拉斯证明了确有不可求导数的连续函数存在, 仍然有数学物理的一个著名的代表人物今天还在教导说: "每一个函数在无穷小处总是线性函数, 这是一个思维的法则". 所以我曾经费了一点心思, 去探寻物理学家对待数学严格性的这种态度基础何在. 我在 1901 年的 "微积分对几何的应用" (这本讲义是由缪勒 (C. Müller) 编辑的)[19]中对此作了详细解释, 并指出, 这个基础在于以下事实: 物理学家的数学思想, 作为一种片面的习惯的后果, 总是用 "近似" 来思考的, 即精确度只达到位数临时限定的十进小数. 在物理上, 点只是一个小水滴, 曲线则是一条带形. 我很高兴地来引证关于狄利克雷原理的批评的各种意见, 因为这个讲义非常适于说明数学思想想要前进一步都是何等缓慢.

我现在来讲施瓦茨, 他记住了魏尔斯特拉斯的批评, 终于巩固了狄利克雷原理的基础. 但在讲这件事以前, 我先给出一些他的生平材料.

H. A. 施瓦茨于 1843 年生于西里西亚 (Silesia) 的赫尔姆斯多夫 (Hermsdorf, 第二次世界大战以后划归波兰, 并且改了一个波兰名字: Jerzmanowa). 1860 年他去柏林的 "商学院[20]" (Gewerbeakademie) 读书, 恰好那时魏尔斯特拉斯在那里教

---

[19] 这本讲义后来成为克莱因的名著《高观点下的初等数学》的第 3 卷, 而这一卷又把副标题从 "微积分对几何的应用" 改为 "精确数学与近似数学". 此书由已故吴大任教授译为中文, 由复旦大学出版社 2008 年重印出版. 书中详细解释了何以物理学家们会认为凡是 "自然" 的函数必定都是连续可微的. 看来克莱因对此持怀疑态度. 在书中讲到魏尔斯特拉斯的不可微连续函数的著名例子时, 添加了一个脚注, 讲到佩韩 (Jean Baptiste Perrin, 1870—1942, 法国物理学家, 他第一次在实验中证实了爱因斯坦关于布朗运动的理论) 在研究布朗运动中粒子的轨迹时, 明确指出, 它证明了, 大自然中确有连续而不可微的函数. 克莱因还进一步请读者参阅博雷尔 (Félix Edouard Justin Émile Borel, 1871—1956, 法国数学家) 在 1912 年的一篇演说 "分子理论及其数学" 中的 "有趣评述". 博雷尔是现代测度理论和实分析的创始人之一, 他认为这一套理论在描述微观的现象 (如分子) 时会有大的作用. 历史当然证实了这一点. 克莱因认为物理学家们对数学严格性的轻视来自一种片面性; 他对于希尔伯特 "拯救" 狄利克雷原理的高度赞颂更说明他对于 "数学思想想要前进一步 —— 得到物理学家们的首肯 —— 都是何等缓慢" 是感到惋惜的. 上面引用的这些话, 见该书中文本 45 页. —— 中译本注

[20] 这个学校就是后来的柏林工业大学, Gewerbelehrer 这种学位现在已经不存在了. 魏尔斯特拉斯 1861 年在那里教微积分的讲义, 由施瓦茨作了笔记. 这份笔记后来才被人发现, 保存在瑞典斯德哥尔摩的米塔-列夫勒尔研究所里. 其部分内容到 1973 年才由 P. Dugac 以 "魏尔斯特拉斯的分析原理" (Eléments d' Analyse de Karl Weierstrass) 为题, 发表在 Archive for Exact Sciences, Vol. 10, 41–176 中. 其部分中文译文可以参看李文林主编的《数学珍宝》, 科学出版社, 1998, 682–686 页. —— 中译本注

微积分——从文化史的角度看, 这也是很有趣的事——施瓦茨后来还在那里通过了 "Gewerbelehrer" 的考试 (现在这种考试已经废除了). 1864 年他在柏林毕业; 1866 年起在那里开始了学术生涯; 1867 年在哈雷任额外教授; 1869 年任苏黎世高工 (Eidgenössische Polytechnikum Zürich, 简称 ETH) 正教授; 1875 年来到哥廷根; 1892 年来到柏林担任魏尔斯特拉斯的教职. 苏黎世时期是他真正多产的时期, 特别在我们此处所关心的研究工作上是如此. 这些工作发表在 *Züricher Vierteljahrsschrift* 1869/70 以及 *Berliner Monatsberichten* 1870 上; 亦见 *Crelle* 杂志 1872 年第 74 卷, 以及施瓦茨的《全集》(*Gesammelte Abhandlungen*, Bd., 2.)[21].

　　施瓦茨的思路如下: 对于圆盘, 可以利用来自泊松的公式直接解出边值问题, 而这个公式自施瓦茨以后就称为泊松积分. 施瓦茨对这个公式给出了漂亮的几何解释 (见图 18): 设在边缘上给出了连续的边值 U, 要求在任意点 x, y 处计算 u 之值, 使它连续地收敛于边值, 而且满足方程 $\Delta u = 0$; 且在内点处明确地排除不连续性. 若把 U 移到相对于 x, y 对径的点上, 得到一个新的边值分布, 取这个新分布的平均值, 即得所求的 u[22].

图 18   图 19

　　利用莫菲 (Murphy) 使用过的一个组合程序, 施瓦茨把这样得到的结果推广到两个相交的圆盘所构成的区域 (如图 19 所示). 对于已经在不完全的圆周 K_1 (图 19 上用实线画出) 上给出的连续的边值, 再在弧 1 上给定任意值, 就得到在左方的完全圆周上的值, 从而可以用上面的方法 (即泊松公式) 得出第一个圆盘里的值, 从而在弧 2 上也有了值. 再用给定在不完全的圆周 K_2 (图 19 右方的实线) 和弧 2 上算出的值作为边值, 又可用上面的方法 (即泊松公式) 得出第二个圆盘里的值, 从而在弧 1 上有了新值. 把这个新值连同在不完全的圆周 K_1 上已给的值, 又可以算出在弧 2 上的新值. 仿此以往, 这个程序会很快地收敛, 而给出在整个区域上满足方程 $\Delta u = 0$ 的函数 (这个方法称为施瓦茨 "交替法").

---

　　[21] 关于文献, 更多地请参看 *Enz.*, 特别是以下两篇文章: Bd. II, A7b (Burkhardt-Meyer 所写的文章, Nr. 24 以下), 以及 Bd. II, C3 (Lichtenstein 所写的文章).

　　[22] 这里的解释不太易懂. 建议有兴趣的读者看一下 T. Needham, 《复分析, 可视化方法》(*Visual Complex Analysis*, Oxford University Press, 1997), 556–558 页. 此书关于共形映射的部分是按照黎曼的从直觉和物理出发的思路写的, 而且颇具可读性. 把它与本书这一节对照一下, 十分有助于理解克莱因对黎曼的这一部分贡献的解释; 也会明白, 这一个 19 世纪末年的成就, 仍可用于今天的教学与研究. 此书中译本已由人民邮电出版社在 2009 年出版——中译本注

然后可以再加上第三个圆盘, 这样下去就可以在平面 (在黎曼曲面上也行) 的越来越多的区域上解出边值问题.

卡尔·诺依曼的平行的研究 (见第 5 章 186 页) 是从 1870 年开始的, 并在 1884 年的讲义《关于黎曼的阿贝尔积分理论的讲义》(*Vorlesungen über Riemanns Theorie der Abelschen Integrale*, 第二版) 中完成. 这样施瓦茨和诺依曼拯救了黎曼的存在定理.

我自己对这个问题的态度一直与此不同. 我从未见过黎曼本人, 而作为普吕克和克莱布什的学生, 我是在 1872 年以后才逐渐深入到黎曼思想的深处的, 那时我已经在埃尔朗根大学了. 所以我可以说是一个局外人. 而局外人, 大家知道, 如果也要投身于一项事业, 必定是为了尽可能地实现一项来自内在的冲动. 很快我就形成了这样一个想法: 不要老是在存在定理上沉思, 想着怎么把它纳入其他的思路中去, 而是要尽快找到存在定理的应用. 这样做, 首先是在关于椭圆模函数的工作中, 我成了黎曼的主要拥护者之一. 以后有机会我会讲更多这方面的内容. 我在 1881/82 学年关于黎曼的代数函数及其积分的理论的小书只不过是一个小小证据[23].

在黎曼的存在定理的方向上, 最美丽也是最惊人的结果应该归之于希尔伯特 (David Hilbert, 1862—1943, 德国数学家). 1901 年, 他在哥廷根科学会 150 周年的《纪念文集》(*Festschrift*) 中说明了, 狄利克雷原理的证明, 原不必求助于一般的变分法, 而可以利用积分号下的 (正) 函数的特定的构造. 然而这个证明数学的杰作, 在第一次发表时似乎在一般性上尚有欠缺. 后来希尔伯特的学生们, 如柯朗 (Richard Courant, 1888—1972, 德国数学家) 和外尔 (Hermann Klaus Hugo Weyl, 1885—1955, 德国数学家) 等人简化了它, 也更为详细地阐述了它, 所以它实际上标志了变分法的一个全新的发展. 黎曼的存在定理, 也在这个发展过程中得到了完全一般的证明[24].

现在我们可以得出下面的结论: 归根结底, 黎曼是正确的, 他的存在定理——尽管有魏尔斯特拉斯的批评, 有许多数学家拒绝接受, 尽管许多人提出的证明并非无可挑剔——是正确的, 是可以列入数学知识的全部发展中最深刻也最伟大的知识之一.

从事后来看, 狄利克雷原理的命运本身就是十分值得注意的: 老一代数学家, 特别是狄利克雷, 把它当作完全适用的证明手段来使用, 它对于黎曼又是极其富有成果的, 后来则被魏尔斯特拉斯所反驳, 几十年中, 人们不敢相信它, 只是到了最近才又被希尔伯特拯救. 在这个例子里, 我们看到, 数学知识不论看起来多么客观, 其实是会改变的. 我愿意强调这一点, 不打算冒犯数学, 也不想对它的基础和定律散布怀疑.

[23] 关于这本书, 请看本章的脚注 [15]. 也请参阅 G. Springer, *Introduction to Riemann Surfaces*, Addison-Wesley, 1957. 它的第一章是克莱因那本书的很好的导引. ——中译本注

[24] 在这方面, 我们还应该引述一批意大利数学家, 他们同样是依据希尔伯特的证明. 其中有: 博比尼 (Guido Fubini, 1879—1943, 意大利数学家), B. 莱维 (Beppo Levi, 1875—1961, 意大利数学家) 和 E. E. 莱维 (Eugenio Elia Levi, 1883—1917, 意大利数学家, B. 莱维的弟弟) 等人.——德文版编者注

在讨论了对于黎曼存在定理的批评和这个定理的最终胜利以后, 我想多讲一点黎曼的复变量函数的一般理论.

我们已经看到黎曼彻底地研究过阿贝尔积分. 阿贝尔积分可以看成最简单的微分方程 $dy/dz = \zeta$ 的解, 这里 ζ 是 z 的在某个已给的黎曼曲面上的代数函数. 这样, 我们可以把整个阿贝尔积分理论包括在下面的一般的 n 阶线性微分方程理论中, 作为其特例:

$$y^{(n)} + p_1 y^{(n-1)} + \cdots + p_n y + P = 0,$$

这里 p_1, p_2, $\cdots$, p_n, P 是同一个黎曼曲面上的函数 (或者说, 是属于同一个 "域" 中的代数函数). 我们知道, 利用常数变易法和求积, 这个一般情况可以化为所谓的齐次方程

$$y^{(n)} + p_1 y^{(n-1)} + \cdots + p_n y = 0$$

的问题. 黎曼于是就集中研究这种齐次方程的解的函数论性质. 这是超越函数理论的次高的领域. 不幸的是, 由于篇幅限制, 在本书中, 我只好完全忽略 "定积分" 理论 —— 那需要再写另外一章. 我必须再次试着只给出黎曼的理论的最一般的概要, 由于近几十年来围绕这个问题又出现了大量文献, 我就更加需要这样做了.

在这里, 我们要抛开所有复杂情况, 而只讨论最简单的典型情况: 我们假设 p_1, p_2, $\cdots$, p_n 都是 z 在平面上的有理函数.

我们知道这个齐次方程的通解 y 可以由某些特解线性地组成:

$$y = c_1 y_1 + c_2 y_2 + \cdots + c_n y_n,$$

这里的 y_1, y_2, $\cdots$, y_n 不论怎么选择, 其性态一般都是解析的, 即在任意 a 点附近, 除非 a 是奇点 —— 即 p_1, $\cdots$, p_n 中有一个或多个变成无穷大 —— 这些 y_i 都可以写成 $z - a$ 的幂级数. 在这些奇点附近, y_1, y_2, $\cdots$, y_n 的性态首先就是可疑的, 主要的问题就在于研究, 在奇点附近, 适当的 y_1, y_2, $\cdots$, y_n 的展开式应该如何构成.

如果把一个特定的解沿着一条绕着奇点的闭路径作解析拓展, 拓展到原来的开始点的附近时, 这个特定的解的值当然变了, 但它仍然是一个解. 又因为任意解都是某 n 个特解的线性组合, 所以绕奇点拓展后得到的新解, 应该可用一组以下形状的公式来表示:

$$y_1' = c_{11} y_1 + \cdots + c_{1n} y_n,$$

$$y_2' = c_{21} y_1 + \cdots + c_{2n} y_n,$$

$$\cdots\cdots\cdots\cdots$$

$$y_n' = c_{n1} y_1 + \cdots + c_{nn} y_n.$$

所以, y_1, y_2, $\cdots$, y_n 经历了一个线性变换. 整个研究的核心问题就是所谓单值化群 (monodromy group) 的研究. 所谓单值化群就是这些 y_1, y_2, $\cdots$, y_n 在绕奇点拓展时所经历的线性变换之群. "单值化群" 的重要性是埃尔米特所强调过的 (见 Comptes Rendus, 1851, 即《全集》(Œuvres), 卷 I, 276 页)[25].

黎曼在整个这个主题上唯一发表的文章就是我们已经引述过的他 1857 年的论文 "对于可以表示为高斯级数 $F(\alpha, \beta, \gamma; x)$ 的函数理论的贡献" (Beiträge zur Theorie der durch die Gauss'sche Reihe $F(\alpha, \beta, \gamma; x)$ darstellbaren Funktionen).

所谓高斯级数——这个名字又是与历史不一致的, 因为甚至欧拉就已经知道它, 并且找到了它的最值得注意的性质, 虽然是高斯第一个解决了它的收敛性问题——就是

$$F(\alpha, \beta, \gamma; x) = 1 + \frac{\alpha \cdot \beta}{1 \cdot \gamma} x + \frac{\alpha(\alpha+1)\beta(\beta+1)}{1 \cdot 2\gamma(\gamma+1)} x^2 + \cdots.$$

我们宁愿按照老一辈数学家那样称它为超几何级数, 因为就构成规律而言, 它的复杂性仅仅稍微超出几何级数一点点. 由于它包括了许多来自应用问题的并且时常出现在分析里的函数, 它早就引起了人们的兴趣. 我这里只想提一下球函数、贝塞尔函数和欧拉积分. 我把这一切统称为 "超几何函数", 具体是什么函数从上下文可以立刻看出来. 当然, 它与 "超几何" (如非欧几何或高维空间几何) 没有任何关系. 详情可参阅我的 1893/94 学年的讲课的手稿[26].

高斯 1812 年在研究这个后来以他命名的级数时, 只考虑了实变量的情况, 但是他明白地把自己的论文描述为一个 "预篇" (pars prior). 从对他的 "手稿" (Nachlass) 的研究中, 我们知道, 高斯曾打算研究它在复域中的性状. 他彻底地知道这个级数满足一个具有 3 个奇点的二阶线性微分方程, 而且知道这个微分方程的解在奇点处的形状比较简单, 所以这个微分方程的性质已经在他的视野之内了.

这些内容也由库默尔独立于高斯发展起来, 并于 1836 年发表在 Crelle 杂志第 15 卷上, 当时有许多人引用这篇文章. 特别是, 库默尔第一次实际计算了相关的单值化群中的变换.

现在黎曼证明了, 能够做到: 通过拓展到复平面, 就可以不必显式地写出微分方程而推知所有结论 (直到那以前, 人们都是显式地使用微分方程的); 而必须知道的只是适当的 y_1, y_2 在这 3 个奇点处的性态, 以及当绕过这些奇点时所产生的线性变换

$$y_1' = c_{11}y_1 + c_{12}y_2,$$

---

[25] 这里对原文作了一些变动. 在数学中 monodromy 所研究的是某个数学对象 (不只是微分方程的解) "绕过奇点" 时的动态如何. 这个字的原意是 "各管各地变动", 例如, 若一个函数在这个过程中不再是单值的, 则单值性丧失的具体情况就要用单值化群来刻画. 所以, 它与覆盖映射、分歧现象 (ramification) 等均有密切关系. ——中译本注

[26] 这个讲稿后来成了一本书, 即《论超几何函数》(Klein, F. Vorlesungen über die hypergeometrische Funktion. Berlin: J. Springer, 1933). ——中译本注

$$y_2' = c_{21}y_1 + c_{22}y_2.$$

他的思想方法的基本特征在这里又表现得极为明晰: 黎曼不打算通过公式来掌握函数, 而是通过它们的基本性质来做到这一点.

我要讲一点有关这个理论后来的命运的一些事情, 因为要想领会下面所说的, 这些都是必须知道的.

魏尔斯特拉斯也对这个理论的发展有影响: 他让自己的学生富克斯 (Lazarus Immanuel Fuchs, 1833 — 1902, 德国数学家) 做这方面的工作. (富克斯于 1833 年生于波森 (Posen) 省的摩辛 (Moschin) [27], 1884 年来到柏林作为魏尔斯特拉斯的继任人; 1902 年在柏林去世.)

紧随黎曼之后, 富克斯从 1865 年起就来研究 n 阶线性微分方程理论. 他还引导了他的许多学生从事这个方向的研究, 而在后来的几十年里, 在数学文献中形成单独的一个部分. 这里我们就有了一个狭隘的捆在一起的所谓 "学派" 的典型例子, 这种学派是可以由通过严格规定了的、片面的教学来形成的.

富克斯并没有沿黎曼建造的道路走下去, 而是又回到以很初等的方式依附于公式, 即回到显式地给出的微分方程

$$y^{(n)} + p_1 y^{(n-1)} + \cdots + p_n y = 0.$$

他主要关心的是奇点, 而且回答了以下的问题: p_1, p_2, $\cdots$, p_n 必须有何种构造, 上述方程才能够有如同超几何级数那样简单的特解? 他发现, p_1 最多只能有单极点, p_2 最多只能有 2 重极点, $\cdots$, p_n 最多只能有 n 重极点. 用富克斯学派的用语, 这类方程就是所谓 "富克斯类" 的微分方程. 他也计算了单值化群和其他东西. 简言之, 他推进了库默尔的思想.

可以想象, 当黎曼《手稿》中的一个片段 "关于具有代数系数的线性微分方程的两个一般规则" (*Zwei allgemeine Lehrsätze über lineare Differentialgleichungen mit algebraischen Koeffizienten*) (注明了写作时间为 1857 年 2 月 20 日, 载于《全集》, 第 1 版, 357–369 页, 或第 2 版 379–390 页) 1876 年在他的《全集》的第一版中面世时, 迎接它的是多么大的惊奇. 因为它表明了, 虽然黎曼表面上只停留在具有 3 个奇点的二阶方程情况, 其实已经开始向高阶情况进攻了. 在这里, 黎曼仍然忠于自己的原则, 没有在公式里寻求避难所.

---

[27] 波森省现在属于波兰, 成为波兹南 (Poznan) 省, 波森就是波兹南. 摩辛现在按波兰语叫做摩辛纳 (Moschina). 这个地区在历史上曾多次易主, 时而是波兰的一部分, 时而又属于普鲁士. 不过当富克斯出生时, 确实是德国的一部分. 但是克莱因写这本书时, 由于凡尔赛条约的规定, 这里又回归到波兰. 第二次世界大战后, 又按雅尔塔体制算是波兰领土了. 本书讲到的许多德国数学家的出生地和国籍都有类似问题. —— 中译本注

在超几何情况, 单值化群由关于奇点的假设即可决定. 在高阶情况, 黎曼——在确定特解在奇点处的基本性态的同时——也确定了单值化群 (这里本来还有一点选择余地), 并且由此解决了这个问题, 遗憾的是, 还不是完全地解决了它.

在这里, 称它为 "黎曼问题" 比称它为黎曼定理更好, 因为我们对于黎曼心里的所谓解决究竟是什么意义还全然不知. 所谓黎曼问题就是要证明: "在关于奇点附近的性态的基本假设之下, 单值化群 (这里还有一点选择余地) 就足以决定满足一个线性微分方程的一类函数 $y_1, y_2, \cdots, y_n$."

比之 "狄利克雷问题", 这个问题要抽象得多. 在那里, 边值或不连续性以及周期的模数, 都是对个别的函数给出的. 在这里, 却要找出 n 个函数——最好说是找出函数的 n 项的线性组合 $c_1 y_1 + \cdots + c_n y_n$. 狄利克雷原理在这里不能给出存在定理, 物理直觉也没有用. 但是另一方面, 它又包含了一个在已给的 n 叶黎曼曲面上是否存在一个代数函数的问题如下: 需要确定一个函数的 n 个分支 $y_1, y_2, \cdots, y_n$, 使得在绕过奇点时, 它们会经历一个最简单的线性变换 (具体说就是排列). 黎曼似乎认为存在性是显然的, 只需研究它们的性质即可, 黎曼的这种做法是没有坏处的.

这个 "黎曼问题" 使得数学家们在长达 30 年的时间中束手无策, 直到 1905 年, 希尔伯特利用这个时期发展起来的积分方程理论, 才给出了第一个完全的解答, 并且又一次彻底地论证和证实了黎曼的远见.

这里的细节和所有相关的文献都可以在 Hilb 在 *Enz.* II B5 里的文章: "复域中的线性微分方程" (*Lineare Differentialgleichungen im komplexen Gebiet*) 里找到 (特别请参看 518 页以下的第 14 节, "黎曼问题" (*das Riemannsche Problem*))[28].

我在这里讲了这么多, 大家可能已经认识到黎曼的天才走在自己的时代前面有多远, 而对后来的研究有多么广阔深远的影响. 肯定地说, 每个数学理论体系的基石, 都是对于自己的所有结论, 提供使人不得不服的证明. 同样肯定的是, 如果数学与使人不得不服的证明断绝了关系, 数学就会判处自己死刑. 然而天才的多产性的秘密总是在于提出新的问题, 并预见新的定理, 这些新的定理则将揭示有价值的结果以及新的联系. 不创造新的观点, 不树立新的目标, 数学也很快就会枯竭, 就会开始僵化, 尽管其证明都是严格的. 所以, 在一定意义上, 最能推动数学进展的人是那些以直觉取胜的人, 而不是以严格证明见长的人. 毫无疑问, 黎曼是几十年来, 其影响至今仍旧最为充满活力的数学家.

黎曼的思想虽然如此基本地影响到现代的函数论的发展, 其传播却是缓慢而非常

---

[28] 这里克莱因所提的内容与希尔伯特第二十一问题密切相关, 而它的历史远比想象中迂回曲折. 此问题最开始公认的解法来自出身奥匈帝国的数学家 J. Plemelj (1873—1967), 他在 1908 年利用希尔伯特的工作给出了此问题的一个解答. 这个解答在接下来 80 年为数学界所认可, 然而这个解答在 20 世纪 80 年代末被苏联数学家 (特别是 A. A. Bolibruch (1950—2003)) 所推翻. 具体的历史可参见 Gray, Jeremy. *Linear differential equations and group theory from Riemann to Poincaré*, 2nd edition, Springer, 2000 的附录二.
——校者注

渐进的. 他所发表的东西, 并没有像人们现在想象的那样, 起到如同上天启示那样的作用, 没有使得他的时代的数学直觉的模式有突然的剧变, 这可能是由于黎曼写的东西十分简洁, 而且包含那么多新的非同寻常的概念, 一开始是很难接近的. 首先被广泛接受的是他的代数函数及其积分的理论. 但是即令在这里, 数学家们先也只是研究了一个最简单的情况, 在那里, 它们与黎曼曲面及其代数非常的联系, 马上就可以看明白. 这个最简单的情况就是两叶曲面的情况, 其方程可以立即写出来:

$$\zeta^2 = (z - a_1)(z - a_2) \cdots (z - a_n).$$

这里有 n 个有限远的分支点, 而当 n 为奇数时, ∞ 也是一个分支点. 这个曲面的亏格 (见 221 页) p, 当 n 为偶数时, 为 $\frac{1}{2}(n-2)$, 而当 n 为奇数时, 则为 $\frac{1}{2}(n-1)$. 若 $p > 1$, 即 $n > 4$, 就说是超椭圆情况; 对于 $p = 2$, 即 $n = 5, 6$, 则老名词 "*ultraelliptic*"[29] 现在还在使用. "处处有限的" 超椭圆积分则是

$$u_1 = \int \frac{dz}{\zeta}, \ u_2 = \int \frac{zdz}{\zeta}, \ \cdots, \ u_p = \int \frac{z^{p-1}dz}{\zeta}.$$

早前时常称它们为阿贝尔积分, 但是这是缺少根据的, 因为阿贝尔积分还要广泛得多.

ultraelliptic 积分是第一个按照黎曼的意义得到彻底处理的. 这是普利姆 (Friedrich Emil Prym, 1841—1915, 德国数学家) 的功绩, 是在他的主要为教学需要而在柏林写的学位论文里完成的: "*ultraelliptic* 函数的新理论" (*Theoria nova functionum ultraellipticarum*, 1863, 第二版, 1885) [30] (普利姆是黎曼的一位亲密的学生, 生于 1841 年; 从 1869 年到 1915 年在维尔茨堡 (Würzberg) 教书). 他一直忠于黎曼的原则, 正是这些原则刺激了他的第一个独立创造; 1911 年他又和罗斯特 (Georg Rost) 合写了一本较大的书, 讨论 n 叶的黎曼曲面这个一般的情况: 《一阶普利姆函数理论, 与黎曼的创造的联系》(*Theorie der Prymschen Funktionen erster Ordnung, im Anschluss an die Schöpfungen Riemanns*).

在普利姆的学位论文发表两年后, 即 1865 年, 卡尔·诺依曼 (当时, 他在蒂宾根教书) 的详细而且流行的教本《黎曼关于阿贝尔积分的理论讲义》(*Vorlesungen über Riemanns Theorie der Abelschen Integrale*) 问世. 其中原来也只讨论了两叶曲面的情况 —— 即超椭圆积分的情况. 关于一般的 n 叶曲面的情况和相应的存在定理, 独立的讨论首先见于 1884 年出版的此书第二版.

与卡尔·诺依曼差不多同时, 克莱布什 (他也与卡尔·诺依曼同时, 都是弗朗茨·诺依曼在哥尼斯堡的学生) 也在研究黎曼的代数函数及其积分的理论, 但是与卡尔·诺依

---

[29] 数学名词以 ultra 或 hyper 开始的, 中文译名通常都是 "超". 因为在这里没有找到适当而又通用的译法, 只好原文照录. —— 中译本注

[30] 第一次全文发表于 1864 年的 *Denkschriften der Wiener Akademie*, Bd. 24.

曼持完全不同的态度. (克莱布什于 1833 年出生于哥尼斯堡. 1854 年由哥尼斯堡大学毕业, 老师包括弗朗茨·诺依曼、海赛、里歇洛. 然后他又成了柏林大学的 *Privatdozent*, 1858 年任卡尔斯鲁厄 (Karlsruhe, 德国西南部德法边界附近的城市) 大学的理论力学教授; 1863 年任吉森 (Giessen) 大学的数学教授; 1868 年任哥廷根大学教授, 直到 1872 年去世.) 以后 (在第 7 章里), 我们还要讲到他是如何力求使得黎曼的一般结果也可用于代数曲线的理论. 但是他并没有采用黎曼的方法, 认为它是太奇特而且基础也还不太可靠. 他从代数方程 $F(\zeta, z) = 0$ 出发, 把它解释为一条曲线, 而且为了与射影几何联系起来, 又把它写成齐次形式 $\Phi(x_1, x_2, x_3) = 0$, 并试图推进到黎曼的一般定理. 他与戈丹 (Paul Albert Gordan, 1837—1912, 德国数学家) 合写的《阿贝尔函数理论》(*Theorie der Abelschen Funktionen*, Leipzig, 1866) 一书就是这样来详细阐述这个主题的. 卡尔·诺依曼的书与克莱布什的书形成了对比: 卡尔·诺依曼以紧密地贴近黎曼为基础, 而克莱布什则走自己的路, 非常强烈而主观地作自己的工作. 这两本教本为自己树立的目标也颇不相同. 卡尔·诺依曼想要把自己与黎曼的联系, 在最低阶的情况, 以尽可能清晰而且通常可以理解的方式表现出来; 克莱布什则不同, 他想要激发人们的思考与独立工作. 卡尔·诺依曼的书被人指责为 "太容易" 了, 而且 "清楚得让人厌烦", 它是黎曼的那一套思想极为出色的导引. 克莱布什–戈丹的书很难, 要求读者密切地配合才能懂, 但是它引导读者透彻深入到问题之内, 刺激他认真地研究黎曼的思路. 这两本书, 各以自己的方式, 成为解读黎曼的著作的基本著作, 但是对于我们而言它们都属于过去了的时代.

到了 19 世纪 60 年代末, 以黎曼为基础的研究者的名字聚集得更多了. 我只能举出其中最重要的, 只有知道了这些人, 才能在文献的海洋中找到自己的路. 要给出受到黎曼的鼓舞的文献的完备的目录, 本书实非其地.

作为第一人, 我要举出卡索拉蒂 (Felice Casorati, 1835—1890, 意大利数学家) 的漂亮教科书《复变函数理论》(*Teorica delle funzioni di variabili complesse*). 这是一部大部头的书, 而且和大部头书中常见的一样, 此书也只出了第一卷 (1868 年). 大约在同时, 亥姆霍兹开始把黎曼的方法用于数学物理. 我已经提过, 1869 年起, 施瓦茨则忙于建立黎曼存在定理的新基础. 我后面会更详细地报告他关于超几何函数的研究.

1876 年是研究黎曼的历史的关键一年. 因为那一年由 H. M. 韦伯在戴德金协助下编辑的《黎曼全集》问世了, 其中包含了黎曼手稿的许多笔记. 但是其中还看不到黎曼的讲义, 如我们知道的那样, 它们构成了黎曼成就的很大一部分, 但是还只是私下流传. 这个空隙首先是由麦克斯·诺特和维廷格尔所编的黎曼的遗著填补起来了[31]. 我在前面已经讲过这些事情, 这里再次提到是因为它们在这方面的重要性.

我以为, 让我的这本讲义在其涉及的问题上更生动一些, 是很有价值的. 这样, 我在

---

[31] 见本章脚注 [3]. ——中译本注

这里, 和在别处一样, 给出一些个人的说明, 使得我们与科学的关系更有人性的色彩.

戴德金, 人们知道他是由于他在数的理论方面的工作 (这一点我在后面还要说). 他于 1831 年生于不伦瑞克, 而且从 1862 年直到去世的 1916 年, 他都住在那里. 作为哥廷根大学的一位 *Privatdozent* (1854 — 1858), 他是黎曼的同事和友人, 与黎曼有紧密的联系. 他听黎曼的课, 所以对于我们, 他是黎曼的传统的主要代表. 他长于数学原理的透彻深入. 他爱好深思, 但可能在活力与决断上有所欠缺. 这样, 他的性情的结构足以说明, 何以尽管黎曼的家人已经把黎曼的科学手稿交付给他, 而且他也确实发表了其中很大一部分, 并且添加了一些确切的注解来说明这些手稿, 却仍未能靠他自己把这些手稿前后协调地完整地编辑出来. 所以在 1871 年他与克莱布什联手来编辑一个完整的版本, 而当克莱布什于 1872 年去世以后, 则与 H. M. 韦伯合作来做这件事.

H. M. 韦伯, 1842 年生于海德堡[32], 在那里听了亥姆霍兹和基尔霍夫的课, 开始了研究工作. 他从 1873 年到 1883 年在哥尼斯堡工作, 从 1892 年到 1895 年在哥廷根任正教授; 然后又来到斯特拉斯堡, 并于 1913 年在那里离世. 他生性善于与人相处, 而且又富于活力; 此外他还有一种奇特的能力, 善于深入一开始对于他来说很陌生的概念 (例如黎曼的函数理论和戴德金的数的理论). 这种适应能力使他能够对于近几十年来的几乎所有领域都做出贡献, 并且写出一些全面的教科书—— 例如 "韦伯-黎曼", "韦伯-威尔斯坦", 特别是《代数教程》(*Lehrbuch der Algebra*)[33] —— 这些书我们都用过. 他和戴德金合作的 1876 年版的《黎曼全集》, 我们前面已经说过; 1892 年的第二版则是由 H. M. 韦伯独立完成的.

关于麦克斯·诺特 (1844 年生, 自 1875 年就在埃尔朗根, 1922 年去世), 当我们讨论代数簇的理论时还会广泛地讨论到他. 他是克莱布什最好的学生之一.

至于维廷格尔, 他是我们遇到的第一个奥地利数学家[34]. 他生于 1865 年, 所以比前面提到的人年龄小得多; 自 1903 年起, 他就是维也纳大学的教授. 作为《数学与物理学月刊》(*Monatshefte für Mathematik und Physik*) 的共同编辑, 他一直与德意志帝国的数学有最亲密的联系.

如果很概略地浏览黎曼的理论在 19 世纪 70 年代中期以后的进一步普及和发展, 就要提到我自己的工作, 首先是关于椭圆模函数—— 这个名词来自戴德金—— 的工作, 然后是关于最一般的自守函数的工作.

---

[32] 还有一位亨利希·弗里德里希·韦伯 (Heinrich Friedriech Weber, 1843 — 1912), 也是德国物理学家, 与我们这里说的 H. M. 韦伯生卒年很相近, 容易混淆. 但二人没有亲属关系. 为了避免误会, 我们在正文中时常加上中名 (middle name) 马丁, 而写为 H. M. 韦伯—— 中译本注

[33] "韦伯-黎曼" 这本书前面已经说过. "韦伯-威尔斯坦" 就是 H. M. Weber und J. Wellstein,《初等数学百科全书》(*Enzyklopädie der Elementarmathematik*), 全书共 3 卷. 第一卷《算术, 代数与分析》有郑太朴的中译本, 改名为《数学全书》, 1934 年商务印书馆出版. 但是最著名、影响最大的是正文说到的最后一本:《代数教程》. —— 中译本注

[34] 但是在第 4 章中, 克莱因还提到他更早一些的奥地利朋友: 施托茨. —— 中译本注

这里要做一些最简单的解释. 所谓自守函数, 就是满足以下一组函数方程

$$f\left(\frac{\alpha_i z + \beta_i}{\gamma_i z + \delta_i}\right) = f(z)$$

的函数, 这里 i 是一个指标, 而且这组方程可以包含无穷多个方程; 这样, 它们就是周期函数在最广泛意义下的推广: 把对变量 z 增加一个周期变成对 z 做一个线性变换.

在研究自守函数这个主题时, 我从 1881 年起就与庞加莱有密切的接触. 这也是黎曼的思维方式被移植到法国, 并在那里坚实地站住了脚的时期. 我将在第 8 章里彻底地讨论这些事情.

我已经提到过我在 1881/82 学年关于黎曼的代数函数及其积分的理论的小书, 我试图在其中阐明黎曼的基本物理思想.

从那以后, 对黎曼的函数理论的兴趣就不断地在扩展, 甚至到了国外. 在我的学生中需要特别提到苏黎世的赫尔维茨 (Adolf Hurwitz, 1859 — 1919, 德国数学家) 和慕尼黑的迪克 (Walther Franz Anton von Dyck, 1856 — 1934, 德国数学家). 但是为了停留在我们的近邻而不至于漫无边际, 我只提一下哥廷根系列: 先是希尔伯特 (1901 年拯救了狄利克雷原理), 然后是寇贝 (Paul Köbe, 1882 — 1945, 德国数学家)、外尔 (《黎曼曲面的概念》[35] (*Die Idee der Riemannschen Fläche*, 1913)) 和柯朗.

我列举了许多与黎曼有密切关联的, 或多或少为人周知的姓名. 只有当我们去看一看他们的文章时, 这才不会成为一个死名单. 必须学会掌握我们这门科学的伟大联系的基本线索的艺术, 在浩如烟海的文献中, 既不会迷失于细节之中, 又不至于浅尝辄止缺乏深度. 只有这样, 才能获得全面的数学教育. 对于想留在我们这门科学里的人, 如果做不到这一点, 我就不会让他离开大学!

我们现在就要离开黎曼, 走向魏尔斯特拉斯 (Karl Theodor Wilhelm Weierstrass, 1815 — 1897) 了. 但是在以后各章里, 我们将一再遇到黎曼的名字.

魏尔斯特拉斯

如同对待黎曼的传记一样, 我们先把一些外在生活方面的资料集中整理一下.

1. 他的《全集》(*Gesammelte Abhandlungen*) 已经出版的有卷 1 (1894 年), 卷 2 (1895 年), 卷 3 (1903 年).《讲义》(*Vorlesungen*) 已经出版的有已经编入《全集》卷 4 的: 阿贝尔函数 (1902 年), 还有《全集》卷 5, 6 是关于椭圆函数的 (1915 年). 关于变分法的卷 7 正在编辑中. 关于解析函数的一卷还要等一等.

---

[35] 此书有英译本: "*The concept of a Riemann surface*", Addison-Wesley. —— 英译本注

2. 生平资料: 有兰佩 (Karl Otto Emil Lampe, 1840—1918, 德国数学家) 的 "纪念演说" (*Gedächtnisrede*) (*Jahresbericht der DMV*, Bd. 6, 40 页以下[36], 1897); 基灵 (Wilhelm Karl Joseph Killing, 1847—1923, 德国数学家, 魏尔斯特拉斯的学生) 的 "校长演说" (*Rektoratsrede Münster*, 1897, 发表于 *Natur und Offenbarung*, Bd. 43, 131 页以下[37]); 米塔 – 列夫勒 (Magnus Gösta Mittag-Leffler, 1846—1927, 瑞典数学家) 1900 年在巴黎的国际数学家大会上的讲演[38].

兰佩是魏尔斯特拉斯的一个特别的学生. 米塔 – 列夫勒所说的是以他所掌握的私人文件为基础的: 它们 [在行文上] 并不是太谨慎, 所以 —— 可能恰好因此 —— 读起来很有趣. 但是我们还缺少一个关于魏尔斯特拉斯作为一个人的完全的正确评价, 而且是考虑到他的本质上是关于科学的观点的评价. 因为魏尔斯特拉斯的发展有一些很不寻常的方面, 缺少这样的评价就更令人遗憾了. 由于材料收集得不齐全, 在许多地方, 我们就只能暗中摸索了. 找到这些散落各处的材料, 并把它们整理出来, 填补上这个空缺, 是一件值得人们感谢的工作.

我们迄今所讨论过的大量德国数学家, 都来自新教徒方面. 雅可比是我们遇到的第一个犹太数学家, 之后犹太数学家的数目一直在增加.

魏尔斯特拉斯则不同, 他来自天主教派系. 他于 1815 年 10 月 31 日生于明斯特兰 (Münsterland[39]) 的奥斯滕菲尔德 (Ostenfeld), 他的父亲在那里负责财务方面的事情. 我看到记录, 说他的父亲是后来改信天主教的. 不论这是否属实, 魏尔斯特拉斯肯定是生活在天主教的环境中的, 而这个情况大大影响了他的发展. 由于这些原因, 他生活过的许多地方, 在他以前都在数学史上无人知道. 只要把他的生平排列一下, 就可以看到这一点:

1829—1834 年, 他在帕德博恩 (Paderborn) 上中学 (*Gymnasium*);

1839—1840 年, 他在明斯特 (Münster) 的神学与哲学学院跟古德曼 (Christoph Gudermann, 1798—1852, 德国数学家, 也是天主教徒) 学习. 也是在这里他通过了高级教师 (Oberlehrer) 的一年试用期.

1842—1848 年, 他在德意志 – 克隆 (Deutsch-Crone, 也作 Deutsch-Krone. 当时是德国西普鲁士的一个城市, 现属波兰, 更名瓦乌奇 (Watcz)) 的一个天主教 *Progymnasium* (这是一个课程简化了的中学) 里任教.

---

[36] 克莱因的记载有误, 应为 27 页以下. —— 校者注
[37] 克莱因的记载有误, 应为 705 页以下. —— 校者注
[38] 新近的还可参看 *Acta Mathematica*, Vol. 39 (1923), 以及较早的 Vol. 21 (1897), Vol. 35 (1912). —— 德文版编者注
[39] 就是德国西北部邻近荷兰的地区. 明斯特是这个地区的一个大城市, 属于北莱茵 – 威斯特法伦州, 奥斯滕菲尔德也属于这个州. —— 中译本注

1848—1854/55 年, 在布劳恩斯贝格 (Braunsberg, 原属德国的东普鲁士, 现属波兰, 更名为布兰涅沃 Braniewo) 的一个神学院 (seminary) Collegium Hoseanum 任同样的职务.

从这些材料可以看到, 魏尔斯特拉斯一生最富创造性的时期 ——30 岁到 40 岁之间——是在远离一切科学生活的地方度过的, 几乎完全得不到任何数学的激励, 那些地方小而又小, 几乎无人知道.

1834—1838 年他到了波恩大学, 但是他的学生时代的生活却有着大不相同的格调, 其原因我们全然不知. 在宗教信仰更加混杂的波恩大学, 魏尔斯特拉斯一开始并不是学的数学, 而是学的法律. 这时, 他在萨克森军团 (Corps Saxonia)[40] 里很活跃. 据说他每天晚上都是小酒馆里面最会寻欢作乐的人, 击剑室他也从不缺席. 这一切怎么能够和他的其他发展相容, 我是完全无法理解的. 兰佩称赞后期的魏尔斯特拉斯 "有一种自由感, 在一定程度上, 认为自己是自己生命的至高无上的主宰"; 这种态度可能来自他在波恩的学生时代.

波恩对于魏尔斯特拉斯几乎没有任何数学方面的激励. 闵朔夫 (Münchow) 在那里教书一直教到 1836 年. 作为古老学派的代表, 闵朔夫把天文学、物理学和数学统一起来. 他的继任者是普吕克, 仍然把数学与物理学连在一起, 肯定不能花太多时间在数学上面. 而魏尔斯特拉斯又几乎没有听过他的任何课. 受到一种无法抗拒的倾向所驱动, 魏尔斯特拉斯开始私下里学习数学——早在帕德博恩, 他就得到建议, 去研读斯坦纳在 *Crelle* 杂志上的文章. 雅可比的《椭圆函数理论的新基础》一书 (*Fundamenta Nova Theoriae Functionum Ellipticarum*) 是 1829 年出版的, 那时还很新, 吸引了许多人的注意. 魏尔斯特拉斯花了很大的精力才读完了它 —— 他没有任何预备知识 —— 并且决心深入研究它. 魏尔斯特拉斯听说明斯特的古德曼正在全面研究椭圆函数, 于是中断了在波恩的学习, 来到明斯特. 但是他先花了 1838/39 学年的一半, 住在父母家里 "治疗身体和灵魂" (这是他在准备 1841 年明斯特的高级教师考试时, 在 "履历" 里面填写的). 我无法更多地确定这种精神沮丧的原因和进程; 官方的报告只是使我们更搞不清楚, 更深的精神问题是何时开始的.

现在我要谈一下古德曼是谁. 他是因学生而成名的人. 他于 1798 年生于下萨克森地区希尔德斯海姆 (Hildesheim) 的温内堡 (Winneburg). 他先在克雷威 (Cleve) 的 Gymnasium, 后来则在明斯特教书, 而于 1852 年在那里去世. 他的科学成就与我们这里有关的, 是他独立而且细致地研究了椭圆函数和椭圆积分. 因为积分

$$u = \int \frac{dz}{\sqrt{(1-z^2)(1-k^2z^2)}}$$

[40] Corps Saxonia 是一种历史久远的德国大学生组织. 直译应为 "萨克森军团", 但是, 它实际上是一个既非政治性亦非宗教性的, 而只是联系感情的, 与兄弟会类似的组织. —— 中译本注

中含有一个模数 k, 所以称为一个模积分, 它的反函数则称为一个模函数. 他的全部理论都可以在 *Crelle* 杂志 1838—1843 年的 18, 19, 20, 21, 23, 25 各卷上找到. 古德曼的工作的特点在于他强力地强调幂级数展开式; 这正是魏尔斯特拉斯后来前进的方向.

古德曼的作品读起来令人生厌, 其细节早就被人忘记了. 留下来的只有古德曼引入的部分记号 (这些记号仍被频繁使用), 具体说来就是: 他用 sn, cn, dn 代替了雅可比的 sin *am*, cos *am*, Δ *am*.

古德曼是怎样得到这些记号的, 现已不得而知; 关于这一点他也从未说起过. 我猜想, 这些记号末尾的字母 n, 是取自第二个字 "amplitudinis" (振幅) 的最后一个音节 "*nis*" 的第一个字母; 这是当时很流行的做法. 这个假设也可以用魏尔斯特拉斯以自己的记号 *Al* 来表示 "Abelschen Reihen" (阿贝尔级数) 来证实.

除了这些记号以外, 人们记得古德曼, 还由于他所编辑的双曲函数表. 这对于天文、物理和工程计算都很重要.

1839/40 学年, 魏尔斯特拉斯听了古德曼的课——他是唯一的学生. 1841 年, 他递交了申请高级教师职位的论文; 主题是他自己定的: "论模函数的展开" (*Über die Entwicklung der Modularfunktionen*).

这是《魏尔斯特拉斯全集》第 1 卷的第一篇文章. 它包含了许多他后来工作的萌芽, 是椭圆函数理论联系着阿贝尔的原理的一项重要进展.

为了简短地做一个概述, 我要稍微回溯一点. 作为很长的级数展开式的结果, 雅可比最终得到了以下形状的一类公式:

$$\text{sn } u = c_1 \frac{\vartheta_1}{\vartheta}, \quad \text{cn } u = c_2 \frac{\vartheta_2}{\vartheta}, \quad \text{dn } u = c_3 \frac{\vartheta_3}{\vartheta}.$$

这里的指标是我后来为了讲述流畅而特别加上 (*ad hoc*) 的. 这些 ϑ 则是 u 的整函数, 如果取其两个周期之一, 例如 ω_2, 那么 ϑ 按 $e^{2\pi i u/\omega_2}$ 的幂级数展开式有超越的系数.

另一方面, 阿贝尔曾经顺便指出 sn, cn, dn 都可以表示为 u 的幂级数之商, 这些幂级数的系数则是 k^2 的多项式. 如果我们从下面的积分式

$$u = \int \frac{dz}{\sqrt{(1-z^2)(1-k^2 z^2)}}$$

开始, 就更容易看出这一点.

魏尔斯特拉斯在他的工作里则直接从这些整函数出发——为了纪念阿贝尔, 他用记号 *Al* 来表示这些级数——他从椭圆积分开始, 而最终建立了由积分通向 ϑ 函数的系统的通道.

魏尔斯特拉斯得到了以下的表达式

$$\text{sn } u = \frac{Al_1}{Al}, \quad \text{cn } u = \frac{Al_2}{Al}, \quad \text{dn } u = \frac{Al_3}{Al},$$

其中这些 Al 是 u 和 k^2 的超越函数, 而 u 的每一个幂的系数都是 k^2 的多项式. 他计算了 u 的这些幂直到 20 次方, 包括其奇特的数值因子. 后来发现这些 Al 与相应的 ϑ 只相差一个形如 $ce^{\lambda u^2}$ 的因子.

我要顺便指出, 这些 Al 只是他建立更好的函数 —— 即 σ 函数 —— 的道路上的中间站. 这些 σ 与 ϑ 以及 Al 都只相差一个指数因子, 这些因子是这样安排的, 使得基本的 σ (Stamm-σ) 和 σ_1, σ_2, σ_3 之间都对于 ω_1, ω_2 完全对称. 特别是基本的 σ 满足以下的函数方程:

$$\sigma(u|\omega_1,\,\omega_2) = \sigma(u|\alpha\omega_1 + \beta\omega_2,\,\gamma\omega_1 + \delta\omega_2),$$

这里的 α, β, γ, δ 是任意整数, 而且

$$\begin{vmatrix} \alpha & \beta \\ \gamma & \delta \end{vmatrix} = 1,$$

所以, σ 对于周期的任意 "线性变换" 是不变的. 这些事情里的内在的完全对称性, 这样就第一次完全显现在我们面前. 然而在 1862/63 学年冬季学期魏尔斯特拉斯在柏林大学讲课以前, 他的活力还没有达到这样确定的形式.

魏尔斯特拉斯的高级教师职位论文, 尽管还没有达到这样和谐的结论, 仍然是一项伟大的科学成就. 古德曼对此也不吝赞美之词. 根据基灵在 1897 年的公开文件上引用了当时古德曼的说法: "候选者由此就可以跻身于戴着桂冠的发现者之列".

魏尔斯特拉斯现在有了终生的目标: 通过在幂级数 (单个与多个变元的) 方面的严格的、系统的工作来掌握任意高阶的超椭圆积分的反演问题, 而这早就由先知般的雅可比提出了 —— 甚至可能是对最一般的阿贝尔积分提出的.

正是在这样一条道路上, 所谓的魏尔斯特拉斯函数论, 可以说, 是作为一项副产品出现的.

当魏尔斯特拉斯生活在德意志 – 克隆和布劳恩斯贝格, 因而处于数学上与世隔绝的年代, 他就力图一丝不苟地、系统地解决这个问题. 关于他在这个时期的结果, 我们只有很零星的例子:

在德意志 – 克隆 Progymnasium 1843 年的年度报告 "关于解析阶乘的说明" (*Bemerkungen über die analytischen Fakultäten*) 中, 我们已可找到魏尔斯特拉斯函数论的基础 (见《全集》第 1 卷 87 页以下).

在布劳恩斯贝格 Gymnasium 1849 年的年度报告里, 他对于任意的第一类和第二类超椭圆积分

$$\int \frac{dz}{\sqrt{f_6(z)}},\quad \int \frac{z\,dz}{\sqrt{f_6(z)}},\quad \int \frac{z^2\,dz}{\sqrt{f_6(z)}},\quad \int \frac{z^3\,dz}{\sqrt{f_6(z)}}$$

各自的 4 个周期, 建立了 "双线性关系式" (这是整个理论的基础), 它们对应于单个椭圆积分情况下的 "勒让德关系式"

$$\omega_1\eta_2 - \omega_2\eta_1 = 2\pi i.$$

(见 "对阿贝尔积分理论的贡献" (*Beitrag zur Theorie der Abelschen Integrale*),《全集》第 1 卷, 111 页以下.)

1854 年, 他最终在 *Crelle* 杂志 47 卷上发表的公式可以用来解决具有任意亏格 p 的超椭圆积分的反演问题, 文章题为 "阿贝尔函数理论" (*Zur Theorie der Abelschen Funktionen*, 见《全集》第 1 卷, 133 页以下).

这里讲到的少量文章在《全集》第 1 卷里被大大扩展了. 我们知道, 早在 1841 年, 魏尔斯特拉斯就已经证明了我们现在所说的洛朗展开定理.

1842 年在关于单变元代数微分方程的研究中, 魏尔斯特拉斯不仅进展到了决定解的解析性质, 而且越过这一点进到了解析拓展原理; 在这里他吃惊地看到, 这些函数拓展的尽头是所谓 "自然边界".

1854 年标志着魏尔斯特拉斯的大作的完成, 是他一生的转折点. 他被哥尼斯堡大学授予了荣誉学位, 还得到了假期把他的初步的简短的工作做出来.

1856 年他被召到柏林. 正如 1826 年 *Crelle* 杂志的创立一样, 1856 年对于整个数学也有决定性的意义.

1855 年, 当时 32 岁的克罗内克 (Leopold Kronecker, 1823 — 1891, 德国数学家) 作为一个富有的个人来到柏林[41]. 克罗内克 1823 年生于利格尼兹 (Liegnitz, 在德国西里西亚地区, 现在属于波兰, 更名为勒格尼查 (Legnica)), 1891 年去世. 克罗内克的完全不同的数学才能, 和魏尔斯特拉斯的数学才能一样, 值得特别加以估计. 就他主要是关心代数和算术而言, 就他后来为所有数学工作树立了一个规范而言, 他具有一种特定的犹太人式的才能, 但是是特别的、独有的、很强的才能. 在他自己的领域里, 他似乎是通过某种预感, 就掌握了许多基本的关系, 但还不能把它们清楚地做出来.[42]

1856 年, 当时 46 岁的库默尔被召到柏林作为狄利克雷的继任者.

同年, 魏尔斯特拉斯, 当时 41 岁, 也被召到柏林. 可能是由于库默尔的建议.

最后, 在 1857 年, 40 岁的博卡特 (Carl Wilhelm Borchardt, 1817 — 1880, 德国数

---

[41] 克罗内克家里很有钱, 他的父亲是成功的商人, 而母亲也来自富裕家庭. 他自 1845 年获得博士学位后, 用了很长一段时间打理家族事务, 1855 年才再次回到柏林. 他虽然热爱数学, 并且以主要精力从事卓有成效的数学研究, 但是并不急于在大学里谋求职务. 所以克莱因说他 "作为一个富有的个人来到柏林". —— 中译本注

[42] 关于克罗内克和整个柏林数学圈子, 请参看 A. Kneser 在克罗内克百年诞辰时的 Festrede, *Jahresbericht der DMV*, 1925, 210 页以下. 亦见 H. M. Weber 发表在 *Mathematische. Annalen.*, Bd. 43 的 *Kronecker* 一文, 以及 G. Frobenius, "*Gedächtnisrede auf Leopold Kronecker*", *Abh. der Berliner Akad.*, 1893. —— 德文本编者注

学家) 从 *Crelle* 杂志第 53 卷起, 开始主编这个杂志. 只要看一看这些名字, 我们就可以看到一个新的柏林数学学派是怎样成形的.

魏尔斯特拉斯就这样被转移到一个充满数学的兴奋的世界. 然而, 尽管这带给他许多内在和外在的进展, 魏尔斯特拉斯的新职位, 对于他来说仍是好坏参半的事情. 如果在今天, 他会被作为一个 "院士" 召到柏林, 例如像爱因斯坦那样. 但是, 他那时是编制内的教授, 他必须在商学院 (柏林工业大学的前身的一部分) 每周讲 12 小时课, 同时他还是柏林大学的额外教授. 与他之前与世隔绝的生活相比, 他此时学术上的负担是过于沉重的.

除此以外, 他在 1857 年向柏林科学院递交了第一篇关于一般阿贝尔函数的论文, 而在同时, 黎曼关于同一个问题的论文也发表在 *Crelle* 杂志第 54 卷上. 黎曼的论文里包含了那么多新概念, 使得魏尔斯特拉斯把自己的论文收回了, 而且事实上以后再也没有发表. 这件事必然使得魏尔斯特拉斯非常激动.

不论如何, 在 1859/60 学年冬季学期, 他已经有了过分劳累的迹象, 而到 1861 年就彻底地精神崩溃了. 所以, 1861/62 学年冬季学期, 他就没有再教课, 之后也只在柏林大学活动, 在那里, 他最终于 1864 年 (那时他 49 岁) 获得正教授职位.

这样, 我们看到魏尔斯特拉斯获得了他在柏林的最高的职位.

他的就职演说 (Antrittsrede) 对于我们来说特别有意思. 这是在他进入柏林科学院时, 于 1857 年 7 月 9 日作的 (《全集》第 1 卷 223–226 页). 现在的一代人都把魏尔斯特拉斯看做只是纯粹数学的代表. 但在这篇演说里, 在简短地概述了他的理论目标, 以及为了达到这个目标所作的工作以后, 可以找到一段有趣的话 (《全集》第 1 卷 225页):

"但是我认为, 尽管物理学把数学看做仅是一个辅助的, 虽然有时是不可缺少的学科, 也尽管数学家把物理学家提出的问题, 只看成为他们的方法提供了丰富的例子, 我们对数学与自然科学的关系, 还要看得更深一些才好. 但是今天, 我不能就这个深藏在我心中的问题作进一步的探讨. 然而对于我提出的这个问题, 即从现在的数学所满足的抽象理论中, 是否真有可能得出直接有用的东西, 我只能引用希腊数学家的例子, 他们在谁也没有想到圆锥截线可能是行星运行的轨道以前很久, 就已经以纯粹思辨的方式来研究圆锥截线了; 我还要说, 我一直希望会有更多的函数具有雅可比所赞颂的 ϑ 函数那样的性质, 它告诉我们, 一个整数可以分解成多少个平方和, 怎样求椭圆的弧长, 它还可以 —— 也只有它可以 —— 告诉我们摆的运动的真正的法则."

这样, 我们看到, 魏尔斯特拉斯并不是全然远离数学的应用, 肯定更不会反对应用. 虽然他的论著里找不到与应用数学有密切关联, 然而在他的讲义里, 他总是触及力学中的问题; 特别是, 他力促自己的学生 —— 如布隆斯 (Ernst Heinrich Bruns, 1848 — 1919,

德国数学家, 天文学家)、科瓦列夫斯卡娅 (Sofia Vasilyevna Kovalevskaya[43], 1850 — 1891, 俄罗斯数学家) 等人——走向这个方向. 尽管如此, 他的态度与黎曼很不相同; 黎曼用他的数学才能来打开自然科学的新道路, 反过来又从自然科学得到形成新数学思想的刺激; 魏尔斯特拉斯则满足于对应用数学已经形成的问题给出完全的、严格的解答.

大约在 30 年的长时期里, 魏尔斯特拉斯一直对越来越多的听众讲课, 虽然在他的晚年, 这些讲课常因疾病而受阻, 终于, 在 1897 年 2 月 17 日, 81 岁半时, 他最后在病痛中倒下.

魏尔斯特拉斯的讲义对我们特别重要, 因为他很少把自己的作品印刷出来. 在我们这个 "古登堡 (Johann Gutenberg, 1398 — 1468, 德国人, 近代活字印刷术的发明人) 时代", 他却对于印刷术从原则上有一种反感, 这实在是一个值得注意的现象. 这样, 他从不许别人把他的作品用机械印刷, 而要求人们手抄. 在当时的柏林, 通常的情况是, 人们若对魏尔斯特拉斯的课程有兴趣, 就得把这一部分系统地手抄下来. 这些笔记又传播到国外, 最终对我们这门科学的进程有权威性的影响. 所以, 我们必须稍微仔细地讨论这些讲义.

在他的《全集》第 3 卷末尾有这些讲义的完全的清单[44]. 我在这里只能提一下魏尔斯特拉斯所遵循的总的顺序: 解析函数, 椭圆函数, 椭圆函数的应用, 超椭圆函数或阿贝尔函数.

他也讲过其他的科目, 例如综合几何和变分法. 后一门课后来重复讲过好几次.

按照我的回忆——我在 1869 年就到过柏林, 1869/70 学年我也在那里——魏尔斯特拉斯的地位是一种绝对权威的地位, 他的听众, 时常还未曾正确地了解其深意, 就把他的教学当作不容置疑的规范, 不允许有任何怀疑; 要掌握魏尔斯特拉斯教学的内容必须克服很大的困难, 因为他几乎从不引用其他材料. 他在教学中为自己树立了一个目标: 要为次序分明的思想给出一个协调的体系. 这样, 他总是从基础开始, 系统地向上建筑, 力求毫无缺陷, 循序渐进, 使得在这个系列中, 不需要引证其他文献, 只需要引述自己已经讲过的东西就行了.

我和李都从来没有听过魏尔斯特拉斯的课——这一点我很后悔. 这是出于一种反

---

[43] 俄罗斯人的姓名规则有些怪. 一般说来, 它由 3 个部分组成: 本人的名字, 即 first name, 其次是父名, 最后是姓 (last name, family name). 现在 Sofia 是本名; Vasilyevna 是父名, 即是说, 她的父亲叫 Vasilyev; 至于姓, 她家原来姓 Krukovsk, 但是她婚后要从夫姓, 而她夫家姓 Kovalevsk. 此外, 俄罗斯人的姓名又有不同的后缀, 视性别而异; 男的用 y, 女的用 aya; 所以她的丈夫叫 Kovalevsky, 而她自己叫 Kovalevskaya. 俄罗斯名字的拉丁对照拼法又不是完全统一的, 所以现在中文文献里俄罗斯名字的翻译时常引起混淆. 再就是她的本名, 时常有人爱用她的小名 Sonya(索尼娅), 克莱因就是这样做的. 她本人则用 Sofia(索菲娅), 中译本依克莱因用 "索尼娅". ——中译本注

[44] 请参看本章的脚注 [20]. 那里提到的由施瓦茨作的数学分析讲课笔记, 是本书没有提到的, 因为它的发现较晚. 把那份笔记与现有几乎所有的数学分析教科书比较, 恐怕很难找到讲得如此清楚的书. 例如看一下魏尔斯特拉斯是如何讲 "臭名昭著" 的 $\varepsilon - \delta$ 的, 就会理解魏尔斯特拉斯的讲义的重要性. ——中译本注

叛的精神. 在讨论班上, 我老是按我自己的思路在想问题. 但是我确实对魏尔斯特拉斯有一次讲的椭圆函数课作过笔记, 多年以后在我自己关于这个主题的工作中, 还经常使用它.

这样魏尔斯特拉斯就逐渐在整个科学世界里被看做一个不可比拟的权威 (见米塔－列夫勒 1900 年在巴黎的国际数学家大会上的讲演, 他在那里 (131 页) 引述了埃尔米特说的话: "魏尔斯特拉斯是我们所有人的老师".)

然而到头来, 魏尔斯特拉斯也难免因为别人攻击他的教义而失望 (见米塔－列夫勒在 *Acta Mathematica*, Vol. 39, 194 页以下所发表的, 他于 1885 年 3 月 24 日致科瓦列夫斯卡娅的信). 跟随克罗内克, 在数学中又出现了一个新方向. 克罗内克以哲学的考虑为基础, 只承认整数存在, 至多承认有理数存在, 而想完全废除无理数——按照这个方向, 魏尔斯特拉斯的函数理论的基础是不能令人满意的. 这是在科学的框架内的一种变化, 但是有点像在文学和艺术里常有的那种迅速的变化. 非常令人遗憾的是, 魏尔斯特拉斯——可能是由于和克罗内克的个人争论——对别人的反对意见反应强烈, 这种反应在魏尔斯特拉斯的晚年表现得很清楚——在上面引述的信中可以看到魏尔斯特拉斯的痛苦. 现在我们几乎都会说: 不必太认真; 世上的一切事物都要服从永恒的变化这条规律, 幸存者必须认命, 因为对年轻一代来说来到前台的往往是 [不同于老一代的] 其他的思想. 我们谁都不能阻止世界离开我们, 超越我们. 我们甚至不该这样希望, 因为当我们年轻的时候, 我们何尝没有排斥过那些占统治地位的意见.

时至今日, 我们也知道, 克罗内克的哲学, 虽然在最严肃的数学家中也一再能找到代表人物, 却没有从根本上动摇魏尔斯特拉斯的函数论. 我们不能否认克罗内克的哲学是一种有条件的论证, 是在一定方向上的数学探讨. 但是它从来没有能够找到广泛的适用性, 它自身也从来没有真正的成果. 庞加莱有一次曾经这样说到克罗内克 (见 *Acta Mathematica*, Vol. 22): 他在数学中得到伟大的成就 (主要在数论和代数方面), 只是因为他有时忘记了自己的哲学教义.

我愿意现在来谈一谈魏尔斯特拉斯的函数论. 当然在这里和以前在别处一样, 我只能提出一些最基础的东西, 再加上这个理论的几个一般方向.

魏尔斯特拉斯的出发点是幂级数 $\mathfrak{P}(z-a)$ 或 $\mathfrak{P}(1/z)$. 它在收敛圆内的值, 如果收敛圆存在的话, 就构成了 "函数元素". 再借助于 "解析拓展"——这些拓展也是借助于幂级数来实现的, 它还可以 (按我们常用的说法) 穿透黎曼曲面的各叶——就得到了所谓 "解析函数", 即一个函数元素解析拓展的全体.

这里产生了一个问题, 即 "奇异的地方"——我们用这个词统称使得函数为无穷, 或使得函数分支的地方 —— (它们一定位于各个幂级数的收敛圆的圆周上) 是否也算作属于这个函数? 魏尔斯特拉斯规定, 如果无穷大和分支都是有限阶的, 就要算: 在这种地方, 可能有 $(z-a)^{1/n}$ 的幂的展式, 而且其中只能有有限多个负幂. 对于无穷远点,

$(z - a)$ 就要换成 $1/z$.

魏尔斯特拉斯这样就得到了 "解析结构" (*analytische Gebilde*) 的概念.

这些定义和黎曼所需要的定义本质上是相同的. 但是再往前走, 黎曼和魏尔斯特拉斯的理论就发展得大不相同了. 因为魏尔斯特拉斯只用幂级数来运作, 他的解析拓展就一方面使人能够维持完全的算术严格性, 而另一方面又使得向多变元情况的推广变得容易而合理 —— 魏尔斯特拉斯一直对多元情况赋予了很大的分量.

"魏尔斯特拉斯严格性", 这个说法在那时已经成了演绎数学的口头禅 (可以说, 这与之前提过备受赞扬的高斯的严格性形成鲜明对比), 它一方面包含了魏尔斯特拉斯在处理无穷级数时的小心谨慎. 在这方面, 他把一致收敛性的概念放在非常重要的地位, 一致收敛性后来成了重要的工具和证明方法. 另一方面, 魏尔斯特拉斯又成了回到基本的算术运算的第一人, 每一轮讲课, 都要从头讲起, 从无理数的本性的精确讨论开始 —— 后来这就成了一个习惯, 简直令人心烦.

按照魏尔斯特拉斯的定义, 一个解析函数可以有 "自然边界", 这一点我们前面已经说过. 这些自然边界可以是曲线, 也可以是孤立的点 ("本性奇点"). 黎曼从不考虑自然边界. 但是魏尔斯特拉斯的系统的思维模式使得他能对于解析函数在自然边界的附近的性态有一个精确的看法.

从魏尔斯特拉斯的出发点可以直接引导出的最简单的情况如下: 令一个函数 $G(z) = \mathfrak{P}(z - a)$ 是由在全平面上收敛的幂级数给出的. 它就被称为 "魏尔斯特拉斯整函数". 设它不是有理函数[45], 即此幂级数不是只在有限多项以后就中断的, 则它在 $z = \infty$ 处有本性奇点, 所以这一点不应该被包括在解析结构内.

魏尔斯特拉斯在 $z = \infty$ 附近研究整函数 —— 这个名词也是魏尔斯特拉斯创造的 —— 并且得到了下面的定理 (后来则被推广为皮卡 (Charles Émile Picard, 1856 — 1941, 法国数学家) 定理): 一个不恒为常数的整函数, 在本性奇点 $z = \infty$ 附近必可无限多次地无限逼近任意指定值. (其实这个定理已经在好几年前就由卡索拉蒂发现了[46]).

魏尔斯特拉斯关于整函数的这些研究发表在他的 "论单值解析函数" (*Zur Theorie der eindeutigen analytischen Funktionen, Berl. Abh.*, 1876, 即《全集》Bd. 2, 77 页以下) 一文中, 但是这些肯定都属于他的更早的研究工作.

除此以外, 魏尔斯特拉斯还积极地研究了如何用 $G(z)$ 的零点表示它, 也就是用无穷乘积表示 $G(z)$. 他把 $G(z)$ 写成

---

[45] 见魏尔斯特拉斯《全集》Bd. 2, 78 页. —— 日译本注

[46] 卡索拉蒂在 1868 年发表了这个定理的证明, 而且就发表在本章 235 页所引述的他写的书《复变函数理论》中. 其实, 用现代的语言这个定理可以很清楚地表示为: 若 $w = f(z)$ 非常值函数, 而 z_0 是其本性奇点, 则在其任意邻域中, $f(z)$ 之值在整个 w 平面上稠密. —— 中译本注

$$G(z) = \prod \left(1 - \frac{z}{\alpha_i}\right) e^{\Gamma_i(z)}.$$

这里的指数因子是必须要有的, 这样才能保证收敛性. 魏尔斯特拉斯把因子

$$(z - \alpha_i)e^{\Gamma_i(z)}$$

称为 $G(z)$ 的 "素因子".

我们在这里看见了魏尔斯特拉斯的兴趣方向的两个样本: 一是把函数分解为 "素因子" 的乘积; 二是趋于自然边界的倾向.

我在这里还要再加两点一般的说明. 首先, 虽然魏尔斯特拉斯是惊人的多面手, 他却从没有真正研究过数论. 数论之引人注意在于, 可以按照各个数学家的口味对它有大不相同的态度. 有些数学家被它完全迷住了, 总在引述高斯称数论为数学的女皇这件事; 另一些数学家, 如当今的法国数学家, 对它毫无兴趣掉头而去. 对数论的态度不仅因人而异, 也因数学发展的时代而异. 其基础可能在于, 数论比之我们的科学的其他分支, 更要求不同的方法, 而一个人在绝大多数情况下, 都只能学会正确地、成功地使用一种工具. 魏尔斯特拉斯尽管看起来对于数论很冷漠, 心中却总是放着 "整数可以分解为素因子" 这个定理, 而且这种分解除了可以相差单位元 [而且容许各个因子次序不同][47] 外是唯一的. 看来在他的心目中, 建立这个定理对于整函数的类比, 是函数论的理想. 我们已经看到, 他在他的整函数的领域中是多么成功. 我还愿意加上一点, 在他的多值代数函数及其积分理论中, 他也提出并探索过同样的问题.

其次, 我还想看一下把他引导到这些问题的源泉是什么. 到大师们的作坊里去看一看, 看大师们的创造性的产物是怎样出现的, 又是怎样成长的, 这既是有趣的也是有益的.

我找到了两个这样的源泉. 第一是这位大师的传承. 我们可以用他的从事阿贝尔函数的研究为证据, 这些函数的研究是雅可比提出的. 第二个源泉是大师的思维有一种系统化的结构. 这种结构迫使他一旦开始某项研究, 就一定要达到某种完美的地步, 看他手边可用的工具有多大的能力而定.

第三个可能的出发点是应用 (以黎曼为例), 魏尔斯特拉斯则完全没有.

第四个可能的出发点是某种哲学–逻辑的假设, 我们确实在一些有成果的数学家身上看到过, 一个例子就是上面讲到的克罗内克: 只对整数进行运作, 而且认为只含有限多步的思考才是有效的. 魏尔斯特拉斯似乎没有这样的出发点, 如果我们不把 *algebraica algebraice* (代数问题代数处理) 这样的基本命题也算进去的话.

魏尔斯特拉斯的整函数及其乘积分解的理论, 我上面讲述了其最初等最基本的要点, 在他的椭圆函数理论中, 在他所构造的基本函数 $\sigma(u)$ 中, 找到了最光辉的应用; 从

---

[47] 方括号里的字样是中译者加的. —— 中译本注

历史背景看, 说不定他的整函数理论原来就是来自他的椭圆函数理论. 让我在这里再讲所要考虑的椭圆函数理论的细节, 是多余的, 因为我在第 1 章里已经接触到了这一点. 我宁可只讲一下几个历史性质的命题.

第 1 章 33 页已经给出了 $\sigma(u)$ 的乘积展开式

$$\sigma(u|\omega_1, \omega_2) = u \prod{}' \left(1 - \frac{u}{m_1\omega_1 + m_2\omega_2} \right)$$
$$\cdot \exp \left[\frac{u}{m_1\omega_1 + m_2\omega_2} + \frac{1}{2} \frac{u^2}{(m_1\omega_1 + m_2\omega_2)^2} \right].$$

在魏尔斯特拉斯的工作里周期总是有一个因子 $2 : 2\omega_1$, $2\omega_2$, 而这里少了因子 2. 但是在我的工作进程中, 我总是只写 ω_1, ω_2 来代替魏尔斯特拉斯的周期 $2\omega''$, $2\omega'$,[48] 我就这样抹掉了一直传承下来的因子 2 的存在感, 作为补偿, 我得到了较大的对称性, 因为我在继续工作时时常发现要用某个数 $3, 4, \cdots, n$ 去除周期. 考虑各种椭圆函数在周期的线性变换

$$\omega_1' = \alpha\omega_1 + \beta\omega_2,$$
$$\omega_2' = \gamma\omega_1 + \delta\omega_2$$

(其中 α, β, γ, δ 为整数且 $\begin{vmatrix} \alpha & \beta \\ \gamma & \delta \end{vmatrix} = 1$) 下的性态可以得到更流畅的原理. 这就是所谓的 "层次理论" (*Stufentheorie*) (1879, 见《克莱因全集》第 3 卷, 169 页以下). 如果函数在所有这类变换下不变, 就说它属于第 1 层次. 如果它们在以下的变换族下不变:

$$\left. \begin{array}{l} \omega_1' = \alpha\omega_1 + \beta\omega_2 \equiv \omega_1 \\ \omega_2' = \gamma\omega_1 + \delta\omega_2 \equiv \omega_2 \end{array} \right\} \quad (\mathrm{mod}\ 2),$$

或在以下的变换族下不变:

$$\left. \begin{array}{l} \omega_1' = \alpha\omega_1 + \beta\omega_2 \equiv \omega_1 \\ \omega_2' = \gamma\omega_1 + \delta\omega_2 \equiv \omega_2 \end{array} \right\} \quad (\mathrm{mod}\ n),$$

就说它们属于第 2 或者第 n 层次.

这些基本点可以总结如下: 函数 $\sigma(u)$, $\wp(u)$, $\wp'(u)$, g_2, g_3 都是第 1 层次的, 而雅可比的那些函数 $\mathrm{sn}\, u$, $\mathrm{cn}\, u$, $\mathrm{dn}\, u$, k^2 则都是第 2 层次或第 4 层次的. 使用更高层次的函数有时是很有好处的. 魏尔斯特拉斯大多数情况要与第 2 层次的函数打交道, 并努力给它们以对称的形式. 他通过引入所谓辅助 σ 函数 $\sigma_1(u)$, $\sigma_2(u)$, $\sigma_3(u)$ 来做到这一点, 而这些辅助 σ 函数则依赖于半周期. 为此, 他先通过等式

$$e_1 = \wp \left(\frac{\omega_1}{2} \right), \quad e_2 = \wp \left(\frac{\omega_2}{2} \right), \quad e_3 = \wp \left(\frac{\omega_1 + \omega_2}{2} \right)$$

---

[48] 然后魏尔斯特拉斯记 $\omega_1 = \omega'$, $\omega_2 = -(\omega' + \omega'')$, $\omega_3 = \omega''$.

来引进 3 个常数 e_1, e_2, e_3. 它们都是第 2 层次的函数, 并且满足恒等式

$$\wp'^2 = 4\wp^3 - g_2\wp - g_3 = 4(\wp - e_1)(\wp - e_2)(\wp - e_3).$$

σ_i $(i = 1, 2, 3)$ 可以利用它们表示为

$$\sigma_i = \sigma\sqrt{\wp - e_i},$$

根号的符号要这样选择, 使得

$$\lim_{u \to 0}(\sigma_i u - 1/u)$$

为有限. 函数 σ_i/σ 也是属于第 2 层次的, 而且可以很迅速地代替雅可比的函数 sn, cn, dn.

作了这些简短介绍之后, 我本想结束关于魏尔斯特拉斯的复变函数理论的讨论, 不过还需要加上一些关于历史的说明, 详见 Fricke 在 *Enz.* II B3 里的出色的综述文章: "椭圆函数" (*Elliptische Funktionen*).

如果我们要问, 魏尔斯特拉斯是从哪里得到把他的函数表示为无穷乘积这一想法的, 我们就会找到他的主要先行者, 那位不幸英年早逝的有才华的数学家艾森斯坦, 他的名字我们已经提过好几次了. 他在 *Crelle* 杂志 1847 年第 35 卷上发表了一篇文章: "可以把椭圆函数表为其商的双重无穷乘积的精确研究" (*Genaue Untersuchung der unendlichen Doppelprodukte, aus welchen die elliptischen Funktionen als Quotienten zusammengesetzt sind*)[49].

他在这篇文章里没有得到完全对称的法式、标准形式和主 σ 函数, 因为他缺少了需要加到各个素因子上的指数因子. 但是他看到了乘积

$$u \cdot \prod\left(1 - \frac{u}{m_1\omega_1 + m_2\omega_2}\right)$$

只是条件收敛的, 即其值依赖于各个因子的次序; 他也决定了其多值性的情况, 并由此得到了函数 $\wp(u)$, $\wp'(u)$, g_2, g_3 以及它们之间的关系. 这样, 艾森斯坦缺少的是指数因子——而魏尔斯特拉斯则把指数因子与此乘积的各个因子不可分地融为一体——只有引入它们才使这个乘积绝对收敛. 魏尔斯特拉斯自己说, 他是从高斯那里得到这个想法的, 因为高斯在 1812 年对于 Γ 函数就是这样做的 (见《高斯全集》第 3 卷 145 页关于超几何级数的文章).

读者们请勿因为这里引用了艾森斯坦而被误导, 低估魏尔斯特拉斯的伟大成就. 能把许多研究成果融合为统一的理论, 这就已经是一个伟大成果. 如果考虑到雅可比理论

[49]关于艾森斯坦这方面的工作, 20 世纪最杰出的数学家之一 André Weil 曾写过一本小册子, 他在里面详细描述了艾森斯坦在椭圆函数方面的独特贡献. 可参见 Weil 的著作 *Elliptic functions according to Eisenstein and Kronecker*, Vol. 88, Springer Verlag, 1976. ——校者注

的权威性, 魏尔斯特拉斯能够顶住同时代人们的思想, 敢于按自己的新观点对之加以改造, 就更应该高度评价魏尔斯特拉斯的成就了.

现在我要讲一讲魏尔斯特拉斯的函数论的传播和效果.

我们已经说过, 魏尔斯特拉斯的思想, 首先是通过听课的笔记, 而传播到较为广阔却仍然很有限的公众之中的. 教科书是逐渐出现的, 而且只是部分地由他的直接的学生, 特别是德国学生写的. 这一点可以用以下事实来解释: 魏尔斯特拉斯的直接教学过分地压制了听众的自发性, 而且事实上, 只有那些已经通过其他途径完全确信了其讲课内容的听众, 才能完全听懂. 篇幅较大的著作要么是外国人写的, 要么就是在外国出版的. 我们在研究魏尔斯特拉斯所建立的理论的进一步发展时, 也会有这种——乍一看有点怪——的感觉.

我要先列举一些与魏尔斯特拉斯密切相关, 并且有助于传播他的结果的教科书.

a) 基础

第一本教科书是我的朋友施托茨 (生于奥地利的因斯布鲁克附近的哈尔) 所写的《一般算术讲义, 按现代观点处理》(*Vorlesungen über allgemeine Arithmetik. Nach den neueren Ansichten*), 1885/86. 此书的突出之处是, 作者的叙述方式是很有责任感的, 对要点的讲法则完全按魏尔斯特拉斯的方式来.

b) 一般的函数论

1887 年出版了 Biermann (奥地利人) 的《解析函数理论》(*Theorie der Analytischen Funktionen*). 但是我不能无条件地推荐它, 因为它不全可靠.

福赛思 (Andrew Russell Forsyth, 1858—1942, 英国数学家) 的《单复变函数论》(*Theory of Functions of a Complex Variable*, Cambridge, 1893).

Harkness (James Harkness, 1864—1923, 加拿大数学家)-Morley (Frank Morley, 1860—1937, 美国数学家) 的《函数理论专著》(*A Treatise on the Theory of Functions*, New York, 1893). 第一作者是英国人, 第二作者是美国人. 两国对纯粹数学都有特别的包容力, 而那时由凯莱 (1895 年去世) 和西尔维斯特 (1897 年去世) 所代表的他们自己国家的数学传统已经消退了. 他们很快地急切地接受了魏尔斯特拉斯的思想.

c) 椭圆函数

领先的是施瓦茨写于 1885 年的《椭圆函数的公式和定理》(*Formeln und Lehrsätze zum Gebrauch der elliptischen Funktionen*) (这并不是一本真正的教科书).

其余的教本都是外国人写的, 事实上, 这一次都是法国人.

1886/88, 阿尔芬 (George Henri Halphen, 1844—1889, 法国数学家):《论椭圆函

数及其应用》(*Traité des fonctions elliptiques et de leurs applications*), 此书共 2 卷半, 以初等方式开始, 但是很快就进到新的研究, 后因作者去世未能完成.

1893, 坦纳利 (Jules Tannery, 1848—1910, 法国数学家) 和莫克 (Jules Molk, 1857—1914, 法国数学家) 合写的《椭圆函数理论原理》(*Éléments de la théorie des fonctions elliptiques*), 共 4 卷, 非常彻底, 是典型的教科书.

在法国, 因为柯西于 1857 年去世, 函数论的研究被削弱了. 从 19 世纪 40 年代末以来, 是埃尔米特 (1822—1901) 维持了柯西传统的高度. 但是埃尔米特不论是多么出色的数学家, 总还缺少一个足以创建和维持自己学派的领导者所需的独立品质. 他总需要有所依赖, 使得他先是倾慕于雅可比, 后来则倾慕于黎曼和魏尔斯特拉斯. 埃尔米特是一个非常值得注意的数学角色, 我们以后还常会讲到他. 许多重要的开创性的发现都有赖于他, 然而在他的系统讲述中, 尚有不完全清楚之处. 我只举一个例子: 他在流传很广的函数论讲义的复印件 (他在索邦 (Sorbonne, 即巴黎大学) 的许多讲义都流传很广) 里, 使用了 "coupure" (字面的意思是 "切割") 一词, 不知是什么意思? 这是黎曼的 "Schnitt" 一词的译文, 不明白是指问题中固有的自然边界, 或者只是一个分支割口 (Verzweigungsschnitt), 所以有些含混.

说真的, 埃尔米特通过他的伟大的善与人相处, 通过他自觉地把数学提升到超越各种党派之争, 超越每一种片面的民族主义 (这种民族主义已经在法国年轻一代中抬头), 通过他的大量通信, 在好几十年里, 实际上是整个数学的中心. 但是他没有一种强有力地抓住一个方面不放的精神, 而这是数学的新方向的开创者所必需的.

从 1880 年以来, 埃尔米特的学生们拿起了德国的全套函数论, 开出了法国数学的新花朵; 其中就有皮卡和庞加莱等人. 庞加莱写出了我们迄今为止关于魏尔斯特拉斯的工作在科学上的意义的最彻底 (而且非常有趣) 的报告 (见 *Acta Mathematica* 第 22 卷).

回溯一点, 对于我们的教科书的清单还应该加上:

d) 阿贝尔函数

1897, 贝克 (Henry Frederick Baker, 1866—1956, 英国数学家) 的《阿贝尔定理和相关理论》(*Abel's Theorem and the Allied Theory*, Cambridge University Press) 总的说来也是基于德国的函数论.

现在我们来讲魏尔斯特拉斯的函数论的进一步的发展.

首先是魏尔斯特拉斯的函数的一般理论. 在德国我们要举出普林斯海姆 (Alfred Israel Pringsheim, 1850—1941, 德国数学家). 他于 1850 年出生, 1877 年以后一直在慕尼黑大学. 他是从哥尼希贝格 (Leo Königsberger, 1837—1921, 德国数学家) 的海德堡学派转到魏尔斯特拉斯旗下的, 他严格地、几乎绝无例外地只使用幂级数, 而得到了新的结果.

这里我还要提出一个人, 魏尔斯特拉斯的思想和方法的传播, 很大地是由于他的富有成效的国际活动.

这人就是米塔–列夫勒 (Magnus Gösta Mittag-Leffler, 1846 — 1927, 瑞典数学家). 他于 1846 年生于斯德哥尔摩, 1881 年以后一直在斯德哥尔摩大学. 作为魏尔斯特拉斯的学生, 他研究函数的部分分式分解以及相关的分解. 米塔–列夫勒是一种独特类型的数学家; 在他身上, 比起他善于安排自己的外部活动, 以及他想用或多或少地属于外部的动机来激励他人研究数学, 他自己的真正的数学研究要居于第二位. 在这方面, 以及在他的私人生活上, 他都是一个了不起的企业家. 但是更有甚者, 他是宫廷官员以及外交家. 他穿梭于巴黎和柏林之间, 使自己成为埃尔米特和魏尔斯特拉斯都少不了的人, 推动他们的国家的官方关系来传播他们的思想. 他很早就明白了庞加莱的了不起的意义, 把庞加莱紧紧地拉到自己身边, 为他在 1882 年创办的 *Acta Mathematica* 完全地赢得了庞加莱.

从一开始他就很巧妙地利用自己与瑞典外交界的关系, 为 *Acta* 赢得了很大的发行量, 使得这份刊物声名远扬, 而且处处都能得到 —— 而在那时, 较老的刊物《数学年刊》(*Mathematische Annalen*) (创办于 1868 年) 还时常处于阴影中.

在魏尔斯特拉斯的学生中, 研究椭圆函数最多的是吉佩尔特 (Friedrich Wilhelm August Ludwig Kiepert, 1846 — 1934, 德国数学家), 他从 1879 年起一直在汉诺威. 研究阿贝尔函数最多的是肖特基 (Friedrich Hermann Schottky, 1851 — 1935, 德国数学家), 他从 1902 年起一直在柏林.

我在这里只提起这两位; 但是事实上, 魏尔斯特拉斯影响了所有我们这些人; 我们虽然生活在别的土壤上, 却也来到了椭圆函数和相关的函数这个领域. 我只需要提一下我自己和麦克斯·诺特.

在我 1886 年到 1889 年关于超椭圆函数和阿贝尔函数的工作 (见于 *Mathematische Annalen*, Bd. 27-36, 即《全集》第 3 卷, Nr. XCV-XCVII) 中, 我把关于 σ 函数的概念推广到高阶情况, 而且对于魏尔斯特拉斯的将代数函数分解为素因子和单位元素, 在黎曼曲面上如何实现这种分解, 给出了我最终的意见. 我本来愿意关于这一点多讲一些, 但是, 在这本讲义的总的框架下, 这却不太可能[50].

最后, 我想对于魏尔斯特拉斯的著名学生索尼娅·科瓦列夫斯卡娅讲几句话.

她于 1850 年生于莫斯科, 而且在海德堡师从哥尼希贝格, 作为私人学生攻读数学 —— 我在这里只能讲一下她的数学命运 —— 后来又到柏林跟随魏尔斯特拉斯, 二人关系非常密切. 但是由于当时不许女生听课, 她就从没有听过他的公开课程. 由于魏尔

[50] 见 Krazer-Wirtinger, *Abelsche Funktionen und allgemeine Thetafunktionen* (*Enz.* II B7), 以及 Bieberbach, *Neuere Untersuchungen über Funktionen von komplexen Variablen* (*Enz.* II C4).

斯特拉斯的推荐, 她以自己在线性偏微分方程上的工作 (发表在 *Crelle* 杂志第 80 卷上) 于 1874 年在哥廷根得到博士学位 *in absentia* (即本人未曾参加答辩). 在这个工作中, 她证明了具有解析系数的线性偏微分方程必有解析解, 这就实现了魏尔斯特拉斯在青年时期的一项工作里提出的思想, 而这项工作现在发表在《魏尔斯特拉斯全集》第 1 卷里[51]. 由于米塔–列夫勒的鼓动, 她在 1883 年成了斯德哥尔摩的一所以米塔–列夫勒为首的私人大学[52]的 *privatdozent*, 1884 年成了该校的教授; 她在国际上也有了名声: 1889 年, 仍然是由于米塔–列夫勒的鼓动, 她由于非对称重陀螺的工作, 获得了巴黎科学院的大奖. 1891 年索尼娅·科瓦列夫斯卡娅在斯德哥尔摩去世.

她的本性绝非仅用她的数学工作就可以完全刻画的. 除了数学以外, 她还会写小说, 而且能感受小说; 最后. 她还是关心妇女解放运动的中心[53]. 所以, 想对她的科学品格做一个清楚的描述是很难的事. 一方面. 有人热情地赞颂她为一个女英雄; 另一方面则有怀疑者, 很快就倾向于责备她的一生和她的工作. 哪一方面都不能使我们确定无疑; 因为我们都知道, 名誉、过分的赞扬以及过于苛求, 都会扭曲一个人的真实的面目. 可能最有价值的评判是米塔–列夫勒在 *Acta Mathematica* 第 16 卷上为她写的纪念文章.

我们自然只能讨论她的一生中很小的一个片段, 而且还只能是很简短的讨论. 我们主要关心的是她的数学工作的意义. 第一件使我们震动的事在于, 她的工作都是紧密地基于魏尔斯特拉斯的工作, 而且风格也都是魏尔斯特拉斯的, 这样就看不出来, 这些工作在多大程度上出于她的独立思考[54]. 关于她后来的结果出现了一些怀疑; 见沃尔泰拉 (Vito Volterra, 1860—1940, 意大利数学家) 对她关于双折射晶体研究的批评 (*Acta Mathematica*, Vol. 16, 1892/93, 153 页以下), 指出她的就职论文 (*Acta Mathematica*, Vol. 6, 1883) 中有基本的错误. 她关于陀螺旋转的工作也不能令人完全满意.[55]

无论如何, 有一点是肯定的; 索尼娅·科瓦列夫斯卡娅以燃烧的激情、强大的理解力以及同样程度的适应能力参加到对于数学的热情的兴趣之中. 值得赞扬的是, 尽管她在

---

[51] 妇女得到博士学位在哥廷根这并不是第一次; 100 年前 (指本讲义完稿的 100 年以前, 即 1826 年左右. —— 中译本补注), Dorothea Schlözer 年仅 17 岁时, 就以关于俄罗斯的金融问题的论文 "*De re metallica*" 获得博士学位. 在她的学位证书上, 我还见到了美丽的标注: *virgo erudita*, 不幸后来又变成了没有感情色彩的 *domina doctissima*.

[52] 根据其他材料来源 (例如著名的数学史网站 *MacTutor History of Mathematics Archive*), 这所大学就是斯德哥尔摩大学. 在这类问题上, 克莱因的看法, 至少在 "感情色彩" 上, 与其他材料颇有不同. 中译文没有改动克莱因的原文. —— 中译本注

[53] 关于她的生平, 可以参看米塔–列夫勒的姐妹 A. Ch. Leffler 在 Reclam 的 *Universalbibliothek* 丛书中为她写的传记.

[54] 魏尔斯特拉斯写给哥廷根数学系为她申请学位的信, 其中包含了对她截至当时为止的工作的详细的意见, 最近由 Wentscher 和 Schlesinger 发表在 *Jahresbericht der DMV*, Bd. 18 (1909, 89 页和 93 页以下).

[55] 克莱因此处所指的内容, 在 Roger Cooke 关于科瓦列夫斯卡娅的书中都有体现. 建议读者去阅读 Roger Cooke 的书 *The Mathematics of Sonya Kovalevskaya*. Springer, 1984. —— 校者注

不同领域中有许多兴趣, 尽管她一生充满变故, 她在数学中仍然有那么大的成就. 不管怎么说, 我们也应该感谢她, 因为魏尔斯特拉斯在人事上对任何人都取保留的态度, 她却把魏尔斯特拉斯从这种情况中拉出来了. 通过这位老师与他深深信任着的学生的通信, 使得这位老师更加接近我们.

在这桩奇异的事件以后, 妇女在德国可以沿着更加清楚的道路来研究数学了. 自 1893 年秋天开始普鲁士政府允许女生听课了, 而且首先是在哥廷根. 1895 年第一次通过正规的考试向一位女士授予了数学博士学位 —— 这位女士就是 Grace Chisholm, 后来的 Young 夫人.

我们现在就要结束对于黎曼和魏尔斯特拉斯的复变函数理论及其后来的发展的叙述了. 我们希望读者在离开本章时, 对于数学与文化的现代发展的各种问题是怎样联系着的, 会有一个概观. 我们这些哥廷根的人并不是想要反对现代的东西, 但是我们希望把重心放在, 而且一直维持在, 我们的工作上.

第 7 章 对代数簇和代数结构的本性的更深入的洞察

代数几何的进一步的发展

我们在第 3 章和第 4 章里, 讨论了代数曲线、代数曲面等等的理论是怎样在射影直觉的基础上迅猛发展起来的. 我要先研究最简单的事物——曲线. 这里有两个常用词: 相交定理 (intersection theorems) 和切触曲线 [Berührungskurven]. 先讨论最简单的情况, 即我以前多少讲过的平面 C_3 的情况, 而以后我也很乐意再回到这个情况. 这里我们有以下的定理:

a) 所有经过 8 个点的 C_3 必再相交于第 9 个点.

b) 一个平面 C_3 必有 9 个扭转点 [Wendepunkte]. 这些点构成一个值得注意的构形: 它们 3 个一组地位于一些直线上, 即是说, 若一直线上至少有两个这样的点, 则其上恰好有 3 个这样的点. 这样的直线称为扭转直线 [Wendelinie], 一共有 12 条. 我们已经顺便讲过, C_4 有 28 条二重切线. 1857 年出现了黎曼的伟大的关于阿贝尔函数理论的论文. 对于以往各世代的几何学, 经过极为劳苦的研究才掌握了的问题, 黎曼在此文中采取了一条完全不同的途径; 这样, 他就对他所继承下来的资料, 给予了一种新的影响深远的概念性的内容.

当黎曼研究代数方程

$$F(\zeta, z) = 0$$

时, 因为 ζ 和 z 可以解释为正交坐标, 他实际上就是处理的平面代数曲线; 而对 ζ 和 z 赋予复数值, 早在黎曼之前就是很普遍的做法. 但是黎曼还是添加了一些新东西: 1. 考虑了属于这一 "曲线" 的阿贝尔积分 $\int R(\zeta, z)dz$. 借此就在 "阿贝尔定理" 和相交定理, 以及 (借由阿贝尔积分的周期性) 在 "阿贝尔定理" 和切触曲线理论之间建立了最密切的联系. 2. 考虑了 "双有理变换", 即当 ζ 和 z 为 ζ_1 和 z_1 的有理函数, 而且反过来 ζ_1

和 z_1 也是 ζ 和 z 的有理函数时, 若 $F(\zeta, z) = 0$ 变为 $F_1(\zeta_1, z_1) = 0$, 这种变换就把这两个方程放在同一组里. 我们马上就要更充分地解释这些, 而现在我还要加上一些历史的和个人的说明.

黎曼从一开始就认识到他的理论对于代数几何的意义. 但是在他的讲义里, 他只对最简单的情况之一——平面 C_4——作了深刻的考虑. 这些结果只是在晚得多的时候, 才通过讲课笔记为人所知. 要把他提出的问题的论证方法建立在更广泛的基础之上, 并传达到更广大的公众身边, 就需要性格外向得多的人物的推动. 完成这件事的人是克莱布什.

克莱布什 1833 年生于哥尼斯堡, 也成长在哥尼斯堡数学学派里. 他出生太晚没有赶上听雅可比的讲课, 但是与雅可比的学生海赛关系密切. 他也是弗朗兹·诺依曼的热诚的学生. 正是弗朗兹·诺依曼对于数学物理的热情, 引导他做出了第一项创造性的工作. 这项工作是关于固体的弹性理论的. 此书出版于 1862 年, 那时克莱布什在卡尔斯鲁厄的高工教书——克莱布什从 1858 年到 1863 年, 即 25 岁到 30 岁, 一直在那里教书. 但是克莱布什很快就转向了纯粹数学, 具体说是转向代数几何学. 在这个领域中, 他把雅可比和斯坦纳的传统和英国三人组凯莱、西尔维斯特和萨尔蒙的工作连接起来了. 对此, 他还加上了来自黎曼的强有力的推动. 克莱布什在吉森大学时期 (1863—1868) 和他在哥廷根大学时期 (1868—1872, 他在那时是 "乔治·奥古斯特大学"[1] 的副校长 (Rector)[2]) 的科学活动也大体上可以这样来刻画. 1872 年他因白喉突然去世, 享年仅 39 岁.

他的第一篇关于代数几何的论文是发表在 *Crelle* 杂志 Bd. 63 (1863—1864) 上的极好的文章: "论阿贝尔函数在几何上的应用" (*Über die Anwendung der Abelschen Funktionen in der Geometrie*). 我们想在一些简单情况下解释它. 但我要先讲一下, 克莱布什是以一种充满活力的方式使他的思维方式得到广泛接受的. 克莱布什也像雅可比一样, 是一位天才的教师, 他知道怎样把有才能的青年人找出来, 并使他们成为独立的研究者. 要想对他一生的工作做出正确的评价, 除了考虑他本人的工作以外, 还必须考虑到出自 "克莱布什学派" 的那些人的工作. 我在此只提出他的最值得注意的学生: 那就是他的合作者戈丹, 我们在下面还会更仔细地考察这个人. 还有很重要的布里尔和麦克斯·诺特. 最后, 我本人也在某种程度上属于这个圈子, 虽然我稍晚一些, 在来到哥廷根以后才参与了这个学派的计划——而且再晚一点, 我又把我自己与黎曼更紧密地联系了起来. 在我看来, 克莱布什的影响, 最重要的方面是他给予我们的精神影响,

---

[1] 就是哥廷根大学. 取这样的名字是因为它是在 1737 年由当时的汉诺威选帝侯, 即后来的英国国王乔治 II 世创建的. 所以它的正式校名是: George August Göttingen Universität. ——中译本注

[2] 欧洲大学的主要领导人的作用和称谓是很不相同的. 所谓 Rector 是行政和教学的负责人 (或者说是 leading teacher). 但有时最重要的决定需要一个有荣誉地位的负责人才能做出. 在牛津和剑桥, Rector 这样的人叫做 Chancellor. 在许多国家干脆没有类似的制度. 译者不知道克莱布什在哥廷根到底是什么地位, 所以, 把 Rector 译为 "副校长" 可能很不恰当, 请读者指正. ——中译本注

他不仅在我们心里哺育出对科学的热爱, 也唤醒了对自己的能力的自信. 这样, 他的影响与魏尔斯特拉斯的影响是很不相同的: 后者的高耸入云的地位, 如我在上一章反复指出的那样, 宁可说是压抑了他的听众, 而不是鼓励他们进行独立的创造活动. 对于年轻一代, 具有特殊意义的事情, 是他在 1868 年与卡尔·诺依曼一起创办了《数学年刊》(*Mathematische Annalen*) 这份刊物. 它成了这个新学派的机关刊物, 而且通过它, 以具有相同的兴趣的数学工作者为基础, 构建了一个活跃的世界性的数学团体 (请参看《数学年刊》第 7 卷上发表的, 署名克莱布什的 "一群朋友" 写的关于克莱布什的科学工作的论文). 当克莱布什于 1872 年突然去世后, 我们这些受他领导的人, 很自然地遭到了许多其他数学家的强烈反对. 对我们的猜疑到了这样的地步, 使得没有人订阅这份我们常在其上发表自己工作的《数学年刊》, 而在德国, 《数学年刊》只是由克莱布什的少数几个学生和拥护者来维持的. 从一开始, 我们就努力在科学上取得超过他人的地位, 从而最终征服了这些反对者, 为克莱布什的科学事业赢得了普遍的正面的接受. 因此, 《数学年刊》成了最具综合性的数学刊物[3].

我想用一个初等的例子来开始我对克莱布什这篇文章的说明. 这个例子将说明克莱布什的思维方式的新颖与美丽, 同时又尽可能易于接受[4].

我先讲一个三次平面曲线 C_3. 这时, 黎曼数 (即 "亏格") $p = 1$, 而相应的阿贝尔积分就是椭圆积分, 所以我们的基础是牢固的. 为简单起见, 我们可以设想, 在射影变换下 C_3 具有魏尔斯特拉斯的法式 (见第 1 章 33 页)

$$\wp'^2 = 4\wp^3 - g_2\wp - g_3,$$

或者更方便地写为

$$y^2 = 4x^3 - g_2x - g_3.$$

为了在无穷远点附近研究 C_3 的性态, 我们把它齐次化. 就是令

$$x = x_1/x_3, \qquad y = x_2/x_3,$$

而有

$$x_2^2 x_3 = 4x_1^3 - g_2 x_1 x_3^2 - g_3 x_3^3.$$

当 $x_3 = 0$ 时, 我们有 $x_1^3 = 0$. 所以, 无穷远直线 $x_3 = 0$ 是一条扭转切线 [Wendetangente], 它在 y 轴 $x_1 = 0$ 上的无穷远点处切于 C_3. x 轴则是扭转点的所谓 "调和极

---

[3] 请参看分别发表于 1898 年和 1921 年的本刊第 1–50 卷和 51–80 卷的总索引.

[4] 在克莱布什自己的工作和林德曼 (Carl Louis Ferdinand von Lindemann, 1852 — 1939, 德国数学家, 克莱布什的学生) 从 1875 年起开始发行的克莱布什的讲义中, 还有许多中间的计算来确定它和来自雅可比的形式工具的关系.

线" (harmonic polar). 在 x 轴上, 要这样选取零点, 使得在 y^2 的表达式中不出现 x^2 项. 这样一来就暴露出了我们的方程的特殊形状所带来的位置上的特殊性 (见图 $20^{[5]}$). 现在很清楚, 我们有一个 "处处有限的椭圆积分":

$$u = \int_\infty^x \frac{dx}{y} = \int_\infty^x \frac{dx}{\sqrt{4x^3 - g_2 x - g_3}},$$

积分路径则是满足此方程的所有实点和复点的集合. 正如此公式所指出的, 积分下限可以取为无穷远处的扭转点. 于是, 在下限处, 积分之值为零. 在曲线的整个实的部分上积分, 就得到实周期 ω_1. 如果我们对积分在 x 的某一特定值 u_0 增加一个 ω_1, 或增加一个虚周期 ω_2, 或者更一般地增加一个 $m_1 \omega_1 + m_2 \omega_2$ (m_1, m_2 为整数), 则在 u 平面上的相应点对应于曲线上的同一个点. 反过来, C_3 上的每一个点决定了 u 平面上的无穷多个参数值 $u_0 + m_1 \omega_1 + m_2 \omega_2$. 所以, 整个曲线被一对一地映为单一的周期平行四边形; 这清楚地反映了我们的积分必定 "处处有限" 这一事实, 否则, 此曲线在 u 平面上的像必定会延伸到无穷远处.

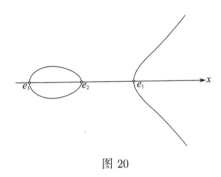

图 20

以上一切只不过是把通常我们熟悉的语言翻译成了曲线的语言. 但是现在到了一个本质的思想转折点. 我们要问: 何时 C_3 上的三个点 $u^{(1)}$, $u^{(2)}$, $u^{(3)}$ 位于同一条直线

$$ax + by + c = 0$$

上, 亦即何时会有

$$a\wp(u) + b\wp'(u) + c = 0?$$

阿贝尔定理指出, 当

$$u^{(1)} + u^{(2)} + u^{(3)} \equiv 0 \qquad (\text{modd. } \omega_1, \omega_2)$$

时, 就是这样. 这可以从下面的说明看出来. 以 $u^{(1)}, u^{(2)}, u^{(3)}$ 为零点的线性式 $ax+by+c$

[5] 见克莱因:《高等几何学讲义》(*Vorlesungen über höhere Geometrie*), 第 3 版, Berlin, 1926, 149 页以下.

必以 $u = 0$ 为其三重极点. 由阿贝尔定理, 有 $\sum_i u^{(i)} = 0$, 即一个双周期函数的零点之和, 必定模 (mod) 周期而合同于其极点之和[6].

也可以同样的方法得到: C_3 上的 6 个点位于一条圆锥截线上的条件是

$$u^{(1)} + u^{(2)} + \cdots + u^{(6)} \equiv 0 \qquad (\text{modd. } \omega_1, \omega_2),$$

如此等等. 所有这些关于平面 C_3 的切触曲线的结论, 原来几何学家们要非常辛劳才能导出, 现在变得几乎是平凡不足道了. 扭转点理论也是一个例子: 如果这三个点 $u^{(1)}, u^{(2)}, u^{(3)}$ 融合为一点 u, 即是说过此三点的直线变成一条扭转直线, 我们就得到刻画这个 u 的等式

$$3u \equiv 0 \qquad (\text{modd. } \omega_1, \omega_2),$$

亦即

$$u = \frac{m_1 \omega_1 + m_2 \omega_2}{3},$$

这里 m_1, m_2 独立地遍取一个 mod 3 的剩余类系中的值. 由此立即得到有 9 个扭转点存在, 即

$$u = \begin{cases} 0, & \dfrac{\omega_1}{3}, & \dfrac{2\omega_1}{3} \\[2mm] \dfrac{\omega_2}{3}, & \dfrac{\omega_2 + \omega_1}{3}, & \dfrac{\omega_2 + 2\omega_1}{3} \\[2mm] \dfrac{2\omega_2}{3}, & \dfrac{2\omega_2 + \omega_1}{3}, & \dfrac{2\omega_2 + 2\omega_1}{3} \end{cases}$$

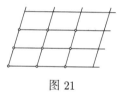

图 21

(见图 21).

我们可以很容易地刻画出位于同一直线上的点的三元组. 为了简化语言, 我们可以这样来观看上式中 m_1, m_2 的格式

0, 0	0, 1	0, 2
1, 0	1, 1	1, 2
2, 0	2, 1	2, 2

并且把它当作一个行列式一样, 我们就可以这样说: 以下的点的三元组都位于同一直线上:

同一行的 3 个点,

---

[6] 具有指定零点与极点的椭圆函数可以用 $\sigma(u)$ 来表示, 从这里可以看出这个条件也是充分条件. 例如可见 Fricke, *Die Elliptischen Funktionen und ihre Anwendungen*, Bd. 1, Abschn. I, Kap. 3, §7.

同一列的 3 个点,

对应于此行列式的展开式的每一个具有正号的项的 3 个点 (例如 0,1;1,2;2,0),

对应于此行列式的展开式的每一个具有负号的项的 3 个点;

在这些情况下, 这一组的 3 个 m_1 之和, 以及 3 个 m_2 之和均可被 3 整除.

在这个表里我们已经把这 12 条扭转直线 3 个一组地分成了 4 组, 使得我们眼里一下子就看见了海赛的 4 个扭转三角形 (见第 4 章的图 14). 同时我们也就认出了: 海赛关于扭转点的九次方程, 并不是什么本质上新的东西, 但它与三分椭圆函数的问题有密切的联系.

令 C_3 与一条圆锥截线相交而不是与直线相交, 就可以用类似于此的考虑, 而不需计算, 得到斯坦纳关于切触圆锥截线 (Berührungskegelschnitte) 的结果, 等等.

我们也可以用 C_3 来说明双有理变换的概念.

如果有两个二次的空间曲面互相穿透, 所得的交线就是一条空间 C_4 (因为任意平面都与它相交于 4 个点). 我们把这个空间 C_4 以两种不同方式投影到平面上 (如图 22). 如果投影中心 O_I 位于 C_4 上, 我们就会在平面 E_I 上得到一个 C_3[7]. 但是如果我们从一个任意点 O_{II} 对平面 E_{II} 作投影, 则会得到一个平面 C_4 (容易证明其上有两个二重点).

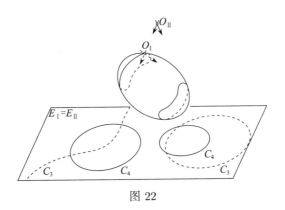

图 22

这是因为, 如果 O_{II} 是在空间 C_4 之外, 则过 O_{II} 的任意平面必与空间 C_4 交于 4 个点. 所以这个平面与 E_{II} 的交线也交这个空间 C_4 的投影于 4 个点. 但若投影中心 O_I 在空间 C_4 上, 则过 O_I 的平面与空间 C_4 的 4 个交点中有一个就是 O_I 自身. 既然除 O_I 以外的交点只有 3 个, 所以此平面与 E_I 的交线只交空间 C_4 在 E_I 上的投影于 3 个点, 这样就得到了上面说的 C_3. 现在 E_I 上的 C_3 与 E_{II} 上的 C_4 之点必为双方单值对应, 这是因为对于平面 C_4 上的一个点, 必有空间 C_4 的一个确定的点与

---

[7] 在图 22 上, 我们把 E_I 和 E_{II} 画成同一平面.

之对应, 而空间 C_4 上的这个点又唯一地对应于 C_3 上的一个点. 其逆亦成立.

这样我们就看到, 双有理等价的曲线可以有不同的阶[8].

在此. 我要澄清一个时常出现在文献里的误解. 两个平面肯定可以双有理地联系起来, 于是, 这两个平面上的曲线也就双有理地协调起来了. 这可以用克雷蒙纳 (Antonio Luigi Gaudenzio Giuseppe Cremona, 1830 — 1903, 意大利数学家) 变换来实现. 克雷蒙纳是与克莱布什关系很密切的意大利数学家, 而这个变换就是以他命名的. 但是这个性质的逆绝非必然的. 两条平面曲线之间有双方单值对应, 不能决定这两个平面之间也有双方单值的对应. 若取一个包含我们的 C_4, 但不含投影中心 O_{II} 的固定的 F_2, 则我们可以用上面说的两个投影来把两个投影平面联系起来. 对于 E_I 的每一点都有 F_2 上的一点相对应, 而对应于 F_2 上的这一点又有 E_{II} 上的一个点. 但是, 对 E_{II} 上的一点有 F_2 上的两个点相应, 从而也就有 E_I 上的两个点相应. 这样我们就看见了两个平面曲线之间的双有理变换可以包含在两个平面的多值关系之中.

我对此讲得这么详细, 是因为, 认为黎曼定理已经包含在克雷蒙纳理论中这种误解, 一再出现在文献中. (例如可见于埃尔米特为 Appell-Goursat 的书 *Théorie des fonctions algébriques et de leurs intégrales*, Paris, 1895 所写的序言中.)

按照黎曼-克莱布什, 我们把所有可以用双有理变换互变的曲线作为同一组; 特别是, 它们有相同的 p. 这样, 曲线的亏格 p, 和它的阶数 n, 类数 k, 二重点数 d, 尖点数 r, 二重切线数 t 以及扭转切线数 w 一样, 都是刻画曲线的数.

数 p 与其他常见的几何量之间, 有关系式

$$p = \frac{(n-1)(n-2)}{2} - d - r,$$

或者与此对偶地有

$$p = \frac{(k-1)(k-2)}{2} - t - w.$$

不过, 为使这些关系成立, 正如对于通常的普吕克公式一样, 需设 C_n 上仅有的奇点是二重点和尖点等等. 对于我们正在考虑的情况, 即平面 C_4 的情况, 我们有 $d = 2$, $r = 0$, 所以 $p = 1$, 而与没有二重点和尖点的平面 C_3 的亏格一样.

我们对于三次曲线所做的一切, 都可以移到任意的 n 次代数曲线 $f(x, y) = 0$ 上; 这时不再是只有一个处处有限的椭圆积分, 而是有 p 个处处有限的阿贝尔积分 $u_1, \cdots, u_p$. 但是在下面, 我只能指点一下这些关系.

这 p 个处处有限的积分都可以写作

$$\int \frac{\phi(x, y)}{\frac{\partial f}{\partial y}} dx.$$

---

[8] 严格地说, 还需要证明代数曲线之间的一对一对应等价于双有理变换.

这里 $\phi(x,\,y)$ 是一个在二重点和尖点处只有单零点的任意 $n-3$ 次多项式. 一开始, 人们会以为, 在 $\dfrac{\partial f}{\partial y}=0$ 处, 积分会成为无穷大. 但是因为是沿着曲线 $f(x,\,y)=0$ 积分的, 所以在这些点处, 应有 $dx=0$ (就是说, 在这些点处, 切线是铅直的). 还可以从下面看到, 这些点其实无害. 沿着这条曲线, 我们有

$$\frac{\partial f}{\partial x}dx+\frac{\partial f}{\partial y}dy=f_x dx+f_y dy=0,$$

所以

$$\frac{dx}{f_y}=-\frac{dy}{f_x}\,;$$

但是当 $f_y=0$ 时, $f_x\neq 0$, 所以, 一定有 $dx=0$. 甚至在 C_n 上的无穷远点, 积分也仍然是有限的. 这是因为 $\phi(x,\,y)$ 是 $n-3$ 次的, 而 f_y 一般地至少为 $n-1$ 次, 所以积分在这种点上的性态有如 $\int dx/x^2$. 由于同样的原因, $\phi(x,\,y)$ 的次数最多为 $n-3$. 一个含有两变元 $x,\,y$ 的 n 次多项式包含了 $(n+1)(n+2)/2$ 个线性出现的常数为系数. 如果把这里的 n 换成 $n-3$, 再减去二重点和尖点的个数, 就会得到

$$\frac{1}{2}(n-1)(n-2)-d-r=p \text{ 个常数},$$

这就相应于 p 个处处有限的积分. 所以, 我们选取 ϕ 恰好为 $n-3$ 次多项式.

这 p 个有限积分的每一个都有 $2p$ 个周期模数. 为了尽可能直观一些, 而又不失一般性, 我将在没有二重点的平面 C_4 的情况下, 说明阿贝尔定理与相交定理的联系. 这时, $p=3$, 而

$$\phi(x,\,y)=ax+by+c.$$

所以现在我们有 3 个处处有限的积分:

$$u_1=\int\frac{xdx}{f_y},\quad u_2=\int\frac{ydx}{f_y},\quad u_3=\int\frac{dx}{f_y}.$$

一条 C_n 曲线与我们的 C_4 有 $4n$ 个交点. 如果在 C_4 上取 $4n$ 个点, 我们要问, 它们何时才位于一条 C_n 上?

由阿贝尔定理 (要适当地选择积分下限) 可知, 这时必有同余关系

$$u_1^{(1)}+\cdots+u_1^{(4n)}\equiv 0 \quad (\mathrm{modd.}\ \omega_{11},\cdots,\omega_{16}),$$
$$u_2^{(1)}+\cdots+u_2^{(4n)}\equiv 0 \quad (\mathrm{modd.}\ \omega_{21},\cdots,\omega_{26}),$$
$$u_3^{(1)}+\cdots+u_3^{(4n)}\equiv 0 \quad (\mathrm{modd.}\ \omega_{31},\cdots,\omega_{36}).$$

余下的只需讨论, 这些等式何时是互相相关的. 但是, 如果我们是问的切触曲线, 则对余下的部分, 我们对同余关系的讨论和上面的 C_3 是同样的. 这样我们就得到了对于一些问题的暗示, 而这些问题, 充满了我们的文献的很大一块, 并且引导至代数曲线理论中最美丽的定理.

我们现在继续讨论克莱布什 1863 年的文章. 我要先解释一件纯粹形式的事情, 即克莱布什用于一个 C_4 上的第一类积分的齐次记号. 在引入齐次坐标后, 积分

$$\int \frac{x\,dx}{f_y}, \qquad \int \frac{y\,dx}{f_y}, \qquad \int \frac{dx}{f_y}$$

将取对称的形状, 而且几乎立即就可看出, 它们是处处有限的. 于是我们令

$$x = \frac{x_1}{x_3}, \qquad y = \frac{x_2}{x_3}, \qquad f(x,\,y) = \frac{F(x_1,\,x_2,\,x_3)}{x_3^4}.$$

这样,

$$dx = \frac{x_3\,dx_1 - x_1\,dx_3}{x_3^2}, \qquad f_y = \frac{1}{x_3^4} \cdot \frac{\partial F}{\partial x_2} \cdot \frac{\partial x_2}{\partial \frac{x_2}{x_3}} = \frac{1}{x_3^3} \cdot \frac{\partial F}{\partial x_2}.$$

如果简记

$$\frac{x_3\,dx_1 - x_1\,dx_3}{\dfrac{\partial F}{\partial x_2}} = d\tilde{\omega},$$

立刻就有

$$u_i = \int x_i\,d\tilde{\omega} \qquad (i = 1,\,2,\,3).$$

这其实是第一个形式上的进展. 但是 x_2 似乎在 $d\tilde{\omega}$ 中起了特殊的作用. 我们现在要说明, 这种不对称性也可以消除掉.

在 C_4 上我们有

$$\frac{\partial F}{\partial x_1}\,dx_1 + \frac{\partial F}{\partial x_2}\,dx_2 + \frac{\partial F}{\partial x_3}\,dx_3 = 0,$$

此外, 由欧拉齐次函数定理, 我们又有

$$x_1\frac{\partial F}{\partial x_1} + x_2\frac{\partial F}{\partial x_2} + x_3\frac{\partial F}{\partial x_3} = 4F = 0,$$

所以

$$\frac{\partial F}{\partial x_1} : \frac{\partial F}{\partial x_2} : \frac{\partial F}{\partial x_3} = (x_2\,dx_3 - x_3\,dx_2) : (x_3\,dx_1 - x_1\,dx_3) : (x_1\,dx_2 - x_2\,dx_1).$$

这样, $d\tilde{\omega}$ 可以写成以下三个等价的形式:

$$d\tilde{\omega} = \frac{x_k dx_l - x_l dx_k}{F_{x_m}} \qquad (k, l, m = 1, 2, 3).$$

克莱布什把它们放到一起而成为 (这样就是完全对称的, 克莱布什这里是遵循阿隆霍德的做法):

$$d\tilde{\omega} = \frac{\begin{vmatrix} c_1 & x_1 & dx_1 \\ c_2 & x_2 & dx_2 \\ c_3 & x_3 & dx_3 \end{vmatrix}}{\sum\limits_{i=1}^{3} c_i F_{x_i}},$$

这里的 c_i 是纯粹的形式的量, 所以可以给它们以任意值.

令

$$\begin{array}{c} c_1 = 1 \\ c_2 = 0 \\ c_3 = 0 \end{array} \quad \text{或} \quad \left\{ \begin{array}{c} 0 \\ 1 \\ 0 \end{array} \right. \quad \text{或} \quad \left\{ \begin{array}{c} 0 \\ 0 \\ 1 \end{array} \right.,$$

就得到我们开始时所给的 $d\tilde{\omega}$. 现在我们就可以把前面给出的三个积分写成

$$u_i = \int x_i \frac{\begin{vmatrix} c & x & dx \end{vmatrix}}{\sum\limits_{\lambda=1}^{3} c_\lambda F_{x_\lambda}} \qquad (i = 1, 2, 3),$$

这样就完全实现了我们的意图. 积分的对称性和有限性清楚地出现了. 对于 C_4 的无穷远点, 即 $x_3 = 0$, 所有的 u_i 都是有限的, 和对于 $x_1 = 0, x_2 = 0$ 完全一样. 更有甚者,

$$\sum\limits_{\lambda=1}^{3} c_\lambda F_{x_\lambda} = 0$$

就是点 (c_1, c_2, c_3) 相对于 $F = 0$ 的极线, 而在过 (c_1, c_2, c_3) 对 $F = 0$ 的切线的切点上此式总是成立的. 只要适当地选取 (c_1, c_2, c_3), 就可以消除 u_1, u_2, u_3 在某点可能变为无穷的疑虑.

我现在要指出如何对于阶数为 n, 而且具有 d 个二重点、r 个尖点的曲线 $F = 0$ 写出这 $p = \frac{1}{2}(n-1)(n-2) - d - r$ 个处处有限的积分 (克莱布什就只限于研究这种情况). 这些积分是

$$u_1 = \int \phi_1 d\tilde{\omega}, \cdots, u_p = \int \phi_p d\tilde{\omega},$$

这里和前面一样,

$$d\tilde{\omega} = \frac{\begin{vmatrix} c & x & dx \end{vmatrix}}{\displaystyle\sum_{\lambda=1}^{3} c_\lambda F_{x_\lambda}},$$

而 $\phi_1, \cdots, \phi_p$ 是 x_1, x_2, x_3 的 $n-3$ 次齐次多项式, 而且在二重点和尖点处为零. 这样的 ϕ 中恰好含有 p 个线性无关的常数 (见第 261 页). 所以, 只需要选择 $\phi_1, \cdots, \phi_p$ 为任意 p 个线性无关的、满足这些条件的齐次多项式即可. 这些 ϕ 的每一个都与 C_n 相交于 $n(n-3)$ 个点, 而且除了二重点与尖点外 (这两种点在以下的考虑中不计), 还在

$$n(n-3) - 2d - 2r = 2p - 2$$

个点上为零.

很自然, 我们的公式在 $p = 1$ 时也适用, 但这时 [就只能令 ϕ 为任意常数了][9], 而积分除了相差一个任意常数因子以外, 就只能是

$$u = \int d\tilde{\omega}.$$

这一点从魏尔斯特拉斯的法式也很容易得出.

注意, 由

$$u_1 = \int \phi_1 d\tilde{\omega}, \cdots, u_p = \int \phi_p d\tilde{\omega}$$

可以得到

$$du_1 : du_2 : \cdots : du_p = \phi_1 : \phi_2 : \cdots : \phi_p.$$

自从黎曼在这里选用了字母 ϕ 以后, 这个字母就已经是标准的记号了. 我们称 $\phi_1, \cdots, \phi_p$ 为 "代数簇的伴随的 (adjoint) ϕ 形式".

我之所以作这个形式的插话, 是为了使读者读到关于克莱布什的文献时不至于摸不着头脑, 特别是在读《几何学讲义》(*Vorlesungen über Geometrie*) 时, 此书是在 1875/76 学年由林德曼编写的.

我们必须克服这样一种印象, 以为齐次的记号一定是含混的、不稳定的或者难以掌握的. 这种表示法绝不比我们在射影几何学中所惯用的表示法更加形式化——从代数角度来看, 那就是三元形式的不变理论. 特别要说的是, 对给定的、实际画出来的曲线而言, 我们必须把其上积分 u 的具体概念搞透彻, 使得可以通过画图来验证切触曲线定

---

[9]方括号里的话是中译者改写的. ——中译本注

理等等, 而这些定理正是从这种积分的理论导出的. 我在《数学年刊》(*Mathematische Annalen*, Bd. 7, 1874) 中正是对 C_3 (宁可说是对 C_3 的更方便的对偶, 即类数为 3 的曲线) 做到了这一点, 并且用 "新型黎曼曲面" 的理论 (我在第 4 章开始时, 即第 113 页, 讲到过这一点, 亦见《克莱因全集》第 2 卷 89 页以下) 来解释曲线的虚元素. 我也曾对 C_4 (或类数为 4 的曲线) 做过图形的研究; 这些文章都在《数学年刊》第 10 和 11 卷 (1876 — 1877) 中, 亦见《克莱因全集》第 2 卷, 编号为 XXXVIII — XLI 的那些文章. 但我在这里不能解释了, 因为我只触及 $p = 3$ 的情况. 关于二重切线分组的结果, 和关于 C_3 的扭转点的结果, 是同样初等, 同样属于数论性质.

我们现在回到克莱布什. 他并不满足于只从几何上解释黎曼的结果, 而提出一个想法, 就是要在这种代数几何的基础上, 为阿贝尔函数理论提供一个新基础! 于是克莱布什 – 戈丹的名著《阿贝尔函数理论》(*Theorie der Abelschen Funktionen*) 在 1866 年问世了.

为了评价这部书所包含的伟大成就, 必须要考虑到, 魏尔斯特拉斯的阿贝尔函数理论虽然更简单、更系统而且严格得多, 但当时还不存在, 而黎曼的基础, 即他的基于狄利克雷原理的存在证明, 不仅是从外面硬加上的, 而且还不太靠得住. 我们还必须提到, 当时流行的是: 以射影几何以及线性变换的不变式理论作为双有理变换理论的第一步. 克莱布什的这种思想, 在克莱布什 – 戈丹的书序言的最后一句话里表现了出来: "这门学科 (阿贝尔函数理论) 也要落脚于现代代数学的一些分支上, 而这些分支注定了要成为数学的所有新发展的中心."

我在这里无法讲到这部书的细节, 而请读者去参看布里尔和麦克斯·诺特的非常彻底的综合报告: "代数函数理论的发展, 过去和现在" (*Die Entwicklung der Theorie der algebraischen Funktionen in älterer und neuerer Zeit*). 它发表在 *Jahresbericht der DMV* 第 3 卷 (1894) 上. 这篇报告全面地描述了这里所讲的工作. 但是, 我必须谈一谈戈丹. 是克莱布什把他请到吉森大学, 帮助自己深入研究黎曼的思想世界. 他们二人对于这部书的贡献是不能分开的. 戈丹于 1837 年生于布累斯劳. 他特别受到激励来研究雅可比的著作. 他在哥廷根待了一学年 (1862 — 1863), 但是他只是很短暂地遇到了黎曼, 因为黎曼因病在几个星期以后就离开哥廷根了. 于是戈丹私下与托马 (Carl Johannes Thomae, 1840 — 1921, 德国数学家) 和谢林 (Ernst Christian Julius Schering, 1833 — 1897, 德国数学家) 一同深入研究黎曼的理论. 但是黎曼的思想世界与戈丹并不相合. 戈丹的秉性使他更加倾向不变式理论的形式的侧面 (他是从克莱布什那里学到不变式理论的). 在这个领域里, 他得到了巨大的成功, 而且直至去世 (1912 年) 都是这个领域的领导人. 戈丹的名字永远都是和下面的重要定理连在一起的: 每一个二元的基础形式 $f(x_1, x_2)$, 都有有理不变式和协变式的有限系统, 使得所有其他的有理不变式和协变式都可以表示为它们的多项式 (1868/1869, 见 *Crelle* 杂志 Bd. 69, 323 页以下, 或 *Mathematische Annalen.*, Bd. 2, 227 页以下). 但是, 戈丹并未考虑这些问题与阿贝尔函数理论的联系. 麦克斯·诺特为戈丹所写的科学传记见于《数学年刊》第 75 卷 (1914).

克莱布什–戈丹首先是影响了纯粹代数, 而不是阿贝尔函数理论. 一个人可以具有两个特点: 一是倾向于系统化, 二是对于更广阔的数学领域缺少全面的知识, 然而这两个特点似乎是互相支持的. 目的变成了把双有理变换这个思想对于代数曲线理论所提出的全部问题都列出来, 而且创造出既严格又一般的基础, 即将所有的特例 (即各种类型的奇点) 都包括进来. 这方面最重要的工作就是布里尔和麦克斯·诺特发表在《数学年刊》第 7 卷 (1874) 上的论文 "论代数函数及其对于几何的应用" (*Über die algebraischen Funktionen und ihre Anwendung in der Geometrie*) (如果是今天, 对这篇文章的内容我们大概会说: 研究 "域" $R(\zeta, z)$ 的、与其中两个 "任意" 函数 ζ, z 无关的性质). 请注意, 这篇文章的标题既是对克莱布什 1863 年的论文 "论阿贝尔函数对于几何的应用" (*Über die Anwendung der Abelschen Funktionen in der Geometrie*) 的回响, 又改变了它. 我们可以这样说, 所有相应于 "阿贝尔定理" 的东西, 都变成了以严格地执行消去法这个代数程序为基础, 而阿贝尔定理的进一步的应用——即关于阿贝尔积分的周期性的应用——全都置诸一旁.

现在我们要提到布里尔和麦克斯·诺特代数地证出来的一个重要定理 (很不幸, 我在这里不能给出证明), 这就是所谓的黎曼–洛赫 (Gustav Roch, 1839—1866, 德国数学家) 定理[10]. 如果指定一条 C_n 上的 m 个点, 要求作一个代数函数 $F(\zeta, z) = 0$ 就以这 m 个点为极点, 那么这样的代数函数中含有多少个常数? 这个定理恰好给出了这方面的信息. 按照这个定理, 满足这一条件的代数函数的一般形状是

$$F = c_1 F_1 + c_2 F_2 + \cdots + c_\mu F_\mu + c_{\mu+1},$$

其中

$$\mu = m - p + \tau,$$

而 τ 表示在这 m 个点上为零的 "线性无关" 的 ϕ 的个数, p 是这条 C_n 曲线的亏格. 我们要通过一个例子来澄清这个定理的意思.

设有一条没有二重点的 C_4. 这里 $p = 3$, 而 ϕ 为直线.

若 $m = 1$, 则 $\tau = 2$ 而 $\mu = 1 - 3 + 2 = 0$;

若 $m = 2$, 则 $\tau = 1$ 而 $\mu = 0$;

若 $m = 3$, 则 $\tau = \begin{cases} 1 \\ 0 \end{cases}$, 而 $\mu = \begin{cases} 1 \\ 0 \end{cases}$.

---

[10] 黎曼–洛赫定理的证明者当然就是洛赫, 布里尔和麦克斯·诺特只是用纯粹代数的方法给出了证明. 但是 "黎曼–洛赫定理" 这个名词是布里尔和诺特在一篇文章里提出的 (1874). —— 中译本注

所以在 $\mu = 0$ 的三种情况下, 不存在只在这条 C_4 曲线的指定点处有极点的代数函数. 若 $m = 3$, 则这样的函数当且仅当这三个点位于一条直线上时存在. 而且在这种情况下, 这个函数可以很容易地构造出来. 令直线 $v = 0$ 过 C_4 上的这三个点, 则此直线 $v = 0$ 还与 C_4 交于第四点. 过这个第四点作直线 $u = 0$. 这时可以取

$$F_1 = \frac{u}{v}.$$

我们这样就看见了这个 ϕ 与双有理变换的不变式有何等密切的关系.

现在发生了一个奇妙的思想转折. 这个转折是由黎曼开始的, 而由 H. M. 韦伯和麦克斯·诺特完成. 它给出了克莱布什 – 戈丹的书序言最后一句话的全部含义 —— 而这个含义是两位作者当时肯定未曾想到的.

考虑一个具有齐次坐标 $\phi_1, \cdots, \phi_p$ 的 $p-1$ 维空间. 把我们的 C_n 曲线 $f(\zeta, z) = 0$ 亦即 $F(x_1, x_2, x_3) = 0$ 通过双有理变换投射到这个空间如下: 令 $\phi_1, \cdots, \phi_p$ 为 C_n 的伴随形式 ϕ, 于是对曲线上的每一点都指定了 $p-1$ 维空间 R_{p-1} 中的一个点. 因为每个 ϕ 在此曲线上有 $2p-2$ 个零点 (见 265 页), 所以我们得到了一个 C_{2p-2}. 我们以后要处理的 "典则曲线" [Normal Kurven] 就取这个 C_{2p-2} 的形式.

我们很快就会看到这样做得到的好处. 我再举几个例子:

$p = 3$: 典则曲线就是我们研究过的平面 C_4; 对于它, 我们有

$$\phi_1 : \phi_2 : \phi_3 = x_1 : x_2 : x_3.$$

$p = 4$: 典则曲线是 R_3 中的一条 C_6. 可以证明它是一个二次曲面与一个三次曲面的一般交线.

$p = 5$: 典则曲线是 R_4 中的一条 C_8, 它可以看做 3 个二阶簇的交线.

$p = 2$: 我们得到一个两次覆盖的具有 6 个分支点的曲线. 所以现在我们得到的不是簇和典则曲线的一对一关系, 而是一对二的关系; 只有当我们把曲线看成 "二重覆盖" 时, 才有一对一的关系.

现在我们可以把 R_3 中的 C_6 和 R_4 中的 C_8 投影到平面上, 克莱布什和戈丹就是这样做的. 但是现在我们还是停留在更高维的空间里, 因为 R_{p-1} 中的 C_{2p-2} 除了相差齐次坐标 $\phi_1, \cdots, \phi_p$ 的一个线性变换外, 是完全确定的. 为了把这一点说清楚, 我最好还是就第一类积分来讲, 因为它们在原曲线的双有理变换下的不变性更为明显.

如果取 p 个线性无关的第一类积分 $u_1, \cdots, u_p$, 则 (可以在黎曼的论文基础上证明, 所有特例均包含在内) 每一个其他的第一类积分 U 都可以写成

$$U = c_1 u_1 + \cdots + c_p u_p + C.$$

对 $\tilde{\omega}$ 求微分, 就得到 (见 265 页)

$$\Phi = c_1\phi_1 + c_2\phi_2 + \cdots + c_p\phi_p.$$

所以, 若在作了双有理变换以后选 p 个形式 $\Phi_1, \cdots, \Phi_p$ 来代替原来的 $\phi_1, \cdots, \phi_p$, 则有

$$\Phi_1 = c_{11}\phi_1 + \cdots + c_{1p}\phi_p,$$
$$\cdots\cdots\cdots\cdots$$
$$\Phi_p = c_{p1}\phi_1 + \cdots + c_{pp}\phi_p.$$

所以 R_{p-1} 里的齐次坐标只是经历了一个线性变换.

但这就把我们带回到我们所熟悉的领域: $p-1$ 维空间的线性不变式理论及射影几何理论! 所以, 如果想要确切地知道, 是什么东西在双有理变换下不变, 就要从线性不变式理论的角度来考虑 R_2 中的 C_4, R_3 中的 C_6 和 R_4 中的 C_8. 以上为简单起见, 我跳过了 $p=2$ 的情况, 这种情况可用类似的方法处理.

现在我要第一次触及一个理论, 而它从一开始就被掩盖住了. 黎曼说, 在双有理变换下, 不仅 p 不变, 而且 (当 $p>1$ 时) 还有他称为曲线的"模数"的 $3p-3$ 个常数也不变.

这些模数就是典则曲线 C_{2p-2} 在齐次变元的线性变换下的绝对不变式!

C_{2p-2} 对于线性变换确有 $3p-3$ 个不变式, 这件事只有通过在各个情况下分别计数来确认.

$p=3$: C_4 中含有 14 个常数 ($f=0$ 有 15 项), 其中 8 个看做任意射影变换中的参数. 余下的常数的个数是

$$6 = 3p - 3.$$

$p=4$: 典则曲线 C_6 是一个二次曲面 $F_2 = 0$ 和一个三次曲面 $F_3 = 0$ 的交线. $F_2 = 0$ 中含有 9 个常数. $F_3 = 0$ 中含有 19 个常数. 但是我们可以把 F_3 换成 $F_3 - (a_1x_1 + a_2x_2 + a_3x_3 + a_4x_4)F_2$ 而从它的方程中消除 4 个常数. 余下的常数还有 15 个. 这 15 个常数可以算成任意射影变换的参数. 所以余下的常数的个数是

$$9 + 15 - 15 = 3p - 3.$$

$p=5$: R_4 中的 C_8 可以从三个二次曲面: $F_2' = 0$, $F_2'' = 0$, $F_2''' = 0$ 的交线得出. R_4 中的 F_2 本身有 $\frac{1}{2}(5 \times 6) = 15$ 项, 所以 $F_2 = 0$ 含有 14 个常数. 但是

例如可以用 $F_2' - c''F_2'' - c'''F_2'''$ 来代替 F_2'. 所以对每一个二次曲面我们可以只考虑 12 个常数. 任意射影变换含有 24 个参数. 余下的常数的个数恰好是

$$12 \times 3 - 24 = 3p - 3.$$

这样, 代数曲线理论通过这些典则曲线成了一个和谐的整体. 而线性不变式理论就控制了这个问题, 但是需要正确地运用才行!

以上讲的是: 克莱布什和他的学生们如何以黎曼为基础, 联系着阿贝尔积分理论发展了代数曲线理论, 现在我要继续讲一下一般的历史联系.

我的理解是, 这个理论进一步的发展有两种可能:

1. 研究 R_{p-1} 的典则曲线 C_{2p-2}. 这就是把 R_{p-1} 中的线性不变式理论及射影几何理论, 在纯粹代数的基础上, 发展为综合地构造 ϑ 级数. 我 (还有其他人) 对于 $p = 2, 3$ 的情况开了一个头, 见《数学年刊》27, 32, 36 各卷 (即《克莱因全集》第 3 卷 XCV, XCVI, XCVII 诸文).

2. 也可以取 ϑ 级数为出发点. 一开始当然是用它们做形式的运算. 由此出发又可以回到代数簇. 在从事这个方向的诸多研究者中, 我在此只能举出几个: H. M. 韦伯, 麦克斯·诺特, 肖特基, 普里姆 (Friedrich Emil Prym, 1841—1915, 德国数学家), 克拉泽尔 (Adolf Krazer, 1858—1926, 德国数学家), 庞加莱, 维廷格尔.

原来设想, 这两个方向会合流起来. 但是, 目标虽然明确, 却因为缺少人手, 还远未得到完备的理论. 这里有一个值得注意的注意力的转移问题. 当我还是一个学生时, 因为有雅可比的传统在, 阿贝尔函数毫无争议地被大家看成数学的顶峰, 谁都想在这里一展雄图. 现在呢? 年轻一代几乎都不知阿贝尔函数为何物了!

怎么会发生这样的事呢? 在数学里, 和在其他科学里一样, 这种事情是一再发生的. 先是由于内在或外在的原因, 一个新问题出现了, 就把年轻的研究者从老问题拉走了. 老问题则因为研究了那么多, 要想掌握它们就需要更全面的研究. 这是很苦的事情, 所以人们总愿意研究那些研究得较少, 因而需要的预备知识也较少的问题——哪怕是需要一点形式公理化, 一点集合论, 诸如此类也可以!

这是没有一点办法的事情, 只有把老学科写成好的参考用的概述, 发表在 *Jahresberichten* (年度报告) 或者 *Enzyklopädie* (百科全书) 之类的刊物上面, 或者写成专著, 使得后来的研究可以继续下去, 如果命中注定了必须研究它们的话!

然而, 我还是要就以黎曼和克莱布什为基础的代数簇理论, 讲两个得到进一步发展的方向. 很自然, 我只能提到一些最杰出的成就.

1. 空间代数曲线理论. 它处理的是列举出一定阶数的所有空间曲线的问题. 柏林科学院 1882 年的斯坦纳奖曾以它为题悬赏. 这是公开竞赛取得成功的很少几个例子之一. 递交的两篇文章, 至今仍是在空间代数曲线的研究中所曾达到的最高点: 一篇是麦克斯·诺特的文章, 见于 *Abh. der Berliner Akademie*, 1882, 以及 *Crelle* 杂志, Bd. 93; 另一篇是阿尔芬的文章, 发表在 *Journal de l'École Polytechnique*, 52 (1882) 上, 即他的《全集》第 3 卷, 261 页以下.

非常值得注意的是, 居然有一个法国人参加了柏林科学院主办的竞赛. 这是法国年轻一代已经吸收了德国的成就的象征. 这是由阿尔芬在 1870 年开始的, 到了 1880 年左右, 还把皮卡和庞加莱包括进来了. 这些研究者把两个法国学派 —— 即沙勒和埃尔米特两个学派 —— 的思想结合起来了. 我们在前面已经讲过作为几何学家的沙勒. 作为巴黎大学的高等几何 (*géométrie supérieure*) 讲座教授, 他在 1850 年以后, 把分析中的某些基本概念 (曲线定义, 贝佐 (Étienne Bézout, 1730 — 1783, 法国数学家) 定理) 拿了过来, 此外则是研究曲线本身而非研究其公式, 这样来详细阐明代数曲线理论. 这样, 他的基础是分析的, 但是他的展开了的形式则是几何的. 这就是所谓的 "混合方法", 它很快就在法国国内和国外得到许多追随者, 主要是哥本哈根的佐顿 (Hieronymus Georg Zeuthen, 1839 — 1920, 丹麦数学家) 和罗马的克雷蒙纳. 但是埃尔米特 (他的代数的、数论的和函数论的工作, 我们已经多次提到过) 也在他的教学活动中 (上一章提过, 也在巴黎大学) 多次讲授 ϑ 函数的解析理论. 但是, 阿贝尔函数的几何意义总是远离埃尔米特的. 在他的学生中, 我只想提到若尔当 (Marie Ennemond Camille Jordan, 1838 — 1922, 法国数学家), 关于他, 我们以后还有话说.

2. 推广到对代数曲面 $F(x, y, z) = 0$ 的研究. (它们是二维簇, 但当变元取复值时, 成为四维簇).

在这里, 开始时也是进行的超越的研究: 1868 年克莱布什在《巴黎科学院通报》(*Compte Rendus*) 第 67 卷上发表了一篇短文, 注意到一个仅具简单奇点的代数曲面具有以下形状的处处有限的二重积分所成的线性族:

$$\iint \phi_{n-4} dx dy \Big/ \frac{\partial F}{\partial z},$$

而且这里出现的 ϕ 的项数 p 在曲面的双有理变换下不变 (这个 p 称为 "曲面的亏格").

后来, 克莱布什只限于研究这种双有理变换的最简单的情况, 以表明如何用于研究 "曲面上的几何学". 他特别考虑了曲面可以双有理地对应于一个平面的情况, 这时, 曲面上的曲线的一切问题都可以在平面内研究. 以后我们会看到这方面的一个很简单的例子.

克莱布什把双有理变换的一般代数问题在 1869 年交给了麦克斯·诺特. 在这里, 克莱布什表明了自己确实是一个好教师. 因为他判断自己已经不能如麦克斯·诺特那样集中精力. 后来麦克斯·诺特发表了许多文章, 主要是在《数学年刊》上, 双有理变换这时已经被看做一个非常广泛的学科, 而麦克斯·诺特被看做这门学科的创立者. 曲面的双有理变换的一般问题, 后来得到了进一步的发展, 主要是由年轻的意大利学派发展的, 其中有塞格雷 (Corrado Segre, 1863 — 1924, 意大利数学家), 维罗尼斯 (Giuseppe Veronese, 1854 — 1917, 意大利数学家), 恩里克斯 (Federigo Enriques, 1871 — 1946, 意大利数学家), 卡斯泰尔诺沃 (Guido Castelnuovo, 1865 — 1952, 意大利数学家) 和塞维利 (Francesco Severi, 1879 — 1961, 意大利数学家) 等人. 他们先是用代数几何方法处理问题, 后来, 由于皮卡开辟了道路, 就也用超越方法了.

　　意大利人在这时也出现在图景中, 是以下面的事实为一般背景的. 这个事实我以前也提到过, 就是: 科学是从一个民族漫游到另一个民族的. 如果一个民族在科学上已经在某个方向上筋疲力尽, 另一个民族就会插足进来. 但是意大利人如此积极地参加到这个问题里来, 则与下面的事实有更紧密的关系. 克雷蒙纳, 我已经说过, 是沙勒的学生, 作为教师和研究者, 在意大利有很大的影响. 他生于 1830 年, 可以说, 和贝蒂 (Enrico Betti, 1823 — 1892, 意大利数学家)、布里奥斯基一同成为 "意大利三剑客". 大约在 1860 年左右, 他们推动了数学在新诞生的意大利王国的发展, 而且和在英、德、法诸国作类似努力的研究者联合了起来. 大约就在这个时候, 意大利就这样进入了国际的科学社会. 我就举出这几位数学家, 因为他们也是积极的组织者, 要不然的话, 我还可以提出一些更多地作为科学研究者的人来, 如贝尔特拉米. 与此相对照, 布里奥斯基是米兰高工的校长, 克雷蒙纳则在罗马担任类似职务 (罗马高工与罗马大学的理学院有联系), 而贝蒂作为比萨高师的校长, 有很大的实际影响圈子. 贝蒂有一段时间还是意大利的国家教育部副部长, 克雷蒙纳则很短暂地当过教育部长. (我很高兴来引证这些事, 因为数学家占据这样有影响的位置, 在德国还不可想象. 在我们这里, 部长总是律师. "在德国, 司法正义女神[11]有一个下流习惯: 她总把部长职务放在自己子女的摇篮里" (普林斯海姆的话).)

　　特别是, 主要由于克雷蒙纳, 在意大利对于数学的初学者, 大学里很下功夫地要开设一门射影几何课程, 而且是与画法几何的习题合在一起讲. 在这个基础上, 特别是几何学在意大利就蓬勃地发展起来了, 所以在后几十年, 意大利就取得了这门学科的领导地位.

　　在我们所讲的代数研究上, 意大利人用的是混合方法. 他们使用 "射影和相交" 的方法来研究高维空间里的簇. 所有这些研究, 在一定程度上都是很直观的, 而且非常有说服力, 虽然在绝大多数情况下, 形式上不甚严格. 正如佐顿在其关于计数几何学的教材序言中所说: "这个方法的正确使用, 只有通过把它应用到各种问题上去, 才能学会."

---

[11] 司法正义女神 (Goddess Justitia) 是罗马神话中掌管司法的女神. —— 中译本注

我在这里很不可能进入这样得出的双有理变换理论的内容; 我只能引荐读者去看卡斯泰尔诺沃以及恩里克斯在 *Enz.* 第 3 卷里就此写的总结文章 (Ⅲ C 6b).

但另一方面, 我要讲一下两个曲面之间的双有理关系的一个最简单的例子, 即由一个 F_2 到平面的球极射影 (stereographic projection). 我选这个例子是为了使读者不得不直观地思考它. 为了看清究竟什么东西对于代数处理是真正本质的, 我不考虑从球面到平面的球极射影 (尽管自古以来都是这样做的), 而考虑由一个单叶双曲面到平面的球极射影.

经过此单叶双曲面上的一点 O 必有此曲面的两条母线, 交此像平面于 O_1, O_2 两点, 图 23 是此事的一个草图. 连接这两个点的直线 $\overline{O_1O_2}$ 就是这个单叶双曲面在 O 点的切平面与像平面的交线.

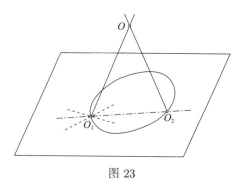

图 23

现在从 O 点把这个单叶双曲面投影到平面上. 这就是我们讲的球极射影, 一般说来它是这两个簇之间的一对一映射. 用公式来写, 就看到它是双有理关系, 这一点我们马上就会看到. 但是在平面上有两个点, 在曲面上也有一个点, 可以对应于另一簇上的整条曲线 —— 即直线. 这些点称为 "基本点". 单叶双曲面上的 O 点就对应于平面上的直线 O_1O_2, 而平面上的 O_1, O_2 两点则对应于单叶双曲面上过 O 点的两条母线 (第一类和第二类母线各一条), 所以也是基本点.

这样我们就看到, 二维簇的双有理变换和一维簇的双有理变换很不相同. 在二维情况下, 双有理变换中的有理函数对于某些值变成了 0/0, 按照取极限的方式不同, 可以取无穷多个不同的值. 图 23 把这一点表现得很清楚: O_1 对应于整个母线 OO_1. 若在平面上过 O_1 作任意直线 g (即图 23 上的虚线), 而令一个点沿 g 趋向 O_1, 就会得到单叶双曲面的过 O 的母线 OO_1 上的一个点, 而此点由 g 的选择决定. 自然, 对于 O_2 也有类似的情况.

这种无穷多值的情况, 用公式是这样来表示的: 单叶双曲面的方程在齐次坐标下为

$$x_1x_2 - x_3x_4 = 0.$$

取 $x_1 = 0$, $x_2 = 0$, $x_4 = 0$ 为点 O, 而取 $x_3 = 0$ 为投影平面. 这时, 容易验证, 球极射

影的公式是

$$\rho x_1 = \xi\zeta,$$

$$\rho x_2 = \eta\zeta,$$

$$\rho x_3 = \xi\eta,$$

$$\rho x_4 = \zeta^2.$$

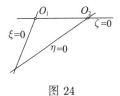

图 24

这里 $\xi : \eta : \zeta = x_1 : x_2 : x_4$ (见图 24), 如果 x_1, x_2, x_3, x_4 是按上面的式子来定义的, 则单叶双曲面的方程自然满足. 如果用非齐次坐标来写, 就是:

$$\frac{x_1}{x_4} = \frac{\xi}{\zeta}, \qquad \frac{x_2}{x_4} = \frac{\eta}{\zeta}, \qquad \frac{x_3}{x_4} = \frac{\xi\eta}{\zeta^2}.$$

对于 $\xi = 0$, $\zeta = 0$ 以及 $\eta = 0$, $\zeta = 0$, 这些式子都成了 0/0. 类似于此, 当 x_1, x_2, x_4 均为零时, ξ/ζ, η/ζ 也都成了 0/0.

我们现在考虑单叶双曲面上一条不经过 O 点的 C_n 曲线. 在球极射影下曲线的阶数不变, 所以仍为一条 C_n 曲线. 它与直线 O_1O_2 仅交于基本点. 因为若设这条平面 C_n 还与直线 O_1O_2 交于另一点, 这点只可能对应于单叶双曲面上的 O 点; 所以这条空间 C_n 必定经过 O 点, 而与假设矛盾. 设平面 C_n 经过 O_1 点 α_1 次, 经过 O_2 点 α_2 次, 则必有 $\alpha_1 + \alpha_2 = n$, 因为平面 C_n 与直线 O_1O_2 只能相交于 n 个点.

我们现在就能够对于给定的 n 来决定单叶双曲面上的所有 C_n.

$n = 1$ 时, $\alpha_1 + \alpha_2 = 1$. 所以, 或者 $\alpha_1 = 1$, $\alpha_2 = 0$, 或者 $\alpha_1 = 0$, $\alpha_2 = 1$. 而平面 C_1 只能是分别通过 O_1 或者 O_2 的直线. 过 O_1 或者 O_2 的直线束, 则分别对应于单叶双曲面上的直线族. 过 O_1 的那些直线对应于单叶双曲面的第二类母线, 而过 O_2 的那些直线对应于单叶双曲面的第一类母线.

$n = 2$ 时, 有三种情况:

$$\alpha_1 = 2, \qquad \alpha_2 = 0;$$

$$\alpha_1 = 0, \qquad \alpha_2 = 2;$$

$$\alpha_1 = 1, \qquad \alpha_2 = 1.$$

前两种情况表示退化的圆锥截线 (分别为过 O_1 或 O_2 的两条直线). 这都是已经见到了的情况, 没有什么新东西. 在第三种情况下, 我们得到通过 O_1 和 O_2 的平面 C_2, 即圆锥截线. 所以, 单叶双曲面上的 C_2 就只能是它的平面截口 (这也可以用球极射影的公式来验证).

$n = 3$ 时, 只有两种情况值得注意, 即: $\alpha_1 = 2$, $\alpha_2 = 1$ 以及 $\alpha_1 = 1$, $\alpha_2 = 2$. 于是, 单叶双曲面上有两族不同的三次曲线. 对应的平面曲线分别在 O_1 和 O_2 有二重点. 举例来说, 如果一条平面 C_3 两次经过 O_2, 就是说, 它属于第一族平面 C_3, 则它必交一条第一类直线一次, 交另一条第二类直线两次 (见图 25 和图 28), 而相应的空间 C_3 必交一条第一类母线一次, 交另一条第二类母线两次:

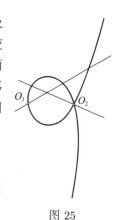

图 25

$$3 \times 1 - 2 = 1, \qquad 3 \times 1 - 1 = 2.$$

同族的两条 C_3 相交于 $9 - 4 - 1 = 4$ 个点; 异族的两条 C_3 必相交于 $9 - 2 - 2 = 5$ 个点. 对于所有这些 C_3, 亏格 $p = 0$.

$n = 4$ 时, 我们不仅得到不同的族, 而且得到不同的类.

a) 第一类的特征是 $\alpha_1 = 2$, $\alpha_2 = 2$ (见图 26), 即平面 C_4 在 O_1, O_2 两点均有二重点. 那么亏格 $p = 1$. 所以在单叶双曲面上相应的 C_4 曲线就是第 260 页考虑的那些空间曲线. 我们仍应与球极射影的公式加以比较. 这条空间曲线是单叶双曲面与一个二次曲面的交线.

图 26

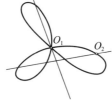

图 27

b) 第二类包含两个族, 即 $\alpha_1 = 3$, $\alpha_2 = 1$ 以及 $\alpha_1 = 1$, $\alpha_2 = 3$ (见图 27). 所以相应的平面 C_4 分别以 O_1 和 O_2 为三重点 (我们可以把三重点看成三个二重点的极限状况, 图 27), 由此可知这个第二类的 C_4 之亏格为

$$p = \frac{1}{2}(4-1)(4-2) - 3 = 0.$$

例如, 若 O_1 是平面 C_4 的三重点, 则相应的空间 C_4 交第二类母线一次, 而交第一类母线三次.

两条同族曲线相交于 $16 - 9 - 1 = 6$ 个点; 两条异族曲线相交于 $16 - 3 - 3 = 10$ 个点.

余下需要做的事就只是把这些结果翻译为生动的空间图形, 见图 28—图 30.

单叶双曲面上的空间曲线的讨论自然是很古老的问题; 在普吕克和沙勒 19 世纪中叶的工作里已经可以找到. 不幸的是, 这里不是讨论这些事情的地方.

单叶双曲面上的曲线

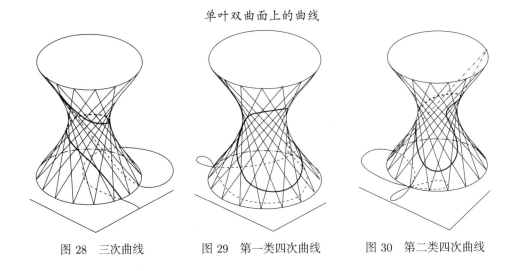

图 28 三次曲线   图 29 第一类四次曲线   图 30 第二类四次曲线

代数整数的理论及其与代数函数理论的相互作用

所谓代数整数就是一个首项系数为 1 的整系数代数方程[12]

$$x^n + a_1 x^{n-1} + \cdots + a_{n-1} x + a_n = 0$$

之根. 如果这个方程的末项系数是 ± 1, 则 $1/x$ 也是一个代数整数, 而 x 就称为一个 "单位元" (*unit*). "单位根" (*roots of unity*, 即方程 $\xi^n = 1$ 的根) 就是这种数论性质的单位元的特例.

如果两个代数数可以用彼此的整系数有理函数互相表示, 则把这两个代数数算是同一组的, 这是很有用的. 代数数就这样构成了一种 "机体", 戴德金称这种机体为一个 *Körper* [这个德文字用于非数学的上下文中, 表示一个 "物体", 而在数学中则称为一个 "域" (*field*)[13], 我们在下面都使用 "域" 这个词]. 因为 *Körper* 这个词一般会使人联想到一个 "社会团体" (Körperschaft, 英文为 corporate body). 这个域中的整数 (即代数整数) 于是构成一个整域 [Integritätsbereich, 按照字面, 应译为 "整性域", 但通常都说是 "整域" (integral domain), 以后我们也都这样叫.][14]

这些 [代数] 整数外表上看来并不一定像整数. 例如

$$\xi_1 = \frac{1 + \sqrt{-5}}{\sqrt{2}}, \quad \xi_2 = \frac{1 - \sqrt{-5}}{\sqrt{2}}$$

---

[12] 如果首项系数不是 1, 而是其他整数, 则所得将称为代数数, 而不称为代数整数. 代数数构成一个域, 而代数整数只构成一个环. 下文说它们构成一个整域, 其实, 整域是一种有特定性质的环. —— 中译本注

[13] 比较早一点的中文数学文献中, 时常直译为 "体". 现在更多的是用 "域". —— 中译本注

[14] 本段方括号中的文字是英译者插入的, 原著没有. —— 校者注.

都是 [代数] 整数, 因为它们满足方程

$$(\xi - \xi_1)(\xi - \xi_2) = \xi^2 - \sqrt{2}\xi + 3 = 0,$$

从而也就满足四次整系数代数方程

$$(\xi^2 + 3)^2 - 2\xi^2 = \xi^4 + 4\xi^2 + 9 = 0.$$

以下, 我将按照历史发展过程来介绍它们.

代数整数理论的基础是由高斯在他的著名论文 "双二次剩余理论, 评注 Ⅱ" (*Theoria residuorum biquadraticorum, Commentatio* Ⅱ, 见《全集》, 第 2 卷 93 页以下) 中奠定的, 此文问世于 1832 年; 高斯在其中考虑了形如 $a + ib$ 的数 $(i = \sqrt{-1})$[15].

这种数所成的域有 4 个单位元 i^λ ($\lambda = 0, 1, 2, 3$). 它们中间显然有幂的关系.

高斯立即转向以下的问题, 此问题以后成了一个标准的问题: 一个数可以唯一分解为素因子的定理是否在这个扩大了的域中仍成立? 它是成立的, 不过各个因子都可以乘上一个任意的单位元, 只要总的乘积不变即可. 例如, 由 $A = A' \cdot A''$, 立即就有 $A = (iA')(-iA'')$.

高斯在这篇文章里并没有拒绝用正方形格网来对这种数作几何解释, 而这种解释就指向了它们与双周期函数的联系. 我在第 1 章 27 页以下已经考虑到这一点. 我们在那里已经引用了高斯把这个域中的数解释为格点, 而且说明了这种表示如何与椭圆函数的所谓复乘法相关. 不幸的是, 我在这里不能再拾起这个思想, 因为我要先发展一系列的辅助思想. 我宁可请有兴趣的读者去读我在 1895/96 学年的数论讲义, 在那里有更准确的讲述. 更高阶的情况也可以用这种直观方式来掌握. 请参看我在 1895 年在吕贝克 (Lübeck, 德国北部波罗的海港口) 的自然科学家大会上的讲演 (见 *Jahresberichte der DMV* 第 4 卷, 即《克莱因全集》第 3 卷 XCIV), 关于三次无理性, 可见 Philipp Furtwängler (1869—1940, 德国数学家) 的学位论文, 其中考虑了三维空间中的格点, 所有的证明都是参照着这种格点作出的 (见《克莱因全集》第 3 卷, 8 页和 Furtwängler, "格点与理想数理论" (*Punktgitter und Idealtheorie, Mathematische Annalen*, Bd. 82, 1920)).

这就使得高次的数域与多周期函数的理论有密切关系的理由变得很清楚了.

但是我现在要回到历史的叙述上来. 当库默尔研究费马大定理, 即方程

$$z^n = x^n + y^n \qquad (n > 2)$$

无整数解时 (亦即对任意正整数 x, y, z,

$$z^n \neq (x+y)(x+\varepsilon y)\cdots(x+\varepsilon^{n-1}y), \qquad \varepsilon = e^{2\pi i/n}),$$

---

[15] 高斯在此文中研究的是其中 a, b 是整数的情况, 这种数称为高斯整数. ——中译本注

他自然地被引导到研究由 n 阶单位根所构成的数的因子分解问题.

他就此得到的结果 (发表在 $Crelle$ 杂志 1847 年第 35 卷上) 是他获得显赫名声的基础: 对于域 $K(\varepsilon)$, 即由于引入 $\varepsilon = e^{2\pi i/n}$ 而得到的扩大了的数域, 唯一分解为素因子的定理是不成立的. 但是若附加上适当的不属于 $K(\varepsilon)$ 的代数数, 则这个现象依然可以保留, 所以库默尔把这个数称为理想数 ($ideal$)[16].

库默尔本人就已经注意到, 对于二次域 $K(\sqrt{-D})$ 就会发生这种情况.

这里最简单的情况是域 $K(\sqrt{-5})$. 在这个域中, 我们处理的是形如 $a + b\sqrt{-5}$ 这样的数. 在此域中 2 和 3 都是不可分解的. 因为若它们可以分解, 例如有

$$2 = \left(a + b\sqrt{-5}\right)\left(c + d\sqrt{-5}\right),$$

通过乘以上式的复共轭, 就会得到 $4 = (a^2 + 5b^2)(c^2 + 5d^2)$, 从而有 $2 = a^2 + 5b^2$, 即 2 为 mod 5 的二次剩余, 而这是不对的. 所以 2 是一个 "素数" (同理 3 也是这样的). 然而 6 的因子分解又不是唯一的:

$$6 = 2 \times 3 = (1 + \sqrt{-5})(1 - \sqrt{-5}).$$

这个悖论只要附加上适当的理想数就可以得到解决. 可以用多种方式作这种附加, 因为因子分解可以通过引入单位元来加以修改.

在我的格点理论中, 我附加的是 $\sqrt{2}$. 我们前面已经看到 $\xi_{1,2} = \dfrac{1 \pm \sqrt{-5}}{\sqrt{2}}$ 都是代数整数, 所以我们就有以下的因子分解

$$2 = \sqrt{2} \times \sqrt{2}, \qquad 3 = \frac{1 + \sqrt{-5}}{\sqrt{2}} \times \frac{1 - \sqrt{-5}}{\sqrt{2}}.$$

所以毫不奇怪

$$2 \times 3 = \left(\sqrt{2}\,\frac{1 + \sqrt{-5}}{\sqrt{2}}\right)\left(\sqrt{2}\,\frac{1 - \sqrt{-5}}{\sqrt{2}}\right).$$

在由希尔伯特提出的所谓类域 ($class\text{-}field$) 里, 通常是附加 i. 这时有

$$2 = (1 + i)(1 - i), \quad 3 = \frac{1 + \sqrt{-5}}{1 + i} \times \frac{1 - \sqrt{-5}}{1 - i},$$

---

[16] 库默尔的这篇论文是: E. E. Kummer, *Über die Zerlegung der aus Wurzeln der Einheit gebildeten komplexen Zahlen in ihre Primfaktoren*, Crelle Journal, Bd. 35 (1847), 327–367. 库默尔开始时只是把某种数作为 "理想数", 后来主要由于克罗内克和戴德金的贡献, 这个概念被推广到一般的代数结构的某种子结构, 并且称为 "理想". 它是现代代数学的主要概念之一. 由于不可能涉及这些问题, 中文译文完全按照克莱因的用语. 有兴趣的读者可以在任何一本比较完备的抽象代数教本上找到相关的知识. —— 中译本注

读者也可参考以下内容: E. E. Kummer, *Collected papers: Volume I. Contributions to Number Theory*, Edited by André Weil, Springer-Verlag, 1975; Weil 在库默尔文集开头的长篇序言是对库默尔数论工作的出色总结. —— 校者注

它们仍然是两个整数, 而且上面的考虑仍然适用.

附加的方法可以如此相异, 是因为 $\sqrt{2}$ 在乘以适当的单位元以后成为域 $K(i)$ 的元. 具体说来, 只要乘以

$$\omega = \frac{1+i}{\sqrt{2}}$$

即可. 附带提一下 ω 是一个八次单位根: $\omega^8 = 1$.

我在这里作了如此详细的解释, 是因为 "理想数" 这个词有些神秘的含混, 而库默尔对此是有责任的 (虽然他对这个情况很了解), 因为他多次在话语中这样来表述, 似乎这些因子并不是实际存在的事物, 只不过是符号思维的产物. 他与化学作了一个不幸的类比, 把它比喻为元素氟, 而化学家们虽然认为氟是一种气体, 却一直未能把它分离出来. 在这里我们可以看到辩证逻辑与什么有关. 但是最后莫瓦桑 (Ferdinand Frédéric Henri Moissan, 1852 — 1907, 法国化学家) 在 [装有氟化物的] 萤石容器中用铂制的电极把氟分离出来了[17]!

分解为单位元以及实在的和理想的素因子的理论, 后来由克罗内克和戴德金推广到任意的代数数上.

做一个历史上很准确的报告还有一个难处: 从 1858 年以后, 克罗内克总是通过谈话, 而不是发表文章, 使别人知道他的思想, 或者使别人知道他已经有了结果. 但是直到 1881 年到 1882 年, 他才在 *Crelle* 杂志第 92 卷, 即纪念库默尔得到学位 50 周年的纪念文集上, 发表了他的著名论文 "代数量的一个算术理论的主要特点" (*Grundzüge einer arithmetischen Theorie der algebraischen Grössen*); 而戴德金是在他 1871 年编辑的狄利克雷的《数论》第 2 版时, 在一个附录中展开了他的理论.

戴德金在这个工作中做出了向着抽象化的思想转折, 大大地简化了这个主题, 并因此对于年轻一代给出了思维和表述的一个模式, 而老一代研究者, 例如克罗内克 (在 *Crelle* 杂志第 99 卷, 336 页) 就还不能顺从于这种新模式.

戴德金的这个向着抽象化的转折, 就在于, 他不再是讲 (真实的或理想的) 因子, 而是考虑一个给定的域中能被此因子整除的整数的 "集合" [*Gesamtheit*].

例如在自然数序列中, 他不是考虑因子 2, 而是考虑所有的偶数 $2m$ 的集合; 在域 $K(\sqrt{-5})$ 中, 他不是考虑因子 $\sqrt{2}$ 或者 $1+i$, 而是考虑形如 $2\mu + (1+\sqrt{-5})\nu$ 的数, 其中 μ, ν 是域 $K(\sqrt{-5})$ 中的任意整数.

这样做的好处是, 可以摆脱任意的数论的单位元; 而缺点在于, 必须把两个数的乘积表示为相应的集合的性质, 而我们必须习惯于此.

---

[17] 氟是一种非常活泼的元素, 所以长时期以来化学家们认为不可能有元素形态的非化合物的氟存在. 莫瓦桑经过多年努力, 终于在 1886 年把氟分离出来了. 克莱因这里是说, 原来在库默尔看来, 理想数也是这样的不可捉摸的东西, 但在最后也得到了极为重要的关于理想数的系统的理论. —— 中译本注

例如, $2 \times 3 = 6$ 这样简单的事情, 需要说成: 能被 2 整除的数的集合, 与能被 3 整除的数的集合, 有一个交集, 即能被 6 整除的集合.

我总觉得戴德金的名词[18]使人不快; 它们完全不直观. 他把这些集合称为 "理想" (ideal), 而在有 "真正的" 因子存在时, 就说这个理想是 "主理想" (principal ideal)! (例如, $2\mu + 2\nu\sqrt{-5}$ 就是一个主理想, 因为这个理想 [即一个集合, 理想就是一个集合] 的一切元素都有一个 "真正的" 因子 2). 其实他在这里应该说 "真实的" 因子, 而不说 "真正的" 因子. 因为这里说的是关于 "真实地" 出现在一个已知整域中的数的集合的问题.

我在这里不可能深入去讲这些数论性质的研究. 在希尔伯特的《数论报告》(Zahlbericht) 即发表在 Jahresberichte der DMV 的第 4 卷 (1897) 上的论文 "代数数域理论" (Die Theorie der algebraischen Zahlkörper) 一文中, 读者可以看到, 这些结果被汇集在一起, 而且大为发展和简化了. 这篇报告中包含的引导希尔伯特的观点, 我们回头还会提到. 在 H. M. 韦伯的《代数》(Algebra) 一书第 2 卷 (第 2 版, 1899) 中, 也讲述了这个理论.

现在我们来讲下一次思想转折, 这是由克罗内克提出, 而由戴德金和 H. M. 韦伯完全弄清楚的 (见他们在 Crelle 杂志 1882 年第 92 卷上的文章: "单变量代数函数理论" (Theorie der algebraischen Funktionen einer Veränderlichen)). 这一次思想转折在于表明, 在数论 (即一个数域中的整数的理论) 和函数论 (即 z 平面上方的一个黎曼曲面上的代数函数的理论) 之间, 可以建立起深刻的类同.

这种比较最好是用一个表来说明, 希望读者跟随这个表来读戴德金和韦伯的文章, 因为在文章里, 就有跟随这个表的中规中矩的程序.

数论	函数论
起点: 一个整系数不可约多项式方程 $f(x) = 0$.	起点: 一个不可约方程 $f(\zeta, z) = 0$, 对于 z 是有理的 (所以在乘以公分母后, $f(\zeta, z)$ 对于 z 就是一个多项式, 其系数是任意的, 而且没有实质的意义).
所有 $R(x)$ 之域.	所有 $R(\zeta, z)$ 之域, 即所有在黎曼曲面上为单值的代数函数之域.
选取域中的整代数数.	选取域中的整代数函数, 即仅在 $z = \infty$ 为无穷的代数函数.
分解为真实的和理想的因子以及单位元.	函数 $G(\zeta, z)$ 理想分解为仅在黎曼曲面上的一个点处为零, 而其他点处不为零的函数.

如果考虑判别式 (discriminant), 这种类同就变得特别清晰. 在函数论情况下, 判别

---

[18] 与前面不同之处在于, 前面讲的是各个数域中的数, 所以称为 "理想数", 现在讲的是某个代数结构的具有特定性质的子结构 (子集合) 所以就叫 "理想". 在常见的抽象代数教本里, 这个代数结构可以是环, 而它的理想在通常的教本里就叫做 "理想子环". —— 中译本注

式有两个成分: 一个是 "本质的" 成分, 对应于黎曼曲面上的分支点; 一个是 "非本质的" 成分, 对应于曲线 $f(\zeta, z) = 0$ 上的二重点 (在二重点上, 两个分支点会互相抵消). 第二个成分称为非本质的, 因为如果用域中的另一个函数代替原来的 ζ, 它是会变动的.

在数论的情况下, 情况也完全一样. 在这里, $f(x) = 0$ 的判别式的本质的成分的素因子对应于 $f(\zeta, z) = 0$ 的分支点.

我现在要用一个就在我手边的、以前讲过的数论例子, 来说明一个它所对应的函数 $G(\zeta, z)$ 的理想分解.

我们的出发点是方程

$$\zeta^2 = 4z^3 - g_2 z - g_3 = 4(z - e_1)(z - e_2)(z - e_3).$$

现在考虑整函数 ζ, 它肯定是最简单的例子. 判别式的本质成分 (它没有非本质成分) 是

$$(z - e_1)(z - e_2)(z - e_3).$$

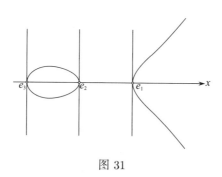

图 31

点 $z = e_1, e_2, e_3$ 事实上是黎曼曲面的分支点, 因为在这些点处, 而且仅在这些点处, 切线是平行于纵轴的 (见图 31). 整函数 ζ 在点 e_1, e_2, e_3 有单零点. 但是这个域中没有一个整函数其仅有的零点是在 e_i $(i = 1, 2, 3)$ 处的单零点. 因为整函数 $z - e_i$ 在 e_i 处有二重零点: 若令此函数为零, 将得到曲线的切线. 但是如果越出 $R(\zeta, z)$ 的域, 我们就看到了理想因子: 我们只需要使用 "根函数" [Wurzelfunktionen]

$$\sqrt{z - e_1}, \quad \sqrt{z - e_2}, \quad \sqrt{z - e_3}$$

即可: 它们在黎曼曲面上是二值的. 于是

$$\zeta = 2\sqrt{z - e_1}\sqrt{z - e_2}\sqrt{z - e_3}$$

就是 ζ 的理想分解.

还有一个进一步的扩展, 超出了与数论的类同: 这就是引入第一类积分 u, 并用它来构造出函数 $\sigma(u - u_0)$. 这个函数在黎曼曲面上是无穷多值的, 但是只在相应于参数

值 $u_0 + \sum_{i=1}^{2} m_i \omega_i$ 的点处为零. 这样, $\sigma(u - (\omega_i/2))$ $(i = 1,\ 2,\ 3)$ 就是相应于点 e_1, e_2, e_3 的三个素因子. 但是它们都没有极点, 所以对于它们的每一个都要添加一个在 ∞ 处有单零点的分母 $\sigma(u)$. 这样, 我们就有

$$\wp'(u) = E \cdot \frac{\sigma\left(u - \dfrac{\omega_1}{2}\right) \sigma\left(u - \dfrac{\omega_2}{2}\right) \sigma\left(u - \dfrac{\omega_3}{2}\right)}{\sigma^3(u)},$$

其中 E 是一个处处不为零的因子, 即一个 "单位元". 这个单位元的形式应该是 Ce^{cu}. 把它适当地分裂为三个因子, 我们就得到最终的乘积公式:

$$\wp'(u) = 2 \frac{\sigma_1(u)\sigma_2(u)\sigma_3(u)}{\sigma^3(u)}.$$

魏尔斯特拉斯正是想沿着这个超越的途径来译述数论的基本概念.

不幸的是, 我在这里不能详细说明高阶情况下怎样做这件事. 读者可以参看我在《数学年刊》1889 年 36 卷上的几篇文章 (即《克莱因全集》第 3 卷 388 页以下), 其中对高亏格的情况给出了最简单的表示方法. 在那里, 我用我的 "素形式" 取代了 $\sigma(u)$. (我在本章 270 页引述的就是这几篇文章.)

为了结束我对代数数域的报告, 我在这里还必须再次说明数域与函数域的类同, 以便澄清这两大主题在现代文献中的相互的地位, 特别是使读者对 H. M. 韦伯的《代数教程》(*Lehrbuch der Algebra*) 一书 (第 2 版, 共 3 卷, 分别出版于 1898, 1899, 1908 年) 的主要特点能有内在的理解. 我要先回到上面讲过的戴德金和 H. M. 韦伯发表在 *Crelle* 杂志 1882 年 92 卷上的基本论文 (见本章 280 页).

我们在这里也能想象到, 在黎曼曲面上仅有单零点的 "理想因子" 是怎样被相应的 "理想" (即域中在此点为零的整函数的集合) 所取代的.

但是引入 "理想" 这个概念还只是表面的. 重要得多的是, 作者们通过把数论的证明方法用于代数函数的研究所取得的进展. 他们决定不再走克莱布什和他的学生们的路, 不再讲曲线以及种种几何辅助概念, 也不再讲黎曼曲面, 甚至不再讲 z 平面, 他们以一种纯粹数论的方法对 $f(\zeta, z)$ 进行运算, 按照 ζ 和 z 的幂进行排序. 举例来说, 作者们现在可以利用数论的论据, 很快地进到黎曼 – 洛赫定理.

这个思想模式取得的进展 (在其中想象力再也没有活动的空间) 在于, 人们现在可以完全靠得住地处理方程 $f(\zeta, z) = 0$ 所具有的一切奇性. 用黎曼的方法, 原则上也能做到这一点. 而对于 "曲线" $f(x_1, x_2, x_3) = 0$, 为了做到这一点, 麦克斯·诺特也已经提供了一切几何和代数上需要的手段. 但是无论是黎曼或者麦克斯·诺特的著作, 人们读的时候还都需要在一定程度上, 在字里行间去读出其真意.

在以后的时期, 产生了人的思想的分化. 我们提过的一些人——特别是意大利

人——牢牢地抓住代数曲线、代数曲面和更高维的代数簇的形象, 在任意多维的情况也都按混合方法进行几何思考. 另一些人, 如亨泽尔 (Kurt Wilhelm Sebastian Hensel, 1861—1941, 德国数学家) 和兰兹伯格 (Georg Landsberg, 1865—1912, 德国数学家), 还有荣格 (Heinrich Wilhelm Ewald Jung, 1876—1953, 德国数学家), 在二维情形中, 却宁愿取数论的程序. 事情发展到如同建造一座巴贝尔塔[19]: 发展到两种语言彼此完全不能互相理解的地步. 而且因为改变习惯太不舒服了, 他们也就不想理解对方了. 所以《数学百科全书》(Enzyklopädie der mathematischen Wissenschaften) 就不得不把两篇综述并列放在一起: 一篇 "几何的" 综述由卡斯泰尔诺沃 – 恩里克斯执笔, 见卷 Ⅲ (C6b).(它的引言摘要 [Inhaltsverzeichnis] 中关于荣格的评论是我费了不少劲才塞进去的.) 另一篇 "数论的" 综述是亨泽尔写的 (卷 Ⅱ C5), 发表于 1921 年; 兰兹伯格在卷 Ⅰ (ⅠB 1c) 里的一篇综述则是很好的入门.

这种趋势不仅把科学分割成互相割裂的章节, 而且按照思维的方式来区别学派, 如果再坚持门户之见, 就一定会带来科学的死亡. 我们总是努力反其道而行. 在我们这一代人中, 我们总是力求或多或少地保持以下几个学科的接触: 1) 不变式理论, 2) 方程式论, 3) 函数论, 4) 几何, 5) 数论, 这一直是我们引以为傲的事情.

H. M. 韦伯 (他一生最好的年代 (1875—1883) 是在哥尼斯堡度过的) 可能是这个趋势最多产的代表人物. 幸运的是, 从 1885 年起的几乎十年里, 在哥尼斯堡又出现了年轻研究者的另一组三剑客, 他们重新改变了这种趋势, 从而创造了一个立脚点, 只要他们能够做到, 最新的研究就从这里出发. 这一组三剑客就是赫尔维茨, 希尔伯特和闵可夫斯基 (Hermann Minkowski, 1864 年生于现在立陶宛的考纳斯, 1909 年在哥廷根去世, 德国数学家).

赫尔维茨生于 1859 年, 起初随我先到慕尼黑和莱比锡, 后来又到柏林读数学, 而在哥廷根开始他的学术生涯. 1884 年到 1892 年他是哥尼斯堡的额外教授, 后来到苏黎世高工任正教授. 1919 年去世.

希尔伯特则于 1862 年生于哥尼斯堡, 走完了他在那里发展的主要步骤 (其间有短暂中断)——从学生, 到 Dozent, 再到额外教授——直到 1895 年来到哥廷根担任正教授.

闵可夫斯基, 生于 1864 年, 也是在哥尼斯堡读书, 在 1888—1896 年间, 在那里先后担任 Privatdozent 和额外教授. 然后他到了苏黎世, 最后则于 1902 年来到哥廷根, 直到 1909 年英年早逝.

我将以希尔伯特的研究为这篇报告的基础, 这不仅是因为他与我们最接近, 而且因

---

[19] 这是一个圣经故事: 说的是亚当子孙繁茂, 想建一座通天塔——巴贝尔塔 (巴贝尔在希伯来语中一般解释为 "使混乱, 使混淆"). 这些子孙们说同样的语言, 上帝想, 如果人都能互相沟通, 那就没有做不到的事情了. 以后人也就不听管了. 于是, 上帝让各派子孙各说各的话, 互相无法交流. 于是, 通天塔也就在吵吵闹闹中流产了. 详见《旧约圣经·创世纪》第 11 章. ——中译本注

为他的这些工作最为透彻. 但是这三人的工作其实属于一个整体, 所以我先对赫尔维茨和闵可夫斯基说几句话, 来刻画他们的工作方式.

曾有人称赫尔维茨是一位警句家. 他在彻底掌握了他所关心的主题时, 总能在什么地方找到一个重要问题, 然后以一个意义深远的步骤推进这个问题. 他的每一个工作都是独立而且自身完备的.

我们这里考虑的闵可夫斯基的工作, 主要是基于把明晰的几何直觉与数论的问题连接起来. 格点又一次提供了这些主题的联系. 闵可夫斯基在许多方向上都发展了空间的格点理论. 我们在他身上可以发现与狄利克雷的思维方式有内在的血缘关系. 请参看他的主要从教学考虑的关于丢番图逼近的讲义 (1907). 我愿再一次引用我的数论讲义以及我在第一章 27 页以下关于平面格点所说的事情. 我当时限于从几何上弄清楚已经知道了的基本结果, 而闵可夫斯基则从事于发现新的事实. 这些研究清楚地证实了, 几何与数论根本不是互斥的 —— 只要我们把几何学的考察对象限定在离散的对象上.

常年以来, 希尔伯特的永不休止的精神活跃在数学的最为广泛的各个领域中. 我们当下所感兴趣的他的工作从 1883 年延续到 1898 年, 可以说是他生涯早期创作的诗篇. 自他来到哥廷根以后, 身边就聚集起了越来越多的学生 (而在哥尼斯堡, 这几乎是不可能的, 因为在那个年代, 我们的大学里听数学课的学生人数已经降到了最低). 但是这些学生各自都只能掌握他们从希尔伯特那里学到的一个主题, 而且在绝大多数情况下, 并不知道相互之间的联系, 而我们在这里关心的正是这一点.

我们在这里想要刻画希尔伯特的两项工作. 第一是他的论文 "代数形式理论" (*Theorie der algebraischen Formen, Mathematische Annalen*, Bd. 36, 1890)[20], 希尔伯特在此文中把克罗内克的探索方式用戴德金的思维方式加以补全, 并把这一点光辉地应用于不变式理论.

我们特别要提到的是这样一个定理: 在任意高维的齐次坐标 $x_1, x_2, \cdots, x_n$ 下的每一个代数簇都可以用有限多个齐次方程

$$F_1 = 0, \ F_2 = 0, \ \cdots, \ F_\mu = 0$$

来表示, 使得如果一个代数簇包含原来的代数簇, 则其方程 $F = 0$ 一定可以写成

$$M_1 F_1 + \cdots + M_\mu F_\mu = 0,$$

这里的 M 都是齐次多项式, 而且仅服从一个条件, 即上式左方需要仍是齐次的.

利用高斯给出的数论的名词, 我们就说: 每一个包含原来的簇的形式一定模 $F_1, F_2, \cdots, F_\mu$ 为零. 希尔伯特是那么依赖于戴德金的思考方式, 甚至把这种形式的

---

[20] 有英文译本, 由 Math Sci Press 出版.—— 英译本编者注

集合都称为一个 *module*! 于是, 希尔伯特定理就说: R_n 中的每一个代数簇决定了某个 "有限 *module*[21]" 为零.

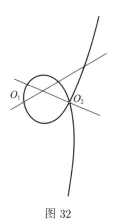

图 32

下面我以一条三次空间曲线为例. 它是两个 F_2 的交线的一部分. 这一点可以如下看出. 设想所给的 C_3 曲线位于一个单叶双曲面上 (见 274 页内容以及图 28), 并把它映到平面上. 令所得的平面三次曲线在 O_2 处有一个二重点 (见图 32). 如果作一直线过另一基本点 O_1, 则可以把这条直线连同平面 C_3 看成一条第一类的 C_4. 对应于它, 在空间就有一个 F_2, 与此单叶双曲面的完全的交线就是 C_3 和这个单叶双曲面的某一母线. 通过这两部分交线, 有一个二次曲面束, 即 $\lambda F_2 + \mu H = 0$ ($H = 0$ 就是此单叶双曲面的方程). 对应于过 O_1 的直线束, 就有无穷多个这样的二次曲面束 $\lambda F_2 + \mu H = 0$, 其每一个都与这个单叶双曲面交于上述 C_3 和另一条母线. [让 O_1 变动], 就可以得到 ∞^2 个过此 C_3 的二次曲面 $\lambda F_2 + \lambda' F_2' + \mu H = 0$. 我们现在要问, 需要多少个 $F_1, \cdots, F_\mu$ 才能够把其他一切通过 C_3 的二次曲面 F 写成以下形式:

$$F = M_1 F_1 + M_2 F_2 + \cdots + M_\mu F_\mu = 0.$$

答案是: 只要三个, 即 F_2, F_2' 和 H 就够了.

相应的三项 "模" (module) 最简单的表示方法是令一个由线性形式所成的 2×3 矩阵

$$\begin{pmatrix} q_1 & q_2 & q_3 \\ r_1 & r_2 & r_3 \end{pmatrix}$$

的三个二阶子行列式都为零. 于是

$$F_\kappa = q_\lambda r_\mu - r_\lambda q_\mu = 0 \quad (\kappa, \ \lambda, \ \mu = 1, \ 2, \ 3)$$

就是仅以 C_3 为公共交线的二次曲面, 而它们就定义了这个模.

希尔伯特的这个定理和其他定理的证明都是非常抽象的, 但其本身则很简单, 从而在逻辑上极有说服力. 正是这个原因, 希尔伯特把代数几何推进到了一个新时期.

它对不变式理论的应用也是同样简单的, 但我更不可能在此加以分析. 关于不变式的有限性的整个问题, 在二元形式情况下, 戈丹是经过了广泛的计算才得以解决的 (见本章 266 页), 而希尔伯特甚至对于任意多变元的情况, 却大笔一挥就解决了.

---

[21] 更新的文献中使用的是戴德金的用语: 正文中描述的集合是一个理想, "module" 则表示更一般的集合.——德文本编者注

　　module 一般译为 "模", 它是抽象代数的一个重要概念. 关于模与环、域、理想以及线性空间诸概念的关系, 在较完备的抽象代数教本里都可以找到.——中译本补注

这项工作, 由于其独特性, 一开始就遭到了广泛的反对. 我当时就决心尽可能早地把希尔伯特引进到哥廷根来. 戈丹首先拒绝了. 他说: "这不是数学, 这是神学." 但是后来他又说: "现在我相信了, 即令神学也还是有功绩的." 事实上, 戈丹本人还把希尔伯特的基本定理的证明大为简化了 (*Münchener Naturforscherversammlung*, 1899).

我要讲的希尔伯特的第二项工作就是前面 (见本章 280 页) 提到的 1897 年的《数论报告》(*Zahlbericht*), 即发表在 *Jahresberichte der DMV* 的第 4 卷 (1897) 上的论文 "代数数域理论" (*Die Theorie der algebraischen Zahlkörper*). 它本来是作为文献综述写成的, 但它不仅把文献追溯到更简单的基础, 还广泛地研究了新问题.

我想对在此引导希尔伯特的内在的思想 —— 即数域与函数域的类同 —— 说几句话, 顺便提一下, 这特别是因为希尔伯特本人只是后来在 1900 年巴黎的国际数学家大会上讲 "数学问题" 时, 才顺便说到了这个思想 (这篇讲演可见 *Göttinger Nachrichten*, 1900, 问题 12, 58 页以下[22]).

为了讲得能让人听懂, 我要对代数方程的伽罗瓦理论加说几句 (请参看第 2 章 70 页以下). 我把主要结果总结如下.

正如我说过的, 伽罗瓦理论的基础是域的概念, 所谓 "域" 这里是指有理域 [*Rationalitätsbereich*, 按字面准确地说, 就是具有 "有理性" 的域]. 什么是具有有理性的域呢? 首先是数 m/n 的域, 这里 m, n 是任意整数; 或者是任意参数的有理函数 $r(z_1, z_2, \cdots, z_n)$ 的域, 其系数是有理数甚至任意数. 然后, 对一个具有有理性的域可以通过附加某个代数无理量 (例如确定的单位根) 来扩大, 再来考虑包含由这些无理量有理地构造出来的所有函数的域. 最后, 可以定义相应于 z 平面上方的一个黎曼曲面的域.

第二个基本概念是一个方程的既约性 或不可约性 (*irreducibility*) 的概念. 设已给一个方程 $f(x) = 0$, 其系数来自有理数域, 或含任意多个变量的有理函数域, 甚至附加了某个无理量的域. 如果这个方程在给定域中可以分解因子, 就说它是可约的, 否则为既约的. 例如, 方程

$$x^2 + 5 = 0,$$

在通常的有理数 m/n 的域中就是既约的. 但若附加上 $\sqrt{-5}$, 就有

$$x^2 + 5 = (x + \sqrt{-5})(x - \sqrt{-5}).$$

---

[22] 美国数学会在 1974 年专门组织了一次会议, 总结 1900—1974 年间希尔伯特所提的 23 个问题的进展. 会议上的报告, 由 F. E. Browder 汇编为《论文集》(*Mathematical developments arising from Hilbert problems*, 2 vols, AMS, 1976). 希尔伯特的报告的英译本见此书 1–34 页. 关于第 12 问题, 由 R. P. Langlands 写了一篇综述, 见此书 401–418 页 (第 2 卷). —— 中译本注

关于第 12 问题也可参看 Norbert Schappacher 的文章 *On the history of Hilbert's twelfth problem: a comedy of errors*, Matériaux pour l'histoire des mathématiques au XXe siècle (Nice, 1996), 243–273. —— 校者注

它也就成了可约的. 这样, 一个方程的 "既约性" 是一个相对的概念: 它总是对一个事先指定的域来说的.

现在令方程 $f(x) = 0$ 在某个给定的域中是既约的. 令其根为 $x_1, \cdots, x_n$. 于是存在这些根 $x_1, \cdots, x_n$ 的一个置换群, 即伽罗瓦群, 它有两个性质:

a) 在此置换群下数值不变的函数 $R(x_1, \cdots, x_n)$ 必为有理函数.

b) 反之, 每一个具有有理数值的有理函数 $R(x_1, \cdots, x_n)$ 在此置换群下数值不变.

关于这个方程的可解性, 关于它的预解式 (resolvent) 等等, 有什么可说, 全依赖于它的伽罗瓦群的构造 (如子群等) 如何而定.

对于我们这里本质上重要的事情是, 伽罗瓦理论对于含一个参数的数值方程 $f(x) = 0$ 以及对于函数域, 都是成立的.

我们先看后一个情况. 这时, 所谓具有有理性就是指 z 的有理函数, 而完全不管这些有理函数的系的数值性质. 这时, 我们有一个接近 "既约性" 和 "群" 的概念的直觉的途径.

我们先在 z 平面的上方作属于这个 ζ 的黎曼曲面. 如果这个黎曼曲面只由 "一片" 构成, 则此方程是既约的, 反之也成立!

给定代数方程 $f(\zeta, z) = 0$. 在 z 平面上标出此方程的分支点 $a, b, \cdots, k$, 并用一条没有二重点的曲线把它们连接起来. 如果我们把这个黎曼曲面的各叶都沿这条曲线切开, 则黎曼曲面将分成互相分离的 n 叶, 记为 $\zeta_1, \cdots, \zeta_n$. 黎曼曲面的某些叶自然可能在分支点上方为光滑的. 在切口连接两个分支点的每一段上, 每一叶均会与另外某一叶连接, 就是说, 我们可以做出各叶如何连接的表来. 从这个表上, 我们就可以读出每当穿过这个切口时, 各叶之间的一个置换.

如果让 z 沿一切可能的闭路变动, 就会得到一个置换群, 称为这个方程的单值化群. 我们曾在线性微分方程的一般情况下使用过这个名词 (见本书第 6 章 231 页). 在确定了指定的域以后, 单值化群就是这个方程的伽罗瓦群. 因为很清楚:

1. 每一个在此单值化群作用下不变的函数 $R(\zeta, z)$ 必定只是 z 的有理函数 (单值的代数函数一定是有理函数).

2. 每一个有理函数 $r(z)$, 因为是单值的, 所以必在此单值化群作用下不变.

我们现在看见了, 在指定了域中的基本参数 z 以后, 黎曼曲面是怎样与伽罗瓦理论的思想相联系的, 也看见了怎样借助黎曼曲面, 把伽罗瓦理论的思想弄得很直观. 我不必给出黎曼曲面, 而只需指定分支点 $a, b, \cdots, k$ 并且保证在沿着闭路作拓展时恰好发生哪一个置换就行了. 这就使我们从黎曼再回到普伊瑟 (Victor Alexandre Puiseux,

1820—1883, 法国数学家), 是他在 1851 年提出这种群的 (见 *Enz.* Ⅰ B 3c, d; 487 页).

但是这就蕴涵了一个惊人的可能性, 就是不只把黎曼曲面本身, 而且把考虑它而得到的定理和问题都移植到数域里来. 因为我们知道分支点 a, b, $\cdots$, k 相应于判别式的 "本质" 成分的素因子, 而代数函数的伽罗瓦群就自然相应于数域的伽罗瓦群.

寻找对于黎曼曲面的用代数方法得到的定理以外的那些定理的数论的类比, 就能使这种对应富于成果.

这里的主要之点是黎曼的存在定理, 我们将它表述如下: 对于一个给定的在 z 平面上方的代数黎曼曲面都有 $R(z, \zeta)$ 的一个域.

还可以进一步问: 在数域中, 是什么相应于由考虑阿贝尔积分而来的简单陈述, 例如阿贝尔定理?

这就给了我们一把真正的钥匙, 来开启希尔伯特的《数论报告》(*Zahlbericht*) 中的和他后来的数论工作的新发展, 也开启他的朋友和学生在这方面的工作的新发展. 希尔伯特力求把数论尽可能地推进到这样的地步, 使得数域就是由它的判别式和伽罗瓦群来定义的, 并由此得出函数论的所有已知的结果 (见他在 1900 年巴黎大会上的报告的问题 12). 他仅在某些情况下完全达到了这个目的, 特别是在属于域 $K\left(\sqrt{-D}\right)$ 的所谓 "类域" (class field) 上. 这里伽罗瓦群是阿贝尔群 (即所有置换的复合是可交换的), 而类域相对于基域 $K\left(\sqrt{-D}\right)$ 的判别式为 1. 完备的证明首先是由 Furtwängler 给出的. 我在这里不能更详细地讲了. 然而我想, 我们在学习这个指导思想上已经得到了一些东西.

现在是结束第 7 章的时候了. 对于出现在这里的东西, 我再次限于只能刻画其最一般的问题, 并且引述 1881 年克罗内克的纪念文集 (*Crelle* 杂志, Bd. 92). 这不是只涉及纯粹的数域理论或者含单参数 z 的域的问题, 也并不只是这些域的类似物的问题. 宁可说, 我们最终是想对于簇——既代数地依赖于已知的代数数, 又代数地依赖于已给的任意多参数的代数函数——达到同时是算术和函数论的东西, 迄今还只是在最简单的情况下得到或多或少完备的结果.

这里有一个通向纯粹理论领域的巨大的机会, 它通过其一般的规律性, 具有最大的美的魅力, 但是我们不能不提到, 它与一切应用极为遥远, 当然这不是说它永远只会是这样.

第 8 章　群论与函数论；自守函数

群论

群论这个特殊主题贯串了整个现代数学. 它作为一种整理和澄清概念的原理, 会介入各种各样的领域. 所以, 我们已经多次接触过它, 不仅在方程式理论中, 而且在椭圆函数理论 (层次理论 (level theory, Stufentheorie)) 中, 以及在区分射影几何、仿射几何、度量几何及其不变式理论时, 都遇到过它. 但是我没有专门用一节来讲它, 而只是每遇见一次就把它提出来讲一下. 当我们进而讲到群论与函数论的现代发展的关系时, 我们还会这样做. 然而, 先对群论本身讲几句话, 还是有用处的.

我们的第一个问题是: 群是什么? 我想从一般观点来回答这个问题. 这里出现了一个值得注意的而且是典型的现象: 就是哪怕是对这样的问题, 近几十年也出现了一个思想的转折, 即从事物的直观而活跃的概念, 转向抽象的陈述. 从 1870 年开始, 自从若尔当的《置换与代数方程的论著》(*Traité des substitutions et des équations algébraiques*) (其中所谓 "置换" 就是指字母的排列) 出版以来, 一般的注意力就指向把群论看做方程式论的不可少的工具. 后来, 我和李着手弄清楚群对于不同的数学领域的意义, 我们就说: 一个 "群" 就是一些单值的运算 A, B, $\cdots$ 的总体 [Inbegriff], 亦即集合, 其中的任意两个运算结合起来, 又是这个总体中的一个运算 $C: A \cdot B = C$.

当李在进一步研究无限群时, 他发现, 有必要明确地要求, A^{-1} 必须与 A 同时在此群中.

更晚一些的数学家采取了一种不那么直观但是更精确的定义. 人们不再去谈运算的集合, 而是说元素 A, B, C, $\cdots$ 的集合. 这里规定

1. "积" 或者说组合 $A \cdot B = C$ 也属于这个集合 (集合的封闭性).

2. 结合律成立, 即有

$$(AB)C = A(BC).$$

3. 存在一个单位元 E, 使得对每一个元素 A, 都有

$$AE = A \quad \text{以及} \quad EA = A.$$

4. 对每一个元素 A, 都存在逆元, 即方程

$$Ax = E$$

必有解存在.

这样, 对于想象力的求助消退了, 逻辑骨架则暴露无遗 —— 随着我们往下讲, 我们还会时常回到这个趋势上来. 这种抽象的陈述对数学定理证明的构建是极为有利的, 但是它完全不是为了发现新思想和新方法; 宁可说, 它表示了过去发展的成果. 所以它对教书是有利的, 因为可以利用它来对已知定理给出完备而且简单的证明. 但是另一方面, 它使得这门学科对于学习者难多了, 因为学习者面对的是一个封闭的系统, 他们不知道这些定义是从哪里来的, 对他们的想象力绝未提供任何东西. 总而言之, 这个方法的缺点在于不能刺激思考; 人们只需要提醒自己, 不要犯了这四条戒律.

我们先来讲一下历史. 群论首先是在代数方程的理论中发展起来的. 这里涉及的群运算是 n 个根 $x_1, x_2, \cdots, x_n$ 的 $n!$ 个置换 (即排列 (permutation)). (这里我们总把 "恒等" 置换, 即使得每个根都停留在原位的置换, 也包括在置换的集合之内.)

拉格朗日大概最先 (1770 年) 认识到, 只有考虑到 2 个、3 个或 4 个字母的置换所成的群的构造, 才能理解二次、三次或四次方程的一般解法.

这以后, n 个字母的所有置换之群的主要研究者是柯西, 他发现了这个群的许多值得注意的性质. 下面我们有时还要用到由 $\frac{1}{2}n!$ 个 "偶置换" 所构成的群. (即所谓的 "交错群" (alternating group)).

但是, 群论对于代数方程的中心意义, 首先出现在伽罗瓦 1831 年的著作里 ("群" 这个词也是首先在这里出现的). 拉格朗日和其他许多人都曾经对系数为任意变数的方程 (也就是 "一般" 方程式) 的有理域 (Rationalitätsbereich) 朴素地进行过研究. 我们已经解释过, 特别是在上一章里, 伽罗瓦则是从任意事先确定的域开始. 他说, 对于这样一个预定了的域, 一个方程的性质都在第 7 章的意义下 (见第 7 章 286 页) 由根的一定的置换的群所决定. 他与柯西的工作不同, 不需要所有置换的群.

这样就产生了一个计划, 要研究由 n 个字母的置换所构成的所有各种各样的群. 在这以前, 只是实际地考虑过群的各个例子, 特别是考虑过由可以交换的运算所成的群, 即所谓阿贝尔群.

研究一个已给方程的所有预解式的任务就归结为研究这个方程的群的所有子群. 在这里, 伽罗瓦创造了另一个基本的概念. 我们说, 所有形如 $S^{-1}TS$ 的运算都是与 T 共

轭 (*conjugate*, 德文为 *gleichberechtigt*, 按字面的意义是 "具有同样根据的") 的运算. 由于结合律, 这些共轭的运算可以复合:

$$S^{-1}TSS^{-1}US = S^{-1}(TU)S.$$

如果 T_i 遍取一个子群的各个元, 则 $S^{-1}T_iS$ 也构成一个子群, 称为原来子群的 "共轭子群". 如果一个子群共轭于它自己,

$$S^{-1}T_iS = T_j,$$

就称它为正规 (*normal*, 德文为 *ausgezeichnet*, 意为 "有特殊意义的") 子群, 或不变子群, 这里 S 是已给的群的任意运算, 而 T_i, T_j 则是子群中的运算.

按照伽罗瓦的说法, 一个群如果除了仅由单位元构成的正规子群 (即平凡子群), 以及整个群作为其本身的子群也是一个正规子群外, 还有其他正规子群, 这个群就叫做 "复合群", 反之, 则称为一个 "单群" (*simple group*). 在复合群情况下, 方程的求解就化为, 在不越出原来指定的根的域的条件下, 求解一系列互相分离的辅助方程; 在单群的情况下, 这样做就不行了. 这时, 所给的方程表示此域中不可再分解的问题. 我要回忆一下三次和四次方程的理论. 令 a, b, c, d 是一个四次方程的 4 个根. 它们容许 24 个置换 (即排列), 这些置换构成一个群 G_{24}. 这个群有一个特别值得注意的正规子群仅由 4 个置换构成, 我们可以这样来构造这个正规子群 G_4, 只要把这 4 个根成对地排列即可, 这样做会得到这 4 个排列

$$
\begin{array}{lcccc}
T_1: & a & b & c & d, \\
T_2: & b & a & d & c, \\
T_3: & c & d & a & b, \\
T_4: & d & c & b & a.
\end{array}
$$

拉格朗日注意到, 由 a, b, c, d 可以构成一些 3 值函数. 例如

$$z_1 = ab + cd.$$

对 a, b, c, d 作排列, 就会得到

$$z_2 = ac + bd,$$
$$z_3 = ad + cb.$$

z_1, z_2, z_3 都在 G_4 的置换下不变. 所以, 它们在 a, b, c, d 的 24 个置换下只会得到 $24/4 = 6$ 种置换. 它们满足一个具有 G_6 的三次方程, 称为四次方程的 "三次预解式" (*cubic resolvent*). 如果没有这样一个 G_4, 所有这一切都是不可能的了.

对于三次方程的二次预解式, 也有同样的结果.

伽罗瓦的突出成就在于他清楚地掌握了正规子群的概念, 并用它把拉格朗日对于三次和四次方程所做的事解释为求解任意次方程的基本概念.

我不能在此一个个地来讲那一系列定理 (其中也包括了一个已给的方程何时可以用根式解出的定理). 我只能帮助读者明白我们在这里有一个非常有趣但是完全抽象的领域, 它给自从 1500 年以来久已成为传统的求解代数方程问题提供了一个新基础. 若尔当的书《置换与代数方程的论著》(*Traité des substitutions et des equations algébriques*) 的功绩在于深入到这个问题之内, 并第一次对它作了全面的陈述. 在更早一点的塞雷 (Joseph Alfred Serret, 1819—1885, 法国数学家) 的书《高等代数教程》(*Cours d'algèbre supérieure*)[1] 里, 关于代数方程的求解这个主题展开得并不完备. 而若尔当的书则是在整个代数几何、数论和函数论中漫游, 来寻找有趣的置换群. 但是, 他的叙述是 "很不法国式" 的, 冗长而沉闷, 几乎像一本德国书.

后来, 置换群理论独立于它对于方程式理论的应用, 成了一个独立的学科. 在这个过程中, 我们可以找到例如凯莱、西罗、狄克 (Walther Franz Anton von Dyck, 1856—1934, 德国数学家)、赫德尔 (Otto Ludwig Hölder, 1859—1937, 德国数学家)、弗罗贝尼乌斯 (Ferdinand Georg Frobenius, 1849—1917, 德国数学家) 和伯恩赛德 (William Burnside, 1852—1927, 英国数学家), 还有近来的许多美国人的名字. 许多人在这里感受到一种特有的魅力, 即在这个领域里工作不需要很多其他的数学知识, 用不着把许多不同领域的思想组合起来.

我们现在转到线性代换 (substitution) 的有限群. 这里讲的代换, 与若尔当的书名中的 substitution 含义不同, 若尔当指的是字母的置换或排列, 而这里讲的线性代换, 就是指的线性变换[2]

$$z' = \frac{\alpha z + \beta}{\gamma z + \delta}.$$

如果愿意, 当然也可以把字母的置换看成这种线性变换的特例, 例如 a, b 对换就是

$$a' = b, \quad b' = a.$$

最简单的线性变换的有限群就是

(∗)　　　　$z' = \varepsilon^r \cdot z$　　$(r = 0, 1, \cdots, n-1)$,　　其中 $\varepsilon = e^{2\pi i/n}$.

这就是所谓 "循环群" 的情况. 这个群可以扩张为下面的包含 $2n$ 个代换的群:

[1] 塞雷的书是当时非常有名的代数教科书. 第一版在 1849 年出版, 第三版在 1866 年出版, 第三版中介绍了伽罗瓦理论, 但不完全. 若尔当的书是 1870 年出版的, 所以克莱因说 "更早一点的塞雷的书". —— 中译本注

[2] 或更准确地说是: 分式线性变换. 本书对二者时常不加区别. —— 中译本注

$$(**)\quad \begin{aligned} z' &= \varepsilon^r \cdot z, \\ z' &= \frac{\varepsilon^r}{z} \end{aligned} \qquad (r=0,1,\cdots,n-1), \quad 其中\ \varepsilon = e^{2\pi i/n}.$$

通过考虑正多面体可以得到有限群的进一步的例子.

这个群中的运算就是使原来的正多面体保持不变的旋转. 在这方面, 正多面体与自己的极图形是等价的, 即在同样的旋转下, 都是不变的. 众所周知, 极图形的顶点与原多面体的面的中心是相应的. 这就使得正多面体成对地互相对应. 正多面体的成对的对应如下:

正四面体和反正四面体,

正八面体和正立方体,

正二十面体和正十二面体.

使一个正多面体变为其自身的旋转构成一个群, 因为很清楚, 连续施加两个这类的旋转, 仍然给出一个这样的旋转, 结合律很清楚地也成立.

对于正四面体, 我们会得到一个含有

$$4 \times 2 + 3 \times 1 + 1 = 12$$

个旋转的群, 具体说来, 有 4 个是绕一个轴旋转 $2\pi/3$ 的旋转, 此轴就是连接一个顶点和反正四面体的相应顶点的直线, 另外 4 个是绕同样这个轴旋转 $4\pi/3$, 这样得到 4×2 个旋转; 再有 3 个是绕连接 3 对相对的棱的中点的直线旋转 $2\pi/2$; 最后一个是 "恒等旋转". 总共是 12 个旋转.

类似于此, 对于正八面体可以得到

$$3 \times 3 + 4 \times 2 + 6 \times 1 + 1 = 24$$

个旋转; 而对正二十面体, 则有

$$6 \times 4 + 10 \times 2 + 15 \times 1 + 1 = 60$$

个旋转. 总之, 对于

正四面体和反正四面体, 我们得到一个 G_{12},

正八面体和正立方体, 我们得到一个 G_{24},

正二十面体和正十二面体, 我们得到一个 G_{60}.

在这项研究中, 我还发现了另一个正多面体, 即正二面体 ("*dihedron*", 其实拉丁译名用 "*dyhedron*" 更准确), 其做法如下: 取平面上两个同样的正 n 边形, 并且把它们沿边线粘贴起来. 这样得到的图形也可以看做一个正多面体, 它在绕其主轴的角度各为 $2k\pi/n$ ($k = 0, 1, \cdots, n - 1$) 的 n 个旋转之下, 以及在 n 个对于其赤道平面的一条直线的 [180 度] 翻转 (德文为 Umklappungen) 下都仍为其自身. (这就与正多面体的定义一致, 只不过它所围出的空间区域的容量为 0.) 相应的群由 (∗∗) 式给出.

我们现在限于只从几何上考虑经过正多面体顶点的球面. 设想多面体的棱和面都被从球心出发的直线投影到球面上. 再设球面承载着复数 $x + iy$. 于是每一个旋转都相应于对复数 $z = x + iy$ 的线性变换, 而旋转群就相应于一个线性变换群.

我可以证明, 除了我曾经列举过的有限置换群以外, 再没有其他的有限置换群了 (见 *Mathematische Annalen*, Bd. 9, 1875 和 *Erlanger Berichte*, 1874, 即《克莱因全集》第 2 卷, No. LI).

正四面体和正八面体的置换群已经隐式地出现在多处古老文献里, 但是正二十面体的置换群是新的. 如果采用适当的坐标, 这种置换可以用以下公式表示:

$$z' = \varepsilon^\mu \cdot z,$$
$$z' = -\frac{\varepsilon^{4\mu}}{z},$$
$$z' = \varepsilon^\nu \cdot \frac{-(\varepsilon - \varepsilon^4)\varepsilon^\mu z + (\varepsilon^2 - \varepsilon^3)}{(\varepsilon^2 - \varepsilon^3)\varepsilon^\mu z + (\varepsilon - \varepsilon^4)},$$
$$z' = -\varepsilon^{4\nu} \cdot \frac{(\varepsilon^2 - \varepsilon^3)\varepsilon^\mu z + (\varepsilon - \varepsilon^4)}{-(\varepsilon - \varepsilon^4)\varepsilon^\mu z + (\varepsilon^2 - \varepsilon^3)}.$$

这里 $\varepsilon = e^{2\pi i/5}$, $\mu, \nu = 0, 1, 2, 3, 4$.

正四面体的 G_{12} 和正八面体的 G_{24} 都是复合群, 但正二十面体的 G_{60} 却是单群.

这些群还可以进一步扩张. 事实上, 通过对其每个元附加一个 "对径 (*antipodal* 或 *diametral*) 变换" (即把球面的每一点变为其对径点) 就可以把群的大小翻倍. 这样扩张了的群包含了对此图形的所有对称面的反射. 正四面体有 6 个对称面, 正八面体有 9 个, 而正二十面体则有 15 个. 这样对于各个正多面体, 这个扩张了的群是:

正四面体: $\overline{G}_{24}$,

正八面体: $\overline{G}_{48}$,

正二十面体: $\overline{G}_{120}$.

我马上就要加上两条说明, 它们是为下面要讲的材料做一点准备.

1. 一个正多面体的对称面必将它的每个面分成 6 个全等或对称的三角形. 例如, 正 20 面体的对称面就把球面分成 120 个这样的三角形, 我们把它们一个隔一个地或者加上阴影, 或者留着不加阴影. 每一个旋转都把有阴影的三角形变成有阴影的三角形,而把无阴影的三角形变成无阴影的三角形. 要想把有阴影的三角形变成无阴影的三角形, 就需要加一个反射 (或者更一般地说, 要加一个 $\overline{G}$ 中的元, 它们都不是旋转).

使用弗利克 (Karl Emanuel Robert Fricke, 1861 — 1930, 德国数学家) 的名词, 这样一个三角形称为 $\overline{G}_{120}$ 的不连续域 (domain of discontinuity). $\overline{G}_{120}$ 称为不连续的, 是因为所有相对于 $\overline{G}_{120}$ 等价的点, 都是互相分离的. 相对于球面上的每一点, 在每一个三角形中都有一点, 而且只有一点, 可以由 $\overline{G}_{120}$ 的元映为该点. 所以要想找到一个点对于 $\overline{G}_{120}$ 等价的点, 至少要走到一个相邻的三角形中去. 这样, 我们就理解一个群的不连续域是这样一个区域, 使一个点可以在其中自由地运动而不会碰到其等价点.

把任意两个相邻的三角形一起取来, 就得到群 G_{60} 的一个基本域. 但是对于边界点的取舍要特别小心. 在图 33 右方, 我们只说三角形的一条边和半截底边是不连续域的一部分!

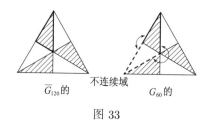

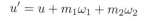
不连续域

$\overline{G}_{120}$ 的 G_{60} 的

图 33

最后, 基本域的概念在双周期函数的例子中是人们熟悉的. 这种函数的周期平行四边形就是线性变换

$$u' = u + m_1\omega_1 + m_2\omega_2$$

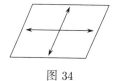

图 34

的无限群的基本域. 平行四边形的边是成对的, 每一对边中只有一条算是基本域的一部分; 见图 34.

2. 正二十面体的 G_{60} 与五件事物的 60 个 "偶" 排列之间有一个值得注意的关系. 如果我们取正二十面体的 30 条棱的中点使之成为 5 个八面体的顶点, 则 60 个正二十面体旋转将把这些正八面体做一个排列. 所以, 正二十面体的旋转群 G_{60} 必同构于五件事物的 "偶" 排列之群.

另一方面, 正二十面体的扩张了的群 $\overline{G}_{120}$ 并不同构于五件事物的全部排列之群. 因为在对径对应 ($\overline{G}_{120}$ 正是由 G_{60} 通过对径对应生成的) 下, 每一个正八面体变为其自身 [即映每一个正八面体为自身], 所以与 5 个正八面体的排列无关. "扩张" 了的 $\overline{G}_{120}$ 有以下的正规子群:

a) 旋转群 G_{60}.

b) 对径变换群 G_2.

但是五件事物的排列的置换群 G_{120} 只包含 G_{60} 为其正规子群 (交错群), 而不以 G_2 为其正规子群. 所以, 它与 $\overline{G}_{120}$ 的构造很不相同.

上述的第一个说明引导人们考虑一个变元的线性变换的其他不连续的但是无限的群, 由此就生长出了单值自守函数的一般理论. 第二个说明引导到了正二十面体与五次方程理论的值得注意的关系. 这一点我们必须作较详细的说明.

现在我们对这些研究的进一步发展稍说几句话. 这个发展有两个方向, 而互相又是可以连接起来的.

1. 多个变元的线性变换的有限群. 在这里, 先驱者又是若尔当. 我和瓦伦丁纳 (Valentiner) 找到了最简单 (然而是非平凡的) 例子, 其重要性后来由布里希菲尔德 (Blichfeldt) 所证实. 弗罗贝尼乌斯和 J. 舒尔给出了 n 元情况下一般理论的框架. 正如正二十面体促进了五次方程的研究, 这一项进一步的构造引导到六次和七次方程的理论!

2. 单个变元的线性变换的无限群, 特别是庞加莱所说的 "真不连续群", 就是那些不连续域在 $x + iy$ 平面 (或 $x + iy$ 球面) 上具有有限面积的那种群. 双周期函数就是最简单的例子, 这时, 线性变换

$$u' = u + m_1 \omega_1 + m_2 \omega_2$$

所成的无限群的不连续域就是它的周期平行四边形. 一般说来, 我将把在这种有限群或无限群下不变的函数称为自守函数: 这方面我们还有很多的事情要说.

但是我要首先指出, 我们在单个变元的有限线性变换情况下已经熟悉了的群论的和几何的考虑如何应用于结晶学, 特别是近来产生的它的所谓的构造理论中.

结晶学的发展以最为多种多样的方式与数学的发展相关, 这一点我已经多次提到过, 在这里我只想再提一下弗朗兹·诺依曼在 1823 年提出的 "区域法则" (见第 5 章 184 页).

在下面的考虑中我们的出发点是空间的一切运动所成的连续群, 它含有 ∞^6 个元素. 我们还可以考虑添加 ∞^6 个第二类运动, 即反射 (Umlegungen), 来扩充它; 这又给出一个含有 ∞^6 个元素的群.

我们现在要对求出真不连续群 G 或其扩张 $\overline{G}$, 并且研究它们的不连续域这项工作, 作一个概观. 把空间划分成正全等 (或正与反全等) 的多面体, 这些多面体在一个子群的元素的作用下可以互变. 在空间中, 这些作用可以是非常复杂的. 所以我们用一个平面的例子来说清楚这件事. 这个例子的结果可以移到空间中去. 我们考虑平面上的平行四边形格网, 以代替空间中的平行六面体格网, 我们的研究以正方形格网为基础. 相应的运动群——以构成格网的正方形为其不连续域——首先只包含平移 (见图 35; 其中的箭头表示不连续域的边界的对应关系). 但是正方形的网还可以进一步细分, 这时旋

转 (可能还有反射) 就会参与进来. 这样就有了平面之细分为全等 (或者全等而又对称) 的三角形. (在全等而又对称的情况, 把这些三角形, 一个隔一个地或加上阴影, 或不加阴影, 见图 36.) 在旋转之下 (从而在群 G 的所有运动之下), 有阴影的三角形仍变为有阴影的三角形, 无阴影的仍变为无阴影的. 在扩张了的群 $\overline{G}$ 的运动之下, 所有三角形, 不论有无阴影均可互变. 每一个三角形都是由平面的旋转和反射构成的一定的群的不连续域. $\overline{G}$ 的不连续域仅以反射的曲线为界, 而 [考虑] G 的不连续域的时候只计入基本三角形的一条 [直角] 边和半条底边.

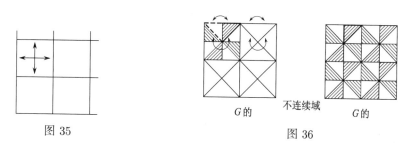

图 35   不连续域   图 36
          G 的 G 的

现在就能理解, 在空间中也有类似的可能性, 但是无遗漏地列举出这些可能性当然就要难得多. 相应于平面上的分划, 在空间自然就会得到平行六面体格网, 可以细分的立方体系统, 等等.

这种空间的分划与结晶学的关系如下.

空间的每一种这样的分划都定义了一种晶体, 或者说是一种晶性的介质: 再设想在第一个基本域里面塞进任意的分子团, 然后再把相应的分子团送到其他区域的相应位置上去.

结晶学家在经过几十年的犹豫以后才来处理晶体构造理论的问题及其解决方案. 请参看 Liebisch, Schönflies 和 Mügge 在 *Enz.* 卷 V 上写的综述文章 (编号 7).

这里我们可以引述 Bravais, Sohnke 等人的工作. 但是完全的解答是由俄罗斯结晶学家费多罗夫 (Evgraf Stepanovich Fedorov, 1853 — 1919, 俄罗斯结晶学家) 在 1885 年给出的. 1891 年, 申弗里斯 (Arthur Moritz Schönflies, 1853 — 1928, 德国数学家和结晶学家) 在他写的教本《晶体系统与晶体构造》(*Kristallsysteme und Kristallstruktur*, Leipzig, 1891) 中对此给出了新基础, 并详加解释. 结果有 65 个群 G, 165 个群 $\overline{G}$, 总共是 230 个群[3].

我不能略去不谈结晶学家和物理学家接受这个理论是多么缓慢. 到 1890 年左右, 专家们仍然习惯于彻底地把晶体 (说是结晶性介质更好) 看做充满空间的连续统, 只不过在各个点上具有相同的性质! 这时, 只需要区别绕一个固定点的旋转的一切可能的

---

[3] 最近又重写为 "*Theorie der Kristallstruktur*", Berlin, 1923. 又见 P. Niggli, *Geometrische Kristallographie des Diskontinuums*, Leipzig, 1919.

群 (或者是绕固定点的第二类运算的群), 但此群要与所谓的有理指数这个已知的结晶
学定律相容. 这就给出了著名的 32 个 "晶体系统" 这种区分. 但这不会引导到任何进
一步的东西. 有理指数定律, 作为构造理论的一个推论, 在这里好像是天上掉下来的救
星 (*deus ex machina*).

这种冷漠的态度并不能阻止我在 1893 年芝加哥国际大会的开幕致辞中强调这个
理论的结果 (见《克莱因全集》第 2 卷 613 页以下). 因为我——还有申弗里斯——都
深信, 思辨和应用必须一同前进.

然后, 到 1912 年出现了劳厄 (Max Theodor Felix von Laue, 1879—1960, 德国物
理学家) 关于 X 射线被晶体衍射的发现! 现在, 我们肉眼看见了晶体的不连续的结构,
即分子在空间中的排列, 我们需要的正是费多罗夫和申弗里斯的创造, 它是我们必不可
少的理论基础.

自守函数

现在我们转到自守函数理论! 因为这是我的主要工作领域, 我更加关心通过个人的
回忆来说明我的讲述, 并且使这个报告一直讲到 1882/83 学年, 那时我因病不能再继续
工作了[4]. 因为我会经常引用下面三部著作, 所以最好还是先把它们列举出来. 这几部
书, 或者是由我写作的, 或者是按我的思想、受我的鼓励写成的:

1. 克莱因:《二十面体与五次方程的求解讲义》(*Vorlesungen über das Ikosaeder
und die Auflösung der Gleichungen vom fünften Grade*, 1884)[5].

2. 克莱因–弗利克 (Klein–Fricke):《椭圆模函数讲义》(*Vorlesungen über die
Theorie der elliptischen Modulfunktionen*, 卷 1, 1890; 卷 2, 1892).

3. 克莱因–弗利克 (Fricke–Klein):《自守函数理论讲义》(*Vorlesungen über die
Theorie der automorphen Funktionen*, 卷 1, 1897; 卷 2, 1901, 1911, 1912).

第一本书基本上是打算用作教本的, 另两本则有专著的性质. 第二本中处理的是
$\omega' = (\alpha\omega + \beta)/(\gamma\omega + \delta)$ 的群, 其中 α, β, γ, δ 是整数, 而且行列式 $\alpha\delta - \beta\gamma = 1$. 其讲

---

[4]克莱因于 1880 年左右来到莱比锡, 那可以说是他的数学研究的黄金年代. 到 1883 年以后, 由于用脑
过度, 他得了严重的精神疾病. 这以后, 可以说他的数学研究基本停顿. 于是他来到哥廷根, 以主要精力从事
卓有成效的组织工作: 他把希尔伯特延揽到哥廷根, 把这所大学建成了代表当时数学的最高水平的中心.《数
学年刊》在他的主持下也成了当时最高水平的数学研究刊物之一. 他还以极大的力量从事数学教育研究, 有
十分广泛的影响. 文中说自己 "因病不能再继续工作了" 就是这个意思. 详见本章之末. —— 中译本注

[5]Dover Publisher 出版了英译本. —— 英译本注

述是彻底朝向群论的. 找出了最简单的子群, 决定了它们的基本域, 然后就按照黎曼的函数理论确立了相应的单值自守函数 (即模函数) 的存在, 研究了它们的性质. 我们关于椭圆函数的命题就已经时常触及这一类问题. 在第三本书里, 用几何构造来决定单个变元的线性变换的最一般的真不连续群, 这样就把相应的单值自守函数的意义暴露出来. 这就是我和庞加莱在 1881 和 1882 年交流与竞争的主题: 我所宣布的最一般的定理, 直到最近才由寇贝 (Köbe) 证明了.

我还要提及弗利克的长篇综述《自守函数, 包括模函数》(*Automorphe Funktionen mit Einschluss der Modulfunktionen*), 发表在 *Enz.* (卷 II. B4) 中 —— 它是非常有用的资料汇编, 时间一直延续到 1913 年[6].

另外, 我会以稍稍不同的方式来讲述下面的内容, 不是去作系统的阐述, 而是更贴近历史发展的脉络.

要想对双周期函数
$$\wp(u|\omega_1, \omega_2), \quad \wp'(u|\omega_1, \omega_2)$$
作深入研究, 有两个出发点可供选择. 第一个是从 u 平面之划分为平行四边形开始, 直接建立 $\wp(u)$, $\wp'(u)$, 然后得到它们之间的关系式
$$\wp'^2 = 4\wp^3 - g_2\wp - g_3.$$

或者按照历史发展的路径, 从椭圆积分
$$u = \int \frac{d\wp}{\sqrt{4\wp^3 - g_2\wp - g_3}}$$
开始, 再确认属于
$$\wp'^2 = 4\wp^3 - g_2\wp - g_3$$
的黎曼曲面在适当划了割口以后, 被 u 映到一个平行四边形上. 于是, 当积分路径穿过黎曼曲面上的割口时, 这个平行四边形就会重现, 因而构成一个平行四边形格网.

对于自守函数理论也同样有这样两种途径. 或者我们可以从 ζ 平面 (或 ζ 球面) 开始, 把它分割为等价的区域, 然后寻找 ζ 的在 ζ 的相应线性变换群下不变的单值函数; 或者, 我们可以遵循历史发展的途径, 从二阶线性微分方程
$$\frac{d^2\eta}{dz^2} + p_1 \frac{d\eta}{dz} + p_2\eta = 0$$
开始, 这里先研究 p_1, p_2 为 z 的有理函数的情况, 然后再研究它们为 z 的代数函数的情况. 它们都是 z 平面上方的黎曼曲面上的函数. 请读者参看第 6 章关于线性微分方程的说明 (见第 6 章 231–233 页).

---

[6] 以下我们常用到《克莱因全集》(共 3 卷, Berlin, 1921—1923) 中关于这些问题所作的附注和解释. —— 德文本编者注

这样我们又遇到了黎曼, 但这一次是与他的著名的 1858/59 学年冬关于超几何级数的讲义相关. 讲课内容由后来成为物理学家的贝佐德 (Wilhelm von Bezold, 1837—1907, 德国物理学家) 用速记法记录下来. 但是它并不为大众周知, 直到 1897 年我才看到它, 而它的主要部分到 1902 年才由麦克斯·诺特和维廷格尔发表在他们编辑的《黎曼全集·补篇》里. 所以我们这里将要触及的东西有许多是人们重新发现, 并在适当时候发表的. 我特别想到的是施瓦茨发表在 Crelle 杂志第 75 卷 (1872/73) 上的论文, 亦见《施瓦茨全集》第 2 卷 211 页以下; 还有他在 1871 年于苏黎世关于这个结果的初步的通报, 即《施瓦茨全集》第 2 卷 172 页以下: "关于高斯的超几何级数对于其第四个变元为代数函数的诸情况" (Über diejenige Fälle, in welchen die Gaussische hypergeometrische Reihe eine algebraische Funktion ihres vierten Elementes darstellt), 当然还有我自己在《数学年刊》第 14 卷 (1878) 上发表的论文的细节: "论椭圆函数的变换与五次方程的求解" (Über die Transformation der elliptischen Funktionen und die Auflösung der Gleichungen fünften Grades), 即《克莱因全集》第 3 卷 13 页以下.

我还愿意提到, 高斯在这个主题上也已经做了很多, 这一点可以从他的《手稿》(即《高斯全集》第 8 卷) 看到.

为了不使我的综述太含糊, 我不时要加上一些注解 (但并不附上证明).

超几何级数, 高斯记作

$$F(\alpha, \beta, \gamma; z) = 1 + \frac{\alpha \cdot \beta}{1 \cdot \gamma} z + \frac{\alpha(\alpha+1)\beta(\beta+1)}{1 \cdot 2 \cdot \gamma(\gamma+1)} z^2 + \cdots,$$

在 $|z| < 1$ 时收敛 (可能在 $|z| = 1$ 时也收敛), 只是二阶微分方程

$$\frac{d^2\eta}{dz^2} + \frac{\gamma - (\alpha+\beta+1)z}{z(1-z)} \frac{d\eta}{dz} + \frac{\alpha\beta}{z(z-1)} \eta = 0$$

的一个特解; 这个方程有三个奇点 $z = 0, 1, \infty$.

这个微分方程的所有的解都可以写成超几何级数, 但其变元可以是以下六种情况之一:

$$z, \quad 1-z, \quad \frac{1}{z}, \quad \frac{1}{1-z}, \quad \frac{z}{1-z}, \quad \frac{z-1}{z}.$$

图 37 这些级数的收敛圆依次是: 以原点为心的单位圆 E_0, 以点 $z = 1$ 为心的单位圆 E_1, E_0 的外域, E_1 的外域, 以上两圆公共弦连线的左半平面, 上述连线的右半平面 (见图 37). 找出这些解及它们的关系, 这件事虽然很繁杂, 却并不难, 我们在此不可能停下来做这件事了.

黎曼在 1857 年的论文 "对于可以表示为高斯级数 $F(\alpha, \beta, \gamma; x)$ 的函数理论的贡献" (Beiträge zur Theorie der durch die Gauss'sche Reihe $F(\alpha, \beta, \gamma; x)$ darstellbaren

Funktionen) 是从一般观点出发的, 几乎不用计算, 我们在第 6 章里已经讨论过 (见第 6 章 230–231 页), 这里则是它的初等形式.

但是现在我们就来到了黎曼在他的 1858/59 学年的讲义里引进的新奇之处, 这里的新奇之处后来又由施瓦茨详细做出来了.

令 η_1, η_2 是这个微分方程的两个 [线性无关] 解, 再令

$$\eta_1/\eta_2 = \zeta.$$

微分方程的所有解 η 都可以通过 η_1, η_2 表示为

$$\eta = m\eta_1 + n\eta_2.$$

特别是, 如果 z 在其域中转了一圈, 则 η_1, η_2 将变成它们的线性组合:

$$\eta_1' = \alpha\eta_1 + \beta\eta_2,$$
$$\eta_2' = \gamma\eta_1 + \delta\eta_2.$$

如果 z 转了所有可能的圈, 就会得到一个由线性变换构成的群, 即线性微分方程的所谓 "单值化群"[7].

这样, 当 z 转了一圈, $\zeta = \eta_1/\eta_2$ 就会经历一个分式线性变换:

$$\zeta' = \frac{\alpha\zeta + \beta}{\gamma\zeta + \delta}.$$

从 η 所满足的已给的二阶微分方程

$$\eta'' + p_1\eta' + p_2\eta = 0$$

就可以算出 ζ 应该满足以下的三阶微分方程

$$\frac{\zeta'''}{\zeta'} - \frac{3}{2}\left(\frac{\zeta''}{\zeta'}\right)^2 = 2p_2 - \frac{1}{2}p_1^2 - p_1'.$$

上式的左端时常称为施瓦茨导数 (这是凯莱的叫法). 如果我们把 p_1 和 p_2 换成超几何微分方程中的系数, 就有

$$\frac{\zeta'''}{\zeta'} - \frac{3}{2}\left(\frac{\zeta''}{\zeta'}\right)^2 = \frac{1-\lambda^2}{2z^2} + \frac{1-\mu^2}{2(1-z)^2} - \frac{\lambda^2 + \mu^2 - \nu^2 - 1}{2z(1-z)},$$

这里

$$\lambda^2 = (1-\gamma)^2, \quad \mu^2 = (\gamma - \alpha - \beta)^2, \quad \nu^2 = (\alpha - \beta)^2,$$

---

[7] 注意, 这些线性变换的 α, β, γ, δ 并不是 $F(\alpha, \beta, \gamma; z)$ 中的参数.

而且 α, β, γ 为实数, 并规定 λ, μ, ν 取正值. 我们也把分式线性变换

$$\zeta' = \frac{\alpha\zeta + \beta}{\gamma\zeta + \delta}$$

的集合称为 ζ 所满足的微分方程的单值化群. 这样我们就看见了, 我们是怎样被引导到了单变量线性变换的群!

　　由此出发, 黎曼和施瓦茨证明了当 λ, μ, ν 为实数时, 我们的三阶微分方程的每一个特解 ζ 都把由实轴划分出来的上半平面很简单地共形映为一个 "圆弧三角形" [Kreisbogendreieck, 即三边均为圆弧的三角形], 其三个顶角分别为 $\lambda\pi$, $\mu\pi$, $\nu\pi$ (见图 38). 这个三角形的准确位置, 依解 ζ 的选取而定, 除此以外则是完全任意的. 但是我们必须小心对待这个三角形的定向. 如果对 z 平面的实轴附加了由 $-\infty$ 到 $+\infty$ 的定向, 则三角形得到逆时针定向, 而上半平面被映为三角形的内域.

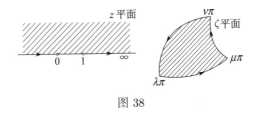

图 38

　　这是两个单连通区域之间互相共形映射的最漂亮的例子之一. 它之所以特别引人注意, 是由于在这个情况下, 函数 ζ 在图 38 右方的三角形外的进一步的动态可以用纯粹几何的方法, 从第一个三角形 (即图 38 右方的三角形) 一步一步地做出来. 在这里, 为了实现解析拓展, 完全用不着幂级数这个笨拙的工具! 这是通过所谓 "反射原理" (亦称 "对称原理") 来完成的. 就是说, 如果我按径向作反演的法则把三角形对其一边做反射, 就会得到下半平面的像, 然后再这样做下去.

　　如果我们想总是停留在平面上, 则当此三角形是直线边的三角形, 从而 $\lambda + \mu + \nu = 1$ 时, 我们会得到特别简单而且典型的情况 (图 39). 其他情况在球面上去观察更好. ζ 球面上的球极射影把一个圆弧三角形变为另一个球面上的圆弧三角形 (所谓球面上的圆弧三角形, 就是其三边均为某一平面与球面的交线的一段, 这样形成的三角形). 对于三角形的某一边的反射就是对切出此边的平面的 "反射", 它是这样一个映射: 把球面的每一点映为另一点, 而该点与此点以及此平面关于球面的极点 P 共线 (图 40). 特别是, 若此平面经过球心, 则极点 P 退到无穷远处, 而我们的 "反射" 就成了初等意义下的反射.

　　现在我们就可以看见与正多面体的联系了. 对每一个正多面体 (例如正二十面体), 其外接球面都被划分成一些圆弧三角形, 它们的边是由正多面体的对称平面与球面相交而成的 (对于正二十面体, 共有 120 个这样的对称平面), 有些三角形是画上了阴影

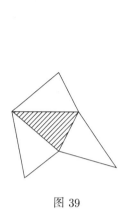

图 39

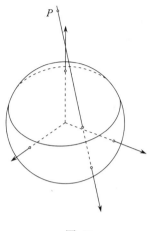

图 40

的, 有些则没有, 二者交错排列. 这些三角形就是某个附加了反射而扩充的旋转群的不连续域. 现在我们就看到了, 在特殊情况下, 在研究超几何函数时也出现这样的三角形划分. 我们只需要把这些三角形看成上或下半平面的共形映射像, 就能够在这些三角形的集合里看到函数 ζ 的所有解析拓展把上或下半平面作共形映射时所得到的像的集合!

我还要提到, 施瓦茨把我们的这个函数 ζ 用字母 s 来表示, 更准确地说, 是用 $s(\lambda, \mu, \nu; z)$ 来表示. 因为共形映射在球面上画出来最为直观. 它的名称 "三角形函数" 也就是由此而来的. 请参看我在 1893/94 学年的讲义《论超几何函数》(*Über die hypergeometrische Funktion*).

现在我要转到正二十面体这个特例. 我首先要再次回忆到, 球面被正多面体的对称平面划分为三角形, 我们曾经用两个方法得出: 或者用单个变元的线性变换的有限群, 或者用超几何函数理论. 在前一种方法下的群的不连续域, 在后一种方法下就是 z 平面被超几何函数 ζ (或 $s(\lambda, \mu, \nu; z)$) 所作的共形映射的像, 所以叫做函数 ζ 的基本域.

特别是, 我们可以像施瓦茨那样, 把这个函数 ζ 写成

$$s\left(\frac{1}{3}, \frac{1}{2}, \frac{1}{5}; z\right),$$

因为它把 z 的上半平面共形映为顶角为 $\pi/3$, $\pi/2$, $\pi/5$ 的圆弧三角形. 我们要更仔细地研究这种情况, 因为它与许多事情有关.

函数 $s\left(\frac{1}{2}, \frac{1}{3}, \frac{1}{5}; z\right)$ 以及它在其他正多面体情况下的类似物, 有两个特点:

1. 通过对 z 平面或上下两个半平面的映射而得的那些三角形把 ζ 球面单重覆盖而且不留空隙.

2. 只要有限多个三角形 (60 个或者 120 个) 就足以完成这个覆盖. 这与我们在讲到晶体结构时所遇见的顶角为 $\pi/4$, $\pi/4$, $\pi/2$ 的直角三角形的覆盖 (见图 36) 不同, 在那里, 要想简单地覆盖一次整个平面, 就需要无穷多个三角形 (而且点 ∞ 是一个极限点).

所以我们可以得到如下的结论: 在正二十面体情况下, 函数 $\zeta(z)$ 是一个 60 值函数, 对应于一个确定的 z 点, 在每一个有阴影 (或无阴影) 圆弧三角形内都有一个相应的 ζ 值; 反函数 $z(\zeta)$ 则是 ζ 球面上的单值函数. 因为在 ζ 球面上那些三角形顶点处, 可以有 3 对、2 对或 5 对三角形相连接, 所以, 相应于 ζ 球面的上述三角形的正规划分, 我们将得到 z 平面上方的一个 60 叶的黎曼曲面, 而在 $z = 0, 1, \infty$ 处, 分别有黎曼曲面的 3 叶、2 叶或 5 叶相会. 因为 $z(\zeta)$ 是单值函数, 而 $\zeta(z)$ 是 60 值函数, 可知 z 是 ζ 的一个 60 次有理函数:

$$z = R_{60}(\zeta),$$

它的构造我们还可以描述得更精确.

点 $z = 0, 1, \infty$ 必定给出 ζ 的重数分别为 3、2 和 5 的根. 因为 z 是 ζ 的次数为 60 的有理函数, 我们可以把这些事实合并起来而得下面的比例式:

$$z : z - 1 : 1 = \phi_{20}^3 : \psi_{30}^2 : \chi_{12}^5,$$

这里, ϕ, ψ, χ 是 ζ 的多项式, 其次数如下标所示.

施瓦茨最早通过寻求这些多项式在 ζ 球面上的零点, 并算出相应的 ζ 的线性因子的乘积, 从而算出了这些多项式. 我则注意到, 只有 χ_{12} 需要计算, 因为 ϕ_{20} 和 ψ_{30} 只需通过不变式理论的简单程序就可以算出来.

我们现在来计算 χ_{12}. 为此我们这样来对此正二十面体赋以定向, 使得有一个顶点在 $\zeta = 0$ 处, 一个顶点在 $\zeta = \infty$ 处, 且有另外两个顶点在实子午线上. 令 $\zeta = 1$ 位于球面的赤道上 (见图 41). 这样就固定了坐标系. 对于 $\zeta = 0, \infty$ 以外的位于实子午线上的两个顶点, 我们可以得出其 ζ 值为

$$\varepsilon + \varepsilon^4 = \frac{-1 + \sqrt{5}}{2},$$

$$\varepsilon^2 + \varepsilon^3 = \frac{-1 - \sqrt{5}}{2}.$$

这些值[8]是从所谓正二十面体变换

$$\zeta' = \frac{-(\varepsilon - \varepsilon^4)\varepsilon^\mu \zeta_0 + (\varepsilon^2 - \varepsilon^3)}{(\varepsilon^2 - \varepsilon^3)\varepsilon^\mu \zeta_0 + (\varepsilon - \varepsilon^4)},$$

$$-\zeta' = \frac{(\varepsilon^2 - \varepsilon^3)\varepsilon^\mu \zeta_0 + (\varepsilon - \varepsilon^4)}{-(\varepsilon - \varepsilon^4)\varepsilon^\mu \zeta_0 + (\varepsilon^2 - \varepsilon^3)}$$

---

[8] 这里的 ε 是五次单位根: $e^{2\pi i/5} = \dfrac{\sqrt{5}-1}{4} + i\sqrt{\dfrac{5+\sqrt{5}}{8}}$. ——中译本注

中令 $\zeta_0 = 0$ 而得到的.

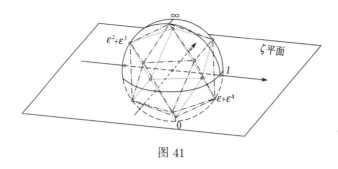

图 41

把这两个式子乘以 ε^ν ($\nu = 0, 1, 2, 3, 4$) 就可以得到其他的顶点. 所以, 正二十面体的 12 个顶点是:

$$\zeta = 0, \quad \zeta = \varepsilon^\nu (\varepsilon + \varepsilon^4),$$
$$\zeta = \infty, \quad \zeta = \varepsilon^\nu (\varepsilon^2 + \varepsilon^3),$$

以上 $\nu = 0, 1, 2, 3, 4$. 为了清楚地处理 $\zeta = \infty$, 最好把 ζ 齐次化, 即用 ζ_1/ζ_2 来代替 ζ. 这样, 我们就会有

$$\chi_{12} = \zeta_1 \zeta_2 \left(\zeta_1^5 - (\varepsilon + \varepsilon^4)^5 \zeta_2^5 \right) \cdot \left(\zeta_1^5 - (\varepsilon^2 + \varepsilon^3)^5 \zeta_2^5 \right),$$

把这里的乘积展开就会得到

$$\chi_{12} = \zeta_1 \zeta_2 \left(\zeta_1^{10} + 11 \zeta_1^5 \zeta_2^5 - \zeta_2^{10} \right).$$

以下我们称此式为基本形式 f. (我们可以对 f 乘以任意数值因子, 但是最好还是略去所有不必要的数值因子.) 这样, 令 χ_{12} 为 0, 就可以得到正二十面体的所有 12 个顶点.

现在我们用不变式理论来确定 ϕ_{20} 与 ψ_{30}.

按照形式不变式理论, 基本形式 f 的最简单的协变式 (略去无关紧要的常数因子) 是它的海赛行列式 H, 以及由 f 和 H 做出的函数行列式 T:

$$H = \frac{1}{121} \begin{vmatrix} f_{11} & f_{12} \\ f_{21} & f_{22} \end{vmatrix}, \quad T = \frac{1}{20} \begin{vmatrix} f_1 & f_2 \\ H_1 & H_2 \end{vmatrix}.$$

H 的次数为 20, 因为这个行列式的每个元的次数均为 10, 又因为 f_1, f_2 的次数均为 11, 而 H_1, H_2 的次数均为 19, 所以 T 的次数为 30. 我们现在有以下定理:

ϕ_{20} 就是基本形式 f 的海赛行列式; 而 ψ_{30} 就是函数行列式 $(H, f) = T$.

这个定理有一个简单的证明如下: H 和 T, 作为 f 的协变式, 和 f 一样, 在 60 个正二十面体旋转下不变, 这里我们假设 ζ 所经历的分式线性变换已经写成了 ζ_1, ζ_2 的行列式为 1 的齐次线性变换. 所以, 令 $H = 0$ 就会给出球面上那些在 G_{60} 作用下互相变换的 20 个点. $T = 0$ 则代表也具有同样性质的 30 个点. 但是我们知道, 在正二十面体旋转的群 G_{60} 的作用下, 一般说来, 互相等价的点只有 60 个, 然而正二十面体的 12 个顶点, 正十二面体的 20 个顶点及其 30 条棱的中点属于特殊情况. 所有在 G_{60} 作用下不变的点的集合必定是这几个集合之并. 所以这样一个集合所含有的点的数目一定可以写成 $60\alpha + 12\beta + 20\gamma + 30\delta$ 的形式, 其中 α, β, γ, δ 都是整数. 下面两个方程

$$60\alpha + 12\beta + 20\gamma + 30\delta = 20,$$
$$60\alpha + 12\beta + 20\gamma + 30\delta = 30$$

都只有唯一的整数解, 即

$$\alpha = 0, \ \beta = 0, \ \gamma = 1, \ \delta = 0,$$
$$\alpha = 0, \ \beta = 0, \ \gamma = 0, \ \delta = 1.$$

所以 $H = 0$ 给出正十二面体的 20 个顶点, 从而 H 与 ϕ_{20} 相同, 而 $T = 0$ 给出正二十面体的 30 条棱的中点, 从而 T 与 ψ_{30} 相同. 这里我们略去了数值因子, 但是如何选取它们是任意的.

现在我们来计算 H 和 T (但是略去无关紧要的数值因子), 并且得出

$$H = -\left(\zeta_1^{20} + \zeta_2^{20}\right) + 228\left(\zeta_1^{15}\zeta_2^5 - \zeta_2^{15}\zeta_1^5\right) - 494\zeta_1^{10}\zeta_2^{10},$$
$$T = \left(\zeta_1^{30} + \zeta_2^{30}\right) + 522\left(\zeta_1^{25}\zeta_2^5 - \zeta_2^{25}\zeta_1^5\right) - 10005\left(\zeta_1^{20}\zeta_2^{10} + \zeta_2^{20}\zeta_1^{10}\right).$$

由此还可以把正二十面体方程本身写成

$$z : z - 1 : 1 = H^3 : -T^2 : 1728f^5.$$

(事实上, 为了确认此式, 我曾经完全用计算验证了下面的恒等式

$$T^2 = -H^3 + 1728f^5!)$$

于是在 z 平面上, 我们得到了 z 为 ζ 的单值自守函数 (这当然是我们的用语), 比起我们将要介绍的例子, 这当然要初等得多.

现在我们要换一个手法来处理这个公式. 它是 ζ 的一个 60 次代数方程, 我们称之为正二十面体方程, 并且想要弄清楚它在代数方程理论中的地位, 所以我们再一次在一定程度上回到前一章的考虑.

球面的分划立刻给了我们 60 个区域, 以便在其中找到对应于同一个给定的 z 的那些 ζ. 所谓 "根的分离"——如果要数值解一个方程, 首先要做的就是这件事——是从一开始就完成了的. (特别是, 如果 z 为实数, 则必有 4 个且仅有 4 个实的 ζ!)

如果我们已经找到了一个根 ζ_0, 如果我们再附加上一个量 ε ($\varepsilon^5 = 1$), 则利用 60 个正二十面体变换, 就能把所有其他的根有理地表示如下:

$$\varepsilon^\mu \zeta_0, \quad -\varepsilon^\nu \frac{(\varepsilon^2 - \varepsilon^3)\varepsilon^\mu \zeta_0 + (\varepsilon - \varepsilon^4)}{-(\varepsilon - \varepsilon^4)\varepsilon^\mu \zeta_0 + (\varepsilon^2 - \varepsilon^3)},$$

$$-\varepsilon^\mu \zeta_0^{-1}, \quad \varepsilon^\nu \frac{-(\varepsilon - \varepsilon^4)\varepsilon^\mu \zeta_0 + (\varepsilon^2 - \varepsilon^3)}{(\varepsilon^2 - \varepsilon^3)\varepsilon^\mu \zeta_0 + (\varepsilon - \varepsilon^4)}.$$

一个方程, 如果其所有的根都可以用一个给定域中的某个根有理地表示, 这个方程就称为伽罗瓦方程 (因为伽罗瓦说明了如何把其他方程都化归为它). 于是方程的伽罗瓦群就同构于有理变换群. 总结以上, 我们可以说: 在附加了 ε 后得到的域中, 正二十面体方程是一个伽罗瓦方程, 而其伽罗瓦群同构于正二十面体旋转群 G_{60}.

所以, 我们可以做出相应于正二十面体旋转群的各个子群的较低次数的预解式, 特别是, 可以按照 295 页的第 2 条说明, 做出它的五次预解式.

这里, 很漂亮的是, 每一件东西都可以显式地算出, 而且可以确定, 如何最简单地把它做出来. 在正二十面体旋转下, 可以取 5 个位置的最简单的点集合, 就是对于正二十面体棱的 30 个中点所可能形成的 5 个正八面体的顶点的集合 (它们都在正二十面体群所包含的四面体群的 12 个旋转下不变). 一开始看起来, 处理八面体所包含立方体的顶点分成的两个四面体似乎更简单一些. 但是, 采用齐次记号就会看见, 相应的四次形式并不是不变的, 在四面体变换的作用下不变的是它的三次幂!

我们先来计算第一个正八面体

$$t_0 = \zeta_1^6 + 2\zeta_1^5 \zeta_2 - 5\zeta_1^4 \zeta_2^2 - 5\zeta_1^2 \zeta_2^4 - 2\zeta_1 \zeta_2^5 + \zeta_2^6.$$

由它, 只需作以下的变换就可以得出其他的正八面体 t_ν:

$$\zeta_1' = \varepsilon^\nu \zeta_1, \quad \zeta_2' = \varepsilon^{-\nu} \zeta_2 \quad (\nu = 0, 1, 2, 3, 4).$$

然后就可以算出这些形式 t_ν 的 "[齐次] 形式理论" 的预解式

$$t^5 - 10f \cdot t^3 + 45f^2 \cdot t - T = 0,$$

这里的 f 就是上面说的基本形式. 令 $r = t^2/f$, 就有最简单的 "函数论" 的预解式:

$$z : z - 1 : 1 = (r - 3)^3 (r^2 - 11r + 64) : r(r^2 - 10r + 45)^2 : -1728.$$

但是, 不管我们怎样去寻求预解式, 正二十面体方程总不能用根号解出, 因为这个群是 "单" 群 (见本章 291 页; 在《数学年刊》Bd. 61, 1905, 即《克莱因全集》第 2 卷 481 页以下, 可以找到一个不用伽罗瓦理论的初等证明). 与此相关, 我要提到, 代数学的真正任务在于把方程的求解化为一系列纯方程的求解, 而后者——就是求根式的问题——又是一项 "超越的" 工作, 是通过二项级数来完成的. 要解每一个出现在那里的 "单纯的" 方程, 一般说来, 都需要找一个特殊的级数展开式.

根据黎曼和施瓦茨的工作, 我们可以通过次简单的级数展开式来求解正二十面体方程, 具体说来, 就是通过超几何级数. 这里我只使用收敛区域为 $|z| \geqslant 1$ 的超几何级数来指出, 在求 $\zeta = 0$ 附近的 5 个根时, 我们会得到

$$\zeta = \frac{1}{\sqrt[5]{1728z}} \frac{F\left(\frac{11}{60}, \frac{31}{60}, \frac{6}{5}; \frac{1}{z}\right)}{F\left(-\frac{1}{60}, \frac{19}{60}, \frac{4}{5}; \frac{1}{z}\right)}$$

(数值因子用正二十面体方程很容易验证). 这个表达式收敛很慢 (但是二项级数的收敛也很慢).

主要之点在于, 我们看到了把正二十面体方程看做 "规范的" (normal) 方程的依据. 应该把它看成简单性仅次于纯方程 $\zeta^n = z$ 的方程.

我们现在已经熟悉了最简单的可以用正二十面体方程来求解的五次方程. 对任意五次方程一般也可以这样做; 在这里讲一点历史资料还是很适合的.

求解五次方程至今已有近四百年的历史了, 因为在 1515—1540 年用根式解出了三次和四次方程以后, 这个问题就自然地出现了. 1515 年, Scipione del Ferro 找到了一般三次方程的解法, 但是这项功绩却被错误地记在 Cardan 的头上[9]. 大约在 1540 年, Lodovico Ferrari 解出了一般的四次方程. 以后就有许多人企图对五次方程也来做这样的事情[10]. 甚至阿贝尔, 如我在第 3 章中指出过的, 也是从这样的企图起步的. 正是由于他的错误的证明, 他才得到了津贴, 才能继续读书! 但是到了 1824 年, 他就认识到了五次方程一般是不可能用根式解出的. 但是这种企图一直没有停止, 尽管已经证明了这是不可能成功的. Meyer-Hirsch (于 1851 年去世), 柏林的一个有名的辅导教员, 竟然为此得了神经病. 这种企图还在继续. 对普通大众是说不清道理的, 哪怕在数学中也是这样. 科学的进展只能在少数人中获得成功.

站在这项发展的前列仍然是伽罗瓦. 他在 1831 年留下了下面的定理: 在研究椭圆函数的五阶变换时研究者会碰到具有 G_{60} 的五次方程. 这样, 就有了可以用椭圆模函数求解的五次方程的例子. 一般的五次方程的群是 $G_{5!} = G_{120}$; 但是如果附加了判别式的平方根, 这个群就变成了 G_{60} (即 5 个根的偶置换之群).

然后就到了值得注意的 1858 年. 那一年, 黎曼开始了他的关于超几何级数的讲演, 而另一方面, 埃尔米特以及在他的推动下的克罗内克, 说明了怎样用初等的方法对一般

---

[9] 详情可见 Tropfke, *Geschichte der Elementarmathematik*, 2nd edition (Berlin, 1921—1924), 第 3 卷, 71 页以下.

[10] 见以上引用的 Tropfke 的书, 90 页以下.

五次方程作变换, 使得可以用椭圆模函数把它解出来 (见《巴黎科学院通报》(*Comptes Rendus*, Vol. 46, 508 页以下), 即《埃尔米特全集》, 第 2 卷第 5 页以下). 然后到 1861 年克罗内克在 *Berliner Monatsberichte* 以及 *Crelle* 杂志 59 卷上更加深入到问题的核心, 虽然还没完全接触到正二十面体方程 (但多少碰到了一点点). 本质之处正在于把 [五次方程的] 解法与正二十面体方程联系起来; 引入椭圆函数的作用正如同在开方根时引入对数一样. 椭圆函数的介入, 我们将在下面充分地弄清楚.

它与正二十面体的联系 (其函数论的意义其实在黎曼的讲演里, 也就是在 1858/1859 年, 就已经出现了) 简单地如同下述. 五次方程可以用初等的方法 (即用所谓切恩豪斯 (Ehrenfried Walther von Tschirnhaus, 1651 — 1708, 德国数学家) 变换) 化为以下形式:

$$y^5 + 5\alpha y^2 + 5\beta y + \gamma = 0$$

(我称之为主五次方程). 这时对于它的 5 个根 y_0, y_1, $\cdots$, y_4, 我们有

$$\sum_{\rho=0}^{4} y_\rho = \sum_{\rho=0}^{4} y_\rho^2 = 0.$$

引入拉格朗日表达式

$$p_\nu = y_0 + \varepsilon^\nu y_1 + \varepsilon^{2\nu} y_2 + \varepsilon^{3\nu} y_3 + \varepsilon^{4\nu} y_4 \quad (\nu = 0, 1, \cdots, 4)$$

我们有

$$p_0 = 0,$$

以及

$$p_1 p_4 + p_2 p_3 = 0.$$

我们把后式看成一个二次曲面 F_2 的方程, 此方程在 5 个根的 120 个置换下不变, 所以在 p_1, p_2, p_3, p_4 的 120 个线性变换下不变, 即在 p 空间的 120 个共线变换下不变.

由此我们可以得出, 在根 y_ν 的 60 个偶置换下, F_2 的两族母线都变为其自身. 这种论证方法已经在极不相同的领域得到频繁的应用. 由此, 只要再走一小步, 就会看见, 这两族母线

$$-\frac{p_1}{p_2} = \frac{p_3}{p_4} \quad \text{和} \quad -\frac{p_2}{p_4} = \frac{p_1}{p_3}$$

的参数 ζ 和 ζ' 在根 y_ν 的 60 个偶置换下, 恰好经历 60 个正二十面体变换, 因此依赖于一个正二十面体方程, 其中 z 是系数 α, β, γ 和方程的判别式的平方根的有理函数. (见我所写的《正二十面体讲义》(*Vorlesungen über das Ikosaeder*[11]) 第 3 章.)

---

[11] 此书有英译本: *Lectures on icosahedrons and the solution of equations of the fifth degree*, 由 Dover 出版社发行. —— 英译本注

在我的书里可以看到, 怎样把这个 z 显式地表示出来, 以及在计算出一个 ζ 或 ζ'
以后, 如何得出一个给定的五次方程的根 y.

用一首对于正多面体的颂歌作为结束是适当的. 它们的历史交织在整个数学发展
的历史中. 对于毕达哥拉斯学派, 它们似乎是一种神秘的完美的象征. 希腊自然哲学家
认为它们平行于五大元素[12]. 希腊几何学家则能够证明除了他们已经知道的五种正多
面体以外, 再没有其他正多面体了, 这些正多面体还可以从外接球面的半径用尺规作图
作出来. 欧几里得的《几何原本》的第 13 卷, 就是以正多面体的作图为结尾的.

在整个中世纪, 它们一直是一种神秘的崇敬对象和坚定的性格的符号原型. 在贝尔
格 (Berg) 我家的纹章记号中, 就画了一个正四面体, 四周镌刻了以下的铭文:

"四只角的石头, 不论怎样落下,

总能稳稳地站立."

开普勒以大胆的想象力, 把正多面体与行星轨道的尺度连接起来了. 在近代正多面体又
出现在科学的数学的视野之内, 它们在那里, 把群论、代数和函数论完美地联系起来并
且指出了进一步发展的道路.

在正二十面体情况下,

$$\zeta = s\left(\frac{1}{3}, \frac{1}{2}, \frac{1}{5}; z\right),$$

我们曾经特别关注过它, 它的特点在于: 它给出球面的有限的三角形分划. 沿着这个思
路, 我们下一步要考虑的就是由无限个三角形完成的分划.

很明显, 令

$$\lambda = 1/l, \quad \mu = 1/m, \quad \nu = 1/n$$

就能给出这样一个分划, 这里 l, m, n 是大于 2 的整数.

在这里, 我们要按 $\lambda + \mu + \nu$ 是大于、等于还是小于 1 来区分三种情况.

如果 $\lambda + \mu + \nu > 1$, 经过简单的数论的考虑证明, 我们会得到相应于四个正多面体
的三角形分划:

$\frac{1}{2} \quad \frac{1}{2} \quad \frac{1}{n}$ 正二面体

$\frac{1}{2} \quad \frac{1}{2} \quad \frac{1}{3}$ 正四面体

$\frac{1}{2} \quad \frac{1}{3} \quad \frac{1}{4}$ 正八面体

---

[12] 希腊哲学中的四元素 (水、火、气、土) 学说是人们熟知的. 但是他们还主张有第五种更高级的物质形态,
即以太. 所以, 克莱因在这里说到五元素. —— 中译本注

$$\frac{1}{2} \quad \frac{1}{3} \quad \frac{1}{5} \qquad 正二十面体$$

(见 Klein-Fricke, *Modulfunktionen*, Bd. 1, 75, 76, 104–106 诸页的插图.)

如果 $\lambda + \mu + \nu = 1$, 然后取起始的三角形为直线三角形, 我们就会得到排列成平行四边形格网的图形, 这时, 可能有三种情况 (见上书 107 页):

$$\frac{1}{2} \quad \frac{1}{3} \quad \frac{1}{6}$$
$$\frac{1}{2} \quad \frac{1}{4} \quad \frac{1}{4}$$
$$\frac{1}{3} \quad \frac{1}{3} \quad \frac{1}{3}$$

我们已经多次以第 2 种情况为例了. 这时, 整个平面 (球面) 被一族三角形所覆盖, 直到作为极限点的无穷远点.

现在我们的兴趣转到第三种情况, 即

$$\lambda + \mu + \nu < 1.$$

这时, 有无穷多个三元组 λ, μ, ν 满足此式.

可以找到一个圆, 正交于这样一个三角形的三边, 而在 [对于每一个边] 的反演下, 此圆变为其自身, [至于这个三角形, 若逐次对其各个边作反演, 可以得到另一个三角形. 再对新三角形作类似的运算, 就会得到无穷多个三角形, 但是这个圆是不变的,] 仍然正交于所有这些三角形, 成为它们的极限圆, 就是它们的自然边界 (例如对于 $1/2$, $1/3$, $1/7$, 可见上面引用的 *Modulfunktionen* 一书第 1 卷 109 页的图 33).

我们必须自己来想象一下这些图形, 高斯就这样做过 (见第 1 章 37 页, 《高斯全集》第 8 卷 104 页). 不应忘记, 我们是处在反演几何学的领域中. 特别是, 我们必须在正交圆为一直线 (特别是实轴) 时, 掌握这种图形, 因为这时常更为方便.

第三种情况的图形里, 包括三个角为 0, 0, 0 以及三个角为 $\frac{\pi}{2}$, $\frac{\pi}{3}$, 0 的圆弧三角形, 这些图形引导我们进入椭圆模函数理论, 这些图我们以前也反复讲过, 下面我们就集中来讲它们.

如果我们从三个角为 0, 0, 0 的圆弧三角形开始, 正交圆就是这个三角形的外接圆. 对此三角形的一边作反演, 又会得到一个三角形, 继续这样作反演, 就会得到正交圆内域用三角形的分划, 这些三角形越变越小, 但其顶点仍然在正交圆上. 从顶角均为 0 的圆弧三角形, 我们很容易就会转到顶角为 $\frac{\pi}{2}$, $\frac{\pi}{3}$, 0 的圆弧三角形. 为简单起见, 我们取顶角均为 0 的圆弧三角形为等边三角形——这不是一个本质的限制. 作此三角形的三个高 (如图 42 右图) 就会得到 6 个顶角为 $\frac{\pi}{2}$, $\frac{\pi}{3}$, 0 的圆弧三角形. 从这 6 个

小三角形的任意一个出发, 并对其边作反演, 就能得出其余 5 个小三角形, 因为每两
个相邻的小三角形都对其公共边反演对称. 如果我们再对这些三角形无限制地反演下
去, 显然也会得到与第一种情况 (即图 42 的左图) 相同的那些三角形, 但是其每一个
都会被适当的 "高线圆弧" (altitude-circle) [Höhenkreise] 分解为 6 个小三角形 (见上
引 Klein-Fricke, *Modulfunktionen*, Bd. 1, 111 页, 112 页的插图). 把极限圆变换成实
轴, 就会在第一种情况下给出 Klein-Fricke, *Modulfunktionen*, Bd. 1, 273 页上的插图,
而在第二种情况下给出该书 113 页上的插图. 这时的起始的三角形如图 43 所示.

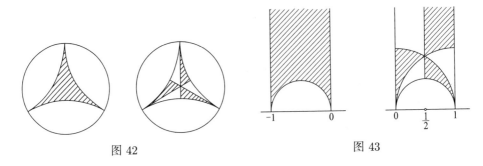

图 42   图 43

我们现在用 ω 来记 ζ, 因为在椭圆函数理论中通常都是这样做的. 现在把反演放在
一边 (如果用 $-\overline{\omega}$ 来代替 ω, 则反演变换就变成解析的 [变换], 这里 $\overline{\omega}$ 是 ω 的共轭复
数). 对于顶角为 $\pi/3$, $\pi/2$, 0 的圆弧三角形, 我们将得到以下分式线性变换之群:

$$\omega' = \frac{\alpha\omega + \beta}{\gamma\omega + \delta},$$

这里的 α, β, γ, δ 是整数, 而且其行列式为 1. 另一方面, 对于三个顶角均为 0 的圆弧
三角形, 我们就得到上面的群的子群, 它满足条件:

$$\begin{pmatrix} \alpha & \beta \\ \gamma & \delta \end{pmatrix} \equiv \begin{pmatrix} 1 & 0 \\ 0 & 1 \end{pmatrix} \pmod{2},$$

(见第 1 章 38 页或第 6 章 248 页), 我将称这个子群为*层次 2 的主合同子群* (*principal
congruence subgroup of level two*).

这些群和图形是怎样进入椭圆函数, 特别是椭圆模函数的初等理论的呢?

我在第 1 章里曾经就高斯的工作讲过这一点, 所以这里只需要概述一下就行了. 在
讨论魏尔斯特拉斯的时候, 我也曾回到过这个问题上. 我也愿意引述 Fricke 关于椭圆函
数的教本[13].

作为第一类椭圆积分关于原始的周期 ω_1, ω_2 的线性变换的有理不变式, 我们有

[13] R. Fricke, *Die elliptischen Funktionen und ihre Anwendungen*, Leipzig, Bd. 1 (1916), Bd. 2 (1922).

g_2, g_3 和判别式

$$\Delta = g_2^3 - 27g_3^2.$$

由此又可以得到绝对不变式 $J = g_2^3/\Delta$. 如果我们记 $\omega_1/\omega_2 = \omega$, 则

$$\omega(J) = s\left(\frac{1}{3}, \frac{1}{2}, 0; J\right).$$

此式可以用超几何级数积出来. 特别是, 对于正规图形起始的一对三角形, 我们有

$$\omega = \frac{i}{2\pi}\left\{\log 1728J - \frac{\partial}{\partial\rho}\log F\left(\rho + \frac{1}{12}, \rho + \frac{5}{12}, 2\rho + 1; \frac{1}{J}\right)\right\}_{\rho=0}$$

$$= \frac{i}{2\pi}\log 1728J - \frac{31}{144}\frac{i}{\pi}\frac{1}{J} - \frac{13157}{165888}\frac{i}{\pi}\frac{1}{J^2} - \cdots.$$

(这些公式看起来与对于正二十面体的公式不太一样, 因为这里超几何级数里的参数 γ 是一个整数.)

相应的起始三角形如图 44 所示. 图上的箭头表示等价的边缘.

图上的箭头所示的边缘变换 $\omega' = \omega + 1$, $\omega' = -1/\omega$ 合起来就 "生成" 了这些三角形的整个变换群, 而其行列式等于 1:

$$\begin{vmatrix} \alpha & \beta \\ \gamma & \delta \end{vmatrix} = 1.$$

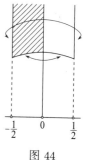

至于其无理的不变式, 则有下面 4 个点的交比 λ, 这 4 个点就是出现在第一类积分的积分号下的平方根函数的黎曼曲面的 4 个分支点. λ 与有理不变式 J 之间有关系式

图 44

$$J : J - 1 : 1 = 4(\lambda^2 - \lambda + 1)^3 : (2\lambda^3 - 3\lambda^2 - 3\lambda + 2)^2 : 27\lambda^2(1-\lambda)^2$$

(见第 1 章 38 页).

勒让德与雅可比分别用 c^2 和 k^2 来记这个交比, 魏尔斯特拉斯则用 $(e_1 - e_3)/(e_2 - e_3)$ 来表示.

所以 J 是 λ 的次数为 6 的有理函数, 反过来, λ 则是 J 的 6 值代数函数. 这样我们就把 λ 平面分划为 12 个区域, 它们依次是上或下半平面的像, 在图 45 上, 分别加上了阴影或未加阴影:

可以证明

$$\lambda = k^2 = s\left(\frac{1}{2}, \frac{1}{2}, \frac{1}{3}; J\right),$$

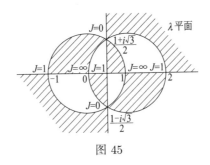

图 45

于是我们得到正二面体的一个特例. k^2 对应于 J 平面上方的一个 6 叶黎曼曲面. 这个曲面的分支点之像是

$$\lambda = 0,\ 1,\ \infty,$$
$$\lambda = -1,\ \frac{1}{2},\ 2,$$
$$\lambda = \frac{1 \pm i\sqrt{3}}{2},$$

而相应的 J 之值是

$$J = \infty, \quad J = 1, \quad J = 0.$$

这是很容易验证的. 所以我们可以立刻从图上读出, 在 $J = 0$ 处各叶在两个分支点处相遇, 而在每一个分支点处各有 3 叶循环排列; 而在 $J = 1$ 和 $J = \infty$ 处, 各叶在 3 个分支点处相遇, 而在每个分支点处各有两叶循环排列.

如果现在把 λ 平面沿正实轴从 0 到 ∞ 切开, 则我们就可以通过 ω 平面上的连续变形得到

$$\omega = s(0,\ 0,\ 0;\ \lambda)$$

的图形 (见 Klein-Fricke, *Modulfunktionen*, Bd. 1, 294–295 页); 或者, 如果考虑 λ 平面之分划为 J 三角形, 就会得到 $\omega = s\left(\dfrac{1}{3},\ \dfrac{1}{2},\ 0;\ J\right)$ 的图形 (见图 46). 边缘变换

$$\omega' = \omega + 2,$$
$$\omega' = \frac{\omega}{2\omega + 1}$$

合起来就会 "生成" 层次 2 的主合同子群:

$$\begin{pmatrix} \alpha & \beta \\ \gamma & \delta \end{pmatrix}.$$

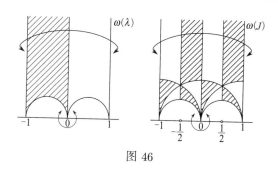

图 46

$\omega(J)$ 平面上的每一个三角形都是 J 平面的上半或下半平面的共形映射的像. 所以对每个 ω 都有 J 的一个完全确定的值. 与此类似, 对每一个 ω 也都有 k^2 的一个值且仅有一个值.

这个 $k^2(J)$ 就是可以用 ω "单值化" 的 J 的代数函数的第一个例子 (或者按我们原来的说法, 就是可以用 ω 解出的代数方程的第一个例子): J 和 k^2 都是 ω 的单值函数. 我在此不再给出 $\omega(k^2)$ 的显式的例子.

接下来我要给出一些关于历史资料的说明.

我们已经讲过高斯. 第一个成功地进行这项工作的人是黎曼, 就是在我们多次引述的他的 1858/59 学年的讲义里. 最重要的是, 他注意到函数 $\omega(k^2)$ 的巨大的单值化的力量. 今天我们就会这样说: 所有这样的 J 的函数, 只要它只在 $J = 0, 1, \infty$ 处有分支点, 而且在 $J = 0$ 处是 3 叶一组地交会, 在 $J = 1$ 处是两叶一组地交会, 而在 $J = \infty$ 处可以是任意地交会, 则这样的 J 的函数, 必是 ω 的单值函数. 至于 k^2 的函数, 只要它们只在 $0, 1, \infty$ 处有分支点, 则不管它们怎样交会, 必定都是 ω 的单值函数!

例子

所有的函数 $s(1/3, 1/2, 0; J)$ 都是 ω 的单值函数 (这就把 $k^2(J)$ 的单值性放在了一个更广阔的背景下). 特别是, 正二十面体的无理函数 $\zeta(J)$ 对于 ω 是单值的, 这就是我们以前说过的: 正二十面体方程可以用模函数解出. 我们来详细看一看这是怎么一回事.

每一个根 $\sqrt[n]{k^2}$, $\sqrt[n]{1-k^2}$ 甚至 $\sqrt[n]{k^2(1-k^2)}$, 还有 $\log k^2$, $\log (1-k^2)$ 以及 $\log k^2(1-k^2)$, 都可以用 ω 单值化, 进一步还有每一个 s 函数 $s(\lambda, \mu, \nu; k^2)$ 以及每一个一般的超几何级数 $F(\alpha, \beta, \gamma; k^2)$ 也都可以用 ω 单值化. (最后这一点是我在 1878 年的《数学年刊》14 卷, 即《全集》第 3 卷, 27 和 63 页上提出的. 我对此感到很骄傲. 但是, 1897 年, 我得到贝佐德 (Bezold) 听黎曼讲课的笔记, 我看见笔记就是以此定理结束的. 可能贝佐德急于要去休假, 就没有详细写. 见麦克斯·诺特和魏廷格为黎曼全集所编的《补篇》93 页.)

从黎曼开始, 模图形的知识逐渐地渗透出来了. 我在这里必须特别提到戴德金在

Crelle 杂志 1877 年 83 卷上的一篇文章; 它对我不久前开始的工作给了必要的支持.
"椭圆模函数" 一词也是出自此文.

自那以后, 三角形图形就很快为众人所知了. 从此图形出发, 1879 年, 皮卡在《巴黎
科学院通报》88 卷上发表了现在以他命名的重要定理, 虽然推导很冗长: 一个单值解析
函数在孤立的本性奇点附近, 最多忽略两个值. 与此有关的还有肖特基、兰道 (Edmund
Yehezkel Landau, 1877 — 1938, 德国数学家)、卡拉特沃多利等人的工作.

另一条也是以高斯为先驱的发展路线, 则是从应用一般的椭圆函数, 特别是 ϑ 函数
开始, 而后走上了自己的道路.

在这方面, 我们除了阿贝尔、雅可比以外, 特别要首先提到埃尔米特. 他在《巴黎科
学院通报》1858 年的第 46 卷上 (即他的《全集》第 2 卷, 5 页和 22 页以下) 研究了下
面这些函数在 ω 的线性变换下的动态: $\sqrt[8]{k^2}$, $\sqrt[8]{1-k^2}$, 后来还有 $\sqrt[8]{k^2(1-k^2)}$; 他还把
这些函数分别记作 $\phi(\omega)$, $\psi(\omega)$ 以及 $\chi(\omega)$.

然而那时埃尔米特对函数论方面并不完全清楚, 他为 $\chi(\omega)$ "是一个同样适当定义
的函数" (*est une fonction également bien déterminée*) 而感到惊奇, 而我们知道每一个
根式 $\sqrt[n]{k^2(1-k^2)}$ 都是 ω 的单值函数[14]. 埃尔米特在掌握他所用的那些来自椭圆模函
数的 ϑ 函数理论的公式上, 还更加有技巧. 这些公式称为 q 公式, 这里 q 就是雅可比用
来表示 $e^{i\pi\omega}$ 的记号[15]. 下面我以 g_2 和 g_3 为例:

$$g_2 = \left(\frac{2\pi}{\omega_2}\right)^4 \left(\frac{1}{12} + 20\sum_{n=1}^{\infty} \frac{n^3 q^{2n}}{1-q^{2n}}\right)^{[16]},$$

$$g_3 = \left(\frac{2\pi}{\omega_2}\right)^6 \left(\frac{1}{216} - \frac{7}{3}\sum_{n=1}^{\infty} \frac{n^5 q^{2n}}{1-q^{2n}}\right).$$

与此相关, 我还要写出艾森斯坦级数, 这种级数我已经讲过多次 (例如可见本书第
1 章 32 页), 而如庞加莱说的那样, 它 "更加令人精神上得到满足", 这种级数就是:

$$g_2 = 60\sum{}' \frac{1}{(m_1\omega_1 + m_2\omega_2)^4},$$

$$g_3 = 140\sum{}' \frac{1}{(m_1\omega_1 + m_2\omega_2)^6}.$$

人们通常是从双周期函数理论导出这些公式的, 反过来由后者直接导出前者, 则是赫尔
维茨在他的学位论文 (*Mathematische Annalen*, Bd. 18, 1881) 中, 第一次非常漂亮地

---

[14] 见《埃尔米特全集》(*Œuvres*) 第 2 卷, 28 页.

[15] 见 Fricke, *Elliptische Funktionen*, Bd. 1, 300 页上的图形, 当把 ω 平面共形地映到 q^2 平面单位圆内
部时, 三角形划分的平行带形的像就是它. 点 $+i\infty$ 被映到 $q = 0$, 图 43 中的起始三角形则变得很小.

[16] 原著求和号前的系数写成 $\frac{1}{20}$, 这是不正确的. ——校者注

完成的.

从前述的考虑, 发展了一种值得注意的代数理论, 即椭圆函数, 特别是椭圆模函数的变换理论 (见本书第 1 章 35 页以下).

令 $n = ad - bc$ 是整数 a, b, c, d 所成的行列式. 我们特别要研究

$$J\left(\frac{a\omega + b}{c\omega + d}\right) = J' \quad \text{与} \quad J(\omega)$$

之间, 以及

$$k^2\left(\frac{a\omega + b}{c\omega + d}\right) \quad \text{与} \quad k^2(\omega)$$

之间的关系. 这个关系式就称为 J' 与 J 的 "n 阶变换", 它是一个代数方程. 例如, 当 n 为素数时, 这个方程对两个变元而言都是 $n + 1$ 次的. 这些方程称为 "模方程".

勒让德、雅可比和他们的学生们, 开始时很乐于去找出这些模方程在次数最低时的各种形式. 他们发现, 这些方程的系数都是整数!

然后伽罗瓦出场了, 走出了很大的一步. 当 n 是素数时, 他找出了这些方程的群. 在附加上 $\sqrt{(-1)^{\frac{n-1}{2}}n}$ 以后, 此群是 $G_{n(n^2-1)/2}$, 而且有一个很容易的数论定义. 当 $n > 3$ 时, 它是一个单群, 所以这时模方程不能用根式解出; 模方程的每一个 "预解式" 都和原方程有相同的群. 特别是, $n = 5$, 7, 11 时, 我们会得到: 预解式的次数为 n, 即比原方程次数少 1. 所以, 我们得到以下的预解式:

$n = 5$ 时, 预解式次数为 5, 而有一个群 G_{60};

$n = 7$ 时, 预解式次数为 7, 而有一个群 G_{168};

$n = 11$ 时, 预解式次数为 11, 而有一个群 G_{660}.

对于更大的素数, 预解式的次数就不会这样变化了[17].

然后, 埃尔米特在 1859 年《巴黎科学院通报》48 和 49 卷 (即《全集》第 2 卷, 38–82 页, 特别是 XIV–XVI 节) 提出了实际构造出低阶预解式的问题. 正如我们说过的那样, 他得到了一个可以用椭圆模函数解出的五次方程; 对于七次方程, 他也得到一个简单的结果, 但是还不太能掌握 $n = 11$ 的情况.

---

[17] 伽罗瓦这个定理的证明是由贝蒂 (Enrico Betti, 1823—1892, 意大利数学家) 给出的, 发表在 *Ann.di Sc. mat. e fis,* t. 4, 1853, 即他的数学全集 *Opere mat.*, 第 1 卷, 81 页以下. 他的重大功绩在于通过自己深刻的研究使伽罗瓦的理论为世界数学界所接受. 然后 Gierster 在 *Mathematische Annalen.* 第 18 卷 (1881), 319 页以下对于模方程的群作了完备的讨论.

我在《数学年刊》第 14 和 15 卷 (1878, 1879) 中给自己提出了一项任务, 就是借助几何函数论清楚地洞察整个领域. 对于 $n = 5, 7, 11$, 我得到了完全的成功, 并且由此导出了关于椭圆模函数的新的群论—几何学的程序 (1879)[18].

现在我要对关于椭圆模函数的这个一般程序讲几句话, 因为这就很自然地转到了自守函数的一般理论. 这个一般程序可以用 "伽罗瓦和黎曼的混合物" 这句题词来刻画. 我要对这个一般的任务给出两种讲法, 同时把层次 2 的主合同子群 放在心里, 作为最简单的例子.

1. 第 1 种讲法如下: 列举出 ω 的变换 $\omega' = (\alpha\omega + \beta) / (\gamma\omega + \delta)$ 之群的所有子群, 再看在 ω 平面上要有多少对三角形一个挨着一个地放在一起才能构造出这个子群起始的不连续域; 最后还要考虑, 这个不连续域的边界怎样由这个子群的 "生成" 元成对地粘连起来, 这样, 在想象中这个不连续域就成了一个封闭曲面——即一个黎曼曲面, 然后就在黎曼曲面上寻求按照黎曼的原理必然存在的最简单的代数函数. 这样, 不连续域就变成了函数论中的 "基本域" (而我原来则称之为 "基本多边形").

如果这听起来觉得太抽象, 我还可以反过来考虑, 给出第 2 种讲法.

2. 在 J 平面上方作一个黎曼曲面, 而只以 $J = 0, 1, \infty$ 为分支点, 其格式如 1/3, 1/2, 0 那样 (见 314 页的例子, $s(1/3, 1/2, 0; J)$). 我们来寻求这个黎曼曲面上最简单的函数 (以及连接它们的方程), 再把整个处理都转移到 ω 平面上去, 在那里, 这些函数是单值的, 而经过适当分割的黎曼曲面被映到基本域上, 基本域则由一些 ω 三角形组成, 这些三角形的边缘则在适当的 ω 变换下成对地对应. 最后, 我们再来找出由这种边缘的对应所生成的 ω 变换群的子群.

在这里, 我们有了群论和函数论的完美的合作. 我在比较早的文章里, 为了停留在代数的领域内, 仅限于由有限多个 ω 三角形构成的基本多边形; 但它与考虑包含无穷多个三角形的基本多边形并不冲突, 实际它是符合这个现代问题的要求的. 我们已经有过这样的例子, 如

$$s\left(\frac{1}{3}, \frac{1}{2}, \frac{1}{n}; J\right) \quad \text{或者} \quad \log k^2 \quad \text{或者} \quad s(\lambda, \mu, \nu; k^2).$$

为了澄清椭圆模函数的一般问题, 我们已经在 313 页以下, 以交比 λ 和 J 之间的六次方程为例来说明第 2 种讲法; 在那里, 我们发现自己被引导到层次 2 的主合同子群! 我们现在再来看正二十面体方程. 这里我们讨论的不再是交比 λ, 而是函数

$$\zeta = s\left(\frac{1}{2}, \frac{1}{3}, \frac{1}{5}; J\right),$$

---

[18] 见《克莱因全集》第 3 卷, 169 页以下的 *Zur Systematik der Theorie der elliptischen Modulfunktionen* 一文.

它相应于 J 平面上方的一个 60 叶黎曼曲面. 我们把已经按正二十面体分划开来的球面, 好像剥橘子一样, 分成 10 瓣从 ∞ 到 0 的新月形, 然后再转移到 ω 平面上成为 10 条依次挨在一起的铅直带形, 每一条宽度均为 $\dfrac{1}{2}$ (见 Klein-Fricke, *Modulfunktionen*, Bd. 1, 355 页, 图 83). 从球面的正二十面体分划很容易看到, ω 平面上的这些三角形, 是如何恰到好处地互相比邻的. 相应的 ω 变换就应该与恒等映射 mod 5 全同, 所以它们会生成层次 5 的主合同子群. 事实上, 不互相 mod 5 合同的 ω 变换共有 60 个, 所以这个层次 5 的主合同子群 (它由所有的 mod 5 全同于恒等映射的 ω 变换构成) 的不连续域必由 60 个双三角形组成. 反过来, 二十面体的球面是这个不连续域的单值像. 很明显, 在所有单值函数中, 再没有比这个二十面体函数 ζ 更加简单的了. 这样, ζ 不仅是层次 5 的主合同子群的一个例子, 它也是属于这个层次 5 的主合同子群的最简单的模函数!

这就不仅使得正二十面体方程可以用椭圆模函数解出, 成为清楚不过的事情, 而且原则上确定了在椭圆函数系统内, 正二十面体方程之于层次 5 的主合同子群的地位, 正如交比方程对于层次 2 的主合同子群的地位一样.

同时, 就五次方程用椭圆模函数来求解这件事, 我们可说的都基于此; 这个解存在正是因为五次方程必可用正二十面体方程来求解, 等等.

现在我略去 ζ 用 ϑ 函数的数值表示 (即 "q 公式"), 它是我后来给出的 (见《数学年刊》第 17 卷 (1880/81), 即《全集》第 3 卷, 186 页以下; 也可参看 Klein-Fricke, *Modulfunktionen*, Bd. 2, 第 5 部分). 它把黎曼、伽罗瓦和雅可比都结合起来了. 反过来, 从 ϑ 函数开始, 导出层次 5 (和层次 7) 的整个理论也会很容易 —— 只要你知道上哪儿去找. 公式是有力的, 但是也是盲目的!

现在我来处理下一个较高级的情况, 即伽罗瓦所提出的 $n=7$ 的情况.

一共存在 $7 \times \dfrac{1}{2}(49-1) = 168$ 个不 mod 7 合同的变换 $\omega' = \dfrac{\alpha\omega + \beta}{\gamma\omega + \delta}$.

相应于这 168 个 ω', 我们会在 J 平面的上方有一个 168 叶的黎曼曲面, 它的各叶在 0, 1, ∞ 等三个点的上方分支, 成为 3 叶一组或 2 叶一组或 7 叶一组. 按照第 6 章 221 页关于亏格的公式, 我们有

$$p = \frac{w}{2} - n + 1 = \frac{56 \times 2 + 84 \times 1 + 24 \times 6}{2} - 167 = 3,$$

所以亏格为 3.

这样我们就回到具有亏格 3 的代数簇理论, 这一点我们在第 7 章 262 页以下已经讲过, 它们可以通过一个四次平面曲线的图像来掌握.

然而在追随这个思想以前, 我们要看一下, 能不能得到这 $2 \times 168 = 336$ 个半平面如何连接的图像, 使得其结果像 $n=5$ 时的正二十面体三角形的格网一样清楚.

这是可以做到的, 只要使用函数

$$s\left(\frac{1}{3}, \frac{1}{2}, \frac{1}{7}; J\right)$$

就行了. 这是一个无穷多值的函数, 但是我们的黎曼曲面可以单值地拓展到其三角形格网中去. 我们会在 s 平面上得到一个正十四边形, 把它从中心分割为 14 个相同的扇形, 每一个扇形又由 24 个三角形构成 (总共是 $14 \times 24 = 336$ 个三角形), 这些小三角形是上或下半 J 平面的像. 把它们依次地或者加上阴影, 或者不加阴影 (见图 47[19]). 如果将对应的边粘到一起的话, 相间的顶点会汇聚到一点, 在这点上有 7 对三角形相聚. 于是我们的十四边形的各边相应于 $7 = 2 \times 3 + 1$ 个割口的两侧 (共算作 14 个割口), 它们在亏格为 3 的黎曼曲面 (可表为有 3 个洞的环面) 上, 把两点 O 与 O' 连接起来, 而这两点均相应于 $J = \infty$. 在顶点 (Scheiteln) O 处的顶角之和是 2π, 而在顶点 O' 处的顶角之和也是 2π. 这样, 封闭的黎曼曲面才能够转移到 s 图形, 而且角度不变.

运用这种 "想象为封闭" 的基本域, 和运用真正封闭的 168 叶的曲面相比, 想要做到同样自如和靠得住, 而且更为方便, 这是一个习惯问题. 事实上, 在这样的图形上可以实际地把路径画出来; 例如, 图上的虚线其实是一条封闭曲线 —— 为了看到这一点, 只需注意各个边的对应关系即可.

我还要提醒, 不仅 J 在 s 上是单值的, 而且 s 在 J 平面上方的 168 叶曲面上是 "不分支" (unbranched) 的. 这样, 我们就达到了在黎曼曲面上的不分支 s 函数这个重要概念 —— 这就是这样一个函数, 当在所有包含的闭路上拓展时, 它会经历一个分式线性变换, 从而是一个无穷多值的函数, 但是它把黎曼曲面的每一点的邻域单叶 [schlicht] 映射到 s 球面的一点的一个邻域上.

为了从黎曼曲面转移到 ω 平面, 我们把 s 图形从中心分割为 14 个扇形, 再把每个扇形移到 ω 平面的一个宽度为 1/2 的条形, 如图 48 所示, 每一个铅直带形 (其中加了阴影和未加阴影的三角形各有 12 个) 均复制 14 次, 所以共有 $14 \times 12 = 168$ 个三角形. 相应的边界变换就会生成层次 7 的主合同子群.

现在离开 ω 平面, 并转到黎曼曲面上的代数函数.

因为 $p = 3$, 我们可以得到最简单的函数如下. 存在 3 个处处有限的积分 u_1, u_2, u_3, 令它们的微分与 ϕ_1, ϕ_2, ϕ_3 成比例如下:

$$du_1 : du_2 : du_3 = \phi_1 : \phi_2 : \phi_3.$$

这些 ϕ_i (或它们的比) 就是黎曼曲面上最简单的代数函数 (这一点我们在第 7 章里已经讲过). 它们满足一个四次方程 $F_4(\phi_1, \phi_2, \phi_3) = 0$, 而这个方程就决定了一条四阶平面

---

[19] 图 47 根据 Silvio Levy 主编的 MSRI 会刊 35 期内容 (实质是《克莱因全集》第 3 卷 115 页的内容) 重绘. —— 校者注

曲线. 于是, 主要之点如下: 1. 实际算出这条四次曲线, 2. 在此曲线上把 J 表示为 ϕ_i 的有理函数, 这个函数的每一个值都会在曲线上的 168 个点上取得. 当 $J = 0$ 时, 这些点每 3 个合为一点, $J = 1$ 时, 每 2 个合为一点, 而当 $J = \infty$ 时, 每 7 个合为一点; 对

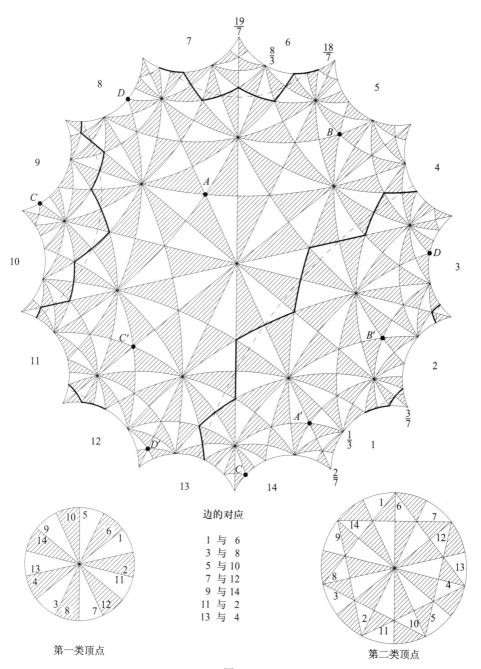

边的对应

1 与 6
3 与 8
5 与 10
7 与 12
9 与 14
11 与 2
13 与 4

第一类顶点

第二类顶点

图 47

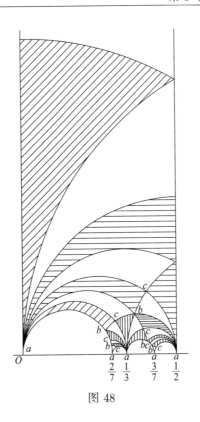

图 48

于 J 的所有其他值, 这些点互相分离.

1878 年, 我做成功了这些事. 当时我说, 我们的特殊的 C_4 由于其黎曼曲面由 s 三角形构成的特殊方式, 必定在 168 个一对一的变换下变为其自身, 犹如正二十面体球面在 60 个旋转下变为其自身一样; 进一步我还说, 这些一对一的变换必定对于这些 ϕ_i 为线性的 (这一点我已经在第 7 章 268-269 页讨论过).

由此, 我们看到, 在 ϕ 平面上一定有一个共线变换之群 G_{168} (这件事在当时是新的, 而且惊人). 再经过简单的思考, 就知道我们的 C_4 的最简单的形式是:

$$\phi_1^3\phi_2 + \phi_2^3\phi_3 + \phi_3^3\phi_1 = 0.$$

最后, 利用不变式理论的论证, 我们能把 J 写成一个 ϕ 的 42 次有理函数如下:

$$J : J - 1 : 1 = \Phi_{14}^3 : \Psi_{21}^2 : X_6^7.$$

以上都是我在《数学年刊》14 卷 (1878) (即《全集》第 3 卷, 90 页以下) 所作的结果. 如果想要更详细地研究四次平面曲线, 则以上所作可以作为一个漂亮的例子.

几何学家会一般地认可这个工作. 另一方面, 代数学家会在这里看到: 椭圆函数的七阶变换的八次模方程与其七次预解式有清楚的联系. 最后, 分析学家则会得到如何

用 ϑ 函数来表示函数 ϕ_1, ϕ_2, ϕ_3, 以及所有由它们有理地构成的函数 (见《数学年刊》17 卷 (1881), 即《克莱因全集》3 卷, 186 页以下).

总之, 与椭圆函数的七阶变换相关的问题, 已经得到了解决, 其完备的程度一如用正二十面体理论来解决五阶变换的问题一样.

同时, s 平面上方的黎曼曲面的图形, 换句话说, 就是 C_4 可以用 $s(1/3, 1/2, 1/7; J)$ 来单值化这件事, 在另一方面也有示范作用 (特别是因为函数 $s(1/3, 1/2, 1/7; J)$ 本来就是为了使整个问题更加直观而造的, 这一点就更加值得注意).

现在, 请关注这一点, 而暂时不管 s 平面上的多边形被分划为 $2 \times 168 = 336$ 个三角形那件事, 因为后者只是相应于我们的 C_4 的特殊本性.

这时, 我们就会说, 我们已经能够用一个函数 s 对已给的 C_4 作映射, 此函数存在于这个 C_4 之上, 并且在其上不分支, 使得映射所得的区域的边缘可以用 s 的线性变换成对地对应起来, 这些线性变换把一个固定圆映射为它自身, 若用这个映射进一步来复制这个区域, 就会更多地覆盖这个圆的内域, 虽然处处都是单覆盖. 我们说, s 这个函数最简单地单值化了这个 C_4, 所谓最简单是指 s 这个映射是处处共形的. 反过来, s 平面 (或者说 s 平面上的极限圆的内域) 是被表示为 C_4 上的黎曼曲面, 这个黎曼曲面无限次地覆盖 C_4 的域, 但在此域中不分支!

我们现在不得不问: 对于任意的 C_4 能不能这样做? 这样在我们面前就出现了 “自守函数的中心定理” (虽然其形式还不太确定), 我是在 1882 年 3 月 27 日在《数学年刊》第 20 卷中提出这个定理的[20], 这是与庞加莱 1881 年的文章相关的.

我们在这里只是想说明我们对各种情况最初的列举是无矛盾的. 我们把 s 平面上的极限圆看成已给的, 而且在 ∞^3 个线性变换 (每个线性变换含有 3 个实参数) 下变为其自身.

我们现在做一个任意的十四边形作为 C_4 的基本域, 其边缘用一族已给的线性变换成对地连接起来. 如 321 页所示, 在两个想象中的顶点 O 和 O' 上, 顶角和均为 2π, 所以 s 在相应的亏格为 3 的黎曼曲面上可以是不分支的. 边可以 7 次配对, 给出了 7 个条件, 而在 O 与 O' 处顶角和为 2π, 又给出了 2 个条件.

这样, 多边形依赖于 $2 \times 14 - 7 - 2 = 19$ 个实常数; 但是其中只有 16 个有作用, 因为如果用保持极限圆不变的 ∞^3 个线性变换中的任一个作用于它, 这个 C_4 不会发生变化.

从另一条途径, 考虑最一般的 C_4 曲线, 我也能得到同样的数字 16. 因为我们已经看到, 这样的 C_4 还依赖于 $3p - 3 = 6$ 个黎曼 “模数” (见第 7 章 269 页 $p = 3$ 时的公式), 即 6 个绝对不变量. 它们是 6 个复数, 因此也就是 12 个实数. 此外, 还有 C_4 上的

[20] 后来被称为 “极限圆定理” (Grenzkreistheorem). 见《克莱因全集》第 3 卷, 627 页以下.

两个点 O, O' 可以任意选取; 这两个点把 7 个割口连接起来, 就可以给出属于 C_4 的黎曼曲面的划分, 相应于 s 平面上的十四边形. C_4 的黎曼曲面上的这两个点中每个都依赖于两个实常数. 所以我们总共得到了 16 个实常数.

把要点总结起来, 我们看到了, 模函数, 或者更一般的三角形函数, 引导至一般的自守函数, 它们在一个圆内是单值的, 而这个圆就是极限圆.

这些还不是仅有的单值自守函数: 事实上有无穷多种其他的单值自守函数, 例如从黎曼 1876 年的《遗著》中, 人们就已经知道这一点, 而后来又由肖特基重新发现的那些函数 (见肖特基 1876 年在柏林的学位论文, 发表于 *Crelle* 杂志第 83 卷 (1877) 上) 也是单值自守函数. 它们的不连续域是这样构成的: 先是有 n 个分开的圆盘, 对其每一个作反演就可以得到. 如果把这个起始的区域无限地作对称的复制, 就会得到全平面的一个覆盖, 但有极限点例外, 它们构成一个不可数集合. (在 Klein-Fricke, *Automorphe Funktionen*, Bd. I 的 418, 432, 439, 435 页上有所有各种的图形.)[21]

现在是时候了, 我要讲一下朱尔斯·亨利·庞加莱 (Jules Henri Poincaré, 1854—1912, 法国数学家, 以下我们都简单地称为庞加莱) 的出现以及我们之间逐渐发展起来的个人关系, 而这个关系是整个自守函数这个主题往后的发展的基础[22].

我要先对用语作一点说明. 当庞加莱开始工作时, 他对德国人的工作的了解颇有欠缺, 他把具有极限圆的群称为 "富克斯群" (*groupes fuchsiens*), 其实富克斯当不起这个称呼. 后来我让他知道了一般的自守函数, 他又称之为 "克莱因函数" (*fonctions kleinéennes*). 这样就出现了历史方面的大混乱, 因为在德国人们已经普遍接受了我的建议: 不要用任何人名, 而直接称之为 "自守函数", 然后在自守函数中间, 再来区分那些具有极限圆的, 或者具有无限多个极限点的, 等等.

由于后来庞加莱对于我们这门科学有突出的重要性, 我要给出一些生平资料.

庞加莱, 和埃尔米特一样, 生于南锡 (Nancy, 法国东北部的大城市), 著名的法国总统[23]雷蒙·庞加莱是他的堂弟. 他在中学时期就已经有突出的成就, 使他引人注目地区别于其他有开拓性的天才人物. 1873 年, 他通过了以入学严格著称的考试, 以第一名的成绩进入巴黎高工; 1875 年他又被矿业学校 (*École de Mines*) 录取 (巴黎高工最出色的毕业生总想到那个学校去, 因为到了那里, 也就打开了通向最受优待的国家职务之路). 然而他不愿受到研究实际问题的限制, 对这类问题, 他并无才能. 1879 年他转向大

---

[21]此处内容建议读者参考 Mumford 等人的书: David Mumford, Caroline Series and David Wright. *Indra's pearls: The vision of Felix Klein*. Cambridge University Press, 2002. ——校者注

[22]关于下文, 也请参看克莱因为他的《全集》所作的补充说明, 特别是《全集》第 3 卷 577 页以下, 还有此书 587 页以下的克莱因和庞加莱的通信.——德文本编者注

[23]雷蒙·庞加莱 (Raymond Poincaré,1860—1934), 曾经五次担任法国总理, 而在 1913—1920 年 (包括第一次世界大战期间) 任法国总统. 雷蒙的父亲是昂利·庞加莱的亲叔父. 为了区分这些亲戚关系, 译文中在开始时, 特意把作为数学家的庞加莱称为亨利·庞加莱, 而在不会发生误会时, 才直称庞加莱. ——中译本注

学职业, 到卡昂 (Caen, 法国北部诺曼底半岛底部的一个海滨城市) 的理学院 (Faculté des Sciences) 当任课教员 (Chargé des cours) (在外省大学教书, 通常都是这样开始的). 1881 年起, 庞加莱来到巴黎, 担任了各种职务, 先是教分析, 从 1885 年起教数学物理, 而从 1896 年起则教天文学. 从这些生平资料就可以看到, 他的工作领域是怎样一步步扩大的. 1887 年他成了巴黎科学院院士, 以后又有多种荣誉职务, 所以, 他成了法国数学的公认的主要代表, 得到广泛的承认和尊崇, 成为祖国的光荣. 1912 年, 他在一次手术后猝然去世.

关于他, 传记资料很多, 例如有 E. Lebon 在《当代学者》(Savants du jour, Gauthier-Villars, Paris, 1909) 中为他写的传记, 还有 Toulouse 写的一本书, 对庞加莱在知识方面作了心理的分析[24].

我现在试着来刻画作为数学家的庞加莱.

他的多产与多方面的才能是非同寻常的, 使人想起柯西. 甚至在他的晚年, 他掌握来自精确科学的不论哪个分支的问题, 都是轻而易举, 而且创造性地变换它们, 处处都指出新的途径.

毫无疑问, 他的多方面的才能, 部分地应该归功于他受到了精密构建起来的法国教育系统的彻底的教育, 在这种教育之下, 要求从早年起就从各个方面来掌握整个数学的各个传统的分支 —— 这与我们在德国的情况颇为不同, 在德国, 成长着的数学家们很乐意跟随一位导师, 这对于快速产出特定的 (ad hoc) 工作是有好处的, 但是再也走不远了. 在个人关系上, 庞加莱没有架子, 善于与人共事, 但是接纳别人的多, 与人交流的少.

庞加莱属于真正天才的那种人, 处处都能一眼看出要害. 对于他, 几何和分析是同样得到发展的, 发现的才能和证明的才能是均衡的. 他只是忽略了数学的真正的应用, 这一点与阿基米德、牛顿和高斯这样的研究者恰成对照, 后几位还能同时处理实验和量度, 所以我以为他们的成就比庞加莱更高. 自然, 庞加莱也有不足之处. 像柯西一样, 他发表东西很快, 因此对形式不甚关心. 说真的, 在他第一批来势如急风骤雨的文章中, 就不乏急就章, 甚至有许多错误与夸大之处. 但是, 另一方面, 他又逐渐地发展起来一种才华横溢而且流畅的风格, 再加上充满了丰富的深刻思想, 使得他的著名的数学–哲学著作大获成功.

他处处与他的导师埃尔米特形成对照. 后者常把工作中对于细节的小心谨慎放在第一位, 以至于有时脱离了所探索的中心, 走上了岔路 (我特别想到了他在 1866 年关于五次方程的全面的工作, 他在其中不必要地把他的理论与二元五次形式的不变式理论混在一起).

---

[24] E. Toulouse, *H. Poincaré*, Paris, 1910. 在意大利的 *Rendiconti del Circolo matematico di Palermo*, vol. 36 (1913), Supplement, p. 13–32 上的庞加莱讣告的汇总; G. Darboux 为他写了一篇讣告, 作为他的《全集》(*Œuvres*) 第二卷的引言. 最后, *Acta Mathematica* 的第 38 卷 (1921) 和 39 卷 [1923, 这里原著没有写年份 —— 校者注] 都是题献给庞加莱的.

庞加莱的成就的全部意义, 只有在这本讲义以后的各章里才能看清[25]. 在这里, 我只想联系着我的工作, 来对他关于自守函数的早期 (1881—1882) 工作做一个概述. 他在这个主题方面的论文, 除了他 1878—1879 年偏微分方程方面的学位论文以外, 是庞加莱的工作的开始. 1880 年, 他向巴黎科学院提交了一篇获奖的论文, 其中已经涉及自守函数. 紧接着就在 1881 年, 在《巴黎科学院通报》第 92 和 93 卷上发表了一大批文章. 就在这一年, 庞加莱发表了不少于 13 篇文章, 这些结果后来放在一起, 又发表在《数学年刊》第 19 卷 553–564 页上, 即《庞加莱全集》(Œuvres) 第 2 卷 92 页以下, 标题为 "论在线性变换下重现的单值函数" (*Sur les fonctions uniformes, qui se reproduisent par des substitutions linéaires*)

这篇文章主要处理的是具有极限圆的函数. 其中的新意在于: 首先, 庞加莱勇敢地构造了最一般的基本域, 对此我已经在 $p = 3$ 的情况用十四边形作了一个概述; 当然, 我也考虑过一般的情况, 但是我紧紧地受到了一定要按照对称原理用反演来生成基本域这个方法的束缚. 第二, 庞加莱给出了自守函数的解析构造方法, 即所谓庞加莱级数 (他本人称之为 θ 级数). 设有线性变换

$$\zeta' = \frac{\alpha_i \zeta + \beta_i}{\gamma_i \zeta + \delta_i}, \qquad \alpha_i \delta_i - \beta_i \gamma_i = 1$$

之群 (这里使用记号 ζ, 而不像前面那样使用记号 s), 若以实轴作为极限圆, 则 α_i, β_i, γ_i, δ_i 为实数. 令此群为不连续群, 就是设它有有限的不连续域. 回到极限圆有限的情况, 庞加莱考虑级数

$$\sum_i \frac{1}{(\gamma_i \zeta + \delta_i)^{2m}},$$

它使我们回想起椭圆模函数理论中的艾森斯坦级数 (Rausenberger 在《数学年刊》1882 年第 20 卷里作了精确的比较), 庞加莱证明了当 $m \geqslant 2$ 时, 此级数绝对收敛. 把它齐次地写为

$$\sum_i \frac{1}{(\gamma_i \zeta_1 + \delta_i \zeta_2)^{2m}},$$

立刻可见它们是自守形式. 如何从这些形式作出自守函数, 这是很清楚的, 只要取商即可. 这与椭圆模函数理论中 J 的构造方法有精确的类同之处 ($J = \dfrac{g_2^3}{\Delta}$).

最后, 庞加莱充分认识到这些新函数在单值化上的力量. 特别是, 他对于单叶 [schlicht] z 平面提出了我所说的第一基本定理, 也就是 "极限圆定理" [*Grenzkreistheorem*].

---

[25] 克莱因原来计划在这本讲义里为庞加莱 (还有李) 另立专章. [但是, 即令在本书第二卷中, 也没有这样的专章. —— 中译本补注] —— 德文本编者注

设 $\alpha_1, \cdots, \alpha_n$ 为 z 平面上任意 n 个点, 而 $l_1, \cdots, l_n$ 为对这些点依次指定的任意整数; 在极限情况下, 它们可以是无穷大. 于是恒有一个 (而且本质上只有一个) 单值的可逆函数

$$\zeta\left(\frac{1}{l_1}, \cdots, \frac{1}{l_n}; z\right)$$

(包括 $\zeta(0, \cdots, 0; z)$ 作为极限情况). 这时, 反函数 $z(\zeta)$ 只在 ζ 平面上的 "极限圆" 内存在; z 平面上以 α_i 为顶点的角, 在此映射之下必缩小为原来大小的 $1/l_i$.

这些函数的每一个都能把很大一类函数单值化. 在所有 l_i 均为无限的极限情况下, 甚至能把所有仅在 $\alpha_1, \cdots, \alpha_n$ 诸点碌分支的 z 的函数单值化, 而不问它们是怎样分支的.

我们看到, 这就是我们前面关于

$$s\left(\frac{1}{l_1}, \frac{1}{l_2}, \frac{1}{l_3}; z\right)$$

的断言的推广 (l_1, l_2, l_3 分别对应于 $0, 1, \infty$). 区别在于, 当 $n = 3$ 时, 这个 s 函数所满足的微分方程 (这时只有 3 个奇点) 可以立即写出来. 而 $n > 3$ 时, 在确定了 α_i 和 l_i 以后, 微分方程中还有 $n - 3$ 个未知的常数, 而只能通过极限圆内的单值的可逆性 才能证明其单值的确定性 (另一方面, $n = 3$ 又是 l_i 可取任意值的最低的情况).

我从 1881 年 6 月开始的与庞加莱的通信, 对于上面说到的他在《数学年刊》19 卷上的综合文章已经有了一些影响. 当他在《巴黎科学院通报》上发表他的那些短文时, 他对黎曼的理论还没有清晰的知识, 既不知道曲面的亏格 p (更不要说施瓦茨给予这个理论的新基础了), 也不知道我们在《数学年刊》上发表的那些文章, 但是他以惊人的速度掌握了这一切. 也是我第一个提醒他, 除了具有极限圆的自守函数以外, 还有无穷多其他类型的自守函数[26].

我现在可以 —— 例如作为前面的说明的补充 —— 来讲一下我自己在这个主题上的工作了. 那时, 在 1881 年, 我正在忙碌于把黎曼的 "代数函数及其积分" (*Theorie der algebraischen Funktionen und ihrer Integrale*) 那本小书的基本思想写出来[27], 那是 1881 年秋, 而在当年圣诞节交稿, 但是注明的日期却是 1882 年. 这项工作除了其他内容以外, 还包含了一项本质上新的洞察, 即同样亏格 p 的黎曼曲面构成一个连通的流形 (施瓦茨一直对此有怀疑, 因为他惯于按照代数簇的法式对它们加以分类, 而这种法式来自魏尔斯特拉斯). 由此出发, 我就能把庞加莱对于单叶 z 平面提出的基本定

---

[26] 关于庞加莱的工作的错误之处, 请看《克莱因全集》第 3 卷 714 页以下.

[27] 有英译本: F. Klein, *On Riemann's theory of algebraic functions and their integrals*, MacMillan and Bowes, 1893. —— 中译本注

理推广到具有任意亏格 p 的黎曼曲面上, 也推广到不一定具有确定的极限圆的自守函数上.

我关于这一点的第一篇短文于 1882 年的新年发表在《数学年刊》第 19 卷上 (即《克莱因全集》第 3 卷, 622 页以下), 文中把这两个推广合并起来了. 我不想在此详论这篇文章, 而立即转到我的第二篇短文, 它发表在 3 月 27 日的《数学年刊》第 20 卷上 (即《克莱因全集》第 3 卷, 627 页以下). 在此文中, 我发表了极限圆情况下的中心定理 (即前面说的极限圆定理), 我这样称呼它, 因为它特别简单; 具体说来, 就是可以用一种方法, 而且本质上只能用一种方法, 用具有极限圆的自守函数, 把任意的具有亏格 $p \geqslant 2$ 的没有分支点的黎曼曲面单值化.

这个定理, 如同我 1882 年秋发表在《数学年刊》第 21 卷的对我的整个理论的综合文章 (即《克莱因全集》第 3 卷, 630 页以下) 一样, 是在外部条件极为困难时提出的. 我愿意讲一下这一点, 是担心它将随着我的生命一同消逝, 而且, 时间已经过去了那么久, 我也能比较客观地来对待这件事情了.

自从我 1880 年秋来到莱比锡, 不论是科学研究, 还是组织和教学工作, 都对我提出了很高的要求. 由于健康原因, 1881 年秋季, 我是在北海边的波库姆 (Borkum) 岛度过的. 我在那里写关于黎曼的那本小书, 找到了我在《数学年刊》第 19 卷上发表的基本定理, 但是我一直到圣诞节的假日里才把它写出来. 按照医生的意见, 我又回到北海边去过 1882 年的复活节; 我来到了诺德内 (Norderney) 岛. 在那里, 我想在平静中写出关于黎曼的小书的第二部分, 在其中, 我想做出已知黎曼曲面上代数函数存在的新证明. 但是我在那里只待了八天, 因为住在那里有很大的麻烦: 强大的风暴使我不能外出, 我又患上了严重的哮喘. 我决定尽快回到我在杜塞尔多夫的家乡. 但是在最后一天, 即 3 月 22 日到 23 日, 在夜里 2 点半 —— 当时我因为哮喘靠在沙发上 —— 中心定理突然显现在我心中, 其实, 在我发表在《数学年刊》第 14 卷的十四边形的图形 (即《克莱因全集》第 3 卷, 126 页以下) 时, 已经预见到了这个定理. 第二天上午, 在从诺尔顿 (Norden) 到艾姆顿 (Emden) 的邮车里, 我又详细思考了这个定理的全部细节. 那时, 我知道我已经得到了一个大定理. 到了杜塞尔多夫以后, 我立即把它写出来, 注明日期为 3 月 27 日, 把它寄到 Teubner 出版社, 并且把抽印本寄给了庞加莱、施瓦茨和赫尔维茨. 施瓦茨因为算错了常数的个数, 开始还不相信这个定理是正确的, 但是他后来提出了一个新证法的基本思想.

证明实际上是很困难的. 我使用了所谓的连续性方法, 就是把具有同一亏格 p 的黎曼曲面的流形与相应的具有极限圆的自守群的流形相比较. 我从来没有怀疑过这个方法的正确性, 但是我处处发现我对于函数论的知识有漏洞, 或者发现函数论本身有漏洞. 所以, 我只能假设这些困难已经被解决了, 但事实上一直到 30 多年以后的 1912 年, 它们才由寇贝完全解决.

这不能妨碍我提出甚至更加一般的基本定理, 它们包括了我在 1882 年夏天发表在《数学年刊》第 19 和 20 卷上的那些结果, 也不能妨碍我在讨论班的讲演里给出完整的思想, 后来由施图第 (Eduard Study, 1862—1930, 德国数学家) 把它们写了下来. 我大部分工作都是这样做的: 先就这项工作作一些讲演, 然后在假期里把它们编辑出来. 1882 年秋季假日里我在图林根州 (Thüringen) 的塔巴兹 (Tabarz) 开始写发表在《数学年刊》第 21 卷上的文章, 并于 1882 年 10 月 6 日完稿. 这篇文章虽然大部分仍不完全, 问题也未解决, 但是基本的思路整体上保留下来了, 没有被庞加莱后来发表在新创立的 *Acta Mathematica* 的 1、3、4、5 各卷的文章 (见《庞加莱全集》第 2 卷, 108 页以下) 所取代.

事实上, 我还是比庞加莱超前了一点, 因为我的抽印本是在 1882 年 11 月底寄出的, 而包含了庞加莱第一篇文章的 *Acta* 第一期在 1882 年 12 月才出版. 此外, 这一期还只登载了这个理论的第一部分, 即在有固定主圆 [*Hauptkreis*] 存在的情况下构造不连续域.

我为我的工作付出的代价是极为高昂的——我的健康完全崩溃了. 接下来几年我反复请了好几个长假, 停止了所有创造性的活动. 情况直到 1884 年秋天才有好转, 但是我再也不能恢复到过去的创造水平了. 我再也不能回来把早前的思想加以阐明了. 后来, 当我来到哥廷根时, 我拓宽了我的工作领域, 从事我们这门科学的组织工作. 这样, 大家就可以理解, 我为什么只是偶尔谈及自守函数. 从 1882 年起, 我在理论数学中的真正的创造性活动就已经枯萎了. 后来发表的, 除了对老思想的补充说明以外, 只是细枝末节而已.

这样, 庞加莱就有了自由的空间, 到 1884 年为止, 他在 *Acta Mathematica* 接连发表了 5 篇关于这种新函数的大文章. 在第一篇里, 除了考虑上面已经引述过的最一般的基本域以外, 还考虑了庞加莱级数的理论. 至于基本定理, 只是在一年以后, 庞加莱才在第四篇里处理了有极限圆存在的情况. 在这里, 庞加莱基本上也只是对证明加以补充, 而且并未完全完成证明. (请参见弗利克 1904 年在海德堡的第 3 届国际数学家大会 (ICM) 上的演说, 会议论文集, 246 页以下.) 此外庞加莱也用了连续性方法, 其结构和我所用的本质上相同. 在其他情况下庞加莱也遇到了当时无法逾越的困难, 因为他必须对付开流形 (对于开流形, 无法指定特定的边缘).

在这方面, 对于我特别重要的是要讲一下庞加莱相对于黎曼的地位. 庞加莱并不是从黎曼的原理出发, 而是从自守函数的 (庞加莱的) θ 级数表示出发, 来断定自守函数的存在的. 但是, 他的连续性方法都必须以下面的定理为支持: 具有已给的亏格 p 的代数簇的全体构成一个连续统, 而这必须在黎曼奠定的基础上才能证明. 所以, 在具有决定意义的一点上, 庞加莱仍然是有赖于黎曼的.

　　说真的, 我在《数学年刊》第 21 卷发表的论文以 "对黎曼函数论的新贡献" (*Neue Beiträge zur Riemannschen Funktionentheorie*) 为题, 这个标题正是历史发展的充分的表述. 我们在前面各章中已经提到过与魏尔斯特拉斯、克莱布什、布里尔 – 诺特和戴德金 – 韦伯、克罗内克, 还有希尔伯特这些名字相联系的所有函数论方面的重要工作, 而超越这一切的是黎曼的思考方式, 它对于函数论的所有领域都是强力的酵母, 直至今日仍然有着无可比拟的价值.